JN427216

제2판

조사방법론

RESEARCH METHODS

이정환 · 이주열 · 신승배 공저

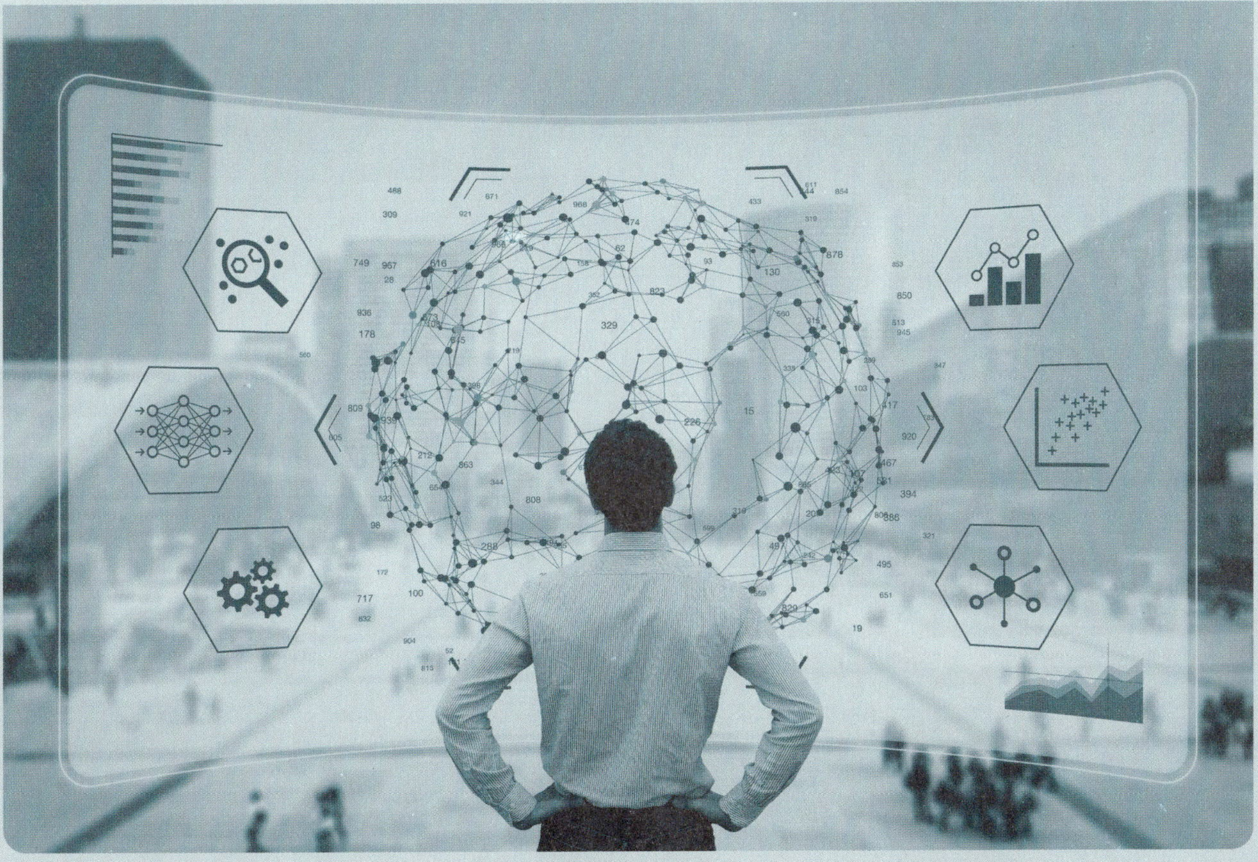

계축문화사

머리말 Preface

조사방법론은 과학적 연구를 수행할 때 알고 있어야 할 기본적인 개념과 절차를 체계적으로 정리한 학문분야로 연구방법론이라고도 한다. 조사 또는 연구를 의미하는 영어는 'research'인데 우리나라의 조사방법론 분야에서는 대체적으로 이 두 용어가 유사한 의미를 지닌 단어로 통용되어 쓰이기는 하지만 경우에 따라 연구는 지식을 얻기 위한 탐구활동으로, 그리고 조사는 자료를 수집하는 활동으로 사용되기도 한다. 이 책에서는 일반적인 학계의 방식을 따라 이 두 용어의 차이를 특별히 구분하지 않았다. 하지만 필요하거나 관례인 경우에는 독자들의 혼란을 막고 이해를 돕기 위해 이들 용어를 구분해서 사용한 점도 밝혀둔다.

이 책을 기획하면서 가장 중점을 둔 부분은 조사방법론을 처음 배우는 학생들이 조사방법론의 기본 개념과 범위 및 절차를 정확하고 쉽게 이해할 수 있도록 하는 것이었다. 여기에 주안점을 두었기 때문에 용어나 이론을 가능한 쉽게 풀어서 설명하려고 노력하였으며 또 이를 위해 되도록 많은 예들을 제시하였다. 덧붙여, 이 책은 한편으로 모든 학문 분야에서 사용이 가능하도록 집필한 측면이 있지만 다른 한편으로 저자들의 학문활동 영역과 관련하여 특히 보건의료 분야에서의 사용을 염두에 둔 측면도 있다. 이런 이유로 이론을 설명하는 과정이나 제시한 사례의 상당수가 보건의료 분야와 관련되어 있기도 하다. 그럼에도 불구하고, 조사방법론이 사회과학에 뿌리를 두고 있는 만큼 이 책은 사회조사방법론의 기본 개념과 이론에 충실하였으며 또한 집필과정에서 학문의 경계를 넘어 의미의 정확한 전달과 표현에 초점을 맞추었다.

이 책은 총 16장으로 구성되어 있으며, 저자별로 이정환은 1장 과학적 지식, 2장 연구의 요소, 4장 연구설계, 5장 측정, 7장 표본추출, 9장 서베이조사를, 이주열은 3장 연구윤리, 12장 내용분석, 13장 평가조사, 16장 결과보고를, 신승배는 6장 지수와 척도, 8장 설문지 개발, 10장 실험, 11장 질적 조사, 14장 자료의 처리, 15장 통계분석을 맡았다. 각 장은 저자들이 나누어 집필한 후에 함께 검독하고 토론하는 과정을 통하여 수차례 수정 · 보완하는 작업을 거쳤다.

앞에서 이야기했듯이 저자들은 이 책의 내용이 시중에 출간된 어느 조사방법론 책보다 정확하고 쉽게 설명되도록 노력하였다. 그러나 여전히 아쉬운 부분이 있음을 부인할 수 없으며 집필 이후에 드러난 부족한 부분은 계속해서 수정 · 보완해 나갈 것을 독자들께 약속드린다. 덧붙여, 어려운 여건 속에서도 이번에 새롭게 이 책의 출간을 맡아주신 계축문화사 임직원들께 감사를 드린다. 조사방법론을 처음 배우는 학생들에게 이 책이 조금이라도 도움이 될 수 있다면 저자들에게 큰 즐거움이 될 것이다.

2023년 2월 10일

저자 일동

차례 Contents

1 과학적 지식

제1장

1. 지식을 얻는 방식
2. 과학적 연구의 목적
3. 과학의 발전

제 1 장

과학적 지식

일반적으로 어떤 일을 잘 해내기 위해서는 일의 의미, 목적, 성격, 규모 등과 같은 기본적인 내용을 미리 파악하듯이 성공적인 연구를 위해서도 마찬가지의 작업이 필요하다. 이 장에서는 연구(research)를 수행하는데 필요한 배경적 지식으로서 과학과 관련된 기본적인 요소들을 소개한다. 다루어질 주요 내용은 지식을 얻는 방식, 과학 및 과학적 방법의 의미, 과학적 연구의 목적, 과학의 발전이다.

1 지식을 얻는 방식

우리 인간은 세상을 살아가면서 끊임없이 낯설거나 새로운 현상, 사물, 상황, 문제에 직면하게 된다. 이 과정에서 우리는 궁금증이나 의문을 풀기 위해, 또는 문제해결을 위해 탐구(inquiry) 또는 연구나 조사(research)를 하게 된다. 연구나 조사는 바로 이와 같이 세상에 대한 지식과 정보를 얻는 과정이나 활동이며, 연구방법이나 조사방법(research methods)은 연구나 조사를 하는 방식이나 기법이다(Jary and Jary, 1991).[1]

통상적으로 사람들이 지식을 획득하는 방법은 일반적 방법과 과학적 방법의 2가지 큰 유형으로 나눌 수 있다(Frankfort-Nachmias and Nachmias, 2000; Babbie, 2021).

1 연구나 조사라는 용어는 영어 research의 번역어로 우리나라의 조사방법론 분야에서는 두 가지 방식으로 사용되는 경향이 있다. 첫 번째는 두 용어가 유사한 의미를 지닌 단어로 서로 통용되어 쓰이는 방식이다. 두 번째는 두 용어가 약간 달리 쓰이는 방식으로, 여기에서 연구는 광의의 차원에서 지식을 얻기 위한 탐구활동을, 그리고 조사는 협의의 차원에서 자료를 수집하는 활동을 의미한다. 이 책에서는 첫 번째의 방식을 중심으로 이들 용어를 사용하되, 필요하거나 관례인 경우에는 두 번째 방식도 고려하기로 한다.

1) 일반적 방법

일반적 방법은 주로 일반인들이 일상생활에서 지식을 얻는 방법이며 다른 말로 비과학적 방법이라고 할 수 있다. 여기에는 전통적(traditional) 방법, 권위적(authoritarian) 방법, 신비주의적(mystical) 방법, 개인적 경험(personal experience), 직관(intuition)에 의한 방법이 있다.

(1) 전통적 방법

전통적 방법은 이전부터 사람들이 진실이라고 여겨왔던 지식을 그대로 답습해서 수용하는 방식이다. 예를 들어, '지구는 둥글다', '단 것을 많이 먹으면 이가 썩는다', '규칙적인 운동은 건강에 이롭다', '세살버릇 여든까지 간다'라고 우리가 알고 있는 사실들은 이전부터 누적되면서 내려왔던 지식을 남들을 통해 그냥 받아들인 것들이다. 이와 같이 전통에 의해 지식을 얻는 방식은 주변의 많은 사람들이 알고 있는 것을 그대로 받아들이는 학습방식과 동일하며 대부분의 사람이 지식을 획득하는 데 있어 일상적으로 가장 많이 사용하는 방식이기도 하다.

전통적 방법은 주로 관습을 통해 이전의 지식이 다음 세대로 전달된다는 점에서 관습에 의한 방식이라고도 한다. 전통적 방법은 남들이 아는 것을 받아들임으로써 새로운 지식을 얻기 위해 들여야 하는 시간, 노력, 비용을 절약할 수 있는 장점을 지니고 있다. 하지만 이전의 지식이나 남들이 아는 지식은 그냥 합의나 동의에 의해 수용한 것으로 항상 옳을 수 없고, 또한 기존의 지식은 변하기 마련이기 때문에 전통적 방법에 의해 획득한 지식의 진실성은 한계가 있다.

(2) 권위적 방법

권위적 방법은 지식을 생산하는 데 있어 사회적으로나 정치적으로 자격과 지위를 갖춘 기관이나 사람에 의거해서 지식을 얻는 방법이다. 여기서 자격과 지위를 갖춘 기관은 종교단체, 정부, 대중매체, 대학교 등이고, 사람으로는 성직자, 정부관리, 전문가, 교수, 학자 등을 들 수 있겠다. 우리는 대개 논란이 있거나 자신의 주장에 대한 타당성이나 설득력을 높이기 위해 주어진 문제에 대해 특별한 교육과 훈련을 받았거나, 전문능력과 자격요건을 갖췄거나, 인품이 뛰어나거나 사회적 지위가 높은 사람의 의견과 판단을 더 신뢰해서 인용하는데 바로 이런 경우가 권위적으로 지식을 획득하는 방법이다. 예를 들어, 감기가 입맞춤을 통해 전염될 수 있다는 주장을 친구가 얘기할 때보다 감염병학자가 얘기할 때 우리는 더 잘 믿는다.

일반적으로 특정 분야에 대해 많은 교육, 훈련, 경험을 가진 전문가가 일반인에 비해 상대적으로 훨씬 정확하고 믿을 만한 지식을 겸비하고 있는 것은 사실이다. 하지만 전문가도 실수나 오류를 범할 수 있고, 전문가들끼리도 상이한 의견을 가질 수 있으며, 전문가의 지식도 세월에 따라 바뀔 수 있다. 특히 분야가 다른 전문가의 의견은 오류의 가능성을 높인다. 예를 들어, 광고에서 운동선수나 연예인이 특정 상품에 대해 제시하는 의견이나 추천은 대개 그 상품에 대해 바른 정보를 제공하기보다는 판매에 목적이 있다.

(3) 신비적 방법

신비적 방법에 의한 지식은 예언자, 점쟁이, 영매와 같이 초자연적인 능력을 가졌다고 여겨지는 사람들의 권위에 의존해 얻어진다. 지식의 생산과정에 있어 신비적 방법과 권위적 방법 둘다 권위에 의존한다는 측면에서 유사하다. 하지만 권위적 방법이 지식 생산자의 사회적 지위에 의존하는 데 비해 신비적 방법은 지식 생산자의 초자연적인 능력이나 초자연적인 사건 그리고 지식 소비자의 심리적 및 신체적 상태에 의존한다는 점에서 다르다. 그렇기 때문에 신비적 방법은 초자연성을 조장하는 의식과 행사에 크게 의존한다. 다른 한편으로 심한 우울증, 무력감, 도취감에 빠진 지식 소비자는 신비적 방법을 통한 지식을 보다 쉽게 수용하는 경향이 있다.

(4) 개인적 경험에 의한 방법

개인적 경험에 의한 방법은 개인이 자신의 경험과 관찰에 의해 지식을 스스로 얻는 방법이다. 예를 들어, 얼음이 차갑고 불이 뜨거우며 가시에 찔리면 아프다는 것은 누가 얘기해 줄 필요도 없이 자신의 경험을 통해 충분히 깨닫을 수 있는 지식이다. 개인적 경험에 의한 방법은 말 그대로 경험이 뒷받침하는 사실적인 지식을 생산할 수 있다. 하지만 개인적 경험으로 얻을 수 있는 지식은 단순한 현상이나 이러한 현상의 피상적인 측면에 한정된다는 단점이 있다. 뿐만 아니라 개인적 경험과 관찰과정에서 다음과 같은 오류나 실수를 범할 수 있다(Babbie, 2021).

① 부정확한 관찰

일상적으로 이루어지는 관찰의 대부분은 준비나 계획되지 않은 채 비의도적이고 무의식적으로 이루어진다. 덧붙여 측정도구나 기록장치를 사용하지 않은 인간의 감각능력은 얼마든지 부정확한 관찰 결과를 산출할 수 있다.

② 과잉일반화

일반인들은 주변의 일부 사례들에 대한 관찰에 기반해서 일반적인 유형을 성급하게 도출하려는 경향이 있다. 이 같은 과도한 일반화는 특히 시간에 쫓기거나 일반화에 대한 요구가 높을 때 자주 발생한다.

③ 선별적 관찰

일반인들은 특정한 유형이 존재한다고 결론짓고 왜 그런지에 대해 단정적으로 이해해버리면 대개 그런 유형에 일치하거나 연관된 사건과 상황만 의식을 하거나 관찰하고 그렇지 않은 것은 의식적이든 무의식적이든 무시해버릴 가능성이 크다. 이에 따라 자신이 믿고 이해하는 주장에 맞는 사건과 상황에만 초점을 맞추는 경향이 있다.

④ 비논리적 추론

많은 경우 논리적 추론은 상당한 교육과 지적인 노력을 필요로 한다. 그렇기 때문에 일상생활에서 보통사람들은 의식적이고 분명한 논리체계를 사용하지 않는다. 좋은 운이나 나쁜 운이 지속되는 것을 그 반대의 상황이 나타날 전조로 여기는 성향을 일컫는 도박꾼의 오류(gambler's fallacy)는 비논리적 추론의 좋은 예가 된다. 도박에서 나쁜 패가 계속 나올 경우 좋은 패가 나올 기회가 높아진다고 생각할 수가 있다. 하지만 주사위를 여러번 던졌을 때 나오는 숫자들의 경우와 마찬가지로 도박이 공정하게 이루어질 경우 앞의 판에 나온 패는 다음 판에 나올 패에 아무런 영향을 주지 않는다.

(5) 직관에 의한 방법

일반적으로 직관은 합리적인 추론이나 관찰 또는 경험적 사실에 근거하지 않고 느낌이나 육감에 의해 즉각적으로 그리고 직접적으로 지식을 얻는 능력을 일컫는다. 대부분의 경우, 어떤 사물이나 현상을 대하게 되면 우리는 순간적으로 어떤 느낌이나 감정 또는 인상을 가지게 된다. 이때 이러한 것을 의심의 여지도 없이 진실로 믿게 되면, 이는 지식을 얻는 데 있어 직관의 방법을 사용한 것이 된다. 일상생활에서 직관은 지식을 얻는 매우 신속한 방법이다. 특히 정보가 부족하거나, 뒷받침할만한 자료가 충분하지 않거나, 합리적으로 정당화하기가 당장에 불가능할 경우에 직관은 어떤 문제나 질문에 대한 해답을 제시해주는 가장 빠르고 손쉬운 방법이다. 그렇기 때문에 직관은 일상생활에서 매우 다양하게 그리고 빈번히 목격된다. 새로운 사람을 만났을 때 첫인상을 통해 그 사람의 성격을 신속하게 판단하는 행위, 자기 몸에 나타난 증상을 가지고 바로 특정 질병으로 진단하는 행위, 주가의 흐름을 관찰하는 과정에서 오는 직감에 따라 주식을 사고파는 행위, 간밤에 꾸었던 꿈을 믿고 복권을 사는 행위 등은 모두 직관을 사용한 예들이다.

직관이 애매하고 낯선 상황을 신속하게 이해하는데 도움을 준다고 하더라고 정확하고 믿을만한 지식을 제공해주지는 않는다. 세상의 지식은 느낀 대로 존재하는 것처럼 자명하지 않으며 우리 인간은 완전하거나 절대적이지 않다. 우리의 지각은 수많은 인지적 및 감정적 한계와 편견에 의해 영향받으며 또 자기의 틀에 맞게 그리고 자기가 좋아하는 대로 세상을 이해한다(Gilovich, 1991). 이로 인해 우리는 현상이나 사물에 대한 인과관계를 파악하는 데 있어 수시로 잘못된 결론을 내리곤 한다. 인지의 대상이 되는 외부의 세상은 우리의 인지와 상관없이 별개로 존재한다. 따라서 외부의 현상과 사물을 정확히 이해하기 위해서는 객관적으로 관찰하고 합리적으로 추론해야 한다.

2) 과학적 방법

(1) 의미

과학을 나타내는 영어 단어 science는 라틴어로 지식(knowledge)을 의미하는 scientia와 아는 것(to know)을 의미하는 scire에서 유래한다. 그런데 우리가 일반적으로 찾고자 하는 지식은 그냥 단순하고 무의미한 지식이 아니라 그래도 보다 정확하고 참되고 믿을만한 지식일 것이다. 그렇다면 무엇이 이 같은 보다 믿을만한 지식을 얻을 수 있게 해주는가? 그것은 바로 그러한 지식을 찾는 방법에 달려 있다. 예를 들어, 점성술사는 밤하늘에 반짝이는 별들의 위치와 밝기 및 인간사를 살피며 초자연적인 원리에 근거해 이것들 간의 관계를 설정하고서 개인의 운명과 미래에 대한 예측을 시도한다. 하지만 우리는 점성술을 미신이라고 생각하며 점성술을 연구하는 학과는 학문을 추구하는 대학에 존재하지 않는다. 이에 비해 밤하늘에 반짝이는 별의 위치, 움직임, 밝기를 경험적으로 관찰하고 논리적으로 입증하고 설명하는 천문학은 우리가 과학이라 일컬으며 또 대학에서 하나의 학과로 존재한다.

이와 같이 특정한 지식이나 지식의 체계가 학문 또는 과학의 지위를 갖는가 또는 못갖는가의 여부는 주제나 내용이 아니라 그러한 주제와 내용을 탐구하는 방법에 의해 결정된다.

이런 의미에서 과학은 과학적 방법(scientific methods)이라고도 할 수 있다. 이 같은 관점에 근거해서 과학은 믿을만한 지식을 얻기 위해 어떤 현상에 대해 객관적(objective)이고 논리적(logical)이고 체계적(systematic)으로 분석하는 방법으로 정의될 수 있다(Lastrucci, 1963).

(2) 특성

앞에서 설명하였듯이 과학 또는 과학적 방법은 객관성(objectivity), 논리성(logic), 체계성(systemicity)을 그 특징으로 한다.

① 객관성

객관성은 과학적인 활동을 수행하는 연구자의 태도와 가치에 관련된 조건으로 연구자가 자신의 주관과 편견에서 벗어나 제삼자의 입장에서 연구를 정정당당하게 수행하려는 성향을 일컫는다. 객관성은 비주관적, 경험적, 상호주관적, 검증가능적, 재현가능적 측면을 가진다.

㉠ 비주관성(nonsubjectivity)

연구자는 연구과정에 자신의 주관적인 믿음, 태도, 가치, 이념을 개입시켜 사실을 왜곡시켜서는 안된다. 연구자가 관찰이나 발견된 사실을 있는 그대로 인정하고 수용하고 개방하려는 태도를 가질 때 참된 지식을 얻을 수 있다.

㉡ 경험성(empiricism)

실제의 세상에 대한 지식을 생산하기 위해 과학은 경험적이 될 필요가 있다. 인간의 감각(만지고, 보고, 듣고, 냄새맡고, 맛보는)에 의해 지각될 수 있는 지식은 다른 사람에 의해서도 확인과 입증이 가능한 만큼 객관성을 확보하는데 기여한다.

㉢ 상호주관성(intersubjectivity)

상호주관성은 어떤 현상이나 대상에 대해 사람들 간에 의견의 동의나 합의가 이루어지는 측면을 일컫는다. 어떤 현상이나 대상에 대한 개개인의 의견은 주관적이지만 그러한 개개인의 의견들이 모두 하나의 의견으로 합치되어 통용된다면 그러한 의견은 객관적인 것이라고 할 수 있다.

㉣ 검증가능성(testability)

검증가능성은 진실여부를 가름할 수 있는 가능성을 말한다. 어떤 주장이 진실로 받아들여지려면 그 주장은 논리적으로나 경험적으로 확인이나 입증이 가능해야 한다.

㉤ 재현가능성(reproducibility)

재현가능성은 어떤 연구에 대해 다른 사람이 다른 장소에서 동일한 과정과 방법으로 연구를 수행했을 경우에 원래와 동일한 결과나 측정치가 나오는 정도를 말한다. 객관적인 연구는 다른 사람들로 하여금 동일한 자료와 기법을 사용하여 연구를 반복하게 함으로써 연구결과를 검증받거나 아니면 최소한 자료를 공개하여 재현가능성을 높인다.

② 논리성

과학적인 지식은 연구자가 사실적인 관찰에 근거해서 이치에 맞는 믿을만한 추론을 이끌어 낼 때 보다 확실하게 획득될 수 있다. 과학적인 탐구과정에서 이 같은 논리성을 확보하기 위해 연구자는 다음의 세 가지 방식을 따를 필요가 있다.

㉠ 기본적인 규칙을 따름

각각의 영역에서 일반적으로 받아들이는 기본적인 규칙을 따라야 한다. 예를 들어, 무게를 재기 위해서는 저울을 사용하며, 수학문제를 풀기 위해 정해진 수식과 부호를 사용하는 것은 논리적인 방법이다.

㉡ 연역적이거나 귀납적인 추론을 사용함

일반적인 전제에서 출발하여 개별현상에 대한 결론을 도출하려는 연역(deduction)과 반대로 개별현상에 대한 관찰로 출발하여 일반화된 결론을 도출하려는 귀납(induction)과 같은 논리적인 추론을 사용하여야 한다.

㉢ 비판적인 태도를 지님

인간은 완전하지 않고 실수나 오류를 범할 수 있기 때문에 어떤 주장이나 관찰에 대해 옳고 그름을 따지는 비판적이고 회의적인 태도를 지녀야 한다.

③ 체계성

과학은 단지 지식의 습득과 수집만을 의미하지 않는다. 흐트러지고, 산발적이며, 근거 없는 지식은 산만하며 때로는 황당하여 세상을 이해하려는 우리의 노력에 아무런 도움을 주지 못한다. 새로운 지식은 다른 관련된 지식들과 서로 연계되어 정리 및 조직화되고 또한 기존에 이해되었거나 입증된 지식에 근거하여 설명되어질 때에 체계성을 갖추며 비로소 이해가 될 수 있다.

(3) 가정

과학적인 활동이 가능하기 위해서는 역설적으로 입증이 안되거나 입증할 수 없는 다음과 같은 근본적이면서 비과학적인 기본 가정들을 수용해야 한다. 이러한 가정들은 과학의 궁극적인 요소와 측면을 논의하는 데 있어 꼭 갖추어야 할 필수조건이다.

① 현실세계는 인간의 인지와는 상관없이 독립적으로 존재한다.

만약 이 세상이 객관적으로 존재하는 실체가 아니라 개인의 환상세계라면 객관적인 연구는 불가능하다. 세상은 인간이 창조한 것이 아니라 인간은 그 자신까지 포함한 외부의 세상에 대해 그저 발견하고 알아갈 따름이다. 원자나 분자는 우리가 볼 수 없음에도 분명히 존재하고 있고 그래서 이에 대한 과학적인 연구가 과학자들 사이에서 이루어지고 있는 것이다.

② 세상에는 질서가 있다.

세상일은 아무렇게나 우연히 발생하는 것이 아니라 규칙성과 질서를 가지고 있다. 비록 세상이 변한다고 하더라도 이러한 변화도 유형과 규칙성을 지니고 있다. 덧붙여, 세상일이 무질서하게 우연히 발생하지 않는다는 측면에서 모든 사건의 발생에는 선행하는 원인이 존재한다. 아니 땐 굴뚝에 연기가 나올 수 없다. 세상일이 무질서하게 우연히 제멋대로 일어난다면 우리는 세상일에 대해 객관적이고 논리적이며 체계적인 연구를 할 수 없다.

③ 인간은 체계적이고 객관적인 관찰을 통해 세상에 관한 지식을 얻을 수 있다.

세상이 객관적인 실체이며 또한 세상일에 규칙성과 질서가 있는 만큼 인간은 나름대로 열심히 탐구를 하면 세상에 대한 지식을 절대적은 아니더라도 최소한 조금은 얻을 수 있다. 현상에 대한 면밀하고 객관적인 관찰과 측정, 경험적 검증과 같은 과학적 방법의 사용은 보다 참되고 나은 지식에 이르도록 한다. 만약 이 세상에 대해 인간은 결코 알 수 없다는 불가지론에 빠지면 과학적인 연구는 불가능할 뿐 아니라 무의미하다.

④ 아는 것이 모르는 것보다 낫다.

과학적인 탐구도 결국 인간의 활동이다. 그런 만큼 아는 것이나 알려고 하는 행동이 우리 인간에게 보탬이나 도움이 되어야 한다. 그렇지 않고 아는 것이 모르는 것보다 못하거나 알려고 하는 행동이 불이익을 가져다준다면 우리 인간은 구태여 세상에 대해 알 필요가 없고 알려고 하지도 않을 것이다. 당장에 세상에 대한 지식은 인간의 궁금증과 호기심을 해소해 준다는 측면에서 그 자체로서 가치가 있다. 더군다나 세상에 대한 지식은 우리 인간으로 하여금 주변 환경에 대한 통제력을 가지게 함으로써 삶의 조건을 개선시키게 만들 수 있다.

2 과학적 연구의 목적

앞에서 살펴보았듯이 과학 또는 과학적 연구의 목적은 기본적으로 세상에 대한 믿을만한 지식을 산출하는데 있다. 이러한 지식은 우리가 관심을 갖고 있는 현상이나 대상에 대해 탐색(exploration), 기술(description), 설명(explanation), 예측(prediction), 통제(control), 평가(evaluation)를 가능하게끔 해준다. 실제적으로 수행되는 연구의 목적도 이 6가지 중에 하나이거나 이것들의 조합이다.

1) 탐색

연구하고자 하는 주제 자체가 생소하거나 비교적 새로운 영역인 경우 또는 기존의 연구가 부족한 경우 연구자는 그러한 주제에 접근하고 친숙해지기 위해 탐색을 목적으로 연구를 수행하기도 한다. 연구문제의 발견, 연구문제에 대한 아이디어와 통찰력 향상, 변수의 규명, 가설의 도출을 위해 실시하는 기초조사 또는 예비조사(pilot study)의 목적도 탐색인 경우가 대부분이다.

일반적으로 탐색적 연구가 가지는 특성은 다음과 같다.

① 연구자의 호기심과 보다 나은 이해를 얻고자 하는 욕구를 충족시켜준다.

② 기술적 연구와 설명적 연구와 같이 보다 강도 높은 연구의 시행가능성을 검증해준다.
③ 후속 연구에 이용할 수 있는 방법을 개발하게 해준다.
④ 연구하고자 하는 변수의 개념과 연구내용 및 연구절차를 보다 분명히 구체화시켜 준다.
⑤ 연구를 시행하는 데 필요한 기초 자료와 관련 정보를 제공해준다.
⑥ 일반적인 아이디어를 발전시키거나 이론적인 관점을 도출하는데 도움을 준다.
⑦ 연구자가 주제에 대한 관찰로 연구를 시작한 다음 나중에 이에 대한 임시적인 일반화를 발전시키려는 방식으로 연구가 진행되기 때문에 대부분의 경우 귀납적인 방식으로 진행된다.
⑧ 연구 사례의 대표성이 부족하기 때문에 연구결과를 일반화하기가 어렵다.

2) 기술

많은 연구의 주 목적은 특정한 개인, 집단, 조직, 지역사회, 사건이나 상황을 자세하고 정확하게 기술하는 데 있다. 이 과정에서 연구자는 관찰된 사실들을 잘 정리하고 요약해서 현상 그 자체의 속성과 특징을 있는 그대로 파악하고자 한다. 과학은 주도면밀하고 의도적이기 때문에 과학적 기술은 일상적 기술보다 훨씬 정확하고 정밀해야 한다. 기술은 연구주제와 관련된 상황의 특성, 변수 간의 상관관계, 사례의 발생빈도 등을 파악하는 연구의 목적에 주로 해당된다.

기술적 연구의 대표적인 예로서 인구주택총조사(센서스조사), 국민건강영양조사, 지역사회건강조사 등을 들 수 있다. 인구주택총조사는 우리나라 모든 인구와 주택의 총수 및 이것들의 개별 특성을 파악하기 위해, 국민건강영양조사는 국민의 전반적인 건강과 영양상태 및 추이를 살펴보기 위해, 지역사회건강조사는 주민의 건강수준과 건강생활습관, 의료이용 등에 관한 상세한 정보를 수집하기 위해 실시된다.

3) 설명

기술적 연구가 무엇이, 어디서, 언제, 어떻게에 대한 질문에 대해 답을 얻기 위해 실시된다면 설명적 연구는 이에 덧붙여 왜에 대한 답을 얻기 위해 실시된다. 주어진 현상이나 사건이 왜 발생하는가에 대한 설명을 찾는 것은 그 현상이나 사건을 일으킨 선행요인을 찾아 이들 현상이나 사건과 선행요인 간의 원인과 결과에 대한 인과관계를 밝히는 것이다. 기술적 연구와 설명적 연구를 비교하는 예로서, 지역주민의 음주선호에 대한 연구는 기술적이지만 지역주민 가운데 왜 어떤 집단은 맥주를 선호하고 또다른 어떤 집단은 막걸리를 선호하는지에 대한 연구는 설명적이다. 또다른 예로서, 도시 간의 흡연율을 비교하는 연구는 기술적이지만 왜 일부 도시들이 다른 도시들에 비해 흡연율이 높은지를 밝혀주는 변수를 찾는 연구는 설명적이다.

과학적인 설명의 논리적 구조는 연역과 귀납의 두가지 기본유형으로 이루어져 있다. 이들 두 유형은 설명에서 사용되는 일반화의 종류에 따라 분류된다.

(1) 연역적 설명

연역적 설명은 보다 일반적인 수준에서 보다 구체적인 수준으로 추론해나가는 방식이다. 과학적인 연구에서 연역적 추론은 보통 보편적 일반 원칙에서 출발하여 이러한 보편적 일반 원칙이 성립되는 조건이나 가설을 거쳐 구체적인 대상으로 연결되어 내려간다. 이 같은 측면에서 연역적 설명은 하향식(top-down) 설명방식이라고도 한다. 연역적 설명의 예로 다음의 주장을 들 수 있겠다. "모든 사람은 죽는다 → 소크라테스는 사람이다 → 고로 소크라테스도 죽는다".

(2) 귀납적 설명

귀납적 설명은 연역적인 설명과 반대로 보다 구체적인 수준에서 보다 일반적인 수준으로 추론해나가는 방식이다. 과학적인 연구에서 귀납적 추론은 구체적인 개별 사례들에서 특정한 유형이나 가설을 찾아낸 다음 이러한 유형이나 가설에서 보다 상위의 일반적인 원칙을 도출해나간다. 이 같은 측면에서 귀납적 설명은 상향식(bottom-up) 설명방식이라고도 한다. 귀납적 설명의 예로 다음의 주장을 들 수 있겠다. "소크라테스도 죽었고, 공자도 죽었고 또 누구누구도 죽었다 → 이들은 모두 사람이다 → 고로 사람은 죽는다."

4) 예측

항상 미래에 연관되어 삶을 살아가는 인간에게 있어 미래는 주요 관심사이다. 인간 활동의 한 영역인 과학도 당연히 미래에 어떤 일이 발생할 것인가에 대한 예측을 중요한 목표로 삼고 있다. 과학세계에 있어 예측은 어떤 현상의 원인 또는 조건과 결과에 대해 발견된 일반적인 법칙이나 이론에 근거해 이루어진다. 이전에 원인이나 조건으로 확인된 현상이 나타나면 이전과 동일한 결과가 나타날 것이라고 예측한다. 이 같은 예측이 정확해지기 위해서는 일반적인 법칙이나 이론이 인과적으로 성립되고 또한 옳아야 한다. 만약 예측이 틀리다면 이는 일반적인 법칙이나 이론이 사실적으로 옳지 않거나 또는 확인된 선행조건이나 원인이 맞지 않기 때문이다. 따라서 정확한 예측을 위해서는 경험적 자료에 의해 충분히 검증된 이론과 더불어 선행조건의 확인에 필요한 많은 정보를 수집해야 한다.

예측이 규명된 인과관계에 근거하는 만큼 미래를 예측하는 연구의 목적도 설명에 해당된다. 그럼에도 불구하고 예측과 설명 간에는 차이점이 있다. 논리적으로 예측은 설명과 반대되는 과정으로 이루어진다. 설명은 이미 발생한 사건들의 원인을 규명하기 위한 법칙이나 이론 또는 선행조건을 찾는데 비해 예측은 발견된 법칙이나 이론 또는 선행조건을 통해 미래에 발생할 사건을 예상한다.

5) 통제

우리 인간은 현상의 인과관계를 이해하고 미래를 예측하길 원할 뿐만 아니라 경우에 따라 그러한 현상에 대해 변화나 차이를 일으키기를 바란다. 병이 났을 경우, 환자와 의사는 병을 일으키는 원인과 조건을 알아내고 병의 결과를 예측하는 것으로 그치지 않고 병을 치료하고 예방하기 위한 조치를 취한다. 이와 같이 통제는 어떤 현상을 일으키는 선행조건이나 원인을 임의적으로 조작하여 결과에 영향을 주는 행위이다.

사람들은 통제를 통해 어떤 현상을 원하는 또는 바람직한 방향으로 이끌려고 한다. 많은 정책연구는 의도한 정책목표를 달성하는 데 필요한 통제 방안으로 보다 효과적이고 효율적인 정책프로그램을 개발하는 데 중점이 두어져 있다. 통제도 규명된 인과관계에 근거해 선행조건과 원인을 조작하는 만큼 설명의 한 유형이라고 볼 수 있다. 하지만 설명은 인과관계에 변화를 유발하지 않는 대신 통제는 인과관계에 변화를 주어 원하는 결과를 일으키려 한다는 점에서 이 둘은 서로 차이가 있다.

6) 평가

오늘날 수많은 공공 및 민간 기관들은 다양한 정책과 프로그램을 진행하고 있다. 대표적인 예로 전염병감염의 예방과 치료, 범죄율 감소, 산업재해 방지, 출산율 증가, 건강증진, 저소득자 지원, 일자리 창출 등에 관한 각종 정책과 프로그램 등을 들 수 있겠다. 그런데 이러한 정책과 프로그램의 대부분은 특정한 목적이나 의도를 가지고 추진될 뿐만 아니라 시행 과정에서도 상당한 물적 및 인적 자원이 투입된다. 현실적으로도 일들이 진행과정에서 여러 가지 뜻밖의 상황이나 조건 그리고 예기치 않은 사건의 발생 등으로 인해 원래 계획했던 대로 추진되지 못하는 경우도 빈번하다. 그렇기 때문에 정책이나 프로그램 또는 사업을 실시하는 기관이나 기타 관련 이해당사자들은 그러한 정책이나 프로그램이 과연 제대로 진행되고 있는지 또는 결과적으로 소기의 목적을 어느 정도 달성했는지에 대해 알기를 원한다. 이러한 이유로 시행되고 있거나 시행이 끝난 정책이나 프로그램에 대해 본래의 목적과 취지의 달성에 관한 효과성을 측정하고 판단하는데, 이러한 과정이나 작업을 평가라고 한다.

평가의 대상은 정책과 프로그램에만 한정되어 있지 않다. 효과성을 알아보고자 하는 모든 과업, 업무, 사업, 활동 그리고 일을 수행하는 개인, 부서, 기관과 제품에 이르기까지 평가의 대상은 매우 다양하다. 예를 들어, 학생들이 강의를 수강하고 나서 치루는 시험도 하나의 평가이며 학점은 평가의 결과이다. 일반적으로 설명이 목적인 연구는 현상에 관한 사실의 발견과 이해에 연구의 초점이 두어져 있는데 비해 평가가 목적인 연구는 주로 사실과 기준을 비교하여 판단하고 그 결과를 응용하는 데 연구의 주안점이 두어져 있다.

3 과학의 발전

과학의 목표는 지식을 축적하는 것이다. 오랫동안 과학자들은 이러한 지식의 축적을 시간이 지남에 따라 발명과 발견을 통해 과학적인 지식이 점진적으로 누적되어 가는 과정으로 보았다. 즉 과학은 기존의 지식에 새로운 지식이 더해지면서 선형적으로 발전해나간다는 것이다. 하지만 미국의 과학사학자인 쿤(Kuhn, 1970)은 과학의 발전에 대한 이 같은 전통적 관점에 도전하는 새로운 이론을 제시하였다. 그에 따르면 과학은 정상과학(normal science)과 혁명과학(revolutionary science)으로 구분되며 과학의 발전은 정상과학에서 혁명과학으로 패러다임(paradigm)이 변하면서 급진적으로 이루어진다.

1) 패러다임

패러다임의 사전적 의미는 기본적인 유형이나 모델을 나타낸다. 이러한 의미에 바탕을 두고 쿤은 과학세계에서 패러다임이 가질 수 있는 새로운 의미를 부여하였다. 쿤에 따르면 과학적인 패러다임은 어느 특정한 시기의 과학공동체가 연구활동을 하는 데 있어 근거를 두고 있는 보편적으로 인정된 근본적인 모델이나 준거틀이다. 여기서 연구활동은 과학자들이 무엇을 관찰하고 질문하며, 어떻게 물어보고 관찰하며, 결과를 어떻게 해석하는가 등의 모든 과학적 활동을 포함한다.

패러다임은 아주 근본적인 준거틀인 만큼 과학세계에서 실제적으로 사용하거나 적용하는 법칙이나 이론도 패러다임에 근거해서 나온 것들이다. 자연과학에서 사용해왔던 패러다임의 예로 코페르니쿠스의 지동설, 다윈의 진화론, 뉴튼의 만유인력 법칙, 아인슈타인의 상대성 원리 등을 들 수 있겠다.

2) 정상과학

정상과학은 특정한 과학적 패러다임을 전적으로 수용하고 그러한 지배적 패러다임 내에서 문제해결(puzzle-solving)식으로 이루어지는 과학적 연구활동을 일컫는다. 정상과학의 시기에서 과학자들은 사용하는 개념과 이론의 가정이나 근거 그리고 연구방식과 의사소통 수단에 대해 의문을 제기하지 않는다. 이것들은 이미 지배적인 패러다임에 의해 특징지워져 있고 인정되어 있다. 과학자들은 단지 기존의 패러다임 내에서 해답을 찾아낼 수 있다고 여겨지는 문제를 대하면서 그 답을 찾아내려고 노력한다. 과학적인 활동의 유형도 주로 기존의 패러다임이나 이론에 대한 일상적인 입증과 확증이다. 기존의 패러다임에 어긋나는 결과나 발견은 그 패러다임을 반박하는 증거로 인정되기보다는 그러한 결과나 발견을 이루어낸 과학자의 실수로 간주되는 경향이 있다.

이러한 과학적 활동은 기존의 사회제도에 의해 유지되고 강화된다. 예를 들어, 대부분의 교재는 기존의 개념과 이론체계를 소개할 뿐만 아니라 과학적 관행, 탐구할 문제의 종류, 사용할 개념과 가설 및 연구방법 등도 기존 패러다임 내에서 규정한다. 이러한 교재의 사용을 통해 사회화된 학생과 예비 과학자들은 기존의 패러다임에 의해 안내되는 과학공동체로 진입해 들어간다. 결과적으로 정상과학은 개념과 이론이 안정된 시기라고 할 수 있다.

3) 혁명과학

정상과학과 대조적으로 혁명과학은 기존의 패러다임에 도전하며 급격하게 등장하는 경쟁과학을 일컫는다. 정상과학을 성립시켜주는 하나의 패러다임이 다른 패러다임으로 교체

되는 것은 과학공동체에 있어 혁명이나 다름없다. 왜냐하면 패러다임 교체(paradigm shift)는 과학적 관행, 개념, 이론, 방법론, 문제의 종류, 해결방식 등 과학의 모든 측면이 바뀌는 것을 의미하기 때문이다.

그런데 정상과학이 매우 탄탄하게 체계화되어 있고 과학공동체가 지배적인 패러다임으로 제도화되어 있다면 어떻게 패러다임의 변화가 일어날 수 있는가? 패러다임의 변화는 이상(anomaly)을 가진 발견에 의해 초래된다. 정상과학은 참신한 사실이나 이론을 발견하기보다는 기존의 패러다임의 입증을 목표로 한다. 하지만 과학적 연구를 통해 기존 패러다임이 지니고 있는 측면과 의미를 보다 다양화하고 또 경계를 넓히는 과정에서 기존 패러다임의 검증력은 약화되고 대신 기존 패러다임에 어긋나는 새롭고 기대하지 않았던 현상들이 발견되기 시작한다. 이 같이 기존 패러다임에 부합하지 않는 현상은 이상현상이다. 계속된 연구과정을 통해 이러한 이상현상이 지속적으로 발견되면 과학자들은 이상현상에 주목하고 이것의 존재를 인식하게 된다. 이에 따라 과학자들은 이러한 이상현상을 탐구하고, 이해하고, 설명하려는 시도를 하게 되고 이 과정에서 기존의 패러다임에서 벗어나는 새로운 개념과 이론들이 만들어진다.

한편, 이러한 새로운 시도는 원활하게 점진적으로 진행되지 않는다. 기존의 패러다임을 지키고 유지하려는 측이 저항하면서 과학공동체는 기존 패러다임의 지지자들과 새로운 패러다임 지지자들 간에 갈등을 빚는 상황을 겪는다. 이러한 변천 과정은 방향을 잃은 연구, 목적이 없는 입증, 우연적인 발견을 동반한 혼란과 불확실성으로 특징되며 이러한 특징은 패러다임 변화의 시기, 과정, 형태에 중요한 영향을 미친다. 하지만 새로운 패러다임이 기존 패러다임에 부합하는 정상현상뿐만 아니라 부합하지 않는 이상현상까지 포함하는, 즉 기존 패러다임을 초월하는 설명력과 설명영역을 가지면서 기존 패러다임은 급격히 소멸하게 되고 대신 새로운 패러다임이 과학공동체에 자리잡게 된다.

패러다임 변화는 새로운 패러다임이 모든 기존의 이상현상을 기대되는 정상현상으로 바라볼 수 있는 수준으로 발전할 때 비로소 완성된다. 이때가 되면 과학자들은 현상을 이전과는 다른 새로운 관점 즉 새로운 패러다임에서 바라볼 수 있게 된다. 패러다임이 바뀜에 따라 새로운 패러다임에 바탕을 둔 새로운 개념, 이론, 연구방식이 발전한다. 마침내 새로운 패러다임이 기존 패러다임을 대체하고 과학공동체에서 지배적인 패러다임의 지위를 차지하면 또다시 정상과학의 시기가 시작된다.

4) 사회과학과 패러다임

과학의 변천에 대한 쿤의 관점은 과학사에 있어 새로운 패러다임이라고 할 수 있다. 하지만 쿤의 설명을 모든 과학에 일반화하는 데에는 한계가 있다. 사회과학자들도 사회현상과 인간의 행동을 연구하기 위해 오랫동안 다양한 패러다임을 개발해왔다. 하지만 사회과학에 있어 패러다임의 변화는 자연과학과는 다른 측면을 지니고 있다. 자연과학에서 패러다임의 변화는 기존 패러다임의 소멸을 의미하며 새로운 패러다임의 탄생은 과학의 진보로 여겨진다. 천동설에서 지동설로 패러다임이 바뀐 이후에 오늘날 천동설은 아무도 믿지 않는다. 하지만 사회과학에서 새로운 패러다임이 탄생하는 패러다임의 변화가 있다고 하더라도 기존의 패러다임이 사라지는 일은 좀처럼 나타나지 않는다. 사회의 안정과 유지의 측면을 강조하는 기능론이 나타난다고 해서 사회의 갈등과 변화의 측면을 강조하는 갈등론이 소멸되지는 않는다.

사회과학에 있어 패러다임들이 유행을 타기는 하더라도 하나가 없어지고 하나가 새로 나타나는 영합(zero-sum)식의 패러다임 변화는 거의 없다. 오히려 사회과학의 다양한 패러다임들은 다양한 관점을 제시하며, 각각의 관점은 다른 관점이 무시한 사회의 중요한 측면을 밝혀내며 다른 관점에서 결여된 통찰력을 제시하기도 한다(Babbie, 2021).

2 연구의 요소

제2장

1. 개념
2. 변수
3. 가설
4. 이론
5. 모형
6. 관계
7. 이론과 연구

제2장

연구의 요소

믿을만한 지식은 과학적으로 나온 증거에 기반을 두고 있다. 과학자들은 이러한 증거를 과학세계에서 일반적으로 받아들이고 있는 논리적 틀과 방법을 통해 획득한다. 이러한 틀과 방법은 과학적 연구의 기본적인 구성요소일 뿐만 아니라 실제의 연구활동에 필요한 중요한 도구로서, 추상적인 생각을 구체적인 현상으로 전환시켜 줄 뿐만 아니라 경험적인 자료를 일반적인 이론에 접목시켜 주기도 한다. 과학적인 세계에서 사용하는 기본적인 논리적 요소로 개념(concept), 변수(variable), 가설(hypothesis), 이론(theory), 모형(model), 관계(relation)가 있다.

1 개념

일반적으로 과학은 개념의 형성과 함께 시작한다. 개념은 어떤 대상이나 대상의 특성, 혹은 어떤 현상을 나타내는 추상적인 생각이다. 학자들에 따라, 객관적인 현상에 대한 생각은 개념, 주관적인 현상에 대한 생각은 구성개념(construct) 또는 구상이란 말로 구분하기도 한다. 개념은 보건, 평등, 윤리처럼 직접적으로 관찰할 수 없는 것들도 있고 병원, 의사, 간호사처럼 쉽게 관찰할 수 있는 것들도 있다. 모든 과학적 학문은 나름대로의 개념체계를 발전시킨다. 개념은 연구에서 다음과 같이 여러 가지 중요한 역할들을 수행한다.

1) 의사소통의 기본

개념은 사람들 간의 의사소통에 있어 기본적인 요소가 된다. 만약 공유된 개념이 없다면 사람들, 특히 학자들 서로 간의 의사소통은 불가능하게 된다. 개념은 감각으로부터 추상화된 것이다. 하지만 개념은 경험적인 현상이 아니며 실제에는 존재하지 않는다. 즉, 개념은 현상 그 자체가 아니라 현상을 나타내는 상징이다. 사람들은 이 상징을 통해 상징이 의미하는 바를 전달한다.

2) 관점 제공

개념은 경험적인 현상을 바라보는 방법이라고 할 수 있는 관점을 제공해준다. 지각된 세계는 추상화과정을 거치면서 질서를 갖추고 통합된 개념으로 발전한다. 과학자들은 이러한 개념을 가지고서 현실의 무한한 측면들 가운데 개념과 관련된 의미있는 것들을 경험하고 지각하며, 또한 이것들에 공통의 특성을 부여한다. 예를 들어, 의자에 대한 개념을 가지고 있는 사람만이 수많은 사물들 중에서 의자를 인지해낼 수 있다.

3) 분류와 일반화를 위한 수단

개념은 분류와 일반화를 위한 수단이 된다. 과학자들은 개념을 통해 그들의 관찰과 경험을 범주화하고 구조화하며 또 일반화시킨다. 예를 들어, 나무라는 일반적인 개념에 근거해 소나무, 감나무, 사과나무, 은행나무 등과 같은 각기 다른 나무들에서 '나무'라고 하는 공통적인 속성을 파악해내어 그러한 나무들을 나무라 하고 하나의 범주로 분류해서 이해할 수 있다.

4) 이론의 기본적인 구성요소

개념은 이론의 기본적인 구성요소가 된다. 개념이 체계적이고 논리적으로 연결되어 이론이 형성된다. 더불어 개념은 이론의 형태와 내용을 규정하기 때문에 어느 이론에서나 가장 중요한 역할을 수행한다. 예를 들어, 경제학의 가격이론은 시장에서 한 제품의 수요와 공급이 한 점에서 만나게 되어 균형을 이루게 될 때 가격이 결정된다고 주장한다. 이때 수요는 소비자들이 일정기간 동안 주어진 가격에서 구입할 의사와 능력이 있는 어떤 재화나 서비스의 구체적인 양으로, 그리고 공급은 공급자들이 주어진 가격 수준에서 일정기간 동안 팔 의사와 능력이 있는 양으로 개념이 정의될 수 있다. 결국, 가격이론은 수요와 공급의 개념이 체계적이고 논리적인 방식으로 연결되어 형성된 것이다.

5) 지식의 축적과 확장

개념은 지식의 축적이나 확장을 보다 손쉽게 해주거나 또는 가능하도록 해준다. 대부분의 현상이나 대상은 우리가 직접적으로 접하거나 마음대로 다룰 수 없다. 하지만 우리는 개념을 통해 이러한 현상이나 대상을 언어나 기호로 표시함으로써 이러한 현상이나 대상에 대한 지식을 간단하고 용이하게 축적할 수 있다. 이 때 개념은 지식을 축적할 수 있는 저장 용량의 단위로 기능을 하게 된다. 덧붙여 이미 확립된 개념들을 기초로 하여 새로운 개념체계를 창조해냄으로써 지식의 확장을 꾀할 수 있고 나아가 이론을 발전시킬 수 있다.

2 변수

변수는 어떤 현상이나 대상이 상이한 조건들에 따라 상이한 값이나 종류를 갖거나 또는 변하는 특성이나 측면을 말한다. 변수는 최소한 두 개 이상의 값이나 종류를 갖는다. 예를 들어, 성(sex)이라는 변수는 남자와 여자의 두 종류로 이루어져 있으며, 사회적 계급이라는 변수는 상층계급, 중간계급, 하층계급, 또는 더 세분화시켜 나눌 수가 있고, 나이라는 변수는 수십 종류 이상의 값을 가질 수 있다. 일반적으로 과학자들은 변수 또는 변수들 간의 관계에 관심을 갖고 연구를 한다.

한편, 변수가 가지고 있는 값이나 종류는 어떤 대상이나 현상을 기술하는 특징이나 성질을 나타내기 때문에 이것들을 달리 속성(attribute)이라고 부르기도 한다. 예를 들어, '여자', '20세', '대학생'은 각각 성, 나이, 직업이라고 하는 변수의 값이자 어떤 대상(사람)을 나타내는 속성이기도 하다.

변수가 포함하고 있는 값들, 종류들, 속성들은 그냥 아무렇게나 모아지지 않는다. 이것들은 어떤 기준에 의해 논리적이고 체계적인 방식으로 모아져서 변수를 이룬다. 성이라고 하는 변수가 갖는 남자와 여자라고 하는 값들은 신체적인 특징이나 생물학적인 성염색체에 의해 구분되어 있으며, 사회적 계급이라고 하는 변수가 갖는 상층계급, 중간계급, 하층계급이라고 하는 값들은 중요한 사회경제적 지표들에 의해 분류되어 있다.

변수는 연구목적상 또는 연구과정에서 그 쓰임새에 따라 독립변수(independent variable)와 종속변수(dependent variable), 통제변수(control variable), 매개변수(intermediate variable), 조절변수(moderating variable), 억제변수(suppressor variable), 왜곡변수(distorter variable), 선행변수(antecedent variable), 잠재적 변수(latent variable)와 명시적 변수(manifest variable), 내생변수(endogenous variable)와 외생변수(exogenous variable), 연속변수(continuous variable)와 이산변수(discrete variable)로 나눠진다.

1) 독립변수와 종속변수

연구에서 어떤 변수들은 다른 변수들에게 영향을 준다. 이 때 영향을 주는 변수들을 독립변수라고 하며, 영향을 받는 변수들을 종속변수라고 한다. 경우에 따라 독립변수를 예측변수(predictor variable), 설명변수(explanatory variable), 원인변수(cause variable)로 종속변수를 기준변수(criterion variable), 반응변수(response variable), 결과변수(effect variable)로 부르기도 한다. 독립변수는 설명하는 변수로서 종속변수의 값이 변하는 원인으로 가정된다. 종속변수는 설명되어지는 변수로서 독립변수의 결과로 기대되어 진다. 예를 들어, 사회적 계급이 자녀양육방식에 대해 어떻게 영향을 주는가에 대한 연구에서는 사회적 계급이 독립변수이며 자녀양육방식이 종속변수이다. 그러나 자녀양육방식이 학교성적에 대해 어떻게 영향을 주는가에 대한 연구에서는 자녀양육방식이 독립변수, 학교성적이 종속변수가 된다.

앞에 예로 들은 두 연구들에서 자녀양육방식은 첫 번째에서는 종속변수이지만 두 번째에서는 독립변수이다. 이와 같이 어떤 변수의 고유한 특징이나 성질 그 자체가 독립변수나 종속변수의 위치를 결정짓지는 않는다. 어떤 변수가 독립변수가 되느냐 종속변수가 되느냐는 특정한 연구에서 그 변수가 행하는 역할에 의존한다. 사실, 대부분 연구의 주목적은 독립변수와 종속변수 사이에 놓인 관계를 발견하는 데 있다.

2) 통제변수

통제변수는 연구에서 변수들 간의 관계에 혼동을 가져다 줄 수 있기 때문에 연구자가 임의로 통제하는 변수 또는 요인을 말한다. 연구자는 통제변수를 조종함으로써 그것이 독립변수나 종속변수에 미칠 영향을 제거한다.

경험적인 연구에서 통제변수는 독립변수와 종속변수간의 관계가 거짓관계(spurious relation) 또는 허위관계인지 아닌가를 검증하는데 사용된다. 만약, 관계있다고 여겨지는 변수들의 영향력이 다 제거(혹은, 통제)되고 나서도 설정된 독립변수와 종속변수간의 경험적인 관계가 계속 유지된다면 그 관계는 거짓관계가 아니라고 할 수 있다. 이것은 관찰된 관계가 우연히 또는 독립변수와 종속변수에 영향을 주는 다른 어떤 현상에 의해 생겨나지 않았음을 의미한다.

통제변수의 사용과 관련된 예를 한번 살펴보기로 하자. 먼저, 어떤 사람이 소방관들의 수가 화재피해액과 관련되어 있음을 관찰했다고 하자. 외관상으로는 소방관들이 화재 현장에 많이 출동할수록 화재 피해액은 커지기 마련이다. 하지만 이 경우, 소방관들이 화재피해의 원인이 아님은 분명하다. 대신, 화재피해액은 현장에 출동한 소방관들의 수가 아니라 화재의 규모라고 하는 다른 변수(통제변수)에 의해 설명되어야 한다. 화재의 규모가 크니까 소방관들도 많이 출동하고 화재피해액도 커지는 것이다.

다른 예로서, 폭력범죄수는 통계적으로 계절과 관계가 있다. 일반적으로 폭력범죄는 겨울보다 여름에 더 많이 발생한다. 이 경우에도 여름이라고 하는 계절 그 자체가 폭력범죄를 일으키는 것은 아니다. 이보다는 사회적 상호작용의 증가라고 하는 독립변수(통제변수)가 폭력범죄라고 하는 종속변수의 발생에 영향을 주어서 이런 결과가 나타난 것이다. 사람들은 추운 겨울보다는 따뜻한 여름에 집밖으로 많이 나오며, 그래서 사람들 간의 상호작용이 여름에 더 증가하게 되고, 이에 따라 여름에 사람들 간의 접촉과 싸움이 더 많아지게 되는 것이다. 과학자들은 이와 같은 거짓관계를 받아들이는 오류를 줄이기 위해 통제변수를 사용한다. 통제변수의 사용은 관찰된 관계가 우연이 아니라 실제라는 확신을 높여준다.

3) 매개변수

매개변수는 독립변수와 종속변수 사이에 존재하며 독립변수의 결과인 동시에 종속변수의 원인이 되는 변수를 일컫는다. 즉, 독립변수 A와 종속변수 C 간의 인과관계가 어떤 변수 B에 의해 매개될 때 변수 B는 매개변수가 된다. 연구자는 종속변수와 독립변수 간의 관계를 직접적으로 설명하기 보다는 이들 변수 간에 새로운 변수를 개입시켜 설명하는 것이 종속변수와 독립변수 간의 관계를 보다 잘 설명할 수 있다고 판단될 경우 매개변수를 개입시킨다. 예를 들어, 부모의 사회경제적 지위와 자녀의 학업능력 간의 인과관계에서 부모의 사회경제적 지위가 자녀의 학업능력에 직접적으로 영향을 미치는 것이 아니라 자녀 양육방식을 경유해서 영향을 미친다고 주장할 경우 이 때 자녀 양육방식은 매개변수가 된다.

4) 조절변수

조절변수는 독립변수와 종속변수 간에 관계의 방향이나 강도에 영향을 주는 변수이다. 예를 들어, 사회경제적 지위와 건강검진 횟수와의 관계에서 나이가 조절변수가 될 수 있다. 왜냐하면 사회경제적 지위와 건강검진 횟수와의 관계는 나이가 많은 층에서는 강하게 나타나지만 젊은 층에서는 약하거나 거의 나타나지 않을 수 있기 때문이다. 또다른 예로서 사회연결망서비스(SNS)의 사용과 외로움 간의 관계에서 나이가 조절변수가 될 수 있다. SNS의 사용과 외로움의 관계는 젊은 층에서 강하게 나타나지만 노인층에서는 별로 나타나지 않기 때문이다. 조절변수는 독립변수와 종속변수의 관계를 상황에 따라 변화시킴으로 인해 상황변수(contingency variable)라고도 한다.

5) 억제변수

억제변수는 어떤 두 변수에 대해 한 변수에 대해서는 긍정적으로 연관되어 있는 반면 다른 한 변수에 대해서는 부정적으로 연관되어 있어 이들 두 변수 간의 관계를 억제하거나 숨기는 변수를 말한다. 이들 두 변수 간의 진실한 관계는 억제변수를 통제함으로써 밝혀질 수 있다.

예를 들어, 의료기관 방문횟수와 건강수준 간의 긍정적인 관계를 가정하고 조사를 실시했는데 조사결과 긍정적인 관계가 나타나지 않았다고 하자. 이 경우 나이 변수는 건강수준과는 역으로 연관되어(나이가 많을수록 건강수준은 낮아진다) 있고, 의료기관 방문횟수와는 정으로 연관되어(나이가 많을수록 의료기관 방문횟수는 늘어난다) 있을 수 있다. 다시 말해 나이가 적을수록 건강수준은 높아지지만 의료기관 방문횟수는 줄어드는데 비해 나이가 많을수록 건강수준은 낮아지지만 의료기관 방문횟수는 늘어나는 경향이 있다. 이 같은 복합적인 관계가 의료기관 방문횟수와 건강수준 간의 긍정적인 관계를 상쇄시켰을 수 있다. 만약 나이 변수를 통제하면, 즉 연령대별로 의료기관 방문횟수와 건강수준 간의 관계를 조사해보면 이들 두 변수 간의 긍정적인 관계가 나타날 수 있을 것이다.

6) 왜곡변수

왜곡변수는 변수들 간의 긍정적인 관계를 부정적인 관계로 또는 부정적인 관계를 긍정적인 관계로 전환시켜 보이도록 하는 제3의 변수를 말한다. 예를 들어, 이론적으로나 실제적으로 기혼자에 비해 미혼자의 자살률이 높다. 이는 가족이라고 하는 집단을 이루어 사는 기혼자가 홀로 사는 미혼자에 비해 사회적 통합력이 높아서 독단적으로 결정하는 자살을 덜 선택하기 때문이다. 하지만 단순한 자료를 가지고 자살률을 비교해보면 예상과는 반대로 미혼자보다 기혼자의 자살률이 높게 나타나는 경우가 있다. 이러한 결과가 나오는 이유는 연령이라고 하는 왜곡변수가 작용하기 때문이다. 일반적으로 자살은 나이가 많은 사람일수록 특히 경제적으로나 정서적으로 어려움을 많이 겪는 노년층에서 증가하는 경향이 있다. 이에 따라 연령을 고려하지 않으면 당연히 나이가 많은 사람들이 몰려 있는 기혼자들에게서 자살률이 높게 나올 수밖에 없는 것이다. 그래서 연령대별로 미혼자와 기혼자를 나누어 자살률을 서로 비교해보면 대체적으로 모든 연령대에서 기혼자보다 미혼자의 자살률이 높게 나타나게 된다.

7) 선행변수

선행변수는 독립변수와 종속변수에 앞서 발생하면서 독립변수에 유의미한 영향을 주는 변수이다. 선행변수가 통제되더라도 독립변수와 종속변수의 관계는 유지되지만 독립변수가 통제되면 선행변수와 종속변수 간의 관계는 사라진다. 예를 들어, 여가시간(독립변수)이 행복감(종속변수)에 영향을 줄 수 있는데, 이러한 관계에서 제3의 변수인 직장에서의 근무시간이 선행변수가 될 수 있다. 직장에서의 근무시간이 적을수록 여가시간이 증가하고, 여가시간이 증가하면서 행복감이 클 수 있다. 이 같은 관계에서 선행변수인 근무시간이 통제되더라도 여가시간과 행복감의 관계는 그대로 유지된다. 하지만 여가시간을 통제하면 근무시간과 행복감의 관계는 나타나지 않을 수 있는데, 왜냐하면 근무시간 자체는 행복감에 유의미한 영향을 주지 않을 수 있기 때문이다. 또다른 예로 봉사활동에 대한 지식(독립변수)이 봉사에의 참여(종속변수)에 영향을 주는데, 이러한 관계에서 교육수준이 선행변수가 될 수 있다. 교육수준이 높을수록 봉사활동에 대한 지식을 보다 많이 얻을 수 있고, 봉사활동에 대한 지식이 많을수록 봉사활동에의 참여 가능성이 높아질 수 있다.

8) 잠재변수와 명시변수

잠재변수는 측정하길 바라는 이론적 변수로 이면의 기저에 숨겨져 있으며 직접적으로 관찰할 수 없다. 대신에 잠재변수는 관찰할 수 있는 다른 구체적인 변수들을 통해 추론된다.

예를 들어, 국방, 인권, 복지, 공권력, 기업활동 등에 대한 사람들의 태도를 측정하거나 관찰하다 보면 보수주의나 자유주의와 같은 잠재변수를 설정함으로써 설명될 수 있는 어떤 내재적인 유형을 발견할 수 있게 된다.

명시변수는 실제로 측정이나 관찰이 되는 변수로서 잠재변수의 존재를 나타내준다. 예를 들어 지적 능력이라고 하는 잠재변수는 직접적으로 관찰할 수는 없지만 어휘성적, 작문성적, 수학성적, 추리성적 등과 같은 명시변수를 통해 가정할 수 있다. 명시변수는 관찰변수(observable variable) 또는 지표변수(indicator variable)라고도 한다.

9) 내생변수와 외생변수

내생변수는 연구되고 있는 인과적 모형을 이루고 있는 변수로서 모형 안의 다른 변수들에 의해 결정된다. 그렇기 때문에 내생변수는 종속변수 또는 결과변수와 유사하다. 예를 들어, 작물의 수확량이 씨앗, 비료, 노동력, 농사기술, 토질, 기온, 관개에 의해 결정되는 농사모형에서 수확량은 내생변수이다. 외생변수는 모형 외부에 존재하는 변수나 요인으로 연구되고 있는 인과적 모형의 변수들에 의해 영향받지 않으면서 모형의 종속변수에 영향을 준다. 그렇기 때문에 외생변수는 독립변수 또는 원인변수라고도 한다. 예들 들어, 강수량은 앞의 농사와 작물수확 과정을 구성하는 인과적 모형에서 모형 외부에 존재하며, 또한 모형 내부의 변수들과는 독립되어 있기 때문에 외생변수이다.

내생변수는 모형의 외부에서 그 움직임 또는 수치가 결정되는 외생변수가 주어지면 그에 의존하여 결정된다. 즉 외생변수가 변하면 내생변수도 변한다. 이 의미에서는 외생변수를 모형에의 투입(input), 내생변수를 모형으로부터의 산출(output)로 볼 수가 있다. 하나의 모형에 대하여 어떤 변수가 외생인가 또는 내생인가 하는 구별은 일률적으로 결정되는 것이 아니라 모형의 성질에 따라서 변화한다. 예를 들어, 기후모형에서는 강수량이 내생변수가 될 수 있다.

10) 연속변수와 이산변수

연속변수는 최소의 단위가 없는 변수이다. 길이가 연속변수의 한 예인데 왜냐하면 길이는 정확하게 구별이 될 수 있는 최소한의 단위가 없기 때문이다. 길이는 내부적으로 끊임없이 연결되어 있어 어떤 값과 그 값 다음으로 크거나 작은 값을 구분하여 별개로 나눌 수 없다. 시간은 연속변수의 또다른 예이다. 연속변수는 자나 시계와 같은 도구를 사용하여 측정한다. 길이의 경우, 10센티미터인 물체가 있을 수 있고 10.1센티미터인 물체가 있을 수 있고 10.1111111센티미터인 물체가 있을 수 있는 등 무한대로 세밀하게 구분된 길이의 값이 있을 수 있다.

이산변수는 최소의 단위를 가지고 있어 한 단위가 다른 단위와 분명하게 구분될 수 있다. 현금보유액은 이산변수의 예인데 왜냐하면 현금은 최소한의 단위가 분명히 있기 때문이다. 현금보유액으로 1원, 2원, 100만원, 1억6원 등은 있지 1.4원, 300.342원은 없다. 현금보유액의 경우 현금의 가장 작은 단위인 1원 미만의 단위로 구분될 수가 없다. 자녀수도 이산변수의 또다른 예인데, 왜냐하면 자녀수의 최소 단위는 1명이기 때문이다. 가족은 자녀수를 0명, 1명, 2명, 3명 등을 가질 수 있지 0.5명, 1.5명을 가질 수는 없다. 통계적으로 자녀수 1.8명, 가구당 자동차 보유대수 1.2대와 같은 표현이 있을 수 있는데 이 숫자들은 산술적 계산의 산물이지 실제적인 측정단위는 아니다.

3 가설

가설은 두 개 이상의 변수들이 어떻게 관련되어 있는가, 혹은 한 개 또는 그 이상의 변수들이 조건이나 상황에 따라 어떻게 변할 것인가에 관한 진술이다. 가설은 이론으로부터 연역적으로 추론될 수 있거나 관찰에 의해 직관적으로 나올 수 있으며, 또한 이 두 방법을 다 사용해서 설립될 수도 있다.

가설은 주어진 연구문제나 주제에 대해 시험적으로 내놓은 답이다. 가설이 제시될 때 연구자는 그것이 확증이 될지 안될지 알 수 없다. 가설은 확증되기 위해 경험적으로 검증을 받아야 한다. 만약 검증에 의해 거부되면 다른 가설이 제시되고, 또 만약 검증에 의해 수용이 되면 그것은 과학적인 지식체계 안으로 들어오게 된다.

연구과정에서 가설이 역할을 제대로 수행하기 위해서는 다음과 같은 특성을 지녀야 한다 (Nachmias, 2000).

(1) 명료해야 한다.

가설을 경험적으로 검증하기 위해 가설에 포함된 모든 변수는 관찰, 측정, 반복이 가능하도록 분명하게 규정되어야 한다.

(2) 구체적이어야 한다.

가설은 변수들 사이에서 발견될 걸로 기대되는 관계를 관계의 방향 및 이러한 관계를 성립시켜주는 조건에 의해 구체적으로 나타내야 한다.

(3) 이용 가능한 조사방법에 의해 경험적인 검증이 가능해야 한다.

검증할 수 있는 조사방법이 있어야 가설은 검증될 수 있다.

(4) 가치중립적이어야 한다.

객관적인 과학적 연구를 위해 연구자가 자신의 가치, 편견, 주관적 선호를 연구과정에 개입시켜서 안되는 만큼 가설에도 연구자의 주관적인 가치와 편견이 포함되어서는 안된다.

4 이론

이론은 두 가지 이상의 현상들이 어떻게 관련되어 있는가를 설명하는 체계적인 진술이다. 이론은 여러 개념들이 관련을 맺어 이루어질 수 있으며, 또 일련의 가설들이 귀납적이거나 연역적인 방법을 통해 논리적으로 연결되어 이루어질 수도 있다. 과학세계에서 사용하는 이론은 엄정한 검증방식을 통해 경험적으로 확증된 진술이다. 이에 비해 일반인이 사용하는 이론은 입증되지 않았거나 추정적으로 제시되는 진술인 경우가 많다. 과학적인 이론은 또한 경험적으로 입증되고 현상 일반에 적용된다는 측면에서 개별적인 사안에 국한되어 있고 입증되지 않은 가설과도 구별된다.

이론의 중요한 가치는 과학자들로 하여금 당장에 연구되고 있는 대상을 넘어서 같은 속성을 지니고 있는 많은 다른 현상들을 일반화시킬 수 있게끔 해주는 데 있다. 이를 통해 이론은 연구되고 있는 현상을 설명해주고 또한 새로운 사실을 예측하도록 도와준다. 예를 들어, 프랑스의 사회학자 뒤르켐(Durkheim)은 개인이 사회집단에 얼마나 통합되어 있는가의 정도가 자살에 영향을 줄 수 있다는 사회통합이론을 제시하였다. 그는 이러한 이론에 근거해 상대적으로 사회통합의 정도가 약하고 개인주의가 강한 미혼자 집단이 기혼자 집단보다 자살률이 높다는 사실뿐만 아니라 같은 조건인 기독교의 개신교 집단이 천주교 집단보다 자살률이 높은 사실도 설명할 수 있었다.

5 모형

모형은 보통 경험적인 현상을 상징하는 개념으로 이루어진 요소들이나 변수들 및 이들 요소나 변수 간의 관계가 논리적으로 연결되어 배열된 체계이다. 그러므로 모형은 현상의 기본적인 특성을 추상적인 형태로 나타내면서 현상을 바라보는 관점을 정리하고 단순화시키도록 도와준다. 과학자들은 종종 이러한 모형을 사용하여 연구의 개념적인 조직체계를 제공하려고 시도한다.

모형은 일반적인 의미 그대로 어떤 실제적인 것과 유사한 것으로 간주될 수 있다. 예를 들어, 공학자들은 미래에 생산할 자동차, 비행기, 기계를 그대로 형상화해서 모형을 제작한다. 그렇기 때문에 공학자들은 마치 진짜 완성품을 대하는 것처럼 이들 모형을 대상으로 여러 가지 기능, 성능, 구조에 대해 실험이나 검사를 하며 평가한다. 마찬가지의 방식으로 과학자들은 연구하고자 하는 현상과 연관되는 것으로 간주되는 현실세계의 주요 측면들을 선정한 다음 그러한 측면들 간의 의미있는 관계들을 설정하여 모형을 완성한다. 이러한 모형의 타당성은 경험적인 자료에 의해 검증된다.

6 관계

연구에 있어서 관계는 두 개 이상의 현상 또는 변수들 사이에 어떤 관련성이 존재함을 의미한다. 변수 X와 변수 Y가 관계가 있다면, 이것은 이 두 변수들에게 공통적인 뭔가가 있다는 것을 의미한다. 관계를 설정하는 것은 어떤 현상이나 사실에 관해 과학적인 설명과 예측을 하는 데 있어서 가장 기본적인 단계이다. 관계는 그 속성에 따라 크게 상관관계(correlation)와 인과관계(causal relation)의 두 가지 유형으로 분류될 수 있다.

1) 상관관계

두 개 또는 그 이상의 변수들이 서로 같이 변하는 관계를 상관관계라고 한다. 상관관계는 그것이 변하는 방향에 따라 두 가지 종류로 나눌 수 있다.

(1) 정의 상관관계

한 변수의 값이 증가(또는 감소)함에 따라 다른 변수의 값도 같은 방향으로 증가(또는 감소)하게 되면 이 두 변수들은 정의 상관관계(positive correlation)를 가진다. 예를 들어, 교육년수와 소득은 정의 상관관계에 있다. 일반적으로 학교 교육년수의 증가는 소득의 증가를 가져온다.

(2) 역의 상관관계

한 변수의 값이 증가(또는 감소)함에 따라 다른 변수의 값이 반대의 방향으로 감소(또는 증가)할 때 이 두 변수들은 역의 상관관계(negative correlation)를 가진다. 일반적으로 백신접종은 질병발생의 가능성을 떨어뜨린다. 따라서 백신접종과 질병발생은 역의 상관관계를 가진다. 또다른 예로, 노는 시간과 성적은 역의 상관관계를 가진다. 왜냐하면 노는 시간이 많을수록 공부하는 시간이 줄어들기 때문이다.

2) 인과관계

인과관계는 한 변수가 다른 변수를 결정짓는 관계를 말한다. 만약 변수 X가 변수 Y의 원인이 되고 변수 Y가 변수 X의 결과가 된다면, 두 변수 X, Y 사이에는 인과관계가 있다고 할 수 있다. 예를 들어, 학력이 소득을 결정짓는다면, 학력과 소득 사이에는 인과관계가 있다.

일반적으로 두 변수 사이에 인과관계가 있다는 것을 결정하기 위해서는 다음 세 가지 조건을 충족시켜야 한다.

(1) 두 변수는 상관관계를 갖고 있어야 한다.

한 변수가 변할 때 인과관계가 있다고 여기는 다른 변수도 변해야 한다. 만약 한 변수가 변하는 데도 불구하고 다른 변수가 변하지 않는다면 이들 두 변수는 인과관계는커녕 아무런 관계도 없다.

(2) 독립변수는 종속변수보다 시간적으로 앞서 발생해야 한다.

독립변수는 원인인 만큼 결과인 종속변수보다 시간적으로 먼저 발생해야 한다. 두 변수의 시간적 발생순서가 분명하지 않거나 '닭이 먼저냐? 달걀이 먼저냐'식의 순환론에 빠지게 되면 두 변수 간의 인과관계는 밝히기 어렵다.

(3) 두 변수에게 영향을 주어 거짓관계가 나오도록 하는 제3의 다른 변수가 없어야 한다.

만약 관련된다고 여겨지는 다른 변수들을 통제했을 경우에도 불구하고 이들 두 변수 사이의 관계가 계속 유지된다면 이들 두 변수의 인과적 관계는 허위적이 아니다. 하지만 다른 변수들을 통제했을 경우 이들 두 변수 사이의 관계가 무의미하게 변하거나 사라진다면 이들 두 변수 사이의 관계는 우연적이거나 허위적이다.

7 이론과 연구

과학적인 지식은 논리적인 타당성과 경험적인 사실에 근거하고 있다. 다시 말해, 과학자들은 한편으로 개념적이고 이론적인 그리고 다른 한편으로 관찰적이고 경험적인 두 가지 서로 다른 그러면서도 불가분의 관계에 놓인 차원에서 현상과 사건에 관한 지식을 얻고자 활동하고 있다. 과학적인 지식은 바로 이러한 두 가지 차원에서 일어나고 있는 상호작용의 결과이다.

1) 연구에 대한 이론의 역할

이론은 여러가지 면에서 연구에 큰 영향을 미친다. 연구에 대한 이론의 역할을 살펴보면 다음과 같다.

(1) 이론은 연구를 안내해준다.

연구자는 이론을 통해서 무엇을 연구할 것인가에 관한 아이디어를 얻게 되고 또한 관찰한 것을 정확히 분류하고 측정할 수 있다. 일상의 개념들이 우리들이 매일매일 살아가는 방식을 규정해주듯이 과학적인 개념, 즉 이론도 마찬가지로 연구수행을 인도해준다.

(2) 이론은 연구에 적합한 조사방법을 선택하게 해준다.

만약 한 사회학자가 부부간의 갈등이 어떻게 이혼을 유발시키는가를 연구하고자 원한다면 그는 이혼당사자들로 하여금 부부갈등에 대한 그들의 생각을 진술하게 하고, 그런 다음 이것이 궁극적으로 어떻게 이혼으로 연결되었는가를 조사해야 할 것이다. 이 경우에 이혼당사자들의 몸무게나 센서스자료는 별로 도움이 되지 못한다. 다시 말해, 부부간의 갈등과 이혼에 관한 기존의 이론들은 연구자가 이런 현상들을 연구하기 위해 어떤 조사방법과 자료를 사용해야 하는가를 알려주고 있다.

(3) 이론은 연구하고자 하는 변수들의 선택과 이러한 변수들 간에 존재할 수 있는 관계들에 관한 예측이 가능하도록 해준다.

사회학자인 뒤르켐은 자살에 관한 연구에서 자살과 사회적 통합의 관계에 대한 이론을 기반으로 서로 다른 사회적 통합의 정도를 나타내는 종교나 가족관계와 같은 변수들을 설정하고 연구할 수 있었다.

(4) 이론은 우리가 행한 수많은 다양한 관찰들을 하나의 설명체계 안에 넣도록 해주는 일반적인 법칙과 개념을 제공해줌으로써 연구의 생산성을 높여준다.

2) 이론에 대한 연구의 역할

과학적인 활동에서 이론이 연구수행에 필수적이라면, 연구 또한 이론의 성립과 성공에 있어서 결정적이다. 연구가 이론에 기여하는 역할은 다음과 같다.

(1) 연구는 이론을 검증해준다.

만약 한 어떤 이론이 여러 변수들 간에 어떤 관계가 있다고 제시했다면, 실제로 그러한 관계들이 있는가를 알아보기 위해, 다시 말해 그 관계가 사실인지를 알아보기 위해 이 이론은 조사를 받을 필요가 있다. 자살과 사회통합간의 관계에 대한 뒤르켐의 자살론은 만약 이것이 경험적인 연구조사에 의해 검증되지 않았다면 인종, 기후, 유전적 요소를 강조하는 자살에 대한 당시의 다른 설명과 마찬가지로 한낱 추상적인 추측으로 밖에 남아 있지 않았을 것이다.

(2) 연구에서 나온 기대하지 않았던 또는 의도하지 않았던 발견들은 기존의 이론을 재구성하거나 또는 새로운 이론을 창출하는데 도움을 준다.

제2차 세계대전 당시 미군들의 사기를 연구한 스타우퍼 등(Stouffer et al., 1949)은 뜻하지 않게 진급률이 낮은 부대보다 높은 부대 군인들의 사기가 더 낮다는 사실을 발견했다. 연구결과, 진급률이 높은 부대에서 사람들이 자주 진급하는 상황에서는 군인들이 진급에 대해 관심이 많고 또 자신이 그만큼 빨리 진급하지 못하는 것에 대해 박탈감을 많이 느끼는 반면에, 진급률이 낮은 부대에서는 남들이 별로 진급하지 않는 상황이기 때문에 군인들은 자신들이 진급하지 못하는 것을 대수롭지 않게 생각하고 있었던 사실을 알게 되었다. 이 연구결과를 통해 이들은 "상대적 박탈감(relative deprivation)"이라는 개념을 만들어 냈다.

이와 같이, 이론과 연구는 서로 공생의 관계에 있다. 이론은 연구를 안내하고 지도해주며, 연구는 이론을 완성시켜 준다.

3 연구윤리

제3장

1. 연구윤리에 대한 이해
2. 연구윤리의 기본 원칙
3. 연구윤리의 세부 내용

제3장

연구윤리

연구결과가 아무리 우수하더라도 합법적이고 윤리적이지 않으면 사회적으로 수용될 수 없고, 그 결과는 가치를 잃게 된다. 과거에는 윤리적 기준으로 연구를 바라보는 경우가 많지 않았으나 20세기 이후에는 연구의 필수 요건이 되고 있다. 그런데, 연구윤리와 관련된 문제에는 많은 요인들이 작용하기 때문에 윤리적 문제를 해결하는 과정이 생각만큼 단순하지 않다. 어떤 경우에는 윤리적 판단기준이 각 상황이나 연구자에 따라 달라지는 경우도 발생한다. 따라서 연구자들은 연구과정에서 직면할 수 있는 윤리적 문제를 인식하고 해결할 수 있는 능력을 갖추는 노력이 필요하다. 이 장에서는 연구자가 알고 있어야 할 연구윤리의 개략적인 내용을 살펴보려고 한다.

1 연구윤리에 대한 이해

1) 윤리적 갈등

윤리(ethics)는 무엇이 옳고 그른지에 대한 기준을 제공한다. 그런데 의사결정이 필요한 대부분의 문제들은 서로 다른 관점이 존재하기 때문에 윤리적 갈등이 일어난다. 윤리적 갈등은 의사결정자의 도덕철학의 차이, 조직의 철학, 역할의 갈등, 불명확한 기준 등에 의하여 일어나며 의사결정은 결정자가 여러 상황을 어떻게 고려하느냐에 따라 다르게 나타난다 (Reich et al., 1995). 즉, 보편적인 윤리적 기준이 있지만 의사결정에 필요한 구체적인 윤리적 기준은 시대, 집단의 특성, 상황 등에 따라 차이가 있을 수 있다. 따라서 연구자들은 기본적인 연구윤리 강령을 알고 있어야 할 뿐만 아니라 연구에서 허용되는 윤리적 기준에 대한 최신 정보에도 관심을 기울여야 한다.

2) 연구윤리의 개념

윤리는 인간이 마땅히 따라야 할 도리로 연구자의 활동도 윤리로 부터 결코 자유로울 수 없다. 연구윤리(research ethics)는 과학적 연구활동과 관련된 모든 윤리이다. 그 동안의 연구윤리는 연구자에 초점을 두고 연구부정행위(research misconduct)를 주로 다루었다. 특히, 연구활동의 결과로 얻어진 지식이나 이론 또는 기술을 연구자가 발표하는 과정에서 발생하는 불법적이거나 비윤리적인 행위를 문제 삼았다. 그러나 연구윤리는 단순히 연구에서 지켜야 할 윤리강령의 차원을 넘어 연구대상자의 인권보호, 연구과정에서의 진실성(integrity) 유지, 자료관리, 논문을 발표할 때에 저자표시(authorship) 및 공로(credit) 배분, 연구실 내에서의 권위 및 차별, 연구자의 사회적 책임 등을 포함한다.

한편, 연구대상과 관련된 연구윤리의 상당부분은 임상시험의 윤리와 중복된다. 따라서 연구윤리는 임상시험의 윤리를 핵심으로 하면서 생명윤리와 밀접하게 연관되어 있다고 보아야 한다(김상득, 2011).

3) 연구윤리의 역사

(1) 외국

① 뉘른베르크강령

과거에는 연구 분야에서 윤리적인 규칙의 불충분 혹은 결핍이 중요한 문제로 인식되지 않았다. 연구자들은 개인적인 신념에 따르거나 관례적으로 많이 사용하는 연구방법을 사용하였다. 연구와 관련된 윤리적인 문제를 해결하는데 규범이나 기준 보다는 연구자의 경험이 더 중요한 지침이 되었다. 그러다가 연구윤리에 대한 관심이 본격화된 것은 제2차 세계대전이 끝난 후에 1946년 뉘른베르크(Nuremberg) 전쟁범죄인 재판 과정에서 독일의 의사와 과학자들이 실험대상자들에게 매우 큰 고통과 피해를 주는 실험을 실시했다는 사실이 알려지고 난 이후이다. 이로 인해 연구대상자에 대한 보호와 안전 및 권리의 필요성이 사회적 쟁점으로 크게 부각되고, 결과적으로는 과학연구의 윤리적 기준을 확립하는 계기가 만들어졌다.

1946년 뉘른베르크재판의 판결문에서 법원은 의학 실험이 충족시켜야 할 10가지 필수 요소를 제시하였는데, 이를 뉘른베르크강령(Nuremberg Code)이라고 부른다. 뉘른베르크강령의 세부 내용은 다음과 같다.

- 피험자의 자발적 동의가 반드시 필요하다. 피험자는 승낙을 할 수 있을 정도의 법적 능력을 가지고 있어야 하며, 폭력, 사기, 허위, 강요, 추출 또는 그 외의 어떤 형태의 압박, 강제가 아니라 자유롭게 선택할 수 있는 조건 아래에서 실시되어야 한다. 내용을 이해한 후에 틀림없는 결정을 내릴 만큼 충분한 지식과 해당 문제의 모든 요소에 대해서 이해하고 있어야 한다.
- 실험은 사회적 이익을 위해 다른 연구방법과 수단에 의해서는 얻을 수 없는 유익한 결과를 낳을 수 있어야 하며, 일시적이고 불필요한 성질이어서는 안된다.
- 실험은 기대되는 결과가 해당 실험의 실행을 정당화할 수 있도록 동물실험 결과와 연구대상이 되는 질병의 자연발생사 및 기타 문제에 관한 지식에 근거하여 계획되어야 한다.
- 실험을 할 때는 모든 불필요한 신체적, 정신적 고통과 침해를 피해야 한다.
- 피험자에게 사망 및 신체 기능장애를 일으키는 것이 예상되는 경우에는 실험을 해서는 안된다. 단, 실험을 하는 의사 자신이 피험자가 되는 실험은 예외로 한다.
- 실험으로 허용되는 위험의 정도는 그 실험으로 해결될 문제의 인도적 중요성을 초과해서는 안된다.
- 손상, 장애, 사망 등의 작은 가능성에서도 피험자를 보호하기 위하여 적절한 준비를 하고 적당한 시설을 갖추어야 한다.
- 실험은 과학적으로 자격을 갖춘 자만 할 수 있다. 실험을 지휘하고 실시하는 사람은 실험의 모든 단계에서 최고의 기술과 세심한 주의가 필요하다.
- 실험이 진행되는 동안 피험자가 실험을 계속하는 것이 불가능하다고 보이는 신체적, 정신적 상태가 된 때에는 실험의 중지를 요구할 수 있는 자유가 있어야 한다.
- 실험이 진행되는 동안 해당 과학자는 선의와 고도의 기술 및 주의력으로 판단할 때에 실험의 계속이 피험자에게 상해, 장애 또는 죽음을 야기할 것이라고 믿을 만한 상당한 이유가 있는 경우에는 실험 도중이라도 언제나 실험을 중지할 마음가짐이 있어야 한다.

② 헬싱키선언

뉘른베르크 강령은 의학전문가들의 지지를 받게 되었고, 1964년 핀란드 헬싱키에서 개

최된 세계의학협회 회의에서 연구와 관련된 헬싱키선언(Declaration of Helsinki)이 이루어졌다. 뉘른베르크강령이 재판과정에서 법률가들이 만든 것이라면 헬싱키선언은 의사들 스스로 그 필요성을 느끼고 만든 것이다. 헬싱키선언 어디에도 뉘른베르크강령에 대한 언급은 없지만, 이 선언은 뉘른베르크강령으로 부터 많은 영향을 받았다(김옥주 외, 2005). 헬싱키선언은 의학의 발전을 위해서 인체실험이 불가피하다는 인식하에 연구대상자의 이익과 복지를 사회에 대한 기여보다 우선해야 한다는 원칙을 제시하고 구체적인 절차를 명백히 하였다. 헬싱키선언은 1975년 도쿄총회에서 전면 개정되었고, 1983년 베니스에서 다시 일부 개정되었다. 헬싱키선언은 기본 원칙, 전문적 관리와 관련되는 의학연구(임상연구)의 원칙, 치료에 관계없는 생물의학연구(비임상 연구)의 원칙으로 구성되어 있는데, 각 원칙의 구체적 내용은 다음과 같다.

㉠ 기본 원칙

- 인체를 이용한 생체의학 연구는 일반적으로 공인된 과학적 원리에 따라야 하며, 먼저 적당한 실험실적 또는 동물실험 근거가 있어야 하고 문헌을 통하여 얻은 충분한 지식이 바탕이 되어야 한다.
- 인체를 이용한 각 실험과정의 계획과 수행은 이에 대한 심의, 조언, 지도 등을 위해 특별히 구성된 위원회에 제출될 연구계획서에 분명히 문서화되어야 한다.
- 인체를 이용한 생체의학 연구는 유능한 임상의의 감독하에 유자격 과학자에 의해서만 실시될 수 있다. 인체를 이용한 연구의 책임은 연구대상자가 동의하더라도 유자격 의사에게 있다.
- 인체를 이용한 생체의학 연구는 그 실험의 중요성이 적어도 연구대상자가 받을 위험성에 비하여 월등하지 않는 한 합법적으로 수행될 수 없다.
- 인체를 이용한 생체의학 연구는 연구대상자 자신, 또는 다른 사람들에게 미칠 이점과 위험을 잘 예측하고 비교 검토한 후에 진행시켜야 한다. 그리고 연구대상자에 대한 배려가 언제나 과학이나 사회의 이익보다 우선되어야 한다.
- 자기 자신의 안전을 지키기 위한 연구대상자의 권리가 존중되어야 한다. 연구대상자의 사생활을 지키고 실험으로 오는 신체적, 정신적 충격과 인격에 미치는 영향을 줄이기 위한 모든 주의를 기울여야 한다.
- 의사는 인체를 이용하는 연구를 할 때 그 일어날 위험을 충분히 예측할 수 있고 그 위험을 각오하고 감행할 경우가 아니면 그 연구를 포기하여야 한다.

- 연구결과를 학술지에 발표할 때 의사는 정확성을 기하여야 한다. 이 선언에 규정된 원칙에 어긋나는 실험은 학술지 게재가 수락되어서는 안된다.
- 인체를 이용하는 연구에 있어서는 그 연구 자체의 목적과 방법, 예견되는 이익과 내재하는 위험성, 그에 따르는 고통 등에 관하여 연구대상자에게 사전에 충분히 알려주어야 한다. 또한, 연구대상자에게는 언제든지 연구참여를 그만둘 자유가 있다는 것을 알려주어야 하고, 언제든지 그 동의를 철회할 자유가 있음을 주지시켜야 한다. 그런 다음 의사는 연구대상자의 자유의사에 의한 연구동의를 가능하면 문서로 받아야 한다.
- 연구 수행에 대한 동의를 얻을 때 의사는 그 연구대상자가 자기에게 어떤 기대를 거는 관계가 아닌지 또는 그 동의가 어떤 강제된 상황에서 이루어진 것은 아닌지에 대하여 특별히 주의를 기울일 필요가 있다. 만일 그러한 관계라면 그 동의는 그 연구와 관계없고, 공적으로도 아무런 관계가 없는 연구자가 얻어야 한다.
- 법적 금치산자의 경우에는 법에 따라 법적 후견인으로부터 동의를 얻어야 한다. 정신적, 신체적 무능력자로 동의를 얻을 수 없거나 미성년자일 때는 법에 따라 그 권한을 대행할 수 있는 친족의 동의를 얻어야 한다. 한편, 미성년자이지만 사실상 동의서를 쓸 수 있을 때는 언제나 미성년자의 법적 후견인의 동의와 함께 본인의 동의도 얻어야 한다.
- 연구제안서에는 항상 윤리적 고려를 하였다는 사실이 포함되어야 하며, 헬싱키선언에 명시된 원칙을 준수하였음을 밝혀야 한다.

ⓛ 전문적 관리와 관련되는 의학연구(임상연구)의 원칙

- 환자를 치료함에 있어 환자의 생명을 구제할 수 있고, 건강을 회복시킬 수 있으며, 그 고통을 경감시킬 수 있다고 판단될 때 의사는 새로운 진단법이나 치료법을 과감히 활용할 수 있는 자유가 있어야 한다.
- 새로운 방법을 채택할 때 얻어질 수 있는 유리한 점과 반대로 해롭고 괴로운 점 등은 현재 적용하고 있는 가장 좋은 진단법이나 치료법의 유리한 점과 잘 비교되어야 한다.
- 모든 대상 환자들은 지금 가장 훌륭한 진단이나 치료법에 의하여 시술받고 있다는 확신을 갖도록 해야 한다.
- 환자가 연구에 참여하는 것을 거절하더라도 의사와 환자와의 관계에 지장이 생겨

서는 안된다.

- 의사가 판단하기에 미리 실험의 내용을 알려주고 연구대상자의 동의를 받아서는 절대 좋지 않겠다고 생각될 경우에는 그에 대한 특별한 이유를 심사위원회에 제출할 연구계획서에 명시해야 한다.
- 의사는 환자의 진단이나 치료에 도움이 된다고 인정되는 범위 안에서만 새로운 의학지식의 발전을 위하여 전문적인 진료를 겸한 의학연구를 할 수 있다.

ⓒ 치료에 관계없는 생물의학연구(비임상 연구)의 원칙

- 인체를 이용하는 어떤 의학연구가 순전히 과학적인 이유로 시행될 때에 그 생체의학 실험의 대상이 되는 사람의 생명과 건강을 지킬 의무는 의사에게 있다.
- 연구대상자는 건강한 사람 또는 연구계획과는 아무 상관이 없는 환자가 될 수 있으나 어느 경우이든 자원자여야 한다.
- 연구자 또는 연구팀은 만약 계속한다면, 인체에 유해할 것이라는 판단이 내려진 경우에는 연구를 중지해야 한다.
- 인간을 대상으로 한 연구에 있어서 사회적으로나 과학적인 면의 소득이 연구대상자의 안녕을 생각하는 것보다 더 선행될 수는 결코 없다.

③ 기관생명윤리위원회 제도

미국 연방정부 산하 공중의료서비스국(Public Health Service)이 1932년부터 1972년까지 40년 동안 앨라배마(Alabama)주의 터스키기(Tuskegee)에 사는 흑인남성들을 대상으로 매독(syphilis) 인체실험을 실시했었는데 이를 터스키기연구(Tuskegee Study)라고 한다. 이 연구는 매독환자가 페니실린 등의 처치를 받지 않을 경우 말기에 어떤 증상을 보이는지를 관찰하는 것으로 매독균 주사를 맞은 실험군 399명과 대조군 201명이 지속적으로 관리되었다. 이 과정에서 연구자들은 실험대상자인 흑인 참여자들에게 실험에 대한 정확한 설명을 제공하지 않았을 뿐만 아니라 실험참여에 대한 동의도 구하지 않았다. 대신 연구자들은 이들 참여자에게 나쁜 피(bad blood)에 대한 치료를 받는 것이라고 이야기해주고 실험에 대한 참여의 대가로 무상의 의료검진, 식사, 장례보험을 제공했다. 하지만 매독에 감염된 참여자에게 매독감염의 사실을 알리지도 않았고 또 치료도 해주지 않았다. 뿐만 아니라 1940년대 초 이후에 매독에 효과적인 치료제인 페니실린이 대량으로 생산되고 보급이 확산되었음에도 불구하고 연구자들은 매독감염자에게 페니실린 치료를 제공하지 않았다. 이로 인해 이 실험의 숨겨진 사실이 1972년 내부고발자에 의해 언론에 드러났을 때 이미 참여자들 가운데 27명은 직접적으로 매독에 의해 그리고 100명은 매독과 관련된 합병증에 의해 사망하였으며, 또한 참여자들의 부인들 중에 40명이 매독에 감염되었고, 이들의 자식들 가운데 19명이 매독에 감염된 채 태어났다.

터스키기연구의 진상이 밝혀지면서 이 연구의 비윤리성에 대한 비난여론이 미국사회에서 크게 일어났으며, 이에 따라 미국 정부와 의회는 연구윤리에 대한 각종 조사와 조치를 실행하였다. 미국 정부는 1972년에 터스키기연구를 중단시켰고, 1973년에 이 연구의 참여자들 가운데 생존자 모두에게 필요한 의료서비스를 제공하였으며, 1975년에 이러한 의료서비스의 제공을 연구참여자의 모든 가족들에게까지 확대하였고, 1997년에는 클린턴대통령이 미국을 대표하여 이 연구의 희생자들에게 공식적으로 사과하는 성명을 발표하였다.

한편 터스키기연구에서 인종차별과 인체실험이라는 비윤리적인 문제가 부각된 이후 미국 의회는 1974년 인간을 대상으로 실험하는 연구활동을 안내하고 규제하는 '국가연구법(National Research Act)'을 통과시켰으며 이와 더불어 '생의학 및 행동연구의 인간대상자 보호를 위한 국가위원회(National Commission for the Protection of Human Subjects of Biomedical and Behavioral Research)'를 설립하여 인간을 대상으로 연구하는 행위의 밑바탕이 되는 기본적인 윤리원칙을 조사하도록 하였다. 결과적으로 국가연구법에 의해 인간대상의 연구를 감독하는 기관생명윤리위원회(institutional review board: IRB) 제도가 1974년에 도입되었고, 생의학 및 행동연구의 인간대상자 보호를 위한 국가위원회의 활동에 의해 1979년 연구행위에서 지켜져야 할 기본원칙과 관련된 벨몬트보고서(Belmont Report)가 발표되었다. 벨몬트보고서에서 밝힌 연구윤리의 기본원칙과 적용방식은 다음과 같다.

원칙	적용방식
사람에 대한 존중(respect of persons) • 개인을 자율적인 행위자로 대해야 함 • 자율성이 떨어지는(자기결정의 능력이 부족한) 사람은 보호받을 권리가 있음	고지된 동의 • 참여자는 연구의 참여에 자발적으로 동의해야 함 • 동의는 고지된 동의여야 함 • 참여자의 사생활과 비밀성은 보호되어야 함 • 참여자는 처벌이나 영향을 받지 않고 연구의 참여를 철회할 수 있는 권리가 있음
선행(beneficence) • 인간 참여자는 해를 입어서는 안됨 • 연구는 가능한 혜택을 최대화하고 가능한 위험을 최소화해야 함	혜택과 위험에 대한 평가 • 연구의 위험은 개인과 사회에 대한 잠재적인 혜택에 의해 정당화되어야 함 • 혜택과 위험의 특성과 범위는 체계적 방식으로 평가되어야 함

정의(justice)	참여자의 선택
• 연구의 혜택과 위험은 공정하게 분배되어야 함	• 연구 참여자의 선택에는 공정한 절차와 결과가 있어야 함 • 연구로부터 혜택을 얻는 사회구성원은 연구의 잠재적 위험을 똑같이 부담해야 함 • 연구대상자를 모집할 때 연구와 직접 관련된 개인들에 초점을 두어야 함

(2) 한국

우리나라에서 연구윤리에 대한 관심은 세계적 흐름에 따라 각 학문 영역에서 제한적으로 이루어졌으며, 정부 차원에서 본격적으로 관심을 갖기 시작한 것은 1995년에 의약품임상시험관리기준을 시행한 이후부터라고 할 수 있다. 이 기준에 따라 임상시험을 수행하는 의료기관에 기관생명윤리위원회를 설치하기 시작하였으나 전문성과 경험을 가진 인력이 부족하고 연구윤리에 대한 인식이 높지 않아 기관생명윤리위원회의 실질적인 운영은 제한되었다. 그래서 2002년 대한의학회 산하의 대한임상연구심의기구협의회에서 기관생명윤리위원회 설치 및 운영지침을 만들었다. 기본 원칙은 인간 존엄성의 존중에 있다. 즉, 연구대상자의 권리, 안전, 복지는 우선 심의대상으로 과학과 사회의 이익보다 중요하며, 임상연구는 예측되는 위험과 불편 사항에 대한 충분한 고려를 통해 피험자 개인과 사회가 얻을 수 있는 이익이 그 위험성을 상회 또는 정당화할 수 있다고 판단되는 경우에만 실시하도록 명시하였다.

한편, 2004년 제정된 '생명윤리 및 안전에 관한 법률' 제4조에서 인간의 존엄과 가치를 침해하지 않는 범위 내에서의 생명과학 연구가 이루어져야 한다고 규정하고 있다. 우리나라에서 연구윤리와 관련하여 사회적 관심이 촉발된 것은 2005년 11월 TV 프로그램이 황우석 교수가 2004년 사이언스지에 게재한 논문에서 사용한 난자의 출처에 대한 의문을 제기하면서 시작되었다. 난자 출처에서 시작된 논쟁은 2006년 1월 서울대학교 조사위원회를 통하여 논문 내용이 의도적으로 조작된 것으로 밝혀져 국내외적으로 큰 파장을 일으켰다. 이러한 과정을 거치면서 정부에서는 2007년 연구윤리 확보를 위한 지침을 마련하여 국제적 수준의 연구윤리 정착을 위해 노력하기 시작하였다.

4) 연구윤리 심의 내용

2013년 2월부터 인간대상 연구에 대한 법적 규제가 강화되어 인간을 실험 대상으로 하는 모든 연구는 시작하기 전에 기관생명윤리위원회의 심사와 승인을 반드시 받도록 법적으로 의무화되었다. 여기에서 인간 대상의 연구는 첫째, 개인과 직접적으로 교류하거나 개입하는 경우, 둘째 개인으로부터 식별될 수 있는 개인정보를 수집하는 경우가 해당된다. 어떤 연구가 2가지 조건 중에 하나에 해당될 경우에는 연구를 수행하기 전에 기관생명윤리위원회의 승인을 받아야 한다.

기관생명윤리위원회는 일반적 규칙이 적용되는 모든 연구활동의 승인, 승인에 필요한 수정 요청, 거부 권한을 갖는다. 위원회는 연구계획서를 승인하기 전에 많은 사항들을 확인하게 되는데, 주요 내용은 아래와 같다(교육인적자원부, 2006). 따라서 연구자들은 연구계획서를 작성할 때에 아래의 내용을 충분히 고려해야 한다.

① 피실험자에 대한 위험성을 최소화한다.
② 피실험자가 얻을 수 있는 예상 이익과 비교하여 조금이라도 위험성이 있다면 피실험자가 감수해야 할 위험이 합리적인지, 그 실험 결과를 통해 합리적으로 얻을 수 있는 지식에 중요성이 있는지의 여부를 인지한다.
③ 피실험자의 선별이 공정해야 한다.
④ 피실험자나 법적 대리인에게 실험에 대해 충분히 알린 후에 허락을 받아야 한다.
⑤ 실험에 대해 자세히 설명한 동의서를 적절히 문서화한다.
⑥ 필요하다면, 피실험자의 안전을 확보하기 위해 수집된 데이터를 감시하는 적절한 조항을 만든다.
⑦ 필요하다면, 피실험자의 개인정보를 보호하고 데이터의 비밀을 보장하는 적절한 조항을 만든다.

5) 조사에서 윤리문제를 일으키는 요인

조사에서 발생할 수 있는 윤리문제의 내용이나 발생하는 원인을 알고 있으면 조사 진행과정에서 이를 고려할 수 있기 때문에 윤리적 논쟁을 피할 수 있다. 질적으로 우수한 연구가 되기 위해서는 모든 과정에서 윤리적으로 세심한 검토가 필요하지만, 일반적으로 조사에서 윤리적 문제를 일으키는 요인들을 정리하면 다음과 같다.

① 조사 참가자들에게 알리지 않거나 동의 없이 그들을 연구에 참여시킨다.
② 사람들을 강제적으로 조사에 참가시킨다.
③ 참가자들에게 조사의 목적을 알리지 않는다.

④ 조사의 여러 측면에 대해서 참가자를 속인다.
⑤ 참가자들에게 심리적으로 상처 받을 가능성이 있는 행동을 요구한다.
⑥ 참가자의 태도, 의견, 행동 등을 그들의 동의없이 변화시킨다.
⑦ 개인의 프라이버시(privacy)가 침해된다.
⑧ 통제집단(대조군)에 배치되었다는 이유로 실험집단(환자군)에 주어진 이익을 받을 수 없게 된다.
⑨ 조사가 끝난 후에 참가자에게 적절한 사후설명을 하지 않는다.
⑩ 조사 참가자들로부터 수집한 자료의 익명성이나 비밀이 유지되지 않는다.
⑪ 조사결과의 보고 또는 발표로 인해 참가자 및 그들이 소속된 집단이 부정적인 영향을 받게 된다.

2 연구윤리의 기본 원칙

1) 자율성

자율성(autonomy)은 인간존중의 기본 원리이다. 연구대상자는 연구에 참여하거나 참여하지 않을 의사결정을 스스로 내릴 수 있는 권리가 있으며, 언제든지 연구 참여를 그만둘 수 있다. 개인의 자율성을 존중하자면 우선 개인의 자율적 의사가 무엇인지를 알아야 한다. 즉, 연구자는 연구활동을 하기 전에 연구대상자의 동의를 얻어야 한다. 윤리학에서는 일반적으로 아무 것도 모르고 한 행위나 동의는 도덕적으로 의미가 없다. 자율성은 기본적인 연구윤리이지만 실제 연구활동에서 적용하기 어려운 경우가 자주 발생한다. 그러나 연구대상자는 연구에 참여하기 전에 자신들이 처할 수 있는 모든 위험에 대해서 충분히 이해하고 자발적으로 참여를 결정해야 한다. 이를 위하여 연구자는 참가자로부터 고지된 동의(informed consent)를 반드시 받아야 한다.

고지된 동의는 연구자로부터 연구와 관련된 내용에 대해서 충분한 설명을 듣고 연구대상자가 자신의 의지에 따라 참여를 결정한 것을 의미하며 사전동의 또는 인지된 동의라고도 한다. 즉, 연구참가자가 충분한 정보를 근거로 자발적으로 한 승낙이다. 그런데, 연구대상자가 참가를 승낙했다고 하더라도 각 개인의 법률적 권리의 표기를 요구할 수는 없으며, 연구과정에서 발생할 수 있는 연구자의 과실에 대한 책임면제를 요구할 수는 없다. 고지된 동의를 얻기 위하여 연구참가자에게 알려주어야 할 기본 내용은 다음과 같다.

① 연구목적, 연구과정, 참가자가 따라야 할 연구절차를 충분히 설명한다.

② 각 참가자에게 연구에서 발생할 수 있는 모든 위험요인에 대하여 충분히 설명한다.

③ 각 참가자에게 연구에 참가할 경우에 얻게 되는 유익에 대해서도 설명한다.

④ 각 참가자에게 유익이 될 수 있는 다른 대안적 연구절차에 대해서도 알려준다.

⑤ 각 참가자에게 연구절차에 관해 질문하고 대답을 들을 기회를 제공한다.

⑥ 연구참가자의 자료는 무기명으로 처리되어 비밀이 보장된다는 것을 알려준다.

⑦ 각 참가자에게 언제든지 연구 참가에 대한 동의를 철회할 수 있고, 연구 참가를 중단해도 좋다는 것을 알린다.

⑧ 연구와 관련하여 질문이 있거나 문제가 발생했을 경우에 접촉할 담당자의 이름과 연락처를 알려준다.

그런데, 자율성의 원칙은 때로는 연구결과를 일반화시키는데 장애가 되기도 한다. 자율성은 의도적으로 조사에 참여하지 않는 연구대상자를 배제하기 때문에 연구에 대한 관심이 높거나 다른 사람들에게 적극적으로 동조하는 등의 특정 인성을 가진 사람들의 특징만을 반영하게 된다. 따라서 이런 연구결과를 모든 유형의 사람들에게 일반화할 수 없게 되는 문제가 발생하게 된다. 즉, 연구자가 선택한 표본의 절대 다수가 실제로 참여하지 않는다면 표본조사를 통해서 발견한 사실을 전체 모집단에 일반화할 수는 없다.

한편, 자율성 침해는 연구자의 강압(coercion), 은닉(covert), 속임(deception) 등에 의해서 주로 발생한다. 자율성 침해를 일으키는 강압, 은닉, 속임을 구체적으로 살펴보면 다음과 같다.

(1) 강압

강압은 위협하거나 과도한 보상을 통해 타인에게 특정한 행위를 강제적으로 유도하는 것이다. 그런데 연구활동에서는 연구자의 의도와 상관없이 강압적인 분위기가 만들어지는 경우가 많기 때문에 주의가 필요하다. 예를 들어, 대학 강의실에서 교과목 담당교수가 음주와 흡연에 대한 설문조사를 실시할 경우에 학생들의 설문조사 참여가 완전히 자발적임에도 불구하고 참여하지 않았을 때 성적 또는 다른 측면에서 불이익을 받을지도 모른다고 생각할 수 있다. 또한, 담당 의사가 진료실에서 환자에게 자신의 연구에 참여할 것을 부탁할 때에 환자는 연구에 참여하고 싶지 않을 수 있지만 부당한 치료를 걱정해서 거절하기 어렵게 된다. 이런 윤리적 문제를 없애기 위해서는 연구자가 아닌 다른 사람이 별도의 공간에서 연구

참여를 부탁하고, 자료를 수집하는 것이 바람직하다.

(2) 은닉

은닉은 특정 내용을 감추는 것이다. 연구과정에서 일어나는 은닉은 주로 연구대상자를 상대로 이루어진다. 예를 들어, 정기적으로 보건소 금연클리닉을 방문하여 금연상담을 받았는데 자신도 모르게 연구대상자가 되어 금연과 관계없는 여러 개인정보가 노출될 수 있다. 또한, 의사가 새로운 의료기술의 치료효과를 측정하기 위해 진료하는 환자들에게 구체적인 내용은 알리지 않고 정상적인 치료과정인 것처럼 하는 경우이다. 이런 윤리적 문제를 없애기 위해서는 연구대상자라는 것을 미리 밝혀야 한다. 그러나 연구의 특성 때문에 연구대상자라는 것을 미리 밝히지 말아야 하는 경우도 있다. 이런 경우에는 연구 마지막 단계에서 연구대상자에게 그 동안의 진행과정과 연구결과에 대해서 반드시 설명해야 한다.

(3) 속임

속임은 상대방에게 거짓 정보를 제공하여 믿도록 만드는 것이다. 연구과정에서 일어나는 속임은 연구대상자에게 연구내용이나 연구목적 또는 연구자의 신분에 대해서 정확한 정보를 제공하지 않는 것이다. 예를 들어, 집단치료 활동에서 각자 치료가 얼마나 건강증진에 효과적인지를 발표할 경우에 여러 명의 전문 연기자를 포함시켜서 큰 효과가 있는 것처럼 말하게 한다. 이렇게 하면 다른 환자들은 본인도 치료효과가 있는 것으로 인식하게 된다. 또한, 지역사회 경로당에서 학술연구 목적으로 설문조사를 하면서 적극적 협조를 얻기 위하여 정부기관의 사업처럼 설명하는 경우이다. 이런 윤리적 문제를 없애기 위해서는 연구자는 조사 후에 연구대상자에게 사후설명(debriefing)을 한다. 만일, 속임이 유일한 자료수집 방법이라면 연구대상자에게 해가 없어야 한다.

2) 악행금지

악행금지(nonmaleficence)는 남에게 해를 끼치지 않는 것이다. 악행에는 정신적 해악, 금전적 손실, 신체적 위해 등이 포함된다. 연구과정에서는 부득이하게 악행을 행할 수밖에 없는 경우가 있다. 예를 들어, 건강행동에 영향을 미치는 연구대상자의 특성을 파악하는 과정에서 연구자들은 연구참가자들에게 일탈행동, 떠올리기 싫은 기억 등 꺼릴 수 있는 개인정보들을 심층적으로 질문하는 경우가 있다. 연구대상자의 입장에서는 개인정보 노출 요구에 대해서 심리적 위해를 느낄 수 있으며, 연구와 상관없이 개인정보가 타인에게 노출될 수 있다는 두려움을 느낄 수도 있다.

3) 익명성 및 비밀성

익명성(anonymity) 및 비밀성(confidentiality)은 연구에 참여한 연구대상자들의 신원을 보호하는 것과 관련된다. 익명성은 연구결과에 있어서 응답자가 드러나지 않도록 하는 것으로 연구결과를 읽는 사람만이 아니라 연구자 자신도 특정 응답자를 확인할 수 없을 때 보장된다. 비밀성은 연구자가 특정인의 응답을 규명할 수는 있지만 본질적으로 공개하지 않을 때에 보장된다(Babbie, 2021). 연구자료에 대한 비밀은 법률적으로 그 권한이 인정되지 않기 때문에 연구자는 공개를 강요받을 수 있다. 그러나 연구자는 윤리적인 책임을 지켜야 하기 때문에 연구대상자에 대한 개인정보를 공개해서는 안된다. 이런 문제를 해결하기 위해서는 개인정보와 관련된 자료분석과 결과보고는 집단 단위로 하고, 정보에 대한 필요성이 사라지면 바로 관련 자료를 파기하는 것이 바람직하다.

4) 진실성

진실성(integrity)은 높은 도덕적 원리(moral principles)와 전문가적 기준(professional standard)을 소유하고 이를 확고하게 잘 지키는 것이다. 진실성은 신뢰의 토대가 된다. 만일 진실성이 없다면 거기에는 어떤 신뢰도 형성되지 않는다. 전문직은 자발적인 자기 규율을 통해 신뢰가 촉진된다. 자기 규율이 없다면 진실성과 신뢰는 무너지게 된다.

연구에서 진실성은 연구자가 연구계획과 수행 그리고 결과 보고에 이르기까지 연구의 전 과정에서 정직하고 성실하게 그리고 책임 있게 연구를 수행하는 것을 의미한다. 좁은 의미의 연구진실성은 연구에서 부정행위가 없는 정확하고 정직한 연구의 계획, 수행, 발표를 의미한다. 넓은 의미는 연구자가 지켜야 할 과학적, 사회적 책임과 윤리를 포함하는데, 연구비의 효율적 사용, 인간 피험자 및 동물에 대한 윤리의 준수, 동료 연구자간의 윤리, 언론과의 관계, 과학자의 대사회적 관계 윤리 등도 포함한다.

연구진실성은 연구자와 제도 측면으로 구분하여 설명할 수 있다. 연구자 측면에서 연구진실성은 지적인 정직성(intellectual honesty), 개인적 책임감(personal responsibility), 헌신 등의 도덕적 인격(moral character)과 관련된다. 한편, 제도 측면에서 연구진실성은 탁월성, 신뢰성, 합법성 등과 같은 기준에 의해 책임 있는 연구를 증진시키는 환경을 조성하는 것이다(이인재, 2010).

3 연구윤리의 세부 내용

1) 연구부정행위

우리나라의 연구윤리지침에서는 연구부정행위(research misconduct)를 연구개발의 제안, 연구개발의 수행, 연구개발 결과의 보고 및 발표 등에서 행하여진 위조, 변조, 표절, 부당한 논문저자 표시 등으로 정의하고 있다. 또한, 연구진실성을 직접적으로 저해하는 행위뿐만 아니라 부정행위 조사 방해 및 제보자에 대한 위해 등 연구진실성 확립 노력을 저해하는 행위 그리고 자기표절 혹은 연구결과의 중복사용도 연구부정행위로 규정하고 있다. 연구진실성을 직접적으로 저해하는 위조(fabrication), 변조(falsification), 표절(plagiarism) 등을 흔히 'FFP'라고 하는데, 위조는 실제로 존재하지 않는 데이터나 실험을 임의로 만들어 내는 것이며, 변조는 데이터나 실험 절차를 의도적으로 바꾸거나 정확하게 기록하지 않는 것이고, 표절은 타인의 아이디어나 연구 결과물을 마치 자신의 것처럼 고의적으로 유용하는 것이다.

연구부정행위는 연구윤리에서 벗어난 정도가 매우 심각한 상태이다. 즉, 해당 분야에서 받아들이는 정직하고 책임 있는 연구활동을 심각하게 벗어난 것으로 연구자가 의도적 또는 알면서 고의적으로 진행한 것을 말한다. 대부분의 연구가 연구자만의 공간에서 이루어지고 과학이 전문화되어 연구결과에 대한 객관적인 검증이 쉽지 않아 연구부정행위에 대한 논란은 계속되고 있다. 이러한 연구부정행위를 근절할 수 있는 기본적인 방법은 동료심사(peer review)를 강화하는 것이다. 그런데, 연구과정에서 발생하는 혼돈이나 실수는 연구부정행위와 구분되어야 하지만 정확히 구분하기는 쉽지 않다. 한편, 연구비 유용의 경우 명백한 부정행위이나 연구진실성과는 직접적인 관련이 없으므로 연구부정행위에는 포함되지 않는다.

2) 연구자의 사회적 책임

연구자의 사회적 책임은 책임 있는 연구수행(responsible conduct of research: RCR)을

의미한다. 즉, 연구자가 지켜야 할 핵심 가치인 정직성(연구윤리 강령의 성실 이행), 정확성(연구결과의 정확한 보고와 자료관리 철저), 효율성(낭비 없는 자원 이용), 객관성(명확한 설명과 부당한 편견 배제) 등을 잘 준수하는 것이다. 특히, 정부기관의 연구비 지원을 받은 연구는 연구비를 적절한 용도에 사용했는지, 공공성에 적합한 연구를 수행했는지 등이 포함된다.

또한, 의심스런 연구수행(qestionable research practice: QRP)을 하지 않는 것도 연구자의 사회적 책임에 포함된다. 의심스런 연구수행은 연구부정행위처럼 심각한 행위는 아니지만 그렇다고 해서 결코 바람직하거나 좋은 연구수행도 아닌 것으로 책임 있는 연구수행을 방해하거나 위해하는 행위를 말한다. 부적절한 연구데이터의 기록 및 보존, 빈약한 연구설계, 연구에 중요한 기여 없는 저자의 공로인정, 연구자료의 합당한 공개 거절, 연구결과를 잘못 기술하는 경우, 부적절한 연구감독, 연구결과의 중요성을 강조하기 위한 부적절한 데이터의 통계처리 등과 같이 연구부정행위에 비해 연구윤리에서 벗어난 정도가 심하지 않는 것을 말한다.

3) 표절

(1) 개념

표절은 연구자가 자신의 저작물 속에 타인의 저작물을 활용하였으면서도 정직하고 명확하게 그 출처를 표시하지 않는 것이다. 학술 활동에서 자신의 저작물 속에 자신의 것과 타인의 것을 분명하게 구분하여야 하며, 연구자는 타인의 독특한 아이디어나 표현 또는 결과를 활용할 때에는 반드시 출처를 밝혀야 한다. 표절은 윤리적이지 않은 학술적 글쓰기라고 할 수 있다(이인재, 2011).

(2) 유형

반드시 출처를 표시해야 함에도 표시하지 않을 때 표절이 성립하며 이러한 표절의 대표적 유형으로는 텍스트 표절, 아이디어나 원저작물의 구조 표절, 말바꿔 쓰기(paraphrasing) 표절, 모자이크 표절(mosaic plagiarism) 등이 있다. 구체적인 내용은 다음과 같다.

① 텍스트 표절

가장 흔한 유형으로 타인의 저작물을 활용할 때, 원저자의 저작물에서 가져온 글(단어,

문장, 문단), 표, 그림, 그래프, 사진 등을 적절하게 출처를 밝히지 않고 마치 자신의 것처럼 그대로 복사(copying)하는 경우이다.

② 아이디어나 원저작물의 구조 표절

어떤 주제에 대한 타인의 독창적인 생각이나 그 주제를 해결하는 원저자의 독특한 사고구조나 논리 전개의 틀을 무단으로 베끼는 것이다.

③ 말바꿔 쓰기 표절

출처를 표시하지 않은 채 타인의 저작물을 말바꿔 쓰기를 한 경우이다. 학술연구활동에서 타인의 저작물을 읽고 자신의 표현 방식으로 다시 말바꿔 쓰기를 할 수 있지만, 이 때에도 원저작물의 출처를 반드시 밝혀야 한다.

④ 모자이크 표절

다른 사람의 글을 활용할 때에 출처를 밝히지 않고 문장을 바꾸거나 편집, 변형하여 마치 자신이 한 것처럼 만드는 것이다.

(3) 부적절한 출처 표시

출처를 표시했다고 해도 그 표시가 통용되는 합리적인 방식으로 제대로 되지 않을 때도 표절이 된다. 부적절한 출처 표시로 발생하는 표절의 사례는 다음과 같다.

첫째, 자신이 활용한 타인의 저작물이 어디까지인지를 구체적으로 표시하지 않고 책의 서문이나 논문의 처음 또는 제목 등에 포괄적으로 출처를 표시한 경우이다.

둘째, 타인의 특정 저작물을 집중적으로 많이 활용하였으면서도 그 중 일부에만 출처를 표시한 경우이다. 또한, 출처 표시를 한 후 타인의 저작물을 계속 활용하고 있으면서도 출처 표시를 하지 않는 경우이다.

셋째, 원저작물에서 직접 보지 않고 2차 저작물에서 가져왔으면서도 원저작물을 본 것처럼 인용하는 경우로 2차 저작물에서 가져왔으면서도 재인용 표시를 하지 않는 경우이다.

넷째, 아무리 출처를 밝히더라도 타인의 저작물을 단순히 짜깁기 방식으로 글을 구성하는 경우이다. 자신의 저작물은 자신의 내용이 주가 되어야 한다는 것을 위반한 경우이다.

4) 출판윤리

출판윤리(publication ethics)는 연구자가 논문 작성 및 게재를 하는 과정에서 실천해야 할 윤리를 말한다. 공식적으로 발표되지 않은 연구결과는 그 업적을 제대로 인정받기 어렵기 때문에 연구자는 연구결과를 해당 분야의 전문 학술지에 논문으로 출판하게 된다. 이렇게 공인된 연구결과는 다음 연구의 토대가 되고 해당 연구 분야는 점진적으로 발전하게 된다. 따라서 연구자는 자신이 수행한 연구결과를 정직하고 공정하게 발표할 책임이 있다. 출판윤리와 관련된 주요 내용으로는 중복게재, 연구자들의 공로 배분 및 저자 표시, 중복투고, 확정되지 않은 연구결과 사전발표 등이 있다.

(1) 중복게재

① 의미

중복게재(redundant publication)는 이미 게재 · 출판된 자신의 논문 · 저서 · 보고서의 전부 또는 일부를 정확한 출처 및 인용 표시 없이 동일 언어 또는 다른 언어로 중복하여 게재 · 출판하는 것을 말한다. 즉, 자신의 새로운 저작물에 정확한 출처표시 없이 자신의 과거 저작물을 활용하는 것이다. 중복게재가 문제가 되는 것은 새로운 저작물이 처음 출판되는 것처럼 독자나 출판사를 속일 뿐만 아니라 연구자 자신도 이로 인하여 쉽게 연구업적을 늘려 불공정한 경쟁을 하기 때문이다. 그러므로 아무리 자신의 저작물이라고 할지라도 이후의 저작물에서 활용하고자 할 때에는 정확하게 출처를 표시해야 한다(이인재, 2011).

그런데, 중복게재는 일반적으로 동료 평가 시스템을 갖춘 학술지와 학술지 사이에서 발생하는 것으로 본다. 그러나 학술대회의 발표문, 연구용역 보고서, 학위 논문 등을 학술지에 일부 또는 전부를 재활용하는 경우에는 출처를 밝히는 것이 바람직하다. 중복게재와 유사하게 사용되는 용어는 자기표절(self plagiarism), 이중게재(duplicate publication), 논문 쪼개기(salami slicing publication), 논문 덧붙이기(imalas publication) 등이 있다.

② 유형

중복게재의 유형에는 동일한 내용을 단순히 반복적으로 게재하는 것 이외에도 두 개 이상의 논문을 결합해서 새로운 논문을 구성하는 형태, 동일한 연구대상으로부터 다른 연구결과를 보고하는 형태, 이전 논문의 데이터에 새로운 표본을 추가하여 분석한 형태, 이전 논문의 데이터를 줄여서 분석한 형태 등 다양하다. 중복게재의 유형 중에서 논문 쪼개기와 논문 덧붙이기의 내용을 구체적으로 살펴보면 다음과 같다.

㉠ 논문 쪼개기

논문 쪼개기(salami slicing publication)를 일컫는 용어로 사용되는 살라미(salami)는 얇게 썰어서 각종 요리에 사용되는 이태리 소시지를 말한다. 이와 같이 하나의 연구결과에서 얻어진 데이터를 여러 조각으로 나누어서 여러 개의 논문을 작성하는 것을 말한다. 예를 들어, 동일한 데이터를 각각 다르게 분석하고 강조점을 다르게 하여 다른 학술지에 게재하는 것을 말한다. 그런데, 연구자마다 연구의 중점이나 방법이 다양하기 때문에 어떤 논문이 쪼개기 논문인지 아닌지를 판단하는 것은 쉽지 않다. 논문 쪼개기를 구분하는 기준은 쪼개기 한 논문을 하나의 논문으로 발표하는 것이 논리적으로나 내용적으로 논문의 완성도를 높일 수 있느냐 하는 것이다. 만약, 한 편의 논문 안에서 논의를 체계적으로 할 수 없을 때는 학술지의 편집인과 상의하여 시리즈 논문을 낼 수 있다.

㉡ 논문 덧붙이기

논문 덧붙이기(imalas publication)는 논문 쪼개기와 반대의 성격을 지닌 것이다. 즉, 이미 출판된 논문에 일부 결과나 사례 또는 대상자의 수를 추가해서 출판하거나 작은 연구들을 나중에 다 묶어서 다른 큰 한 편의 논문을 만들어 내는 방법이다. 논문 덧붙이기는 이전 논문과 대상이 중복되고 결론의 핵심적 내용이 동일하기 때문에 새로운 학술적 가치가 없는 것이다.

③ 중복게재가 아닌 경우

중복게재에 대한 기준은 전공분야의 특성에 따라 다소 간의 차이가 있기 때문에 명확한 기준을 제시하는 것은 쉽지 않다. 이는 전공분야의 합리적 관행에 따라 결정되는 부분을 완전히 배제하기 어렵기 때문이다. 한국과학기술단체총연합회의 윤리지침에서 중복게재가 아닌 경우로 제시한 사례를 살펴보면 다음과 같다.

첫째, 출처를 밝히고 저작물을 다른 언어로 번역한 경우는 저작권법에서 2차적 저작물로 별도의 저작권을 갖게 된다. 자신의 논문을 번역하여 다른 국가의 학술지에 싣는 것은 연구 성과의 확산에 기여할 뿐만 아니라 동일한 독자가 중복게재에 의해 피해를 입을 가능성이 적다는 의미에서 중복게재에 포함되지 않는 것으로 본다. 그러나 연구업적은 둘 중 어느 하나만 인정을 받아야 한다.

둘째, 학술대회에서 발표된 후 출판된 자신의 저작물을 수정 및 보완하여 또는 그대로 출처를 밝히고 학술지에 게재하는 경우 중복게재에 해당되지 않는다. 연구용역 보고서, 학위논문 등 이른바 국제표준도서번호(ISBN)가 붙지 않은 간행물에 발표된 저작물을 학술지에 게재할 때 출처를 표시하면 중복게재에 해당되지 않는다.

셋째, 이미 발표된 자신의 저작물을 모아서 출처를 표시하여 저서로 출판하는 경우는 중복게재에 해당되지 않는다. 자신의 이전 저작물에 발표된 연구결과를 모아서 저서로 출판할 때 출처를 밝혀 독자나 연구업적 관리 기관에서 새로운 것이 아닌 것을 알 수 있도록 한다.

넷째, 학술지에 발표했던 자신의 저작물을 일반 대중을 위해 신문, 주간지, 월간지 등의 간행물에 쉽게 풀어쓰거나 요약한 경우는 중복게재에 해당되지 않는다.

다섯째, 짧은 서간 형태(letter, brief communication 등)의 논문을 출간한 후 연구데이터나 해석이 추가되거나 자세한 연구 수행 과정에 대한 정보 등이 추가되어 논문을 출간하는 경우는 중복게재에 해당되지 않는다.

여섯째, 이미 출판된 논문이나 책의 일부가 원저자의 승인 하에 편저자에 의해 선택되고 편집되어 선집(anthology)의 형태로 출판되거나 학술지의 특집호로 게재되는 경우는 중복게재에 해당되지 않는다.

(2) 저자표시

① 저자의 요건

저자는 출판하는 논문의 연구에 실제적인 지적 공헌(substantive intellectual contributions)을 한 사람을 칭하는 것으로, 중요한 학문적, 사회적, 재정적 연관성을 가지며, 연구에 충분한 참여를 하고 내용의 일정 부분에 대해서 적합한 부분의 공적 신뢰성을 가진 자이다(대한의학학술지편집인협의회, 2007). 저자가 되는 것은 연구에 대한 공로를 인정받는 것이며, 이는 연구 결과물에 대한 책임을 지는 것이다.

저자는 1인일 수도 있고 다수일 수도 있는데, 저자의 자격요건은 연구를 계획하거나 자료를 수집, 분석, 해석하는데 기여한 자, 논문의 초안을 만들고 중요한 내용에 대해서 검토, 수정, 보완한 자, 논문 최종본을 승인한 자 등의 3가지 요건을 모두 갖추어야 한다. 그러나 연구데이터를 제공한 자, 연구데이터를 수집한 자, 연구 그룹에서 기술을 지도한 자, 실험실 공간 또는 연구 장비를 제공한 자, 연구비를 받는 데 기여한 자, 연구팀이나 그룹을 총 지휘한 자는 저자에 포함시키지 않으며 후기나 감사의 글(acknowledgements)에서 그 공로를 표시해 주도록 한다(김형순, 2008)

② 저자의 순서

일반적으로 논문 저자의 순서는 내부적으로 결정된 것이기 때문에 단일한 기준을 제시하기 쉽지 않다. 그래서 공동연구의 경우 저자 표시의 순서는 연구자들 간의 합의를 통해 연구 참여도의 정도에 따라 그 순서와 표기 여부를 결정해야만 한다. 학술 논문에서 저자는 보통 제1저자(first author), 공동저자(co-author), 교신저자(corresponding author)로 구분한다.

㉠ 제1저자

저자 순서에서 제일 처음에 위치하며, 데이터를 만드는 데 중요한 역할을 할 뿐만 아니라 그 결과를 해석하고 원고 초안을 작성한 자이다. 제1저자는 공동연구를 수행한 경우 여러 명이 될 수 있다.

㉡ 교신저자

학술지에 논문을 출판하기 위해 원고를 제출하는 저자를 말하는데, 논문투고 및 심사자와 교신하는 역할을 맡는다. 교신저자는 보통 책임저자 또는 제1저자가 될 수 있으며, 출판 후에 독자와도 교신을 하게 된다.

③ 부당한 저자표시

부당한 저자는 정당한 자격을 갖지 않은 사람에게 저자의 자격을 부여하거나 자격을 갖추고 있음에도 불구하고 저자에서 제외시키는 경우이다. 부당한 논문 저자의 유형은 다음과 같다.

㉠ 선물저자

연구자와의 개인적인 친분 등으로 저자에 포함시켜 주는 것이다. 직장 상사, 선배, 지도 교수 등 친분 관계만으로 저자에 포함시키는 것으로 공짜저자라고도 한다.

㉡ 유령저자

연구에 매우 중요한 역할을 하였지만 아랫사람이라는 이유로 저자에서 제외되는 경우를 말한다.

㉢ 교환저자

서로 다른 연구자가 상습적으로 각자의 논문에 상대편을 저자에 포함시켜 주는 경우를 말한다.

㉣ 도용저자

논문이 채택될 가능성을 높이기 위하여 연구에 참여하지 않은 유명 인사를 저자에 포함시키는 행위를 말한다.

4 연구설계

제4장

1. 연구의 유형
2. 분석단위
3. 시간차원
4. 자료의 유형
5. 사회적 맥락
6. 연구과정

제4장

연구설계

과학은 지식을 얻으려는 작업이다. 하지만 지식을 얻기 위해 고려해야 하는 사항과 또 지식을 얻기 위한 방법에는 그 수와 종류가 수없이 많다. 이러한 많은 선택들 가운데 믿을만한 지식을 얻기 위해서는 무엇을 고려해야 하고 또 어떤 방법이 최선인가를 미리 고려할 필요가 있다. 이것이 연구설계에 관한 것이다.

집을 짓기 위해 설계도와 청사진이 있어야 하듯이 연구를 위해서도 연구를 어떻게 수행할 것인가의 계획을 담은 연구설계가 있어야 한다. 이 장에서는 연구설계를 하는 데 있어 고려해야 할 연구유형, 분석단위, 시간차원, 자료의 유형, 사회적 맥락, 연구과정에 대해 검토한다.

1 연구의 유형

연구를 수행하는 데에는 다양한 방법들이 존재하며 이러한 방법에 따라 연구의 유형도 달라진다. 여기서는 연구의 목적, 자료의 성격, 설명방식에 따라 어떤 유형의 연구들이 있는가에 대해 살펴보기로 한다. 일반적으로 연구는 수행목적에 따라 순수연구(pure science)와 응용연구(applied research), 자료의 성격에 따라 양적 연구(quantitative research)와 질적 연구(qualitative research), 설명방식에 따라 사례기술적 연구(ideographic study)와 법칙정립적 연구(nomothetic study)로 구분될 수 있다.

1) 순수연구와 응용연구

(1) 순수연구

순수연구는 대상이나 현상 그 자체에 대한 파악과 이해를 목적으로 수행되는 연구를 일컫는다. 순수연구는 주로 호기심이나 관심에 의해 시작되며 지식의 확장을 추구하는데 주 목적을 둔다. 그런 만큼 순수연구는 어떤 용도를 위해 뭔가를 고안하거나 개발하려 하지 않으며, 또한 순수연구에서 나온 발견이나 결과도 당장의 명백한 경제적 이익이나 상업적인 가치를 갖고 있지 않는 경향이 있다. 하지만 순수연구는 응용연구의 수행에 있어 토대가 되는 기본적인 지식을 제공해준다.

순수연구에서 해결하고자 하는 질문의 예를 들면 다음과 같은 것들이 있을 수 있다: "우주는 언제 시작되었는가", "개인의 성격은 유전적 요인이 결정하는가 혹은 사회적 요인이 결정하는가", "특정한 병원체를 구성하는 가장 기본적인 요소는 무엇인가", "개인의 사회적 지위를 결정짓는 중요한 요소는 무엇인가".

일반적으로 순수연구는 각 분야에 있어서 상대적으로 기본적인 주제와 현상 그리고 이들 사이에 존재하는 관계 및 법칙을 다룬다. 그렇기 때문에 순수연구는 기초연구(basic research) 또는 기본연구(fundamental research)라고도 불린다. 과학 분야별로 순수연구와 밀접히 연관된 학문을 살펴보면 인문과학에서는 철학, 문학, 언어학, 사학 등, 사회과학에서는 사회학, 정치학, 심리학, 경제학, 인류학 등, 자연과학에서는 물리학, 수학, 화학, 생물학 등을 꼽을 수 있다.

(2) 응용연구

응용연구는 개인이나 집단 또는 사회가 당면한 실제적인 문제를 해결하거나 또는 인간의 생활조건을 개선하기 위해 수행되는 연구를 일컫는다. 그렇기 때문에 응용연구는 실용연구(practical research)라고 불리기도 한다. 응용연구의 주목적이 실질적인 문제해결에 있는 만큼 응용연구의 대상과 주제는 구체적이고 특정적인 경향이 있으며, 또한 연구의 결과는 경제적 및 상업적 이익과 연결되는 경우가 많다.

응용연구에서 해결하고자 하는 질문의 예를 들면 다음과 같은 것들이 있을 수 있다: "특정한 질병을 치유해주는 신약을 어떻게 개발할 것인가", "특정한 농작물의 수확을 증가시키는 방법은 무엇인가", "지구온난화를 막는 효과적인 방법은 무엇인가", "개인의 건강을 증진시키는 효과적인 프로그램을 어떻게 개발할 것인가".

응용연구는 지식의 확대를 주목적으로 하지 않기 때문에 응용연구 대부분은 순수연구에서 나온 지식, 이론, 방법론, 기법 등을 활용하는 경향이 있다. 그렇기 때문에 응용연구가 발전하기 위해서는 순수연구가 발전해야 한다. 물론, 응용연구도 연구과정에서 새로운 지식을 생산해낼 수 있으며, 또한 연구과정에서 발생한 새로운 의제나 해결하지 못한 문제는 순수연구를 위한 새로운 주제와 영역으로 이바지할 수 있다. 과학 분야별로 응용연구와 밀접히 연관된 학문을 살펴보면 사회과학에서는 경영학, 법학, 행정학, 신문방송학, 사회복지학 등이며, 자연과학에서는 공학, 의학, 약학, 간호학, 보건학 등을 꼽을 수 있다.

2) 양적 연구와 질적 연구

(1) 양적 연구

양적 연구는 말 그대로 양적인(quantitative) 또는 수적인(numerical) 자료를 수집하고 분석한다. 양적 연구에서 다루는 자료가 수로 되어 있기 때문에 수집하고자 하는 자료에 대한 양화(quantification)와 측정(measurement)이 중요하다. 양적 연구는 수적 자료의 분석을 위해 통계적 기법을 주로 사용한다. 수적인 자료의 통계적 분석을 통해 조사 대상자의 특성, 집단 간의 차이, 변수들 간의 관계 등에 관한 중요한 사실을 발견하거나 추론해낸다.

일반적으로 숫자는 경험적이고 표준화된 형태이기 때문에 양적 연구는 연구결과의 객관화와 일반화를 추구하는 경향이 있다. 이러한 경향의 배경에는 철학적으로 경험주의(empiricism)와 실증주의(positivism)의 영향이 크다.

① 가정

경험주의와 실증주의에 근거해 양적 연구가 가지는 주요 가정을 정리하면 다음과 같다.

- 지식은 감각과 경험으로 나온다.
- 현실은 연구자와는 개별적으로 외부에 존재하는 객관적 실체이기 때문에 객관적으로 연구될 수 있다.
- 연구자는 연구대상과 연구과정에 대해 중립적이어야 한다.
- 자연현상과 사회현상을 연구하는 방법은 같다.
- 연구는 기본적으로 연역적인 추론에 근거해야 한다.
- 이론과 가설은 인과적으로 검증가능해야 한다.
- 연구의 목표는 현상에 대한 설명, 이해, 예측을 가능하게 해주는 이론을 발전시키는

것이다.

② 장점

양적인 연구가 지니는 장점은 다음과 같이 정리될 수 있다.

- 보다 큰 모집단에 대해 일반화할 수 있는 신뢰도와 객관성이 높은 자료와 정보를 제공 해준다.
- 연구결과를 일반화시켜주는 가능성을 높여준다.
- 가설의 검증을 가능하게 해준다.
- 통계적 분석을 통해 변수의 통제가 가능하다.
- 질적인 자료에 비해 양적인 자료의 수집은 상대적으로 용이하다.
- 통계적 분석은 비교적 신속하게 이루어질 수 있다.
- 자료의 조작과 처리를 용이하게 해준다.
- 대규모 집단을 연구하는데 유용하다.

③ 단점

양적인 연구가 지니는 단점은 다음과 같이 정리될 수 있다.

- 연구결과가 구체적인 현실에 적용하기에는 너무 추상적이거나 일반적일 수 있다.
- 수집된 자료가 한정적이고 피상적일 수 있다.
- 표준화된 수적 자료만을 다루기 때문에 상세하고 포괄적이며 깊이 있는 정보를 얻기가 힘들고 이로 인해 타당도를 확보하는 데 어려움이 있다.
- 표준화된 질문과 응답 형식은 구조적이고 체계적인 오류나 왜곡을 발생시킬 수 있다.

(2) 질적 연구

질적 연구는 단어, 상징, 행동 등과 같이 수 이외의 자료를 수집하고 분석한다. 질적 연구에서 나온 정보는 연구주제나 대상에 대해 숫자로 표현할 수 없는 특질이나 특성을 나타낸다. 그렇기 때문에 질적인 연구는 인간의 행동, 감정, 인성과 같은 인간의 심적인 측면과 현상의 내적인 측면에 대해 깊이 있고 상세한 내용을 제공해준다.

양적 연구가 통계적 추론을 위해 자료의 표준화를 거치는데 비해 질적 연구는 생성된 자료를 있는 그대로 대하기 때문에 연구자가 상당한 유연성을 가질 것을 필요로 한다. 이에 따라 질적 연구는 대개 사람들의 행동, 의견, 욕구 그리고 현상의 발생과정 등을 자연스레 관찰하고 기록한다. 수집한 자료는 대개 가공하지 않으며 연구자는 원래 형태의 자료들이 의미하는 바를 연관된 상황과 환경들을 고려하여 파악하고 해석한다. 그렇기 때문에 질적 연구는 어떤 주제나 현상에 대해 이것들이 가지는 의미, 진행과정, 인과적 관계에 대한 깊이 있고 총체적인 이해를 얻기 위한 목적으로 수행된다.

질적 연구는 사회적 현상과 인간행동에 대해 역사적 측면과 주관적인 측면을 동시에 이해하려 한다. 이 같은 접근은 일반 사물과 달리 인간은 생각하고 의식하는 존재로서 인간과 사회에 대한 접근방법은 다른 자연현상에 대한 접근방법과 달라야 한다는 현상학(phenomenology), 이해사회학(interpretative sociology), 상징적 상호작용론(symbolic interactionism)의 영향을 받았다.

① 가정

질적 연구가 가지는 주요 가정들을 정리하면 다음과 같다.

- 주어진 상황에 따라 연구자의 관점, 연구대상자의 관점, 독자의 관점과 같은 다양한 실체들이 존재할 수 있으며 또한 이러한 다양한 관점, 입장, 정보들이 연구에 모두 고려된다.
- 연구자와 연구대상자 간의 간격을 최소화하기 위해 연구자는 연구대상자와 적극적으로 상호작용한다.
- 주어진 대상과 현상을 이해하는 데 있어 맥락을 파악하는 것이 중요하다.
- 연구는 대부분 귀납적인 방식에 근거한다.
- 관심 범주는 연구를 시작하기 전에 연구자에 의해 설정되기보다는 연구과정에서 생성되는 경향이 있다.
- 연구의 목표는 주로 주어진 현상을 설명하는 데 도움을 주는 유형이나 이론을 발견하는 데 있다.
- 자료의 정확성은 연구자가 자료 제공자와 같이 검증하거나 다양한 출처의 정보들을 다 각도로 비교함으로써 결정된다.
- 연구의 초점은 결과보다는 주로 과정에 두어져 있다.

② 장점

질적인 연구가 지니는 장점은 다음과 같다.

- 심층적이고 풍부한 내용과 사실을 발견할 수 있다.
- 인간의 행동과 태도의 내적이고 미묘한 특성을 알아내는 데 효과적이다.
- 타당도가 높은 연구결과를 생산한다.
- 사회현상과 인간행동의 발생과정을 역동적이고 총체적으로 이해할 수 있다.
- 주제에 대한 새로운 시각이나 통찰력을 얻을 가능성이 높다.
- 조사설계와 자료수집에 있어 유연성이 높다.
- 조사를 비교적 쉽게 시작할 수 있으며 조사를 수행하는 데 있어서도 상대적으로 많은 예산, 도구, 인원, 준비과정을 필요로 하지 않는다.
- 작은 표본에서도 연구가 가능하다.

③ 단점

질적인 연구가 지니는 단점은 다음과 같다.

- 표본의 크기가 상대적으로 작고 표본을 무작위로 추출하지 않는 경향으로 인해 표본의 대표성이 낮고 이로 인해 연구결과를 일반화하는 데 한계가 있다.
- 심층조사로 인해 자료를 수집하는 데 시간이 많이 소요될 수 있다.
- 질적인 자료를 해석하고 분석하는 데 시간이 많이 걸릴 수 있다.
- 수집된 자료를 가공하기가 어렵다.
- 연구결과에 대해 양적으로 설명하고 예측하기가 어렵다.
- 관찰과 해석이 주관적이기 때문에 신뢰도를 확보하기가 어렵다.
- 표준화된 절차가 부족하기 때문에 연구를 재현하기가 어렵다.

(3) 양적 연구와 질적 연구의 비교

[표 4-1]은 앞에서 소개한 양적 연구와 질적 연구의 특징들을 정리하여 비교한 것이다. 비록 양적 연구와 질적 연구는 분명히 차이가 나지만 실제에 있어 어떤 특정한 연구가 이분법적으로 이들 중의 하나로 완전히 분류되는 경우는 매우 드물다. 오히려 현실적으로 수행되는 대부분의 연구는 양극화된 이들 두 특징을 잇는 연속선상에서 정도를 달리하며 어느 한 곳에 위치해 있다고 할 수 있다.

표 4-1 양적 연구와 질적 연구의 비교

기 준	양적 연구	질적 연구
1) 목적	가설검증 및 인과적 설명, 이해, 예측, 일반화	종합적이고 깊이 있는 이해와 해석, 탐색, 발견, 이론구성
2) 이론적 배경	구조기능주의, 경험주의, 실증주의, 행동주의	상징적 상호작용론, 해석학, 현상학, 민속방법론, 이해사회학
3) 인간행동에 대한 관점	규칙적, 안정적, 예측가능	역동적, 상황적, 사회적, 개인적
4) 연구설계와 방법의 유연성	낮음	높음
5) 이론의 필요성	연구진행을 위해 연구주제와 변수와 관련된 구체적 이론이 필요함	연구주제와 관심에 관련된 별다른 이론 없이도 연구진행이 가능함
6) 조사대상 집단	무작위 표본추출에 의한 대규모 집단	비무작위 표본추출에 의한 소규모 집단
7) 연구 변수	특정한 변수에 대한 연구에 중점	특정한 변수보다는 전체에 대한 연구에 중점
8) 자료 유형	단순하고 이해하기 쉬우며 표준화된 자료(수와 통계치)	내용이 풍부하고 깊이있는 자료(단어, 이미지, 대상)
9) 자료 측정의 초점	신뢰도	타당도
10) 자료수집 방법	서베이, 구조화된 면접, 실험	심층 또는 개방화된 면접, 사례조사, 관찰, 현지조사, 초점집단연구
11) 자료분석 형태	통계적 관계의 확인	유형, 특징, 주제의 파악
12) 자료분석의 수단	통계적 방법	연구자의 해석
13) 추론방식	연역적	귀납적
14) 객관성과 주관성	객관성이 중요함	주관성이 필요함
15) 연구자와 연구대상자의 관계	서로를 모를 수 있음, 간접적	서로를 알 수 있음, 직접적
16) 연구자의 입장	외부인	내부인
17) 연구결과의 일반화 가능성	높음	낮음

3) 사례기술적 연구와 법칙정립적 연구

(1) 사례기술적 연구

사례기술적 연구는 특정한 사례나 현상을 완벽하게 설명하거나 이해하고자 수행되는 연구를 일컫는다. 경우에 따라 사례기술적 설명의 일부는 다른 사례들에도 적용될 수 있겠지만 연구의 목적은 특정한 한 가지 사례에 대해 완전히 설명하는 것이다. 이 때문에 사례기술적 연구가 설명하는 범위는 특정한 사례에 국한되는 경향이 있다.

사례기술적 연구와 관련하여 한 청소년의 흡연에 대한 다음과 같은 설명의 예를 들 수 있겠다. “부모가 흡연을 하니까 따라 배웠지. 주변의 친구들도 다 담배를 피우니까 그쪽 영향도 받았을 거야. 그리고 어릴 때부터 일탈을 하는 성격이었는데다 담배를 피워도 주위에 말리는 사람이 없었어. 또 요즘 담배값이 싸고 또 마음만 먹으면 아무데서나 담배를 구입할 수 있잖아. . . .”. 이와 같이 어떤 현상이나 사건을 완전히 설명하기 위해 그러한 현상이나 사건의 발생과 관련된 모든 이유들을 제시하려는 시도가 사례기술적 연구의 설명방식이다.

(2) 법칙정립적 연구

법칙정립적 연구는 일군의 사례나 현상에 대해 보다 적은 수의 요인을 가지고 효율적이고 경제적으로 설명하려고 시도하는 연구이다. 그렇기 때문에 법칙정립적인 연구는 한두 개만의 요인으로도 어느 정도 설명을 충족시키면 연구의 목적을 달성한 것으로 간주한다. 즉, 법칙정립적인 연구는 효율성과 경제성만 확보되면 경우에 따라 완전한 설명보다는 부분적인 설명으로 만족한다.

법칙정립적인 설명은 일련의 사례나 현상에 대한 일반적인 법칙의 발견이나 일반적인 이해를 추구한다. 따라서 법칙정립적인 연구는 보다 설명력이 높은 변수의 발견에 연구의 초점을 둔다. 법칙정립적 연구의 예로 청소년의 흡연에 대한 다음과 같은 설명을 들 수 있겠다. “가까운 친구의 흡연이 청소년 흡연에 제일 많은 영향을 주지”. 이와 같이 어떤 사례나 현상에 영향을 미친 소수의 핵심적인 요인을 찾아내서 설명하려는 시도가 법칙정립적 연구의 접근방식이다.

2 분석단위

분석단위(unit of analysis)는 무엇을 또는 누구를 연구할 것인지와 관련된 것으로 연구대상 혹은 연구대상자를 일컫는다. 연구자는 연구에서 나온 결론을 분석단위인 연구대상에 적용하고자 한다. 연구에서 분석단위는 대체로 관찰단위(unit of observation)나 표본추출요소(sampling element)이기도 하다. 다양한 분석단위가 연구될 수 있는데, 이 가운데 주요 분석단위로는 개인, 집단, 조직, 사회적 상호작용, 사회적 가공물(social artifacts)이 있다(Babbie, 2021).

1) 분석단위의 종류

(1) 개인

개인은 인간과 사회에 관련된 조사에 있어 가장 전형적인 분석단위이다. 분석단위가 개인인 연구들은 일반적으로 특정한 유형 또는 집단의 개인들 및 이들의 행동에 대한 기술과 분석을 통해 사회집단과 상호작용을 기술하고 설명하는 경향이 있다. 이들 연구는 성별, 나이, 종교, 태도 등과 같은 개인들의 특성을 기술할 수 있으며 또한 이러한 기술을 종합해서 개인들이 속한 집단의 모습을 제공하거나 집단에 대해 일반화를 시도할 수 있다. 사회조사에서 어떤 유형의 개인도 분석단위가 될 수 있다. 예로서, 대학생, 청소년, 유권자, 직원, 기업주, 종교 신자, 주부, 소비자 등을 들 수 있다.

(2) 집단

하나의 개체로 여겨지는 한 집단의 특징에 대해 관심을 가질 경우 분석단위는 집단이 된다. 분석단위가 개인인 경우와 집단인 경우를 비교하면, 깡패집단의 구성원을 조사하여 범죄자들을 연구할 경우 개인(범죄자)이 분석단위이지만 대규모 깡패집단과 소규모 깡패집단 간의 차이 또는 대도시 깡패집단과 소도시 깡패집단 간의 차이를 알아본다면 분석단위는 사회집단인 깡패집단이다. 전자의 연구에서 관심은 깡패집단의 개인구성원들에 있지만 후자의 연구에서 관심은 개인이 아닌 깡패집단에 있다.

또다른 비교로서, 만약 두 학급 학생들의 성적을 비교할 경우 분석단위는 개인이지만 두 학급의 수업분위기를 비교하면 분석단위는 집단이다. 수업분위기는 각 개인 학생으로부터 얻어지는 것이 아니라 하나의 전체로서 학급에서 얻어지는 것이다. 분석단위가 집단인 예로서, 가족, 친구집단, 부부, 센서스 조사구, 도시 또는 지리적 지역 등등을 들 수 있다. 대개 연구자들은 개별 집단을 연구한 결과를 바탕으로 집단들을 서로 비교하거나 또는 집단들이 속한 전체 모집단에 대해 기술하거나 설명한다.

(3) 조직

연구자가 공식적인 사회조직의 특성을 연구할 경우 분석단위는 조직이 된다. 만약 어떤 연구자가 기업을 연구한다면 분석단위는 조직인 기업이 된다. 이 때 연구자는 종업원의 수, 종업원의 성비, 연도별 순익, 매출, 자산 등을 통해 개별 기업을 특징지을 수 있고 또 기업규모에 따른 생산성을 비교할 수도 있다. 분석단위가 조직인 예로서 기업, 대학, 교회, 군대의 단위부대, 종교단체, 정부의 부서, NGO 등을 들 수 있다.

(4) 사회적 상호작용

개인들 간에 일어나는 사회적 상호작용을 연구할 경우 분석단위는 사회적 상호작용이 된다. 비록 대부분의 사회적 상호작용이 개인들에 의해 일어나더라도 이들 두 분석단위는 구분된다. 예를 들어, 상이한 인터넷포털에 가입한 사람들의 유형을 비교하면 개인이 분석단위가 되지만 이러한 인터넷포털에서 이루어지는 채팅시간을 비교하면 채팅시간이 분석단위가 된다.

또다른 예로서 중매결혼과 연애결혼한 개인들의 특성을 연구하면 분석단위는 결혼한 개인이 되지만 중매결혼과 연애결혼의 이혼을 비교하는 연구를 하면 분석단위는 결혼이 된다. 분석단위가 사회적 상호작용인 예로서, 전화통화, 교통사고, 소송, 춤, 논쟁, 시위, 친구선택, 이메일교환, 주먹다짐 등을 들 수 있다.

(5) 사회적 가공물

사회적 가공물은 인간과 인간의 행동에 의한 생산물을 일컫는다. 이 같은 사회적 가공물도 연구에서 분석단위가 될 수 있다. 사회적 가공물의 예로서 책, 시, 그림, 사진, 자동차, 건물, 노래, 도자기, 과학적 발견, 신문 등이 있다. 만약 어떤 연구자가 신문을 분석단위로 삼을 경우, 각 신문은 크기, 면수, 기사 수, 기사의 길이, 지면 색깔, 사진의 수 등에 의해 특징 지워질 수 있다. 덧붙여 이러한 특징의 분석에 기초해 신문들의 모집단에 대해, 예를 들면 어떤 신문이 가장 좋은가 또는 왜 그런가와 같이 기술되거나 설명될 수 있다.

2) 분석단위에 대한 잘못된 추론

분석단위가 다름으로 인해 연구를 수행하는 과정에서 분석단위를 잘못 선정하거나, 조사결과에 대해 해석을 잘못하거나, 또는 조사결과로부터 그릇된 결론을 내리는 오류를 범할 수 있다. 이러한 오류 가운데 대표적인 것으로 생태학적 오류(ecological fallacy), 개인주의적 오류(individualistic fallacy), 환원주의(reductionism)가 있다.

(1) 생태학적 오류

생태학적 오류는 집단의 특성에 근거하여 그 집단에 속한 개인에 대해 잘못된 결론을 이끌어냄으로써 생겨나는 오류를 일컫는다. 여기서 '생태학적'이라는 말은 집단, 무리, 체제 등으로 개인보다 더 큰 단위나 수준을 일컫는다. 이에 따라 생태학적 오류는 보다 큰 수준의 분석단위에서 나온 결과를 기준으로 그러한 분석단위에 속한 보다 낮은 수준의 분석단위의 특성에 대해 함부로 추론할 때 발생할 수 있는 오류이다. 생태학적 오류는 분할오류(fallacy of division)라고도 한다.

생태학적 오류로 다음과 같은 예를 들 수 있다. 수능성적이 높은 걸로 알려진 어떤 고등학교의 학생을 만났을 경우 우리는 대개 그 학생도 공부를 잘 할 것으로 생각한다. 하지만 수능성적이 높은 학교의 학생이라는 이유가 그 학생의 성적도 좋다라는 것을 자동적으로 의미하지 않는다. 수능성적이 높은 고등학교라도 공부를 못하는 학생이 얼마든지 있으며 또 만난 학생이 그 고등학교에서 공부를 제일 못하는 학생일 수 있다.

또다른 예로, 젊은 유권자의 수가 나이든 유권자의 수보다 많은 선거구에서 어떤 여성후보가 당선되었을 경우 젊은 투표자가 나이든 투표자보다 이 여성후보를 더 지지했을 가능성이 많다는 결론을 내릴 수 있다. 하지만 실제는 이 여성후보가 친노인적인 정책공약을 제시해서 다수의 나이든 투표자가 이 여성후보를 지지해서 당선되었을 수도 있다.

(2) 개인주의적 오류

개인주의적 오류는 개인을 분석한 결과를 바탕으로 개인이 속한 집단의 특성에 대해 잘못 추론함으로써 발생하는 오류를 일컫는다. 개인주의적 오류는 생태학적 오류와 반대로 보다 낮은 수준의 분석단위의 특성에서 나온 결과를 기준으로 그러한 분석단위가 속한 보다 큰 수준의 분석단위에 대해 함부로 추론할 때 발생할 수 있는 오류이다. 개인주의적 오류는 예외오류(exception fallacy)라고도 한다.

개인주의적 오류로 다음과 같은 예를 들 수 있다. 공교육을 받지 못하고서도 부자가 된 몇 사람을 안다고 해서 교육수준과 소득은 무관하다고 주장할 경우 이는 분명히 잘못된 결론이다. 비록 학력이 낮은 일부 부자들이 있다고 하더라도 이런 사례들은 예외적이며 사회 전체적으로 교육수준과 소득수준이 서로 정비례하는 일반적 유형은 엄연히 입증된 사실이다.

또다른 예로 민주주의적 가치를 지니고 있는 일부 사람들을 안다고 해서 그 사람들이 속한 나라가 반드시 민주주의 사회일 수는 없다. 일부 사람들은 말 그대로 예외적인 사람들일 수 있으며 또한 사회의 정치체제는 개인과는 다른 집단적인 분석단위로 개인적인 수준 이외의 요인들에 의해 얼마든지 개인의 의식이나 가치와는 다른 특성을 지닐 수 있다. 만약

A학생의 성적이 B학생의 성적보다 좋은 것을 알고서 A가 다니는 학교가 B가 다니는 학교보다 성적이 좋다라고 추론한다면 이 또한 개인주의적 오류가 될 수 있다.

(3) 환원주의

환원주의는 특정한 현상이 지닌 다양한 측면을 단지 일부의 측면이나 변수로 지나치게 한정하거나 환원하여 설명하려는 경향을 일컫는다. 환원주의적 설명은 분석단위의 결정이 잘못되었거나 전적으로 오류라기보다는 현상에 대한 관점과 설명이 지나치게 제한적이라는 문제를 지니고 있다.

예를 들어, 축구팀의 우승은 선수의 자질, 코치의 역량, 연습시간, 팀워크, 재정, 전략, 운동시설 등의 다양한 요인들에 의해 결정됨에도 불구하고 단지 선수의 자질만으로 축구팀의 우승을 설명하려 들 때 이러한 설명은 제한적일 수밖에 없다. 아울러 대부분의 사회정책들은 사회적, 경제적, 정치적, 심리적, 문화적 측면 등을 다양하게 포함하고 있는데도 불구하고 일부 학자나 정책입안자들은 이러한 사회정책들을 단지 한두 개의 변수와 관점에 한정해서 단순하게 설명하거나 결정하는 경향이 있는데 이럴 경우 환원주의에 빠질 수 있다.

3 시간차원

모든 사물이나 현상 그리고 주변의 조건과 상황은 시간에 따라 변할 수 있기 때문에 연구에 있어 시간은 매우 중요한 변수이다. 그렇기 때문에 연구자는 연구를 수행하는 데 걸리는 시간 뿐만 아니라 인과관계를 결정하고 연구의 결과를 일반화할 때도 시간적인 요인을 중요하게 고려해야 한다. 일반적으로 연구는 조사시점에 따라 횡단연구(cross-sectional study)와 종단연구(longitudinal study)로 크게 구분된다.

1) 횡단연구

횡단연구는 어느 한 시점에서 모집단이나 표본에 대해 관련된 변수의 상황이나 실태 또는 단면을 살펴보는 연구이다. 횡단연구는 특정한 시점에 정지된 상태를 관찰하기 때문에 정태적 연구(static study)라고도 한다. 일반적으로 탐색적 연구와 기술적 연구는 횡단적인 경우가 많다. 예를 들어, 특정 시점에서 전체 인구를 기술하려는 센서스조사, 질환의 유병률 조사, 신제품에 대한 소비자 선호도 조사, 유권자의 후보자 지지도 조사 등은 횡단연구라고 할 수 있다.

비록 횡단연구는 한 시점에서의 실태를 자세히 기술하는 데 초점을 두고 있지만 다양한 변수들 간의 관계 또는 변수들의 시간별 과정과 순서를 조사하게 되면 횡단연구에서도 종단적인 연구의 결과를 얻거나 인과관계에 대한 추론이 가능하다. 예를 들어, 건강기록부를 연령별로 검토해보면 생애과정에 따른 건강의 추이를 발견할 수 있으며 또한 흡연기간과 현재의 건강상태에 대한 정보를 연관시켜 분석하면 흡연이 건강에 미치는 영향을 알 수 있다. 횡단연구는 다양한 변수들을 한 번에 살펴보거나 비교할 때 그리고 대규모 연구를 경제적으로 수행하고자 할 때 많이 사용된다.

2) 종단연구

종단연구는 동일한 현상이나 대상을 일정한 시간 간격을 두고 반복적으로 관찰하는 연구이다. 시간 간격을 두고 여러 번 측정하기 때문에 시간의 흐름에 따른 변화를 살펴볼 수 있다. 시간에 따른 연구대상의 움직임과 변화를 관찰하기 때문에 동태적 연구(dynamic study)라고도 한다. 종단연구에는 추세연구(trend study), 코호트연구(cohort study), 패널연구(panel study)가 있다.

(1) 추세연구

추세연구는 시간에 따른 모집단의 변화나 경향을 조사하는 방식이다. 추세연구는 매번 조사할 때마다 동일한 모집단 전체를 대상으로 하거나 또는 동일한 모집단에서 새로운 표본을 독립적으로 추출해서 사용하기도 한다. 비록 매번 추출되는 표본들은 서로 다를지라도 이들 표본은 동일한 모집단에서 나왔고 또 모집단을 대표하기 때문에 동일하다는 것을 전제로 한다.

추세연구는 과거의 추이를 분석함으로써 미래의 상태를 예측하는 데 주로 활용된다. 추세연구의 예로 전염병 발병 추이연구, 범죄발생 추이연구, 알코올소비 추세연구 등을 들 수 있다. 매 5년마다 전체 인구와 주택의 규모와 특성을 파악하기 위해 실시되는 인구주택총조사의 경우, 조사시점의 현황에 연구의 초점이 두어지면 횡단연구가 되지만 이전의 조사결과들과 비교하여 추세와 경향을 파악하는데 연구의 초점이 두어지면 종단연구가 된다.

(2) 코호트연구

코호트는 특정한 하위집단으로 비슷한 경험이나 특성을 공유한 사람들의 집단을 일컫는다. 따라서 코호트연구는 이러한 코호트가 시간이 지남에 따라 어떻게 변화하는지를 조사하는 연구이다. 코호트연구는 주로 비슷한 시기에 태어나 공통된 경험을 한 사람들을 대상으로 이들의 변화를 분석하는 경향이 있다. 예를 들어, 625세대(6.25전쟁을 경험한 세대), 베이비붐세대(6.25전쟁직후 출산율이 높았던 1955년~1963년 사이에 태어난 사람들), 7080세대(1970년대 및 1980년대에 대학을 다녔던 세대), 486세대(40대, 1980년대학번, 1960년대생)라고 불리는 집단들은 각각 하나의 코호트가 될 수 있는데, 만약 이들 코호트의 사회인구학적 특성을 알아보기 위해 이들을 대상으로 매 5년마다 조사를 실시한다면 이 같은 조사는 코호트연구가 된다. 이 때 매번의 조사에서 조사대상은 동일한 코호트에서 매번 새롭게 독립적으로 추출되는 표본이 된다.

코호트연구는 시간의 변화에 따른 특정한 집단의 추이나 경향을 살펴보기 위해 실시되기도 하지만 다른 집단과의 비교를 위해서도 실시된다. 이 때 비교집단은 코호트가 포함된 전체 모집단이거나 다른 코호트가 되겠다.

(3) 패널연구

패널연구는 여러 시점에 걸쳐 동일한 표본인 패널을 반복적으로 조사하는 연구이다. 패널연구는 처음에 선정한 대상을 계속적으로 조사하기 때문에 조사대상자의 전체적인 변화뿐만 아니라 그러한 변화의 원인 및 내부적인 역학까지도 파악할 수 있다. 예를 들어 중학교 2학년생을 대표할 수 있는 패널을 선정한 후 이들을 대상으로 매년 흡연에 대한 태도 및 이러한 태도에 영향을 줄 수 있는 독립변수들과 주요 사회인구학적인 특성들에 관해 조사를 시행했을 경우, 이들의 흡연에 대한 태도 변화뿐만 아니라 만약 태도가 바뀌었다면 어떤 사회인구학적인 특성을 가진 표본의 태도가 바뀌었으며 또한 이러한 태도 변화에 어떤 요인이 영향을 주었는지에 대해서도 파악해낼 수 있다.

이와 같이 패널연구는 보다 깊이 있고 자세한 분석이 가능하도록 해주기 때문에 정확한 자료를 필요로 하거나 중요한 목적을 지닌 연구에서 많이 사용된다. 대표적인 패널조사로 한국노동패널조사, 한국청소년패널조사, 장애인고용패널조사, 여성가족패널조사, 한국복지패널조사, 한국의료패널조사 등이 있다. 한편, 패널연구는 다른 종단연구들에 비해 보다 정확하고 상세한 정보를 제공해주기는 하지만 비용이 많이 들고, 시간이 많이 소요되며, 선정된 패널을 계속적으로 추적하기가 어려우며, 선정된 패널이 시간이 지남에 따라 이탈 또는 감소됨으로 인해 대표성을 확보하기가 어려운 단점들도 가지고 있다.

4 자료의 유형

대부분의 연구는 연구주제와 관련된 자료를 수집하고, 정리하고, 분석하고, 이해하거나 설명하는 방식으로 진행된다. 이 같은 측면에서 자료(data)는 연구나 조사의 바탕이 되는 재료라고 할 수 있다. 일반적으로 자료는 어떤 사물이나 대상을 나타내는 사실적 기록이나 단위를 일컬으며 숫자, 단어, 영상, 소리 등의 형태를 띤다. 개별적인 자료 그 자체는 무작위적으로 흐트러져 있으며 어떤 의미나 유용성을 지니고 있지는 않다. 그렇기 때문에 연구자는 이러한 자료를 정리하고 가공하여 유용한 의미를 담은 정보(information)로 변환시켜 활용한다. 자료는 수집방식에 따라 크게 1차 자료(primary data)와 2차 자료(secondary data)로 구분된다.

1) 1차 자료

1차 자료는 연구자가 수행중인 연구를 위해 직접 수집한 자료이다. 대부분의 경우 1차 자료는 연구목적을 위해 처음으로 수집되며 또한 연구자는 자료수집 과정에 직접 참여한다. 경우에 따라 1차 자료는 원자료(original data)라고도 한다. 오늘날 많은 공공 및 민간기관, 기업, 연구자들이 다양한 목적을 가지고 설문조사, 관찰, 심층면접, 실험 등의 조사방식을 통해 1차 자료를 수집하거나 생산하고 있다. 조사와 연구에 있어 1차 자료가 갖는 장점과 단점은 다음과 같다

① 장점

- 연구목적에 적합한 자료를 확보할 수 있다.
- 시의성이 있는 최신의 자료를 얻을 수 있다.
- 자료의 정확도와 신뢰도가 높다.
- 연구자가 자료와 자료수집과정에 대해 많은 정보를 가지고 있다.

② 단점

- 직접적으로 자료를 수집해야 하기 때문에 많은 시간, 비용, 노력이 소요된다.
- 자료수집이 비교적 어렵고 복잡하다.
- 자료수집에 연구자의 주관이 개입될 소지가 있다.

2) 2차 자료

2차 자료는 다른 사람이나 기관이 자신들의 특정한 목적을 위해 이전에 생산하였거나 수집한 자료이다. 오늘날 수많은 연구자와 기관이 자신들의 연구와 조사를 위해 1차 자료를 수집해서 공개하고 있는데 이들 자료 가운데 일부는 다른 연구자나 기관에 의해 다른 목적으로 다시 사용되기도 한다. 이때 1차 자료를 직접 수집하지 않은 연구자나 기관이 다른 연구자나 기관의 1차 자료를 얻거나 구해서 자신들의 목적을 위해 다시 활용하는 자료가 2차 자료이다. 2차 자료의 출처는 연구자나 기관의 1차 자료를 포함해서 공공기관의 보고서, 웹사이트, 자료보관소(data archive)의 자료, 학술지의 논문, 책, 언론의 기사, 조직이나 기관의 내부 문서와 기록 등등으로 매우 다양하다. 조사와 연구에 있어 2차 자료가 갖는 장점과 단점은 다음과 같다.

① 장점

- 남들이 수집한 자료를 얻어서 사용하기 때문에 자료수집에 있어 적은 시간, 비용, 노력이 소요된다.
- 자료수집이 비교적 쉽고 간편하다.
- 오랜 기간에 걸쳐 수집한 자료를 한 번에 모아 비교함으로써 종단연구의 결과를 짧은 시간에 확인할 수 있다.
- 경우에 따라 공신력 있는 기관이나 전문가 집단이 생산한 1차 자료는 개인 연구자가 직접 생산한 자료보다 질이 더 우수하다.
- 연구자가 1차 자료의 수집과정에 개입하지 않았기 때문에 경우에 따라 비교적 객관적인 자료를 확보할 수 있다.

② 단점

- 과거의 자료이기 때문에 시의성이나 현실성이 떨어질 수 있다.

- 연구목적에 적합한 자료를 구하기가 쉽지 않다.
- 연구자가 1차 자료의 수집과정에 참여하지 않았기 때문에 자료의 문제점에 대해 알기 어렵다.

5 사회적 맥락

과학, 특히 사회과학에서 우수한 연구를 수행하기란 쉽지 않다. 사람의 행위를 연구함은 보통 자연과학에서는 직면하지 못하는 문제들도 내포하게 된다. 이러한 문제들 중 일부는 사람을 연구함으로써 생겨나는 현실적인 또는 사회적인 어려움일 수 있다.

1) 사람들의 협조

인간과 사회를 대상으로 연구하는 대부분의 사회과학자들은 연구대상자나 응답자들의 협조를 필요로 한다. 우선, 사회조사의 참여는 많은 사람들이 소중하게 여기는 시간의 사용을 요구한다. 게다가, 사회조사는 가끔 대부분의 사람들이 다른 사람들에게는 밝히기를 꺼리는 개인적인 문제나 민감한 이슈들을 다루기도 한다. 따라서 사람들을 연구에 참여하게 만드는 일은 이들로 하여금 연구참여에 따르는 부담을 줄이는 동시에 협조하도록 이해시키고 설득하는 복잡한 과정을 포함한다.

연구자는 때때로 자신이 이상적으로 가지기를 원하는 정보의 수준을 낮춤으로써 참여자의 부담을 줄일 수 있다. 이러한 현실적 타협은 연구의 중요한 목표를 성취하기 위해 가끔 필요하기도 하다. 연구자는 또한 응답자가 여유있는 시간에 답할 수 있도록 설문지를 배부하거나, 응답자가 편리한 시간에 전화서베이를 하며, 특정한 연구장소보다는 응답자의 가정에서 응답자와 면접을 함으로써 참여자의 부담을 줄일 수 있다.

연구에 대한 참여동기는 경우에 따라 연구과정에 참여함으로써 생기는 비용이나 손실을 적절하게 보상해줌으로써 증가시킬 수 있다. 하지만 연구에 대한 참여동기는 대부분 연구대상자나 응답자가 연구를 얼마나 중요하게 생각하는가에 크게 의존한다. 따라서 연구자는 연구를 시작하기 전은 물론이고 연구를 수행하는 과정에서도 연구대상자나 응답자들에게 연구가 지니는 의미, 중요성, 목적, 그리고 연구참여의 필요성 등을 충분히 설명하고 이해를 구할 필요가 있다.

2) 연구 자체의 영향

사람은 자기 자신을 하나의 개인으로서 의식한다. 이러한 자기의식은 사회과학의 연구에서 특별히 관심을 가질 필요가 있다. 왜냐하면, 사람들은 무생물과는 달리 자기 자신이 연구되고 있다는 사실에 반응해서 자신들의 행동을 바꿀 수가 있기 때문이다. 특별한 주제에 대한 자신들의 의견이 조사되고 있음을 안다면 사람들은 다시 생각하고 자신들이 평소에 가졌던 관점을 수정할 수가 있다.

호손효과(Hawthorne Effect)는 이러한 현상을 나타내는 용어로 자주 쓰인다. 이 용어는 1920년대 말과 1930년대 초 미국 시카고 인근의 호손에 있는 웨스턴 일렉트릭회사의 한 공장에서 행한 일련의 연구에서 나왔다. 여러 가지 작업조건들(밝은 조명, 많은 휴식시간, 다양한 임금지급방법 등)이 생산에 어떤 영향을 미치는가를 조사하면서 연구자들은 종업원들에게 불리하다고 여겨지는 작업조건들(예를 들어, 어두운 조명)하에서도 생산성이 올라가는 예상치 못했던 현상들을 발견했다.

세밀한 분석끝에, 연구자들은 이러한 결과가 다양한 물리적 작업조건이나 물질적 보상에 의한 것이 아니라 실험하고 있다는 사실 그 자체에 의해 일어났음을 알게 되었다. 실험하는 동안 종업원들에게 보인 관심과 주의가 종업원들로 하여금 관리자들이 자기들을 특별히 생각하고 있다는 믿음을 갖게 만들었고, 이것이 종업원들의 사기를 높였다. 결국, 생산성의 향상은 이러한 긍정적 느낌으로부터 나온 결과였다. 호손효과는 적합한 연구설계를 하기 위해 연구대상자의 지각력을 고려하는 것이 중요함을 일깨워 준다.

연구대상자들이 실험에서 사용되는 변수나 처치보다는 실험하고 있다는 상황 자체에 의해 영향받는다는 사실은 의학연구에서 중요하게 고려된다. 사람의 신체는 생각이나 마음에 따라 변화를 일으킬 수 있다. 실제는 약을 먹지 않았는데 약을 먹었다는 생각만으로 증세가 좋아지기도 한다. 이러한 변화를 위약효과(placebo effect) 또는 플라시보효과라고 한다. 위약효과 때문에 신약의 효능을 알아보기 위해서는 반드시 실제 신약을 먹은 사람과 신약과 같은 모양이나 신약의 성분이 들어가 있지 않은 위약(placebo)을 먹은 사람을 비교해보아야 한다. 예를 들어, 혈압을 낮추는 새로운 약의 효능을 알아보기 위해 동일한 모집단에서 두 표본을 무작위로 추출하여, 한 집단(실험집단)에는 새로 개발한 약(실험변수)을 투여하고 다른 집단(통제집단)에는 그 약을 주지 않거나 또는 위약(예를 들어 각설탕)을 먹게 하여, 나중에 이들 두 집단의 혈압을 측정, 비교하는 실험을 할 수 있다. 만일 신약이 진짜로 효능이 있다면 실제 신약을 먹은 사람들이 위약을 먹은 사람들보다 혈압이 낮아져야 할 것이다.

6 연구과정

지식을 생산하기 위한 과학적 연구활동은 아무렇게나 진행되는 것이 아니라 나름대로의 일반적인 과정과 절차에 따라 체계적으로 수행된다. 이러한 과정은 대개 주제선정, 문헌검토, 가설설정, 윤리문제고려, 조사설계, 자료수집, 자료분석, 결론도출의 8가지 단계들로 이루어져 있다. 하지만 연구가 갖고 있는 다양한 성격과 종류 때문에 하나의 연구과정이 모든 연구에 똑같은 방식으로 적용될 수는 없다. 이 같은 측면에서 여기에 제시한 연구과정은 과학세계에서 보편적으로 수행되고 있는 전형적인 연구절차로서 연구를 설계하는데 있어 참고를 할 수 있는 하나의 표준화된 기본모델로 고려될 수 있다.

1) 주제선정

연구의 첫 번째 단계는 연구하고자 하는 주제를 선정하는 일이다. 연구주제는 연구자가 임의로 선정할 수 있다. 연구의 초점은 연구자가 개별적으로 특별히 관심을 갖고 있거나 중요하다고 생각하는 주제일 수 있고, 자신의 전공분야에서 제기되는 중요한 문제일 수 있고, 또는 남들의 부탁에 의해 선정된 주제일 수도 있다. 하지만 실제적으로 어떤 주제든지 연구가 가능한 것은 아니다. 신의 존재를 밝힌다거나 사후의 세계를 알아보겠다는 주제는 과학적인 세계에서 연구가 불가능하다. 또한, 주어진 시간과 비용으로 인해 현실적으로 수행할 수 있는 연구의 범위가 제한되어 있다. 그러므로 연구자는 선정한 연구주제나 문제에 대해 현실적이고 경험적인 측면에서 연구의 가능성을 기본적으로 검토할 필요가 있다.

주제가 선정되면 연구자는 전공분야의 관점에서 과학적인 조사가 가능하도록 연구주제를 구체적이고 분명하게 규정해야 한다. 특히 사회현상과 인간행동에 관련된 많은 개념들은 추상적일 수 있기 때문에 쉽고 구체적인 용어를 사용하여 개념을 보다 명확히 규정할 필요가 있다.

2) 문헌검토

일반적으로 한 사회 내의 사람들은 비슷한 경험을 공유하는 만큼 실제에 있어서 완전히 새로운 주제나 문제를 가지고 시작되는 연구는 그렇게 많지 않다. 따라서 연구자는 자신이 연구하고자 하는 연구주제나 문제가 이미 연구되었거나 또는 그것에 대한 답이 제시되었는가를 확인할 필요가 있다. 이를 위해 연구자는 도서관에 가서 책, 논문, 기타 자료들을 찾거나 인터넷을 이용해 자료나 정보를 검색할 수 있으며, 또 연구주제와 관련된 학자나 다른 전문가로부터 도움을 받을 수 있다. 문헌검토는 이와 같이 연구를 본격적으로 시작하기 전에 연구주제와 관련해서 발견된 사실은 물론 이론과 방법론에 대해 기존의 선행연구들을 탐색해 검토하는 작업이다.

문헌검토는 연구자로 하여금 이미 이루어졌거나 이루어지고 있는 동일한 연구를 반복하지 않게 함으로써 시간과 비용을 낭비하지 않도록 해준다. 이밖에 연구문제가 조금이라도 새로운 경우, 문헌검토는 연구주제와 개념을 보다 구체화 및 정교화 시켜주고, 연구자로 하여금 주어진 연구문제를 기존의 지식과 연구에 연결시켜 연구문제에 대한 이론적 기초를 설립하고 가설을 설정하는 데 도움을 주며, 또한 연구문제에 대한 접근방법과 조사방법을 제시해주기도 한다.

3) 가설설정

모든 연구가 가설의 설정을 필요로 하지 않으며, 또한 연구과정에 가설설정이 명문화되어 있지도 않다. 하지만 인과관계를 입증하려는 연구들은 대개 가설설정을 전제로 한다. 가설설정 초기에 선정된 연구문제는 연구자가 그것에 대한 답을 얻을 수 있도록 진술된다. 보다 발전적인 단계로 연구문제는 변수들 간에 기대되는 관계를 구체적으로 표현하는 가설의 형태로 전환된다.

가설설정은 임의적으로 이루어지지 않는다. 대부분 경우, 연구자는 연구문제와 관련된 문헌들의 검토를 통해 선행연구에서 밝혀진 사실이나 이론을 면밀히 고찰하고 분석한 다음에 이러한 과정에서 얻은 지식을 근거로 가설을 세운다. 가설은 입증을 전제로 하는 만큼 가설설정에서 중요하게 고려해야 할 점은 가설에 포함된 변수들에 대해 적절한 방법을 통해 측정이 가능하도록 가설을 구체적으로 규정하는 일이다.

4) 윤리문제 고려

모든 연구가 윤리적 문제를 제기하지는 않지만 그래도 인간과 사회에 관한 연구는 윤리적인 문제와 연관될 가능성을 항상 갖고 있으며, 또 실제에 있어서 많은 연구들은 이러한 문제와 결부되어 있다. 과연 응답자는 익명으로 또는 비밀스럽게 다루어져야 하는가? 연구가 참여자에게 실제로 위험을 가져다주는가? 연구결과는 어떤 사람들에게 어떤 피해를 가져다 줄 것인가?

결국 연구도 인간사회에서 이루어지는 하나의 활동인 만큼 윤리적인 문제로부터 완전히 자유로울 수 없다. 이 같은 측면에서 연구자는 자신의 연구가 연구참여자는 물론 다른 사람들에 피해를 주지 않는지에 대해 연구의 준비단계부터 모든 과정에 걸쳐 신중하게 고려할 필요가 있다.

5) 조사설계

가설이 설정되거나 연구문제가 구체적으로 규정되고 나면 연구자는 조사설계를 하게 된다. 조사설계는 가설을 검증하거나 연구문제를 해결하기 위한 자료를 수집하고 분석하는 구체적인 계획과 절차를 짜는 일이다. 이 과정에서 연구자는 연구대상, 표본추출방법, 자료수집 및 분석방법, 조사실행 방안 등에 대해 고려한다. 조사설계는 하나의 청사진으로서 연구자로 하여금 문제에 대한 해결책을 내놓을 수 있도록 해준다. 이를 통해 조사설계가 갖는 중요한 기능은 연구자에게 연구의 여러 조사단계들을 안내해주는 데 있다.

6) 자료수집

조사설계가 이루어지고 나면 정해진 계획에 따라 자료수집이 진행된다. 일반적으로 가설검증과 연구문제의 해결은 수집된 자료의 질에 달려 있다고 할 수 있다. 따라서 연구에서 제기된 가설과 문제에 적합하고 또 이러한 가설과 문제에 답할 수 있는 데 사용할 수 있는 적합 한 형태의 자료가 수집되어야 한다. 수집된 원래의 자료는 자료분석이 끝나더라도 연구자가 나중에 제기된 문제를 다시 검사할 수 있도록 일정 기간 동안 보관될 필요가 있다.

7) 자료분석

일반적으로 수집된 원자료는 무작위적으로 흐트러져 있고, 내용 또한 무질서하게 뒤섞여 있기 때문에 그 자체로서 연구에 필요한 정보를 제공해주지 못한다. 따라서 수집된 원자료는 가설검증과 연구문제의 해결에 적합하게끔 체계적으로 정리되고 의미있게 재조직된 다음 분석과정을 거쳐야 한다.

자료의 정리와 재조직을 위해 원자료는 대개 편집(editing), 코딩(coding) 또는 부호화, 분류, 변환작업을 거치게 된다. 정리와 처리가 끝난 자료나 정보는 정확한 결론이 나올 수 있도록 세밀하게 비판적으로 분석되어져야 한다. 이 단계에서 자료는 설정한 기준에 따라 대개 범주화되며, 또 범주들 간의 관계여부 및 그 정도가 조사된다. 이 과정에서 많은 연구자들은 컴퓨터를 이용한 다양한 통계적 방법을 사용하여 자료를 분석하고 해석하기도 한다. 분석은 처음에 설정한 연구문제에 대한 답을 제시하거나, 가설을 확증하거나, 거부 또는 수정시키게끔 해준다.

8) 결론도출

자료분석이 끝나면 분석결과를 토대로 연구문제와 가설에 대한 결론을 맺는다. 이 과정에서 연구자는 연구문제에 대한 답과 가설에 대해 맞는지 틀리는지에 대한 판단을 내린다.

제시된 답과 원래의 가설이 지지되거나 혹은 부정되면, 연구자는 연구를 둘러싸고 있는 보다 큰 주제에 관해서도 결론을 내릴 수 있다. 이 과정에서 연구자는 밝혀진 결과에 대한 일반화의 가능성을 논의하면서 이전에 수용되었던 지식의 타당성에 도전할 수 있고 또한 이전에 사실로 받아들여진 것을 수정할 수 있다. 덧붙여 연구자는 자신의 연구가 지니는 한계를 언급하고 나중의 연구에 의해 다루어질 필요가 있는 새로운 문제, 연구방향, 이론, 방

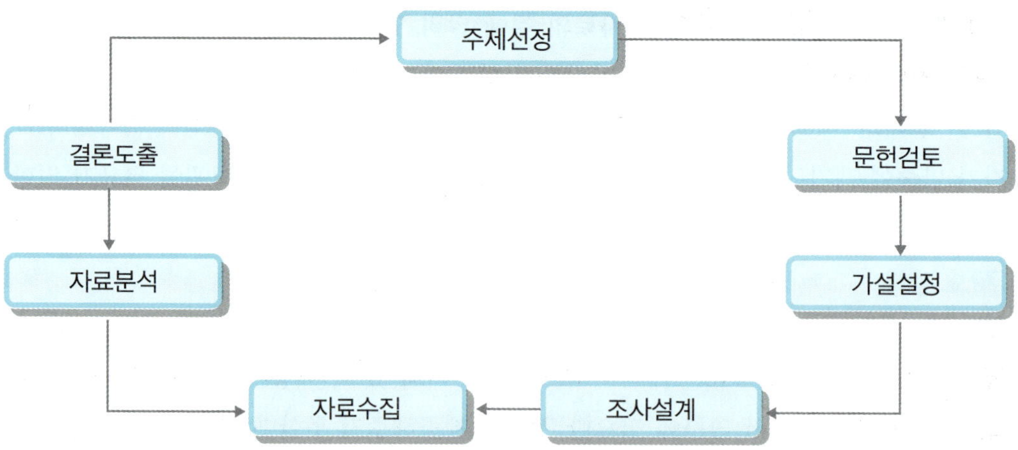

그림 4-1 연구과정

법론 등을 제시할 수 있다.

[그림 4-1]은 지금까지 살펴본 연구과정을 간단하게 도식화한 것이다.

5 측정

제5장

1. 측정의 의미
2. 개념화와 조작화
3. 측정 질의 기준

제5장

측정

일반적으로 연구자들은 어떤 개념과 생각을 가지고 경험적인 세계를 관찰하거나 경험적인 세계를 관찰하면서 어떤 개념과 생각을 형성한다. 이 과정에서 개념의 세계와 경험의 세계는 서로 다른 영역으로 이 둘은 자동적으로 연계되지 않는다. 개념과 생각은 자연세계의 사물과 같이 구체적인 형태를 지닌 상태로 존재하지 않는다. 대부분의 생각과 개념은 특별한 목적에 따라 만들어지고 특정한 의미가 부여된 채 추상적으로 존재할 따름이다.

그렇다면 이러한 추상적인 개념과 생각이 어떻게 경험적인 현실 세계와 연결되는가? 측정(measurement)은 바로 이러한 연결을 실행하는 과정과 연관되어 있다. 이 장에서는 측정의 의미와 더불어 측정의 중요한 요소인 개념화(conceptualization), 조작화(operationalization), 측정수준(level of measurement), 신뢰도(reliability)와 타당도(validity)에 대해 다루어보기로 한다.

1 측정의 의미

일반적으로 측정은 추상적인 생각이나 개념을 경험화하는 작업으로, 경험적으로 관찰한 사물과 현상의 특성이나 변수에 대해 어떤 특정한 규칙(rule)에 따라 수(number)나 상징(symbol)과 같은 숫자(numeral)를 부여하는(assign) 절차라고 할 수 있다(Frankfort-Nachmias and Nachmias, 2000). 측정에 대한 이러한 규정을 보다 정확히 이해하기 위해서는 측정의 정의에 포함된 숫자, 부여, 규칙이라고 하는 세가지 용어가 지닌 의미를 자세히 살펴볼 필요가 있다.

숫자는 1, 2, 3, . . . 과 같은 아라비아 숫자나 Ⅰ, Ⅱ, Ⅲ, . . . 과 같은 로마 숫자와 같은 형태의 상징이다. 숫자 그 자체는 특별한 양적 의미를 가지고 있지는 않다. 대신 연구자가 숫자에 의미를 준다. 숫자는 어떤 현상이나 대상 또는 사람을 구분하거나 확인하기 위해 사용될 수 있다. 그렇기 때문에 학생, 도로, 연, 월, 일, 책의 쪽, 건물의 층과 사무실, 자동차 등을 구분하거나 지정하기 위해 숫자를 사용한다. 숫자에 정확한 양적 의미가 주어지면 수가 된다. 이러한 수를 이용해 연구자는 연구하는 현상이나 대상의 기술, 설명, 예측을 위해 통계적인 기법을 사용할 수 있게 된다.

연구되는 현상이나 대상을 측정할 경우, 이러한 현상이나 대상에 숫자나 수를 배치하게 된다. 이러한 과정을 부여라고 한다. 숫자나 수의 부여는 측정과정을 단순화시킴으로써 통계적 조작과 분석을 가능하게 해준다.

규칙은 숫자나 수를 현상이나 대상에 부여하는 절차를 규정해주는 지침 또는 방법이라고 할 수 있다. 예를 들어, 남자에겐 1을, 여자에겐 2를 부여하라는 규칙에 따라 남녀별로 1이나 2의 수가 할당된다. 또다른 예로 정부의 보건의료정책에 대한 찬반의 정도에 따라 1에서 5까지의 수를 부여하라는 규칙에 따라 '매우 반대'이면 1을 '약간 반대'이면 2를, '중간'이면 3을, '약간 찬성'이면 4를, '매우 찬성'이면 5를 부여한다.

측정은 관찰된 대상에 대해 숫자나 수를 부여하는 과정을 포함하는 만큼 양적이거나 수적인 자료를 수집하고 분석하는 양적 연구에 보다 밀접하게 관련되어 있다. 질적 연구도 현상이나 대상에 대해 체계적으로 관찰하고 조사하지만 이러한 현상이나 대상에 대해 수적으로 자료를 수집하려 하지는 않는다. 대신 질적 연구는 직접 관찰되거나 원래대로 생성된 자료를 있는 그대로 대하면서 이러한 자료가 의미하는 바를 연관된 상황과 환경들을 고려하여 파악하고 해석한다. 그렇기 때문에 질적 연구에서는 측정이 이루어지지 않거나 이루어지더라도 부분적으로 이루어지는 경향이 있다.

2 개념화와 조작화

과학적인 연구에서 측정은 쉽고 단순하게 이루어지지 않는다. 많은 경우 측정하고자 하는 사회 현상이나 인간의 행동 및 심리적 특성은 분명하지 않으며 또 이에 대한 개념이나 생각이 추상적으로 형성되어 있기 때문에 객관적으로 규정하기도 어렵다. 그렇기 때문에 정확한 측정이 이루어지기 위해서는 여러 가지 복잡하고 다양한 요소들을 고려해야 할 뿐만 아니라 체계적인 작업과정을 거칠 필요가 있다. 이러한 과정은 크게 개념화와 조작화의 단계를 거친다.

1) 개념화

과학자들이 연구하거나 측정하고자 하는 대부분의 주제는 기본적으로 추상적인 개념이나 생각으로 이루어져 있다. 더불어 연구와 측정과정에서 사용하는 용어들도 개념을 나타내는 것이다. 만약 현실의 경험적이고 객관적인 측면을 실제라고 한다면 개념은 실제가 아니다. 비록 개념이 관찰과 경험과 연관되어 생성되었다고 하더라고 개념은 과학자들 간의 상호작용과 동의에 의해 정신적 상(image)으로 형성된 구상물이다(Babbie, 2021). 또한 관찰과 경험이 적어도 실제라고 하더라도 이로부터 나온 개념은 실제가 아닌 정신적인 창조물일 따름이다. 예를 들어, 나무, 아버지, 질병, 신앙, 학생에 대한 개념은 이 세상에 돌덩어리처럼 자연상태로 존재하지 않는다. 이것들은 단지 사람들의 머리 속에 추상화된 의미로 밖에 존재하지 않는다. 대신에 현실적으로 특정한 형태와 모습 및 특성을 지닌 것으로 간주되는 어떤 나무, 누구의 아버지, 무슨 질병, 누구의 신앙, 어떤 학생이 존재하는 것이다.

개념이 과학자들의 동의에 의해 추상화된 구상물인만큼 어떤 한 개념에 대한 의미는 보편적이지도 절대적이지 않다. 또한 특정한 개념은 과학자 모두에게 똑같은 의미로 받아들여지지도 않으며 상황과 조건에 따라 얼마든지 다른 의미를 지닐 수 있다. 더군다나 사회현상이나 인간의 행동과 심리적 특성에 관련된 개념은 추상성과 상대성의 정도가 높은 성향이 있다. 예를 들어, 나이, 성별, 키, 몸무게, 혈압, 색깔 등과 같은 개념은 누구한테나 확실하며 이에 대한 의미에 있어 큰 혼란은 없다. 하지만 사회, 보건, 의료, 건강, 정책, 권력, 정신, 차별, 만족, 빈곤, 학대 등과 같은 개념은 누구나가 분명한 의미를 알기 어렵고 전문가들조차도 그 의미에 대해 서로 다른 정의를 내리곤 한다.

개념이 추상적이며 또한 그 의미가 보편적이거나 절대적이지도 않은 만큼 어떤 개념에 대한 의미가 세상에 단 한개만이 존재하는 것은 아니다. 이로 인해 일상생활은 물론 과학자들 간에도 애매하거나 모호한 개념의 용어들을 다양하게 사용하기도 한다. 이 같은 사용은 일상적인 대화에서는 별로 큰 문제를 일으키지 않는다. 하지만 과학의 세계에서는 다르다. 만약 어떤 주제와 대상을 연구하고 측정한다고 했을 경우 이러한 주제와 대상에 대한 개념이 정확치 않을 경우 연구 및 측정의 결과는 잘못될 수밖에 없다. 이럴 경우, 믿을만한 지식을 쌓으려는 과학의 목표는 결코 달성할 수 없으며 과학의 발전도 기대할 수도 없다. 이에 따라 과학자들은 연구나 측정을 시작할 때 먼저 사용하는 개념이나 용어가 의미하는 바를 정확하고 명확하게 규정한다. 이같이 연구에서 사용되는 개념이 무엇을 의미하는지를 정확하고 분명하게 구체화하는 과정을 개념화라고 한다.

(1) 개념적 정의

개념의 의미를 보다 정확하고 명확하게 규정하기 위해 과학자들은 자신들이 사용하는 개념이나 용어를 보다 이해하기 쉽고 분명한 다른 용어들로 기술한다. 이 과정에서 과학자들은 어떤 개념을 다른 개념들에 의해 규정하게 되는데 이러한 규정을 개념적 정의(conceptual definition)라고 한다. 개념적 정의는 명목적 정의(nominal definition)라고도 한다.

개념화는 개념적 정의와 더불어 시작된다. 예를 들어, 권력은 '타인의 저항에도 불구하고 자신의 의지를 관철시킬 수 있는 능력'으로 정의될 수 있다. 또다른 예로, 소득에 대한 정의는 '어떤 개인이나 가족이 일한 대가로 받은 임금과 투자로부터 얻은 수익의 합'으로 규정될 수 있다. 이 같이 권력과 소득에 대한 명목적 정의는 타인, 저항, 의지, 능력, 개인, 가족, 일, 대가, 임금, 투자, 수익, 합이라고 하는 다른 개념들에 의해 정의된다.

그런데, 어떤 개념을 정의하기 위해 사용된 개념들 가운데 일부는 여전히 추상적이고 애매하기 때문에 그 의미를 정확히 이해하기 위해서는 또다른 설명이 필요할 수 있다. 예를 들어, "저항, 의지, 능력, 대가, 투자, 수익 등은 무엇을 의미하는가"라는 질문이 제기될 수 있다. 그렇기 때문에 이러한 개념들은 또다른 개념들에 의해 다시 정의될 필요가 있다. 개념들에 따라 이같은 개념화의 작업은 몇 번 더 진행될 수 있다. 이러한 과정에서 어느 단계에 이르면 다른 개념들에 의해 더 이상 정의되지 않는 기본적인 개념을 접하게 된다. 이러한 개념을 근본용어(primitive term)라고 한다(Frankfort-Nachmias and Nachmias, 2000). 예를 들어, 색깔, 소리, 냄새, 맛 등과 같은 개념이나 용어는 근본용어라고 할 수 있다. 근본용어는 뜻이 명백하고 단순하며 대부분 분명한 경험적 측면을 지니고 있다.

근본용어들로 이루어져 있으면서 또한 다른 어떤 개념을 규정하는 데 사용되는 개념이나 용어를 파생용어(derived term)라고 한다. 예를 들어, 사람들이 공통적으로 동의하는 개인, 상호작용, 규칙적이라는 근본용어에 의해 집단을 '규칙적으로 상호작용하는 둘 이상의 개인들'로 정의하면 집단은 파생용어가 된다. 집단은 다시 가족이나 조직과 같은 다른 개념을 규정하는 데 사용될 수 있다. 따라서 명목적 정의는 근본용어와 파생용어들로 구성되어 있다.

명목적 정의는 한편으로 어떤 용어에 대한 뜻풀이인 만큼 일반사전에 나와 있는 정의와 유사하다. 하지만 과학공동체에서 과학자들이 사용하는 개념은 의미와 범위 및 깊이에 있어 일반인이 사용하는 개념과 언제나 다를 수 있다. 과학자들이 사용하는 개념은 대체적으로 이론적인 준거틀과 관점 또는 접근을 가지고 있으며 또한 오랫동안 과학자들 간의 논의와 검증을 거쳐 발전되어 온 것이다. 그렇기 때문에 과학자들이 사용하는 개념은 일반인이 갖고 있는 개념보다 더 전문적이고 특정적이고 분명하며 일관성이 있다.

경우에 따라 일부 과학자들은 새로운 명목적 정의를 제시하려고 시도한다. 하지만 이러한 시도는 상당한 시간과 노력 그리고 그러한 개념에 대한 해박하고 전문적인 지식을 요구한다. 그렇기 때문에 실제에 있어 많은 과학자들은 문헌조사를 통해 발견한 다양한 명목적 정의들 가운데서 자신의 연구에 적합하다고 생각되는 다른 사람이나 기관의 명목적 정의를 선정하거나 빌려온다. 물론 이 경우에 과학자들은 이러한 명목적 정의를 선정하거나 동의하게 된 이유를 제시하고 또한 그 출처를 밝힌다.

요약하면 개념적 정의는 다음과 같은 4가지 속성을 지닌다(Frankfort-Nachmias and Nachmias, 2000).

① 정의되는 것의 독특한 요소나 특성을 가리킨다.

정의는 해당되는 모든 사례들을 포함해야 하는 반면 해당되지 않는 사례들은 하나도 포함해서는 안된다.

② 정의 안에 정의되는 현상이나 대상의 요소가 포함되는 식으로 순환적이어서는 안 된다.

예를 들어, 관료제를 '관료제적 특성을 갖는 조직'이라든지 권력을 '권력자들이 공유하는 특성'이라는 식의 정의는 의미의 이해와 전달에 아무런 도움을 주지 못한다.

③ 긍정문으로 진술되어야 한다.

예를 들어, 지능을 '색깔, 몸무게, 키와 관련이 없는 특성'으로 정의했을 경우 이는 지능이라는 개념의 이해와 전달에 전혀 도움을 주지 못한다. 왜냐하면 세상에는 색깔, 몸무게, 키와 관련이 없는 특성은 얼마든지 존재하기 때문이다. 정의는 정의하고자 하는 개념에 고유한 속성들을 긍정문을 사용해서 명백하게 나타내어야 한다.

④ 되도록 많은 사람들이 동의하는 명확한 용어를 사용해야 한다.

예를 들어, 성희롱이나 다문화가족 같이 애매한 용어는 사람들에 따라 다른 의미를 가질 수 있기 때문에 정의에서 되도록 신중하게 사용해야 한다.

(2) 지표와 차원

연구에서 사용되는 많은 개념들은 복잡하거나 추상적이기 때문에 뜻풀이 그 자체로서 그 의미를 정확하게 이해하거나 경험적으로 파악하기 힘들다. 예를 들어, 민주주의, 학대, 보건, 진단, 건강과 같은 개념은 그 자체로서 현실에 존재하지 않기 때문에 그것의 존재여부를 쉽게 이해하거나 경험적으로 관찰할 수 없다. 또한 개념을 기술하기 위해 사용되는 속성이나 특징 또는 특성도 추상적인 면이 많아 현실적으로 파악하거나 측정하기가 어렵다. 그렇기 때문에 과학자들은 개념화를 보다 진전시키는 과정으로 개념의 존재 여부를 나타내는 지표(indicator)를 개발한다. 지표는 개념이나 특성을 반영하는 징표(sign)로서 개념이나 개념이 지닌 속성의 존재 여부를 알려준다.

실제에 있어 과학자들은 개념과 개념의 속성을 관찰하는 것이 아니라 이러한 개념과 속성을 반영하는 것으로 여겨지는 지표를 관찰하고 측정한다. 즉 과학자들은 지표를 관찰하거나 측정함으로써 그러한 지표가 반영하는 것으로 여겨지는 개념과 속성의 존재 여부를 확인할 수 있다. 예를 들어, 권력의 지표로 지시를 할 수 있는 사람의 수를, 건강하지 못한 생활양식의 지표로 비만을, 종교성의 지표로 주당 기도하는 횟수를 사용할 수 있다.

때때로 과학자들은 상당히 복잡하고 다양한 의미를 갖는 추상적 개념들을 연구할 때가 있다. 이런 경우 과학자들은 이러한 개념들을 정확히 관찰하거나 측정하기 위해 여러 개의 지표를 개발한다. 예를 들어, 성이나 나이 같은 단순한 개념은 단 한 개의 지표만으로 대상이나 대상의 속성을 직접적으로 쉽게 확인할 수 있지만 건강, 민주주의, 권력, 우울증, 삶의 질 등과 같은 개념은 상당히 추상적이기 때문에 제대로 파악하기 위해서는 여러 개의 지표를 사용할 필요가 있다. 예를 들어, 민주주의의 존재 여부를 전체적으로 파악하기 위해서는 선거의 공정성, 정당들 간의 자유스런 경쟁, 표현의 자유, 단체결성의 자유, 소수자의 권리 등과 여러 지표들을 살펴보아야 한다. 이와 같이 어떤 개념을 반영하기 위해 사용되는 둘 이상의 지표들을 다중지표(multiple indicators)라고 한다.

한편, 개념은 다양한 측면 또는 종류나 범주를 가지게 된다. 예를 들어, 종교성은 믿음의 측면, 의식의 측면, 헌신의 측면, 지식의 측면 등과 같은 측면들로, 사회적 지위는 부, 위세, 권력이라는 측면들로 이루어져 있다. 또한 범죄피해도 측면에 따라 신체적 피해, 경제적 피해, 심리적 피해의 종류 등으로 구분될 수 있다. 이와 같이 어떤 개념이 갖는 특정한 측면을 차원(dimension)이라고 한다. 일반적으로 차원은 지표보다도 더 추상적이면서 범위도 더 넓다. 그렇기 때문에 과학자들은 개념화작업에서 먼저 개념에 대한 차원을 설정하고 그런 다음 각 차원에 따른 지표를 개발하는 경향이 있다.

2) 조작화

개념화는 개념의 의미를 정교화하고 구체화하는 작업이기 때문에 변수가 개념화되었다고 하더라도 여전히 추상적이고 논리적인 수준에 머무는 경우가 많다. 그렇기 때문에 개념화된 변수를 현실에서 보다 구체적으로 또는 직접적으로 측정하거나 관찰하기 위해서는 조작화라는 또다른 작업이 필요하다. 조작화는 변수를 경험적으로 관찰하고 측정하기 위해 변수의 개념과 지표 및 차원을 실제로 측정할 수 있는 구체적인 조사절차와 방법을 개발하는 과정이다. 다시 말해 조작화는 변수의 개념을 현실세계에서의 관찰과 측정에 직접 연결시키는 과정이라고 할 수 있다.

비록 이론적으로 개념화와 조작화를 나누어서 설명은 하지만 현실적인 연구에서 개념화와 조작화를 엄밀하게 구분하기란 쉽지 않다. 왜냐하면 개념화와 조작화는 연속적으로 이루어지는 과정이며 또한 이 두 작업이 밀접하게 연관되어 있기 때문이다. 단지 차이가 있다면 개념화는 추상적이고 이론적인 측면이 강하고 조작화는 관찰적이고 경험적인 측면이 강하다는 것이다.

(1) 조작적 정의

개념화를 어느 정도 마치면 연구자들은 개념에 의해 규정된 현상의 존재나 존재의 정도를 경험적으로 측정하는 데 필요한 일련의 절차와 방법을 발전시킨다. 이 과정에서 연구자들은 변수의 개념을 측정하는 절차와 방법을 규정하게 되는데 이를 조작적 정의(operational definition)라고 한다. 조작적 정의에는 측정할 대상, 지표를 측정하는 방법, 조사대상에 부여하는 값과 이러한 값을 해석하는데 사용되는 규칙 등이 포함된다. 이러한 조작적 정의를 통해 변수의 개념적 및 이론적 수준은 경험적 및 관찰적 수준에 연결된다.

조작적 정의의 예로 알코올중독에 대한 다음의 정의를 들 수 있다.

① 알코올중독을 측정하기 위해 미시건 알코올중독 선별검사(Michigan Alcoholism Screening Test, MAST)를 사용한다.

② 이 검사는 알코올중독 증상의 다양한 지표를 포함하는 24개 항목의 질문으로 이루어져 있다.

③ 알코올중독 증상의 항목으로 음주를 문제로 보기, 문제음주에 대한 치료 찾기, 진전섬망(delirium tremens), 심한 몸떨림, 환청, 음주에 대한 다른 사람들의 불평, 음주로 인한 기억상실, 음주로 인한 실직, 음주로 인한 사회문제, 음주나 음주행위로 인한 체포, 음주에 대한 죄책감, 금주 능력과 같은 다양한 지표를 포함한다.

④ 척도는 구두나 자기기입식 설문지로 측정한다.

⑤ 응답자는 24개의 각 문항에 대해 '예'와 '아니오'로 답하며 각 문항의 배점은 1점씩이다.

⑥ 전체 문항에 대한 응답점수의 합이 5 이상이면 알코올중독증세가 있는 것으로 간주된다.

또 다른 예로서 온도에 대한 조작적 정의는 다음과 같이 규정될 수 있다.

① 온도는 수은주를 측정하고자 하는 물체에 두었을 때 수은주가 팽창하거나 수축하는 정도로 측정한다.

② 해수면의 압력에서 순수한 물이 어는 점을 0도로, 끓는 점을 100도로 규정하고 이를 기준으로 수은주 팽창과 수축의 비에 맞추어 온도를 나타낸다.

(2) 조작화에서의 선택

연구자들은 조작화 과정에서 연구하는 변수의 경험적 측정과 관련하여 다양한 선택의 문제에 직면하게 된다. 이러한 문제에는 변이의 범위, 극단치 간의 변이, 차원에 대한 주의, 망라성(exhaustiveness)과 상호배타성(mutual exclusiveness), 단일 또는 다중지표 등이 있다(Babbie, 2021).

① 변이의 범위

변수가 지닌 속성의 범위가 다양한 만큼 변수를 조작화할 때 연구자는 변수를 구성하는 속성의 바람직한 범위를 명확히 해야 한다. 다시 말해 변수를 구성하는 속성들의 변이를 어느 정도까지 큰 범주로 통합할지에 대해 분명한 의견을 갖고 있어야 한다. 이 같은 변이의 범위에 관한 문제는 성별과 같이 소수의 속성들로 이루어진 단순한 변수의 측정에는 해당되지 않는다. 하지만 연소득과 같이 0원에서 수천억원에 이르는 많은 범위를 가진 변수의 경우에는 변이의 범위에 대해 관심을 두어야 한다.

일반적으로 한국에서 연소득이 5억원인 사람이나 500억원인 사람은 경제적으로 모두 최상층으로 생활수준에 있어 크게 차이나지 않는다. 같은 맥락에서 연소득이 500만원인 사람이나 150만원인 사람은 경제적으로 모두 최하층으로 생활수준에 있어 크게 차이나지 않는다. 이런 경우, 만약 연구의 초점이 최상층이나 최하층에 두어져 있지 않다면 최고 소득범주를 5억원 이상으로 그리고 최소 소득범주를 500만원 미만으로 설정하는 것이 조사를 보다 간편하고 효율적으로 진행할 수 있다.

다른 한편으로 변이의 범주를 보다 세분화할 필요가 있는 경우도 있다. 예를 들어, 원자력발전에 대한 국민들의 의견을 알아보고자 원자력발전소의 확대에 대한 선호도를 물어보는 질문을 개발하고, 이에 대한 응답범주로 '매우 선호'에서 '매우 선호하지 않음'에 이르는 선택안을 제시했다고 하자. 하지만 이런 조작화는 원자력발전에 대한 국민들의 의견을 충분히 반영하지 못한다. 현실적으로 일부 국민들은 원자력발전소 건설의 확대를 선호하지 않을 뿐만 아니라 반대까지 하는데 이러한 반대의견은 앞의 설문에서는 제대로 반영하지 못한다. 더욱이 이러한 반대의 의견은 현실적으로 원자력발전의 정책에 상당한 영향을 미치고 있다. 따라서 원자력발전에 대한 의견의 전체 변이를 정확히 측정하기 위해서는 '매우 찬성'에서 '매우 반대'에 이르는 보다 세분화된 응답 범위를 마련하여 조작화해야 한다.

변수의 변이를 어느 정도 범위까지 정확히 측정해야 하는가와 관련해서는 일반적으로 다음과 같은 세가지 사항이 고려될 필요가 있다. 첫째, 연구자가 변이의 범위에 대한 지식이 없거나 범위의 구분에 대한 확신이 서있지 않다면 되도록 모든 변이를 정확히 측정해야 한다. 둘째, 연구의 목적을 고려해야 한다. 셋째, 변수가 지닌 속성들의 분포를 살펴보아야 한다. 아주 극소수의 응답자에게만 해당되거나 차이가 별다른 의미를 나타내지 않는 일련의 이웃 속성들은 큰 범주로 묶되 반대로 아주 많은 응답자들이 몰려 있거나 차이가 큰 의미를 나타내는 속성들은 보다 세분화된 범주로 구분할 필요가 있다.

② 극단치 간의 변이

극단치 간의 변이는 주어진 변수들의 속성들을 어느 정도 정밀하게 측정할 것이냐의 문제와 관련되어 있다. 예를 들어, 나이를 물어볼 경우 1살 단위로 물어볼 수도 있고 아니면 10대, 20대와 같이 10살 단위로 물어볼 수도 있다. 1살 단위로 물어보는 것이 10살 단위로 물어보는 것보다 정밀성의 수준이 훨씬 높다. 측정에 있어 정밀성의 수준을 어느 정도로 할 것인가에 대한 결정은 연구의 목적을 달성하는 데 필요한 정밀성의 수준에 의해 달라질 수 있다. 덧붙여, 얼마나 구체적으로 측정을 할 것인지에 대한 확신이 없다면 매우 자세하게 조사하는 것이 그렇지 않은 경우보다 낫다. 자료를 분석하는 과정에서, 세밀하게 구분한 속성을 보다 일반적이고 큰 범주로 합치는 일은 가능하지만, 여러 속성들을 한 데 묶어 보다 일반적이고 큰 범주로 측정한 것을 다시 세밀한 속성들로 분류하는 것은 거의 불가능하다.

③ 차원에 대한 주의

변수는 여러 측면들을 가질 수 있는 만큼 연구자들은 이러한 측면들 가운데 무엇에 관심을 둘지를 또는 어떤 것들을 연구할지를 명확히 해야 한다. 예를 들어, 사람들의 종교성은 믿음의 차원, 의식의 차원, 헌신의 차원, 지식의 차원 등이 있을 수 있다. 이 가운데 어떤 차원을 측정하는냐에 따라 연구결과와 연구방향이 달라질 수 있다.

④ 망라성과 상호배타성

조작화 과정에서 변수가 지니는 속성들은 망라적(exhaustive)이고 상호배타적(mutually exclusive)이어야 한다. 망라성은 연구대상에 대한 어떤 관찰이나 측정치가 변수를 구성하는 속성들 가운데 어느 하나에라도 속하거나 분류되어질 수 있을 때 이루어진다. 다시 말해 조사되는 모든 사람들, 사건들, 대상들이 연구자가 설정한 범주들 가운데 어느 범주에라도 포함될 때 변수의 속성은 망라적이라고 할 수 있다. 조작화에서 변수의 속성이 망라적이 아닐 경우 관찰이나 측정이 연구대상의 특성을 모두 파악하지 못하는 결과가 나타난다.

상호배타성은 분류되는 대상이나 사람이 둘 이상의 범주에 동시에 해당되어서는 안된다는 것이다. 즉, 모든 관찰이나 측정치는 오직 변수들이 지닌 여러 속성들 가운데 한 개의 속성에만 해당이 되어야 한다는 것이다. 만약 관찰이나 측정치가 둘 이상의 속성에 해당되거나 중복될 경우 연구대상의 특성을 정확히 분류 또는 파악하지 못하게 되는 결과가 나타나게 된다.

⑤ 단일 또는 다중지표

어떤 변수는 단지 한 개의 질문으로 쉽게 측정할 수 있다. 예를 들어, 성별은 "귀하의 성별은? ① 남 ② 여"와 같은 질문으로 쉽게 파악이 가능하다. 나이도 "귀하는 현재 몇 살이십니까"의 질문으로 쉽게 알아낼 수 있다. 이와 같이 특정한 변수를 측정하기 위해 사용된 하나의 지표를 단일지표라고 한다. 하지만 지적인 능력, 학업성취도, 사회적 지위,

우울증, 스트레스, 심리적 중독 등과 같이 다소 복잡한 변수들은 종합적이고 정확한 측정을 위해 여러 개의 질문 문항들을 사용할 필요가 있다. 이와 같이 특정한 변수를 측정하기 위해 사용되는 여러 지표들을 다중지표라고 한다. 측정하고자 하는 변수가 추상적이고 복잡할수록 연구자는 다중지표를 사용해야 한다. 다중지표는 나중에 분석에서 그대로 사용되거나 또는 합산이나 평균으로 계산된 합성측정치나 복합측정치로 사용될 수 있다.

3) 측정수준

조작화의 일부는 측정수준을 결정하는 일이다. 측정이 숫자나 부호를 관찰에 부여하는 것인 만큼 측정수준은 관찰에 대해 어떤 수준이나 유형의 숫자와 부호를 부여하는가에 관련되어 있다. 이러한 부여화의 방식에 따라 측정수준은 명목측정(nominal measurement), 서열측정(ordinal measurement), 등간측정(interval measurement), 비측정(ratio measurement)으로 구분된다. 경우에 따라, 측정수준은 척도(scale)로 불리기도 해 이들 측정은 명목척도, 서열척도, 등간척도, 비척도로 사용되기도 한다.

(1) 명목측정

명목측정은 변수의 속성에 대해 단지 망라성과 상호배타성의 기준만 충족시키는 정도로 확인하는 측정수준을 일컫는다. 이에 따라 명목측정은 변수의 속성을 이름이나 종류로 밖에 구분하지 못한다. 다시 말해 명목측정은 변수의 속성을 양이 아니라 종류나 질에 따라 나눈다. 그렇기 때문에 명목측정의 결과는 수학적 의미나 해석을 지니고 있지는 않다.

명목측정은 가장 낮은 측정수준으로 변수의 속성들에 대한 관계에 대해 어떤 가정도 할 수 없다. 명목측정에서 속성에 부여된 숫자는 단지 속성들이 서로 다르다는 것을 구분하기 위한 것이지 속성들이 등급화, 서열화, 척도화되는 것을 의미하지는 않는다. 그렇기 때문에 명목수준의 자료는 보다 높거나 낮다거나 또는 보다 많거나 적다는 식으로 등급화나 서열화가 될 수 없다. 예를 들어, 성별에 관한 질문에서 "① 남 ② 여"와 같은 방식으로 숫자가 부여될 수 있는 데 이 때의 숫자는 단지 남녀를 구분하기 위해 또는 남녀를 나타내기 위해 부여된 것이지 그 이외의 특별한 의미는 없다. 앞의 방식에서 여자가 성별을 남자보다 2배 더 갖고 있다거나 남자를 2배해야 여자가 된다는 해석은 결코 있을 수 없다.

명목측정에서 오직 가능한 수학적 조작은 집계(count)이다. 강의에 얼마나 많은 수의 남학생과 여학생이 출석했는지를 셀 수 있다. 이를 통해 출석자에 대한 남녀의 비율을 계산할 수 있다. 성별 이외에 명목측정에 해당하는 명목변수로 종교, 혼인상태, 지지정당, 주거지역, 전공, 취미, 보유질환, 인종 등의 예를 들 수 있다.

(2) 서열측정

서열측정은 망라성과 상호배타성을 충족시킬 뿐만 아니라 서열화가 가능한 측정을 일컫는다. 서열화는 기준에 따라 모든 범주들의 순위를 정할 수 있을 때 이루어진다. 서열측정에서 서로 다른 범주는 측정되는 변수의 속성이 상대적으로 많거나 적음을 나타낸다.

서열측정에서 범주들에 부여되는 숫자는 속성의 순서만을 나타낼 뿐 속성들 간의 실제 간격과는 무관하다. 예를 들어, 어떤 서비스에 대한 만족도는 "① 매우 불만족, ② 약간 불만족, ③ 보통, ④ 약간 만족, ⑤ 매우 만족"과 같은 등급체계로 서열화하여 측정할 수 있다. 이 경우 ④로 부호화된 '약간 만족'이라는 응답을 한 사람은 ②로 부호화된 '약간 불만족'이라고 응답한 사람보다 만족도가 분명히 더 높다고 할 수 있다. 그렇기 때문에 이러한 측정에서 서열은 의미가 있다. 하지만 부호 ④의 응답자가 부호 ②의 응답자보다 만족도가 2배 높다고 할 수 없다. 왜냐하면 이들 부호 간의 차이에 대한 실제 거리를 알 수 없으며 그래서 그러한 숫자 간의 차이에 대한 거리는 무의미하기 때문이다.

명목측정처럼 서열측정에서도 각 범주에 해당하는 사례의 숫자를 세는 방식으로 수학적 조작을 할 수 있다. 덧붙여 평균도 계산해낼 수 있다. 하지만 이 평균은 양적인 평균이 아니라 척도나 범위상에 있어서의 상대적인 위치를 요약해줄 뿐이다. 만족도 이외에 서열측정에 해당하는 서열변수로 학력, 사회적 지위, 공부 등수, 종교성, 계급 등의 예를 들 수 있다.

(3) 등간측정

등간측정은 망라성과 상호배타성 및 서열화에 덧붙여 속성들 간에 의미있는 숫자적 거리를 확인할 수 있는 측정을 일컫는다. 그렇기 때문에 등간측정은 A라는 대상이 B라는 대상보다 더 크다거나 작다라고 이야기할 수 있을 뿐만 아니라 A가 B보다 어느 정도 더 큰지 또는 작은지를 구체적으로 이야기할 수 있다. 등간측정의 대표적인 예로, 온도의 경우 '섭씨 40도는 섭씨 20도보다 더 덥다'는 물론 '20도 더 덥다'고까지 이야기할 수 있다.

등간측정은 서열측정과는 달리 0의 값을 갖는다. 하지만 이 0의 값은 절대적이 아니라 상대적이며 임의적이다. 온도에서 섭씨 40도는 섭씨 20도보다 20도 더 덥지만 섭씨 20도의 2배로 덥다고는 할 수 없다. 섭씨 온도의 경우 0도는 열이 전혀 없는 상태가 아니다. 섭씨 0도는 단지 인간이 임의적으로 정한 값으로 해수면의 압력에서 순수한 물이 어는 시점에 수은주가 머무르는 지점을 가리킬 뿐이다. 그렇기 때문에 등간척도에서 숫자들은 더하거나 빼는 것은 의미가 있어도 숫자들 간의 비 또는 숫자들 간에 곱하거나 나누는 것은 무의미하다. 온도 이외에 등간측정에 해당하는 서열변수로 IQ점수, 학점, 수능성적 등의 예를 들 수 있다.

(4) 비측정

비측정 또는 비율측정은 앞의 등간척도가 지닌 특성들에 덧붙여 절대값 0을 가진 측정이다. 따라서 비척도에서는 숫자를 더하거나 뺄 수 있을 뿐만 아니라 곱하거나 나눌 수 있으며 이러한 계산은 의미를 가진다. 몸무게, 키, 나이, 시간, 면적, 소득, 집단의 인원수와 같은 변수는 실질적인 자연값 0을 가지기 때문에 비척도에 해당한다. 비척도로서 나이의 경우에 40살은 20살보다 20살 많을 뿐만 아니라 20살보다 2배 나이가 많다고 이야기할 수 있다.

(5) 측정들 간의 비교

앞에서 언급한 4가지의 측정수준은 단순한 분류(명목측정)에서부터 순위(서열측정), 점수(등간측정 및 비측정)에 이르기까지 정교함(sophistication)과 세밀함(refinement)의 정도가 달라진다. 이러한 정도의 차이는 [표 5-1]에 요약되어 있다.

측정수준은 가장 높은 측정형태인 비측정에서부터 등간측정, 서열측정, 명목측정으로 내려가는데 이때 정보의 양도 같은 순서로 줄어든다. 이로 인해 높은 수준의 측정은 낮은 수준의 측정형태로 변환이 가능하지만 역으로 낮은 수준의 측정은 높은 수준의 측정형태로 변환할 수는 없다. 예를 들어, 비측정은 등간, 서열, 명목의 형태로 바꿀 수 있지만 명목측정은 서열, 등간, 비의 형태로 바꿀 수 없다.

표 5-1 측정수준들 간의 차이

	명목측정	서열측정	등간측정	비측정
망라성/상호배타성	○	○	○	○
서열	×	○	○	○
속성들 간의 의미있는 거리	×	×	○	○
절대값 0	×	×	×	○

조사에 있어 가장 적합한 측정수준은 자료의 특성과 측정의 목적에 따라 달라진다. 하지만 자료를 어느 수준에서 측정할 것인가에 대해 확신이 서지 않을 경우에는 가능한 가장 높은 측정수준에서 자료를 수집하는 것이 바람직하다. 이 밖에 측정수준을 결정할 때 고려해야 할 사항으로 이론적 및 실질적 관심, 가능한 정보의 양, 가능한 측정도구의 정밀도, 사용할 통계분석의 유형 등이 있다.

3 측정 질의 기준

많은 연구에서 측정하고자 하는 현상이나 대상은 명확하지 않으며 또 이에 대한 개념이나 생각 또한 추상적이고 복잡하게 형성되어 있다. 그렇기 때문에 연구자들은 이러한 현상이나 대상을 정확히 측정하기 위해 개념화와 조작화를 포함한 다양한 조사방법과 절차를 발전시키고 또 사용한다. 하지만 조사대상의 실제 특성과 측정된 조사대상의 특성은 별개의 것으로 인간에 의해 이루어지는 측정은 언제나 차이나 오차를 발생시킬 수 있다. 따라서 연구자들은 믿을만한 자료를 얻기 위해 조사과정이나 조사가 끝난 후에 측정의 질을 평가해보아야 한다. 이러한 측정의 질을 알아보기 위해 과학의 세계에서 가장 중요하게 사용하는 기준이 바로 신뢰도(reliability)와 타당도(validity)이다.

1) 신뢰도

신뢰도는 특정한 연구기법을 동일한 대상에 반복해서 적용했을 때 매번 같은 결과를 산출해내는 정도를 말한다. 어떤 연구결과가 과학공동체에 받아들여지려면 연구자는 자신이나 다른 사람들이 같은 연구를 반복했을 때도 계속 같은 결과를 얻을 수 있도록 해야 한다. 이렇게 함으로써 발견된 결과가 우연이나 속임수에 의해 나오지 않았다는 확신을 줄 수 있다. 신뢰도를 높이기 위해 연구자는 보다 정밀한 측정도구를 사용한다. 예를 들어, 무게를 재기 위해 기온과 습도에 영향받는 바늘저울 보다는 전자저울을 사용한다. 설문조사의 경우, 정확한 소개문과 지시문, 분명하고 짧은 문항, 쉽고 간단한 응답표시 방식 등이 신뢰도를 높일 수 있다.

이 같은 측면에서 신뢰도는 정밀성(precision)과 관련된다. 정밀성은 변수를 구성하는 속성들간의 차이가 얼마나 세밀한지의 정도를 말한다. 예를 들어, 한 살 단위로 측정하는 것은 10살 단위로 측정하는 것보다 정밀하다. 정밀성이 높을 경우 측정에서 발생하는 무작위 오류(random error)가 줄어든다. 동일한 조건일 경우 센티미터 단위의 눈금으로 된 자가 미터 단위의 눈금으로 된 자보다 측정에서 오차를 덜 발생시킨다. 그렇기 때문에 정밀성이 높은 측정도구는 동일한 대상에 대해 반복적으로 측정했을 때 동일한 결과를 보여줄 가능성이 높다. 이 같은 측면에서 정밀성은 재현가능성(reproducibility), 반복가능성(repeat-ability)이라고도 한다.

신뢰도는 있거나 없는 식으로 이분화되어 나눠지는 것은 아니라 얼마나 높은가 혹은 낮은가 식의 정도문제에 기초하고 있다. 이러한 측면에서 연구자들은 조사와 측정의 신뢰도를 조금이라도 더 높이려고 노력한다. 신뢰도를 향상시키거나 평가하는 방법으로 검사-재검사법(test-retest method), 반분법(split-half method), 평행형기법(parallel-forms technique) 또는 교대형기법(alternate forms technique), 기존의 측정도구 이용, 연구보조원의 업무 검사 등이 있다.

(1) 검사-재검사법

검사-재검사법은 동일한 대상에 대해 측정을 두 번 이상 시행하여 신뢰도를 확인하는 방법이다. 만약 측정이 신뢰할만하다면 매번의 측정에서 동일한 값 또는 결과가 나올 것이다. 검사-재검사법에 의한 신뢰도는 매번의 측정에서 나온 값들의 상관관계로 나타낼 수 있다. 상관관계 계수 0.9인 측정은 상관관계 계수 0.6인 측정보다 높은 신뢰도를 갖는다.

검사-재검사법을 시행할 경우에 두 가지 요인을 고려해야 한다. 첫째, 앞의 측정이 뒤의 측정에 영향을 줄 수 있다. 예를 들어, 설문조사에서 응답자가 처음 조사의 문항과 응답을 기억하여 다음 조사에서 의도적으로 동일한 응답을 제시하여 과장된 높은 신뢰도 수치를 산출하게 만들 수 있다. 둘째, 세상의 현상은 끊임없이 변하기 때문에 측정들이 이루어지는 기간 사이에 측정되는 대상에도 변화가 일어날 수 있다. 이 경우 측정 대상의 변화에 따른 측정값의 차이가 더해져 측정도구의 신뢰도를 실제보다 더 떨어뜨리게 보이는 수치를 산출할 수 있다.

(2) 반분법

반분법은 측정도구를 두 개의 부분으로 나눈 다음 각 부분을 독립적으로 측정하여 이로부터 나온 이들 측정치 간의 상관관계를 통해 신뢰도를 알아보는 방법이다. 만약 20개의 문항으로 이루어진 설문지의 신뢰도를 반분법으로 검사하고자 한다면, 먼저 이들 20개 문항을 10개씩 무작위로 두 개의 세트로 나눈 다음 각 세트별로 조사를 실시해서 세트별로 나온 두 점수들의 상관관계를 확인하면 된다. 만약 상관관계의 계수가 0.8이나 0.9 이상이 되면 측정도구의 신뢰도가 높다고 할 수 있다.

반분법에서 신뢰도가 높다는 것은 내적 일관성(internal consistency)이 높다는 것을 말한다. 내적 일관성은 문항들 간의 연관성(association)을 의미한다. 만약 설문지의 모든 문항들이 동일한 개념을 정확하게 측정한다면 그러한 문항들에 대한 응답들의 연관성은 매우 높게 나타날 것이다. 일반적으로 측정에서 문항들 간의 연관성이 높을수록 그리고 문항 수가 많을수록 신뢰도가 높아지면서 상관관계의 계수도 높아지는 경향이 있다.

측정도구의 문항들을 나누는 방법은 매우 많으며 실제에 있어 그러한 방법들을 수작업으로 일일이 다 시행해보는 것은 불가능하다. 이러한 문제를 해결하기 위해 가능한 모든 시행을 실시해서 상관관계의 계수를 계산하는 통계프로그램이 개발되어 있다. 크론바하 알파계수(Cronbach's alpha coefficient)는 반분할 수 있는 모든 방식들로부터 계산해낸 평균값으로 내적 일관성을 나타내기 위해 가장 많이 사용되는 지표이다.

(3) 평행형기법

평행형기법은 동일한 주제를 측정하지만 약간 다른 두 가지 유형으로 된 설문지들에 대한 응답들을 서로 비교하여 신뢰도를 검사하는 방법이다. 연구자들은 답안선택지의 순서를 바꾸거나, 질문의 문장을 미세하게 수정하거나, 일련의 상이한 질문들을 개발하여 설문지를 두 가지 유형으로 만든 다음, 동일한 조사대상자들을 대상으로 이러한 두 유형의 설문지들에 대해 응답하도록 한다. 만약 이 두 유형의 설문지들에 대한 응답들이 별로 다르지 않다면 다시 말해 이러한 응답들 간의 상관관계가 매우 높다면 측정도구인 이러한 설문지의 신뢰도는 높다고 할 수 있다. 하지만 이러한 평행형기법이 효과적이기 위해서는 두 유형의 측정도구가 실제로 큰 차이 없이 대등한 수준에서 나란히 형성되도록 해야 한다.

(4) 기존의 측정도구 이용

앞에서 살펴보았듯이 측정에는 개념화와 조작화를 포함해서 수많은 이론적 및 현실적 요소들이 고려된다. 그렇기 때문에 새로운 측정도구를 개발하는 데에는 많은 노력과 시간이 투입되어야 하며 또 설사 개발하였다고 하더라도 측정의 질을 확보하기란 좀처럼 쉽지 않다. 한편, 연구자들이 관심을 가지는 많은 주제와 문제들은 실제에 있어 기존에 다루어진 연구주제와 문제에서 크게 벗어나는 경우는 그렇게 많지 않다. 그래서 연구자들은 기존의 연구에서 신뢰도가 확인된 측정도구를 사용하는 경향이 있다. 예를 들어, 알코올중독을 측정하고자 한다면, 미시건 알코올중독 선별검사(Michigan Alcoholism Screening Test, MAST)를 사용할 수 있다. 하지만 새롭게 시작하는 연구의 경우, 대부분 연구상황과 조건이 이전과는 다른 만큼 기존의 측정도구를 주어진 연구목적과 상황에 맞추어 수정하거나 변형해서 사용하기도 한다.

(5) 연구보조원에 대한 감독

측정과정에서 측정도구 뿐만 아니라 측정을 하는 사람도 신뢰도에 영향을 줄 수 있다. 예를 들어, 면접조사에서 면접조사원이 매번의 면접에서 조사대상자들에게 일관되지 않게 질문하거나 응답결과를 정확히 기록하지 않을 경우 조사의 신뢰도를 떨어뜨릴 수 있다. 또다른 예로 측정도구를 제대로 다루지 못해 측정할 때마다 오차를 일으키는 연구보조원의 미숙함도 신뢰도의 수준을 낮춘다. 연구자는 이 같이 연구스탭이 일으키는 신뢰도의 하락을 막기 위해 이들에 대한 사전교육과 훈련을 강화하고 아울러 연구진행과정에서 이들의 직무를 수시로 감독하며 검사하기도 한다. 예를 들어, 서베이에서는 연구자가 조사가 끝난 일부 응답자들에게 전화를 걸어서 일부 조사문항에 대한 응답 정보를 검증하기도 하는데, 이러한 행위는 면접조사원의 신뢰도 문제를 검사하기 위한 방법의 일환이다.

2) 타당도

연구는 신뢰도 이상의 것을 요구한다. 연구에서 어떤 변수나 개념을 나타내고자 했다면 측정에서 그러한 변수나 개념의 의미를 정확하게 나타내어야지 의도한 연구의 목적을 달성할 수 있다. 그렇지 않고 다른 의미를 나타낼 경우 실제로는 다른 변수나 개념을 측정하게 되어 결과적으로는 다른 연구를 한 셈이나 마찬가지가 된다. 타당도는 이러한 문제와 관련해서, 측정하고자 했던 것을 얼마나 정확하게 측정했는가의 정도를 말한다. 만약 자살률에 대해 측정하고자 했다면 자살을 대상으로 측정이 이루어져야지, 자연사나 사고사를 측정한다면 타당도는 잃어버리게 된다. 지적인 능력을 알아볼 경우, IQ검사가 인성검사보다 타당도가 높은 측정이 된다.

타당도가 목표물이나 의도한 대상을 맞게 측정하는 정도를 나타내는 만큼 정확성(accuracy)과 밀접히 관련있다. 정확성은 측정이 실제값 또는 참값(true value)에 근접한 정도를 일컫는다. 측정이 정해진 기준이나 목표에 보다 근접할수록 정확도는 높아진다. 예를 들어, 화살을 쏘았을 경우 과녁의 중앙에 맞추는 것이 과녁의 주변에 맞추는 것보다 정확도가 높다고 하겠다.

타당도는 신뢰도와 마찬가지로 '있다' 또는 '없다' 식으로 이분화되어 있는 것이 아니라 '어느 정도 있는가' 식의 정도문제에 기초하고 있다. 이러한 측면에서 연구자들은 조사와 측정에서 상대적 타당도를 조금이라도 높이기 위해 노력한다. 타당도는 액면타당도(face validity), 기준관련타당도(criterion related validity), 구상타당도(construct validity), 내용타당도(content validity)와 같은 다양한 유형의 타당도를 확보함으로써 향상될 수 있다.

(1) 액면타당도

액면타당도는 어떤 측정이 어떤 변수를 합리적으로 측정할 수 있을 것으로 여겨지는 정도를 일컫는다. 대부분의 경우 액면타당도는 과학공동체의 합의나 연구자들의 판단에 의해 결정된다. 만약 과학공동체나 연구자가 어떤 측정이 어떤 변수에 대한 합당한 측정이라고 동의하거나 수용하면 그러한 측정은 액면타당도를 얻게 되는 것이다. 예를 들어, 사람들의 종교성을 알아보기 위해 이들이 종교행사에 참여하는 빈도를 물어보는 방법을 사용하는 것은 누구나 떠올릴 수 있고 또 많은 설명이 필요없이 모두가 수긍할 수 있는 측정이다. 이런 경우 액면타당도가 매우 높다고 할 수 있다. 또다른 예로 음주행위를 알아보기 위해 특정기간 동안의 음주빈도와 음주량을 물어보는 질문은 액면타당도가 높은 측정이라고 할 수 있다.

액면타당도는 말 그대로 액면에 의해 사람들이 동의하고 수용만 하면 확보될 수 있기 때문에 상대적으로 달성하기가 가장 쉬운 타당도이다. 하지만 사람들의 동의와 판단 자체가 실제값의 측정을 보장해주지 못한다. 예를 들어, '지난 주에 술을 마신 횟수는 얼마나 됩니까'는 음주빈도를 측정하는데 있어 액면타당도가 있는 질문으로 수용될 수 있다. 하지만 폭음자들은 실제보다 술을 마신 횟수를 일부러 적게 보고하는 성향이 있을 수 있다. 이 경우 앞의 질문은 폭음자들이 연구대상으로 포함된 연구에는 타당하지 못한 측정이 될 수 있다.

(2) 기준관련타당도

기준관련타당도는 특정한 측정의 값이 동일한 현상에 대해 보다 직접적인 혹은 이미 타당한 것으로 입증된 다른 외부의 측정에서 얻은 점수와 유사한 정도를 의미한다. 여기서 외부의 측정은 특정한 측정과 비교가 되는 기준이나 표준이 된다. 이러한 외부의 기준으로는 현실의 경험적 세계에서 구체적으로 시행되는 측정이 주로 많이 사용된다. 그렇기 때문에 기준관련타당도는 구체적 타당도(concrete validity) 또는 경험적 타당도(empirical validity)라고도 한다. 높은 기준관련타당도는 특정한 측정이 연구자가 측정하고자 하던 것을 정확하게 측정하고 있다는 확신을 높여준다. 덧붙여 기준관련타당도는 주관적인 평가보다 경험적인 증거에 기초하기 때문에 다른 어느 타당도의 유형보다도 타당도를 가장 잘 파악해 낼 수 있다.

기준관련타당도는 기준이 되는 측정이 언제 이루어지느냐에 따라 동시타당도(concurrent validity)와 예측타당도(predictive validity)로 나뉜다.

① 동시타당도

동시타당도는 시간적으로 거의 동시에 이루어진 특정한 측정값과 외부 기준의 측정값이 서로 어느 정도 유사한가에 의해 결정된다. 예를 들어, 혈중알코올농도나 소변검사의 결과는 음주에 대한 진술의 진위를 바로 확인할 수 있는 기준측정으로 사용될 수 있다. 만약 음주여부의 질문에 대한 진술의 진위가 혈중알코올농도나 소변검사의 결과와 일치하는 정도가 크게 낮다면 음주여부를 질문으로 알아보는 측정은 기준관련타당도가 낮다고 하겠다.

② 예측타당도

예측타당도는 특정한 측정이 미래에 이루어지는 기준 측정의 값 또는 미래의 사건을 어느 정도 잘 예견할 수 있는가의 정도를 의미한다. 예를 들어, 대학수학능력시험은 대학에서 학생들이 어느 정도 학업을 잘 수행할지를 예견하기 위해 실시하는 측정이다. 만약 대학수학능력시험의 성적과 대학 입학 후의 학점 간에 높은 상관관계가 존재한다면 수능시험의 예측타당도는 높다고 하겠다. 또다른 예로, 스트레스가 병을 유발한다고 알려져 있을 경우, 스트레스에 대한 특정한 측정의 예측타당도는 나중에 병의 유발가능성을 어느 정도 잘 예측하는가에 달려 있다.

(3) 구상타당도

구상타당도는 구성개념타당도라고도 불리며 특정한 측정이 이론적으로 관계를 맺고 있는 다른 변수와 연관된 정도를 의미한다. 특정한 변수에 대한 측정이 구상타당도를 가지려면 이러한 변수와 이론적으로 또는 논리적으로 관계를 맺고 있는 다른 변수들에 대한 측정과 연관성이 있어야 한다. 예를 들어, 자존감과 봉사활동에 대한 참여가 이론적으로 서로 관계가 있다고 알려졌을 경우, 자존감에 대한 어떤 측정의 값이 봉사활동에 대한 참여율과 높은 상관관계를 가진 것으로 나타난다면 자존감에 대한 이러한 측정은 높은 구상타당도를 갖는다. 만약 기존의 연구와 이론들이 우울증과 피로감 및 불안감 사이에 높은 관련성이 있다는 사실을 제시했을 경우, 우울증에 대한 어떤 측정에서 점수가 높은 사람일수록 피로감과 불안감이 높은 경향이 나타난다면 우울증에 대한 이러한 측정은 구상타당도가 높다고 하겠다.

구상타당도의 기본 가정은 동일한 특성을 측정하는 도구들은 서로 유사한 결과를 산출해야 하며 상이한 특성들을 측정하는 도구들은 비록 그러한 측정도구가 같다고 하더라도 상이한 결과들을 산출해야 한다는 것이다. 이러한 가정에 근거해서 구상타당도는 수렴타당도(convergent validity)와 판별타당도(discriminant validity)로 구분되기도 한다.

① 수렴타당도

수렴타당도는 집중타당도라고 불리며 동일한 개념을 측정하는 도구들에서 나온 값들 사이에 존재하는 상관관계의 정도를 일컫는다. 예를 들어, 새로 개발한 지능검사의 점수가 기존에 입증된 지능검사의 점수와 높은 상관관계를 보일 경우 새 지능검사의 수렴타당도는 높다고 할 수 있다.

② 판별타당도

판별타당도는 변별타당도라고도 불리며 서로 다르거나 관계가 없는 개념들을 측정하는 도구들에서 나온 값들 사이에 상관관계가 존재하지 않는 정도를 일컫는다. 예를 들어, 우울증과 지능은 이론적으로 서로 관계가 없는 변수인데, 이 경우 우울증을 알아보는 어떤 측정의 점수와 지능 점수 사이에 상관관계가 없는 것으로 나온다면 이러한 우울증에 대한 측정은 판별타당도가 높다고 하겠다.

(4) 내용타당도

내용타당도는 특정한 측정이 어떤 개념의 의미를 어느 정도 포괄적으로 측정하는가의 정도를 의미한다. 만약 한 측정이 어떤 개념의 의미가 지닌 범위나 속성들을 모두 포함한다면 이러한 측정은 내용타당도가 높다고 하겠다. 예를 들어, 수학적인 능력을 알아보는 데 있어 더하기, 빼기, 곱하기, 나누기 문제를 포함하는 시험은 더하기와 빼기 문제만을 포함하는 시험보다 내용타당도가 높다. 우울증의 증세가 감정적인 차원과 행동적인 차원으로 이루어진다고 했을 경우 우울증에 대해 행동적인 차원을 무시하고 감정적인 차원만 검사하는 측정은 내용타당도가 낮다고 하겠다. 내용타당도를 확보하기 위해서는 개념이 지닌 의미의 범위나 차원들에 대해 잘 알아야 한다. 일반적으로 연구자들은 내용타당도를 높이기 위해 문헌조사와 전문가들의 의견을 통해 연구하고자 하는 개념이 포함하는 다양한 차원과 속성들을 확인한다.

3) 신뢰도와 타당도의 관계

연구자는 언제나 측정이 신뢰도와 타당도를 다 갖추기를 원한다. 하지만 이 둘은 측정의 서로 다른 측면들로 한 가지가 다른 한 가지를 좀처럼 보장해주지는 않는다. 즉 신뢰도가 높다고 해서 타당도가 높은 것은 아니다. 경우에 따라 신뢰도와 타당도는 갈등을 빚기도 한다. 예를 들어, 간호사의 직무만족을 측정하기 위해 연구자가 매일 병원에서 간호사의 행동을 관찰하고 또한 간호사와 이야기를 나누어보는 것이 간호사의 업무시간을 알아보는 것보다 타당도가 훨씬 높다. 왜냐하면 직무만족은 업무시간 이상의 많은 의미를 가지기 때문이다. 하지만 관찰과 면접은 풍부한 내용을 제공해주는 데 비해 일관성이 낮고 변이도 크기 때문에 신뢰도는 간호사의 업무시간을 알아보는 방법이 훨씬 높다.

신뢰도와 타당도가 상충할 경우 연구자는 타당도에 더 비중을 둘 필요가 있다. 왜냐하면 타당도가 높을수록 신뢰도도 높기 때문이다. 예를 들어, 화살을 쏠 때마다 과녁의 한 가운데를 정확히 맞추면, 즉 타당도가 높으면, 매번 똑같은 결과가 나온 셈, 즉 신뢰도가 높은 셈이 된다. 하지만 화살이 과녁 주변의 동일한 지점에 아무리 반복적으로 꽂힌들 바라던 결과는 이루지 못한 것이 된다. 이 같은 측면에서 신뢰도와 타당도의 관계를 보다 구체적으로 나타내면 다음과 같다.

① 타당도가 있는 측정은 신뢰도가 있다.
② 타당도가 없는 측정은 신뢰도가 있을 수도 있고 없을 수도 있다.
③ 신뢰도가 있는 측정은 타당도가 있을 수도 있고 없을 수도 있다.
④ 신뢰도가 없는 측정은 타당도가 없다.
⑤ 신뢰도는 타당도를 높이기 위한 필요조건이지 충분조건은 아니다.

4) 측정오차

측정오차(measurement error)는 조사에서 제공되거나 기록된 값과 참된 값의 차이를 일컫는다. 예를 들어, 어떤 조사에서 한 응답자의 나이가 25살로 기록되었는데 그 응답자의 실제 나이가 30살이라면 그 조사에는 5살의 차이를 가진 측정오차가 있는 것이다. 측정오차는 발생되는 형태에 따라 체계적 오차(systematic error)와 비체계적(무작위) 오차(random error)로 나뉜다.

(1) 체계적 오차

체계적 오차는 측정의 결과가 일정한 방향으로 그리고 유사한 형태로 발생하는 오차를 말한다. 체계적 오차는 일반적으로 지속적이고 예측가능하며 또한 오차의 크기는 매번의 측정에서 일정하다. 그렇기 때문에 체계적 오차는 매번의 측정에서 반복되어 나타나고 오차의 크기는 동일하거나 유사하다. 예를 들어 바늘의 영점이 2kg에 맞추어진 저울에 올려놓은 모든 물건의 무게는 실제의 무게(참값)보다 2kg이 많은 체계적 측정오차가 나타난다. 체계적 오차는 특정한 방향으로 치우쳐서 발생하기 때문에 편향(bias)이라고도 한다. 체계적 오차가 커질수록 원래 측정하고자 하는 참값에서 멀어지기 때문에 체계적 오차는 타당도와 반비례하는 관계를 갖고 있다. 많은 경우 체계적 오차는 일관성이 있고 인위적으로 발생하기 때문에 비체계적 오차에 비해 발견하기도 쉽고 또한 수정하기도 쉬운 편이다. 체계적 오차는 조사환경, 측정도구, 조사자, 조사대상, 자료수집과 처리방법과 같은 다양한 요인에 의해 발생할 수 있다.

① 조사환경

- 조사 당시의 사회적 분위기, 조사장소, 기후와 날씨 및 시간 등의 물리적 환경이 특정한 방향의 응답을 낳을 수 있음
- 특정한 측정도구가 문화적 차이로 인해 사회마다 체계적으로 다른 결과를 낳을 수 있음(예를 들어, 미국인에 대한 사회적 거리감 척도를 한국인에게 적용하는 경우, 번역된 설문지의 사용 등)
- 조사대상자의 사회인구학적 차이는 체계적인 오차를 발생시킬 수 있음(예를 들어, 청소년 대상 지능검사 척도를 성인에게 적용하는 경우)

② 측정도구

- 사회적 바람직함을 물어보는 문항은 응답자로 하여금 주류의 사회규범에 동조하는 응답을 하도록 만듦

- 편견을 담은 문항과 용어는 응답을 특정한 방향으로 치우치게 함
- 앞 문항이 뒷 문항에 영향을 주는 설문지 배열은 경향성이 있는 응답결과를 낳음
- 설문지 문항의 잘못된 용어나 표기는 오차를 체계적으로 발생시킴

③ **조사자** : 조사자가 중립을 지키지 않고 조사대상자로 하여금 특정한 응답을 하도록 영향을 줄 수 있음

④ **조사대상**

- **관용적 오차** : 응답자가 무성의하게 무조건 긍정적인 답을 선택함
- **가혹적 오차** : 응답자가 무성의하게 무조건 부정적인 답을 선택함
- **중앙집중적 오차** : 응답자가 무성의하게 무조건 중립적인 답을 선택함
- **대조적 오차** : 자신과 비교하여 상반되는 것으로 다른 사람을 평가함
- **후광효과** : 어떤 측정항목의 특성이 매우 강하여 이를 토대로 연관된 다른 항목을 평가함
- **고정반응**: 설문지에서 일정한 유형의 문항이 연속으로 제시될 때 응답자가 개별 문항을 일일이 살펴보지 않고 앞 문항의 응답에 맞추어 뒷 문항을 응답함
- 응답자가 자신의 생각에 상관없이 연구자의 의도에 맞추어 응답함

⑤ **자료수집과 처리방법**

- 특정한 성향을 가진 사람만 표본으로 추출함
- 선정된 표본 가운데 특정한 성향을 가진 일부의 사람만 응답함
- 자료의 입력, 부호화, 분류방식, 분석기법의 오류로 인해 체계적인 오차가 발생할 수 있음

(2) 비체계적 오차

비체계적 오차는 측정의 결과가 방향성이 없이 무작위로 발생하는 오차를 말한다. 비체계적 오차는 일관성이 없고 또한 오차의 크기는 매번의 측정에서 다양하게 나타난다. 예를 들어, 2kg의 물체를 어떤 저울로 반복해서 잰 무게가 2.3kg, 1.9kg, 2.2kg, 2.1kg, 1.8kg, 1.7kg으로 나온 경우는 방향이나 크기에 일관성이 없는 비체계적 오차가 발생한 것이다. 비체계적 오차는 오차의 유형이 일정하지 않기 때문에 예측하기가 어려울 뿐 아니라

오차의 변동도 음과 양의 양쪽 방향으로 나타난다. 비체계적 오차가 커질수록 동일한 대상에 대한 측정값들 간의 차이도 커지기 때문에 비체계적 오차는 신뢰도와 반비례하는 관계를 갖고 있다. 비체계적 오차는 주로 측정과정에서 우연히 또는 일시적인 상황에 의해 그리고 연구자가 통제하기 어려운 요인에 의해 발생하기 때문에 체계적 오차에 비해 발견하기가 어렵고 또한 수정하기도 어려운 편이다. 비체계적 오차는 조사환경, 측정도구, 조사자, 조사대상, 자료수집과 처리방법과 같은 다양한 요인에 의해 발생할 수 있다.

① 조사환경

- 측정 당시의 기후와 날씨에 따라 응답이 달라질 수 있음
- 측정 장소, 시간, 공간, 소음, 분위기, 주변인의 존재가 응답에 차이를 발생시킬 수 있음

② 측정도구

- 설문지 문항의 모호한 내용이나 문장으로 인해 응답자마다 해석이 달라질 수 있음
- 측정도구의 노후화나 부실과 같은 측정도구의 불완전성은 측정결과에 영향을 줌
- 복잡하고 어려운 설문지 문항이나 응답방식은 응답에 영향을 줌

③ 조사자

- 측정당시의 조사자 건강상태나 주관적 감정이 측정결과에 영향을 줌
- 조사자와 조사대상자간의 상호작용(조사하는 사람의 신분이나 태도 등)에 따라 측정결과에 차이가 발생할 수 있음
- 조사자가 정보를 부정확하게 기록할 수 있음

④ 조사대상

- 측정당시의 조사대상자 건강상태나 주관적 감정(긴장, 피로, 우울 등)이 측정결과에 영향을 줌
- 측정도구와 조사대상자의 상호작용(측정도구의 익숙 정도, 반응형태 등)에 따라 측정결과에 차이가 발생할 수 있음

⑤ **자료수집과 처리방법** : 자료의 입력, 부호화, 분류방식, 분석기법에 일관성이 없을 경우에 비체계적 오차가 발생함

(3) 측정오차를 줄이는 방법

① 체계적 오차를 줄이는 방법(타당도를 높이는 방법)

- 하나의 측정방법이 아닌 다양한 측정방법을 사용함
- 측정도구를 정기적으로 점검함
- 표본을 무작위로 추출함
- 가능한 한 조사자와 참여자가 측정상황과 조건에 영향을 받지 않도록 함
- 이미 타당성을 인증받은 측정방법을 이용함
- 표준화된 측정도구를 사용함
- 측정도구의 개발이나 선정에 전문가의 의견을 활용함
- 측정하고자 하는 주제나 연구분야에 대한 이론적 지식을 높임
- 관련된 집단들의 측정결과를 서로 비교해봄
- 사회적 규범이나 바람직성을 나타내는 용어의 사용을 자제하고 가능하면 우회적 표현을 사용함
- 응답자의 익명성과 비밀성을 보장함
- 조사자에 대한 사전교육을 통해 객관적인 측정이 이루어지도록 함
- 조사에 기계적 장치를 사용함

② 비체계적 오차를 줄이는 방법(신뢰도를 높이는 방법)

- 측정을 반복함
- 표본의 크기를 늘림
- 실험의 경우에 통제변수를 사용하여 외부 요인의 영향을 차단함
- 측정항목의 모호성을 제거하여 측정도구의 내용을 명확히 함
- 동일한 변수에 대한 측정항목의 수를 늘림
- 정확도와 신뢰도가 확보된 측정도구를 사용함
- 조사대상자가 잘 모르거나 관심이 없는 내용은 측정하지 않음
- 어렵거나 중요한 내용에 대해서는 동일한 질문을 반복하거나 유사한 질문을 2회 이상 함
- 조사자의 사전교육을 통해 측정방법과 태도에 일관성을 유지하도록 함
- 측정상황과 분위기를 표준화하고 일관되게 유지하도록 함
- 조사대상자를 배려한 조사환경과 분위기를 조성함

- 이전의 조사에서 신뢰성이 확보된 측정도구를 이용함
- 측정의 객관성과 정확도를 제고하기 위해 기계장치를 사용함
- 설문조사에서 표준화된 지시와 설명을 제공함

RESEARCH METHODS

6 지수와 척도

제6장

1. 지수와 척도의 개념
2. 지수와 척도의 공통점
3. 지수
4. 척도

제6장

지수와 척도

다양하고 복잡한 사회과학 현상을 분석하기 위해서 연구자는 하나의 개념과 관련한 다수의 관찰을 수행한다. 각 관찰은 지표로 표현되며, 여러 개의 지표(indicator)로 이루어진 합성측정치인 지수(index), 척도(scale)의 형태로 연구자에게 정보를 전달한다. 지수와 척도는 서로 유사한 점을 갖고 있지만 차이점도 가진 만큼 구분해서 사용하는 것이 바람직하다. 이 장에서는 지표의 합성측정인 지수와 척도에 대해서 살펴보기로 한다.

1 지수와 척도의 개념

지표는 하나의 개념과 그 속성의 존재여부를 나타내는 것으로 지수나 척도에 비해 낮은 차원의 설명력을 갖는다. 지표는 어떤 개념에 대한 서열이나 그들 간의 논리적 또는 경험적 구조를 표현할 수 없기 때문에 지수와 척도를 통해 개념의 보다 일반적인 차원을 설명할 수 있다. 지수와 척도는 개별적 지표가 가진 개념과 개념의 속성들을 대부분 유지하면서 여러 개의 지표를 하나의 숫자로 축약해 준다.

개념의 일반적 차원을 표현하기 위하여 지수는 응답자의 응답에 근거하여 몇 개의 지표가 가진 관찰값을 요약하여 서열을 부여하고, 척도는 동일한 변수의 속성들 가운데서 그 강도의 차이를 이용하여 구별되는 응답의 유형에 점수를 부여한다. 지수와 척도는 서열측정인 동시에 합성측정이라는 공통점을 갖는 반면, 척도는 지수와 달리 지표의 차별적 강도를 통해 몇 개의 문항들 사이에 존재하는 논리적 구조나 경험적 구조를 설명할 수 있다는 점에서 차이가 있다. 차별적 강도를 갖는 척도가 지수에 비해 구체적으로 어떤 차이점이 있는지에 대해서는 이후에 설명될 '척도의 구성'을 통해 살펴보기로 한다.

2 지수와 척도의 공통점

1) 서열측정

지수와 척도는 모두 변수를 서열측정한다. 변수의 정도에 따라 분석단위들의 순위를 서열화한다. 예를 들면, 건강 관련 지수나 척도점수는 다른 사람과 비교해 그 사람이 갖는 상대적인 건강도를 알려준다.

2) 합성측정

지수와 척도는 단일문항이 아닌 복수의 문항에 기초한 측정이다. 보건의료 및 사회조사의 개념들은 복잡하고 다양한 의미를 가지고 있기 때문에 그 의미를 파악하고 측정하는데 많은 어려움이 있다. 일부 변수는 하나의 질문으로 측정이 가능하기도 하지만 대부분 복합적 특성을 갖는 사회과학적 개념은 단일질문에 대한 측정만으로 그 현상을 충분히 설명할 수 없고 정확성에도 한계를 갖는다. 따라서, 복잡한 개념의 변수를 측정하기 위해서 여러 개의 지표를 하나의 측정치로 결합시킨 합성측정을 사용하게 된다. 합성측정치를 사용하는 이유를 구체적으로 설명하면 다음과 같다(Babbie, 2021).

① 명확한 하나의 지표로 측정하기 어려운 변수의 측정을 용이하게 하고,

② 서열측정 등을 통해 측정범위의 범주를 다양화할 수 있으며,

③ 단일변수에 비해 보다 종합적이고 정확한 특성을 나타낼 수 있어 자료분석의 효율적 도구가 될 수 있기 때문이다.

예를 들어, 건강관련 삶의 질이나 알콜의존도에 관한 지수나 척도에서 나타나는 한 응답자의 점수는 여러 질문 문항들에 대한 응답에 의해 결정되고 그 응답은 각각 건강관련 삶의 질이나 알콜의존도에 관한 어떤 징후인 지표를 나타낸다.

3 지수

지수는 개별적인 속성들에 할당된 점수를 단순히 합산해서 구성한다. 개별적인 속성들은 각각 한 개의 문항이다. 지수가 측정하고자 하는 개념을 적절히 표현하기 위해서는 문항선

정에서부터 지수구성에 대한 타당도 검사까지 일련의 과정을 필요로 한다.

1) 지수의 구성을 위한 고려사항

지수의 구성은 ① 문항의 선정, ② 문항 간의 경험적 관계 검사, ③ 지수의 점수화, ④ 지수의 타당도 검사의 4단계를 고려해야 한다(Babbie, 2021).

(1) 문항의 구성

합성지수를 구성하기 위한 문항들을 선택하기 위해서는 해당 문항들에 대한 액면타당도(face validity), 단일차원성(unidimensionality), 일반적 차원(general dimension)의 수준, 응답변이에 대한 고려가 필요하다.

① 액면타당도의 확보

합성지수 구성을 위한 문항의 액면타당도(혹은 논리적 타당도)를 확보해야 한다. 즉, 연구자는 각 문항들이 측정하고자 하는 개념에 부합하는 속성들을 대표성 있게 포함하고 그 의미를 잘 반영하고 있는가를 고려해야 한다. 예를 들어, 신체적 건강상태를 측정하려고 한다면 각 문항은 액면 그대로 신체적 증상을 나타내야 한다. “숨이 차다”, “가슴이 두근거린다”, “기운이 없고 피곤하다”, “온몸이 쑤시고 아프다”, “몸의 일부분이 저리거나 통증을 느낀다” 등과 같은 문항들을 선정대상으로 고려할 수 있다. 이 문항들 각각은 신체적 건강상태를 나타내는 징표로 볼 수 있다.

② 단일차원성

합성된 측정은 어떤 개념의 한 차원만을 나타내야 한다. 예를 들어, 신체적 건강과 정신적 건강은 건강상태를 측정하는데 서로 관계가 있지만 신체적 건강상태를 반영하는 문항에 정신적 건강상태를 측정하는 문항들이 포함되어서는 안 된다는 것을 의미한다.

③ 측정의 차원

측정하고자 하는 개념에 대한 일반적 차원(general dimension)의 수준에 따라 다양한 문항을 균형있게 포함해야 한다. 측정의 차원은 문항의 성격에 따라 결정된다. 예를 들면, 신체적 건강에 대한 측정이 신체적 증상을 통해 이루어지는 경우에는 사람들이 자신의 건강상태를 인지하는 징표들이 모두 같지 않다는 점을 감안하여 건강상태의 변화를 인식할 수 있는 일반적 차원의 다양하고 구체적인 신체적 증상을 나열해야 한다. 하지만 신체활동에 의해 측정되는 경우에는 일반적 차원의 다양한 운동이나 신체활동을 유형별로 균형있게 나열해야 한다.

④ 응답변이

마지막으로 합성지수는 응답의 변이를 고려해야 한다. 신체적 건강을 측정하고자 제시한 어떤 문항에 어느 누구도 그러한 신체적 증상이 없다고 하거나 반대로 모든 사람이 그러한 신체적 증상이 있다고 한다면 이 문항은 지수구성에 도움이 되지 않는다. 그러므로 신체적으로 건강한 사람의 증상과 그렇지 않은 사람들의 증상을 몇몇 문항으로 나누어 구성하거나, 전체적으로 신체적 건강을 인지할 수 있는 신체적 증상을 선택하되 한 문항은 응답자의 절반 정도가 인지할 수 있는 신체적 증상을 제시하고, 다른 문항은 응답자의 일부가 인지할 수 있는 정도의 신체적 증상을 제시하여 응답의 변이를 조절한다.

(2) 경험적 관계 검사

지수 구성을 위한 문항을 선택할 때 각 변수들 간의 경험적 관계를 고려해야 한다. 응답자가 한 문항에 어떤 응답을 했는지 알면 다른 질문에 어떻게 답변할지 예측할 수 있게 되는 경우 경험적 관계가 성립한다. 이 때 경험적 관계에 대한 고려가 2개의 변수사이에서 이루어지면 이원관계, 3개 이상의 변수사이에서 이루어지면 다원관계라고 한다.

서로 경험적 관계가 없는 문항들은 같은 변수를 측정하지 않을 가능성이 있으므로 지수구성에서 제외해야 한다. 만일 두 문항이 서로 경험적으로 관계를 가지면, 각 문항이 동일한 변수를 측정한다고 볼 수 있기 때문에 해당 문항들을 동일한 지수에 포함시킬 수 있다. 즉, 한 가지 속성을 측정하는 복수의 문항들이라면 서로의 상관관계가 높아야만 전체 지수와도 상관관계가 높은 응답을 얻을 수 있다는 것이다. 그러나, 두 문항 사이에 매우 강한 경험적 관계가 성립되는 경우에는 한 문항이 나타내는 징표가 다른 문항에서도 그대로 나타나기 때문에 새로운 추가적 유형이 없는 것이므로 둘 중 한 문항만 지수에 포함시키는 것이 바람직하다.

(3) 지수의 점수화

문항의 선택이 이루어지면 각 응답에 점수를 할당함으로써 선택된 문항들에 대한 하나의 합성측정을 만들게 된다. 지수의 점수화를 위해서는 먼저 지수점수의 범위를 정해야 한다. 지수점수의 범위는 지수가 갖는 측정범위와 지수에 포함될 적절한 사례수 사이의 타협을 통해 이루어진다. 지나치게 극단적인 측정을 하면 응답자 수가 줄어 어느 시점부터는 추가적인 등급이 결과에 미치는 영향은 의미가 없게 되므로 응답변이를 고려해야 한다.

다음으로 각 특정 응답에 대해 동일 점수를 부여할 것인지 다른 점수를 부여할 것인지 결정한다. 특별히 다른 점수를 부여해야 할 분명한 이유가 없다면 동일한 점수를 부여하는 것이 일반적이다.

(4) 지수의 타당도 검사

지수의 타당도 검사는 지금까지의 지수 구성이 성공적으로 이루어졌다는 것을 확인하기 위한 과정이다. 지수의 타당도는 내적 타당도(internal validity)와 외적 타당도(external validity) 검사를 통해 확보할 수 있다.

지수의 내적 타당도 검사는 지수를 구성하는 문항이 주어진 변수를 적절히 측정하고 있는가를 조사하여 타당도를 검증하는 과정이며, 문항분석(item analysis)을 통해 수행될 수 있다. 문항분석은 지수를 구성하는 개별 문항에 대한 응답을 예측하는 정도를 말한다. 예를 들어, 전체 지수 점수의 범위를 0점에서 4점으로 정하고 점수가 높을수록 긍정적인 의미로 해석할 경우, 개별 문항들이 전체 지수를 잘 반영한다면 지수를 구성하는 각 문항들에 대한 결과도 유사하게 해석될 수 있어야 한다. 이러한 경우, 각 문항은 그 지수가 전체적으로 측정하는 속성과 동일한 것을 나타내고 지수의 타당한 구성요소로 포함될 수 있는 것이다. 이 과정을 통해 각 문항이 지수에 대해 독립적으로 기여하는 정도를 검사할 수 있다. 만약 어떤 한 문항이 지수와 별 관계를 갖지 않는 것으로 밝혀지면 그 문항은 지수의 구성에서 배제시켜야 한다.

외적 타당도 검사는 특정한 지수가 동일한 변수나 개념을 나타내는 다른 지수와 어떤 관계를 갖는지 확인하여 측정의 타당도를 검증하는 과정이다. 예를 들어, 어떤 지수에서 4점을 받은 사람은 동일한 변수를 측정하는 다른 지수에서도 동일한 점수인 4점을 받아야 한다. 이러한 외적 타당도 검사에서 타당도를 확보하지 못하면 타당도를 검증하는 문항과 지수를 구성하는 개별 문항들 사이의 관계를 검사한다. 지수구성 문항 중 일부는 검증 문항과 관계가 있고 나머지는 관계가 없다는 사실이 밝혀지면 관계가 없는 문항을 제거해야 한다.

2) 지수의 구성

지수의 구성논리를 설명하기 위하여 건강상태 중 우울감 측정을 위한 도구를 개발한다고 가정하고 [표 6-1]과 같이 우울한 상태를 나타내는 5개의 문항을 만들었다.

표 6-1 우울감을 나타내는 지수

※해당 내용에 √표 하세요.

질 문		점 수
1) 이유없이 피곤하다.	(　　)	1점
2) 쉽게 화가 나고 짜증이 난다.	(　　)	1점
3) 자주 불안하고 초조하다.	(　　)	1점
4) 슬프고 우울한 기분이 지속된다.	(　　)	1점
5) 죽고 싶다는 생각이 든다.	(　　)	1점

예시된 각 문항에 대하여 1점씩을 부여하고 이를 합산하여 우울감 지수를 구성할 수 있다. 응답자들 간의 우울한 정도의 비교는 0~5점 사이의 점수로 비교된다. 즉, 각 응답자들의 합산점수가 높을수록 더 우울한 것으로 평가한다. 이러한 분석에서 이유없이 피곤하며 쉽게 화가 나고 짜증이 난다는 응답자와 자주 불안하고 초조하며 슬프고 우울한 기분이 지속된다는 응답자는 각각 2점으로 같은 수준의 우울감을 가진다고 평가할 수 있다.

4 척도

척도의 구성논리는 지수의 구성논리와 유사하다. 다만, 지수에 비해 척도는 동일한 변수의 속성들 가운데서 그 강도의 차이를 이용한다는 점이 다르다. 척도는 강도의 차이에 따라 구별되는 응답의 유형에 점수를 부여하여 측정값을 얻는다. 따라서 척도는 강도의 차이를 측정할 수 있는 측정수준을 결정해야 한다는 점에서 지수와 차이가 있다.

1) 척도의 구성

척도는 응답유형에 기초하여 서열과 함께 지표들의 차별적 강도를 고려한 측정을 한다. 척도의 구성논리를 설명하기 위하여 우울감 측정을 위한 도구를 개발한다고 가정하고 앞서 지수의 구성논리를 설명하기 위해 사용된 5개의 문항을 다시 한번 살펴보자.

우울감을 나타내는 어떤 문항은 다른 문항에 비해 상대적으로 더 약하거나 더 강한 우울감의 증상을 보인다. 즉, '죽고 싶다는 생각이 든다'는 것은 '이유없이 피곤하다'는 것에 비해 좀 더 강한 우울감의 표현이라는 것이다. 이해를 돕기 위해 [표 6-2]에서처럼 앞서 제시된 5개의 문항이 일정 비율의 각기 다른 우울감의 정도를 보여준다고 가정한다.

표 6-2 우울감의 정도에 따른 문항배열

1) 이유없이 피곤하다.	1점					⇨	1점
2) 쉽게 화가 나고 짜증이 난다.	1점	1점				⇨	2점
3) 자주 불안하고 초조하다.	1점	1점	1점			⇨	3점
4) 슬프고 우울한 기분이 지속된다.	1점	1점	1점	1점		⇨	4점
5) 죽고 싶다는 생각이 든다.	1점	1점	1점	1점	1점	⇨	5점

우울감을 1점 크기의 작은 칸으로 나누어 우울감의 크기를 보여주면, '이유없이 피곤하다'는 1점, '쉽게 화가 나고 짜증이 난다' 2점, '자주 불안하고 초조하다'는 3점, '슬프고 우울한 기분이 지속된다'는 4점, '죽고 싶다는 생각이 든다'는 5점 크기의 우울감을 나타내게 된다.

표 6-3 우울감에 대한 척도

※해당 내용에 √표 하세요.

질 문		점 수
1) 이유없이 피곤하다.	( )	1점
2) 쉽게 화가 나고 짜증이 난다.	( )	2점
3) 자주 불안하고 초조하다.	( )	3점
4) 슬프고 우울한 기분이 지속된다.	( )	4점
5) 죽고 싶다는 생각이 든다.	( )	5점

따라서 지수구성의 논리에서와 마찬가지로 각 문항에 부여된 점수를 합산하여 우울한 정도를 나타내고 각 응답자들의 합산점수가 높을수록 더 우울한 것으로 평가하지만, 각 항목의 강도가 반영되었기 때문에 응답자들 간의 우울한 정도의 비교는 0~15점 사이의 점수로 비교된다. 이 분석에서는 이유 없이 피곤하며 쉽게 화가 나고 짜증이 난다는 응답자는 3점, 자주 불안하고 초조하며 슬프고 우울한 기분이 지속된다는 응답자는 7점이다. 같은 응답에 대하여 지수에서는 각각 2점으로 같은 수준의 우울감을 보여주었던 것과는 달리 [표 6-3]의 척도에서는 4점의 차이가 발생한다. 이렇게 구성된 것이 척도점수이며, 변수의 강도를 고려하기 때문에 지수점수보다 더 많은 정보를 포함하고 있다.

2) 척도의 구성유형

대표적인 척도의 구성유형에는 보가더스 사회적 거리 척도(Bogardus Social Distance Scale), 서스톤척도(Thurstone Scale), 리커트척도(Likert Scale), 어의차이척도(Semantic Differential Scale), 스타펠척도(Stapel Scale), 거트만척도(Guttman Scale), 소시오메트리(sociometry), 비교척도(comparative scale)가 있다.

(1) 보가더스 사회적 거리 척도

에모리 보가더스(Emory Bogardus)가 개발한 사회적 거리 척도는 다른 유형의 사람들과 친밀한 사회적 관계를 차등적으로 맺고자 하는 의사를 측정하고자 한다. 다음의 [표 6-4]는 보가더스의 척도를 활용하여 국제난민에 대한 사회적 거리를 측정하는 예시이다.

표 6-4 국제난민에 대한 보가더스 사회적 거리 척도의 예

[1] 귀하는 국제난민의 우리나라 입국을 금지시켜야 한다고 생각합니까?
[2] 귀하는 국제난민을 우리나라의 방문객으로 받아들이겠습니까?
[3] 귀하는 국제난민을 우리나라의 국민으로 받아들이겠습니까?
[4] 귀하는 국제난민을 같은 직장의 동료로 받아들이겠습니까?
[5] 귀하는 국제난민을 같은 동네의 이웃으로 받아들이겠습니까?
[6] 귀하는 국제난민을 귀하의 친한 친구로 받아들이겠습니까?
[7] 귀하는 국제난민을 귀하 자녀의 배우자로 받아들이겠습니까?

앞의 각 문항 사이에는 분명한 강도의 차이를 가진 구조가 존재한다. 이웃에 국제난민이

사는 것을 허용하는 응답자는 자신의 나라에 국제난민이 방문하는 것을 수용하겠지만, 자신의 친구가 되거나 자녀와의 결혼을 수용할지는 불분명하다. 이러한 유추는 이 문항들 사이에 존재하는 고유한 논리적 강도에 의해서 가능하다. 그렇기 때문에 특정 응답자가 국제난민과 얼마나 많은 수의 관계를 수용할 것인지 알면 연구자는 어떤 관계가 수용되었는지 알 수 있다.

보가더스 사회적 거리 척도의 장점은 다음과 같다.

① 집단 상호간의 거리감이나 친밀감을 간결하게 그리고 효율적으로 측정하도록 해준다.

② 척도의 문항이 표준화되어 있기 때문에 사용하기가 쉽다.

③ 표준화된 척도이기 때문에 집단 간의 거리감을 알아보는 데 있어 적용범위가 넓다.

④ 집단 상호간에 대한 편견이나 태도를 알아보기 위한 예비조사에 적합하다.

⑤ 다수 집단에 대한 거리감이나 친밀감을 서열적으로 파악할 수 있다.

보가더스 사회적 거리 척도의 단점은 다음과 같다.

① 문항이 서열화되어 연속적으로 배열되어 있지만 집단이나 사회에 따라 이 순서가 맞지 않을 수 있다. 예를 들어, 동아시아 국가의 사람들은 상위 항목인 국민을 하위 항목인 직장의 동료나 이웃보다 훨씬 더 가깝게 생각하는 경향이 있다(이명진 외, 2010).

② 문항들 간의 동일한 간격을 가정하지만 이러한 등간격은 이론적으로나 경험적으로 입증하기가 어렵다.

③ 각 항목이 인위적으로 설정되어 사회적 거리감의 측정이 정확하지 않을 수 있다.

(2) 서스톤척도

루이스 서스톤(Louis Thurstone)이 만든 서스톤척도는 특정한 주제나 변수에 대한 응답자의 행동, 태도, 느낌을 측정하기 위해 사용되는 척도이다. 서스톤은 태도를 긍정의 끝에서 부정의 끝까지 이어진 일종의 연속체로 보고, 이 긍정과 부정의 양 극단 사이를 다수의 유사등간(equal appearing interval)으로 구분하여 수치를 부여해서 척도를 만든 다음 이를 통해 개인의 태도를 측정할 수 있다고 하였다. 서스톤척도는 유사등간척도라고도 한다. 서스톤척도의 구성과정을 정리하면 다음과 같다.

① 측정하고자 하는 변수를 명확히 규정한다.

② 변수와 관련된 진술을 광범위하게 수집한다.

③ 수집된 진술들 가운에 적합한 것으로 100개 정도를 선정한다.

④ 다수(10~15명)의 평가자들에게 진술을 제시하여 가장 우호적인 것에는 11점을 그리고 가장 비우호적인 것에는 1점을 부여하도록 한다.

⑤ 평가가 이루어진 진술을 수집한 다음, 각 진술에 대한 평가점수의 중간값이나 평균 그리고 사분위수나 표준편차를 계산한다.

⑥ 중간값이나 평균의 크기에 따라 진술을 배열한 다음 1에서 11까지 각 점수별로(또는 11개의 등간격을 가진 범주로 나누어 각 범주에서) 사분위수 범위나 표준편차가 큰(평가자간 이견이 큰) 진술은 제외하고 사분위수 범위나 표준편차가 작은(이견이 작거나 합의가 이루어진) 진술을 1개씩 선정한다(이때 각 진술의 중간값이나 평균이 전 범위에 걸쳐 고르게 분포할 수 있도록 함).

⑦ 만약 선정된 진술의 문장이 어설프거나 내용이 모호하다고 판단되면 사분위수 범위나 표준편차가 그다음으로 작은 진술을 선택해서 최종적으로 11개의 진술을 선정한다.

완성된 서스톤척도를 시행하는 과정은 다음과 같다.

① 동의함(찬성, 그렇다)과 동의하지 않음(반대, 아니다)의 2개 응답범주를 가진 11개의 진술을 응답자에게 제시하여 답하도록 한다(일반적으로 진술은 무작위로 배열해서 제시함).

② 동의함에 표시된 진술의 점수를 모두 더해서 나온 평균이 응답자의 척도점수가 된다(예를 들어, 응답자가 1, 2, 3, 4의 점수를 가진 진술에 동의했다면, 이 응답자의 척도점수는 (1+2+3+4)/4=2.5가 됨).

③ 척도의 범위는 1에서 11까지로서, 만약 어떤 변수에 대한 응답자 척도점수가 2.5라면 그 변수에 대한 응답자의 태도는 상당히 부정적(비호의적)이라고 할 수 있다.

서스톤척도의 장점은 다음과 같다.

① 다른 척도보다 진술 간 등간격의 수준이 높다.

② 측정 변수에 직접적으로 연관된 진술만 선정되기 때문에 타당도가 높다.

③ 다수의 평가자들이 합의한 진술을 선정하기 때문에 신뢰도가 높다.

서스톤척도의 단점은 다음과 같다.

① 다수의 진술을 수집하고 또 다수의 평가자를 사용하기 때문에 척도개발에 많은 시간,

인원, 비용이 소요된다.

② 진술의 의미가 시간의 흐름에 따라 변하는 경향이 있기 때문에 정기적으로 진술의 의미를 점검할 필요가 있다.

③ 각 진술에 대한 응답범주가 2개 밖에 없어 진술에 대한 응답자 태도의 수준을 정확하게 파악하기가 어렵다.

(3) 리커트척도

렌시스 리커트(Rensis Likert)에 의해 만들어진 리커트척도는 태도를 측정하기 위해 개발되었다. 어떤 변수나 태도에 연관된 여러 개의 문항을 모아 각 문항에 대해 찬성과 반대의 두 가지 응답범주만 두는 서스톤척도와 달리 리커트척도는 각 문항에 대해 찬성과 반대의 양 극단 사이에 정도나 수준의 차이를 나타내는 응답범주를 추가로 두어 응답자의 태도를 보다 정밀하게 측정하고자 한다. 예를 들어 "나는 인생에 있어 건강이 가장 중요하다고 생각한다"라는 문항에 대해 서스톤척도의 응답범주는 '찬성-반대'의 두 개로 이루어져 있다면 리커트척도는 '매우 찬성-(약간) 찬성-찬성도 반대로 아님 또는 보통-(약간) 반대-매우 반대'의 5개 응답범주로 이루어진다. 원래의 리커트척도는 위와 같이 태도의 여러 수준을 나타내는 응답범주 형태를 가진 다수의 문항들로 이루어진 척도이다. 이 같은 측면에서 단지 여러 수준의 응답범주를 가진 단일 문항은 엄밀한 의미에서 리커트척도가 아니라 리커트문항(Likert item)이나 리커트형 문항(Likert-type item)이다. 하지만 오늘날 리커트척도는 원래 리커트가 개발한 의미나 방식 대신에 태도의 정도가 서열화된 응답범주 형태나 이런 형태를 가진 문항을 지칭하는 용어로 널리 사용된다. 일반적인 리커트척도의 개발과 시행방식은 다음과 같은 절차로 진행된다.

① 측정하고자 하는 변수나 태도와 관련해서 호의적인 진술과 비호의적인 진술을 골고루 다수 수집한다.

② 각 진술에 대해 양 극단으로 된 응답의 연속선상에서 중간에 응답의 수준이 서열화된 응답범주를 둔다. 이 때 응답범주 간의 간격은 동일하도록 유지하고 또 응답범주의 분포는 양 극단에서 균형을 이루도록 한다. 응답범주의 수는 일반적으로 5개를 사용하나 연구목적이나 조건에 따라 3개에서 7개까지 다양하게 사용할 수 있다.

③ 응답범주에 대해 순서대로 배점 또는 평점(rating score)을 부여한다. 예를 들어 '매우 찬성~매우 반대'의 5개 응답범주에 대해서는 1에서 5까지의 점수를 또는 역순으로 5에서 1까지의 점수를 줄 수 있다.

④ 모집단을 잘 대표할 수 있는 소수의 표본을 뽑아 진술이 담긴 문항에 대해 응답하는 예비조사를 실시한다.

⑤ 응답자별로 응답점수의 합을 구한 다음 총점 순위에 따라 배열한다. 만약 5점 척도의 진술이 10개라면 총점의 배열은 10점에서 50점까지이다.

⑥ 다음과 같은 다양한 분석방법을 통해 최종적인 문항을 선정한다.

⑦ 각 문항에 대해 총점 상위 1/4 응답자의 응답평균과 총점 하위 1/4 응답자의 응답평균을 계산하여 차이가 큰(판별력이 큰) 문항을 선정한다(통계학적으로 t검정을 하여 유의미한 문항을 선정할 수도 있음).

⑧ 내적 일관성(문항들의 연관성)이 큰 문항을 선정하는데, 이를 위해 문항 간의 상관관계 계수, 각 문항에 대한 응답점수와 총점 간의 상관관계 계수, 크론바하 알파(Cronbach's alpha)계수를 구하여 계수의 값이 큰 문항을 선정한다.

⑨ 경우에 따라 선정된 문항들이 하나의 개념만을 측정하고 있는가 또는 단일차원성을 지니고 있는가를 검토하기 위해 요인분석을 실시한다.

⑩ 최종적으로 선정된 문항을 가지고 본조사를 실시해서 응답자별로 전체 문항에 대한 총점이나 평균을 계산한다. 이 총점이나 평균이 측정하고자 하는 변수나 태도에 대한 응답자의 척도점수가 된다.

이상에서 소개한 리커트척도의 개발방식은 상당히 복잡하고 어렵기 때문에 오늘날 많이 사용하지 않는다. 대신에 설문지 설계에서는 여러 개의 응답범주를 가진 문항형식을 리커트척도라고 부르며 광범위하게 활용하고 있다. 리커트척도는 척도점수로서 전체 문항의 응답점수를 모두 더한 값, 즉 총점을 쓰기도 하기 때문에 총화평정척도(summated rating scale)이다. 리커트척도에서 문항의 응답범주는 서열적인 순서로 배열되어 있기 때문에 서열척도라고 할 수 있다. 하지만 각 응답범주 간의 간격이 동일하다는 것을 가정하고 있기 때문에 실제에서는 주로 등간척도로 활용한다.

응답범주의 수는 5개가 일반적이나 연구에 따라 다양한 개수를 설정할 수 있다. 대체적으로 응답범주의 수가 적으면 응답이 빠르고 쉬우며 또한 응답부담이 적어지지만 대신에 응답의 정확성과 판별력 떨어지고, 정보량이 줄어들며, 극단적인 태도를 파악하기가 어려운 측면이 있다. 한편, 사람들은 한쪽으로 치우친 의견을 나타내는 것에 대해 부담을 느껴서 또는 무성의하게 응답척도의 가운데 있는 중립적인 응답(찬성도 반대로 아님 또는 보통)에 표시를 하기도 한다. 이를 방지하기 위해 중립적인 응답범주를 없앤 짝수(대표적으로 4

개)의 응답범주를 제시해서 거의 강제적으로 한쪽의 응답을 선택하도록 하기도 한다. 이러한 강제적 선택(forced choice)은 응답을 보다 신중하고 판별력 있게 하지만 반면 실제로 중립적인 의견을 가진 사람의 응답을 파악할 수 없고 또한 응답자에게 응답에 대한 부담을 느끼게 할 수 있다.

리커트형 문항을 포함한 리커트척도의 장점은 다음과 같다.

① 리커트 문항형식은 단순하기 때문에 문항개발이 쉽고 빠르다.

② 보편적으로 사용되는 방식이기 때문에 응답자들이 쉽게 이해하고 빠르게 응답할 수 있다.

③ 리커트문항의 개발이 간편하기 때문에 적용범위가 넓고 다양한 자료수집방법(우편, 전화, 면접, 온라인조사 등)에 사용할 수 있다.

④ 하나의 변수를 구성하는 문항들의 응답범주가 동일하기 때문에 측정에 일관성이 있어 신뢰도가 높다.

⑤ 쉽게 양화하여 통계적 분석을 할 수 있다.

⑥ 서스톤척도에 비해 응답자의 태도수준을 보다 정확히 그리고 정밀하게 측정할 수 있으며 또한 중립적인 의견도 파악이 가능하다.

⑦ 서스톤척도와 달리 평가자를 사용하지 않기 때문에 비용도 절감하고 또 평가자의 주관적 개입을 배제할 수 있다.

리커트형 문항을 포함한 리커트척도의 단점은 다음과 같다.

① 응답범주 간의 등간격을 보장할 수 없다.

② 리커트형으로 된 문항들이 연속적으로 배열되었을 경우 응답자들이 무성의하게 한쪽으로 치우친 응답을 할 가능성이 있다.

③ 극단주의자라는 인상을 안 주기 위해 의도적으로 덜 극단적이거나 중립적인 응답을 할 가능성이 있다.

④ '매우', '약간', '거의', '다소' 등의 정도를 나타내는 수식어에 대한 해석이 응답자에 따라 다르기 때문에 동일한 수준의 태도를 가진 사람이 모두 일치된 응답을 하지 않을 수 있다.

⑤ 리커트문항과는 달리 리커트척도의 개발방식은 복잡하고 어렵기 때문에 척도개발에 많은 시간과 노력이 소요된다.

(4) 어의차이척도와 스타펠척도

어의차이척도는 오스굿(Osgood)에 의해 제안된 방법으로 의미분화척도라고도 한다. 이 척도는 주로 어떤 사물, 사람, 사건 등에 대한 개인의 의견이나 느낌을 묻는 목적으로 사용된다. 개발과정과 시행절차는 다음과 같다.

① 어떤 변수나 차원의 의미에 대한 두 가지 상반된 입장의 형용사를 선정한다.

② 이들 형용사를 양 극단에 배치한 후 그 사이에 연속적으로 연결된 범주를 배열한다. 이때 유사성이 있는 형용사들은 같은 방향에 둔다. 예를 들어 '구식이다', '비싸다'는 왼쪽에 그리고 '현대식이다', '싸다'는 오른쪽에 배치한다.

③ 각 범주에 대해 점수를 순서대로 부여해서 척도를 완성한다. 5개의 범주에는 1~5점, 7개의 범주에는 1~7의 점수를 준다.

④ 응답자로 하여금 양 극단 사이에서 자신의 의견을 나타내는 수준의 범주를 선택하게 한다.

⑤ 응답자가 선택한 범주들의 점수에 대해 계산한 평균이 측정하고자 하는 변수나 태도에 대한 응답자의 척도점수가 된다.

다음의 [표 6-5]는 의료시설에 대한 이용자의 평가를 알아보기 위하여 어의차이척도를 적용한 예이다. 의료시설에 대한 느낌을 4개의 차원에서 측정하기 위하여 그 의미가 상반되는 4쌍의 형용사를 양극단에 배치하였다.

표 6-5 의료시설에 대한 어의차이척도의 예

[1] 귀하가 이용하신 의료시설에 대해 어떻게 생각하시는지 각 항목별로 해당 점수에 √표 하세요.

	1점	2점	3점	4점	5점	6점	7점	
① 위험하다	____	____	____	____	____	____	____	안전하다
② 더럽다	____	____	____	____	____	____	____	깨끗하다
③ 구식이다	____	____	____	____	____	____	____	현대식이다
④ 불편하다	____	____	____	____	____	____	____	편리하다

어의차이척도의 장점은 다음과 같다.

① 응답자가 이해하기 쉬워 응답률과 응답의 신뢰도가 높다.

② 척도개발이 간편해서 다양한 연구주제에 적용할 수 있다.

③ 상반된 의미의 형용사를 양쪽에 배치함으로써 응답자가 비교를 통해 자신의 의견을 분명하고 정확하게 표현할 수 있다.
④ 응답이 숫자로 표현되어 통계적인 분석이 용이하다.
⑤ 가치와 태도의 측정에 적합하다.
⑥ 척도의 범주를 시각적으로 표현할 수 있다.

어의차이척도의 단점은 다음과 같다.
① 반의적인 형용사를 찾기가 쉽지 않다.
② 형용사에 따라 척도범주의 수가 다를 수 있기 때문에 척도점수를 표준화하기가 어렵다.
③ 척도범주의 수가 홀수인 경우 응답자가 무성의하게 가운데 범주를 선택할 가능성이 있다.

스타펠척도(Stapel Scale)는 어의차이척도와 유사하지만 척도구성에 있어 한 개의 형용사만 사용한다는 점에서 차이가 있다. 척도의 개발과 시행과정은 다음과 같다.
① 변수나 차원의 의미에 대한 입장을 나타내는 하나의 형용사를 선정한다.
② [표 6-6]처럼 이 형용사를 중간에 배치한 후 양쪽으로 음수와 양수로 표시된 응답범주를 대칭적으로 배치하여 척도를 완성한다. 대체적으로 응답범주의 배치는 수직방향으로 그리고 응답범주의 점수는 −5에서 +5의 범위를 많이 사용한다. 점수는 중간 즉 0점이 없으며, 음의 점수는 동의하지 않는 입장을 그리고 양의 점수는 동의하는 입장의 정도를 나타낸다.
③ 응답자로 하여금 자신의 의견을 나타내는 범주를 선택하게 한다.
④ 응답자가 선택한 범주들의 점수에 대해 계산한 평균이 응답자의 척도점수가 된다.

스타펠척도의 장점은 다음과 같다.
① 하나의 형용사만 고려하기 때문에 상대적으로 개발하기기 쉽고 간편해서 경제성과 신속성이 있다.
② 응답자가 이해하기 쉬워 응답률과 응답의 정확도가 높다.
③ 응답이 음수와 양수로 표현되어 태도의 방향과 정도를 동시에 파악할 수 있다.
④ 중간의 응답범주가 없어 무성의한 응답을 방지하고 응답자의 명확한 응답을 얻을 수 있다.

⑤ 가치와 태도의 측정에 적합하다.

⑥ 응답이 숫자로 표현되어 통계적인 분석이 용이하다.

스타펠척도의 단점은 다음과 같다.

① 실제로 존재하는 중립적인 입장이나 태도를 파악할 수 없다.

② 응답자에 따라 음수와 양수의 의미가 강약의 차이인지 반대의 입장인지가 분명하지 않다.

③ 형용사의 의미가 긍정적이냐, 중립적이냐, 부정적이냐에 따라 응답 및 응답결과에 대한 해석이 차이날 수 있다.

④ 의미의 강도가 같은 형용사를 찾기가 어렵다.

표 6-6 의료시설에 대한 스타펠척도의 예

[1] 귀하가 이용하신 의료시설에 대해 평가하고자 합니다. 각 항목에 대하여 해당 점수에 ○표 하세요.

+5	+5	+5	+5
+4	+4	+4	+4
+3	+3	+3	+3
+2	+2	+2	+2
+1	+1	+1	+1
친절함	청결함	현대적임	편리함
−1	−1	−1	−1
−2	−2	−2	−2
−3	−3	−3	−3
−4	−4	−4	−4
−5	−5	−5	−5

(5) 거트만척도

루이스 거트만(Louis Guttman)이 개발한 거트만척도는 어떤 주제에 대한 태도나 반응의 강도 또는 정도를 알아보기 위해 사용된다. 서스톤척도 및 리커트척도와 함께 거트만척도는 사회조사에서 자주 사용되는 단일차원 척도(unidimensional scale)이다. 단일차원 척도는 한 가지 차원에 관련된 문항들이 강도에 따라 서열적으로 연속해서 배열된 척도를 일컫는다. 거트만척도는 누적척도(cumulative scale)라고도 불리는데 누적척도란 척도상의 높은 점수가 그보다 낮은 점수의 모든 문항에 대해 동의하는 것을 전제로 낮은 점수에 포함된 문항들이 단계적으로 누적되면서 보다 높은 점수로 올라가는 특징을 갖는 척도이다. 예를 들면, 7점 척도에서 5점은 4점이 포함한 4개의 문항까지 모두 동의하고 여기에 추가적으로 강도가 더 높은 5번째 문항에 동의한 수준을 이야기한다. 이러한 누적척도가 가능하기 위해서는 높은 강도의 문항에 동의한 사람은 이보다 낮은 강도의 문항에 당연히 동의할 것이라는 전제가 있어야 한다.

거트만척도의 개발과 시행은 다음과 같은 절차로 진행된다.

① 연구하고자 하는 변수의 개념을 구체화한다.

② 변수에 관련된 문항들을 수집한 다음 이들 가운데 액면타당도에 근거하여 척도구성을 위한 문항을 선정한다. 문항은 응답이 '예/아니오'나 '찬성/반대'의 이원적 형태를 가진 폐쇄형이 되도록 한다.

③ 선정된 문항을 주제나 내용의 강도에 따라 서열적으로 배열한다.

④ 다수의 전문가 또는 응답자로 하여금 문항들에 대해 응답하도록 한다.

⑤ 응답결과를 표로 만들어 정리한다. 표의 위쪽부터 찬성의 응답을 누적적이면서 제일 많이 한 순서대로 응답결과를 배열하고 그 다음에 누적적이지 않은 응답결과를 둔다. 누적적인 응답형태는 척도유형(scale type), 누적적이지 않은 응답형태는 혼합유형(mixed type)이라고 한다. 이 같은 방식으로 정리된 표를 척도도식(scalogram)이라고 부르며, 척도도식에 의해 유용한 척도를 구성하는 방식을 척도도식분석(scalogram analysis)이라고 한다.

⑥ 척도의 유용성을 검증하기 위해 재생계수(coefficient of reproducibility)를 계산한다.

⑦ 일반적으로 재생계수가 0.9 이상이면 척도구성이 양호한 것으로 판단하고 각 문항에 대해 서열적으로 점수를 부여해서 척도로 사용하면 된다. 재생계수가 낮을 경우 오류수가 많은 문항을 제외하고 새로운 척도를 구성하도록 한다.

실제에 있어 완전한 척도형의 응답결과가 나오기란 거의 힘들기 때문에 조사한 응답결과가 척도로서 얼마나 양호한지를 살펴볼 필요가 있다. 재생계수는 척도의 양호성을 나타내는 지표이다. 재생계수를 계산하는 과정은 다음의 실외흡연 허용에 관한 예를 통해 살펴보기로 한다.

[표 6-7]에서처럼 실외흡연의 허용과 관련된 다음 3개의 문항에 대한 한 조사에서 지정흡연구역에서만 흡연을 허용한다는 의견은 88.6%, 군중밀집장소를 제외한 구역에서 허용한다는 의견은 80.4%, 모든 실외구역에서 허용한다는 의견은 41.3%가 찬성한 것으로 나타

났다고 하자.

표 6-7 실외흡연에 대한 찬성률

다음과 같은 장소에서의 실외흡연 허용여부에 대한 찬성률 ※예시된 모든 장소는 실외장소임	
• 지정된 흡연구역에서의 흡연을 허용한다.	88.6%
• 군중밀집장소를 제외한 구역에서의 흡연을 허용한다.	80.4%
• 모든 실외구역에서의 흡연을 허용한다.	41.3%

거트만척도는 어떤 변수의 강한 지표에 찬성한 사람은 약한 지표도 찬성할 것이라는 논리를 적용하여 구성문항을 배열한다. 실외흡연 허용의 경우, 모든 실외구역에서의 흡연을 허용하는 사람은 군중밀집장소를 제외한 지역과 지정 흡연구역에 대한 흡연을 허용할 것이고, 군중밀집장소를 제외한 구역에서의 흡연을 허용한 사람은 지정된 흡연구역에서의 흡연도 허용할 것이다. [표 6-8]은 응답자들의 응답유형을 정리한 결과이다.

표 6-8 지수점수와 척도점수의 비교

		응답유형	사례수	지수점수	척도점수	척도오류의 수
척도유형	A	○○○	410	3	3	0
	B	○○×	368	2	2	0
	C	○××	100	1	1	0
	D	×××	89	0	0	0
	전체 사례수=967					
혼합유형	E	×○×	25	1	2	25
	F	○×○	3	2	3	3
	G	××○	1	1	0	1
	H	×○○	4	2	3	4
	전체 사례수=33					33

주 : ○ = 흡연을 허용한다, × = 흡연을 허용하지 않는다

해당 장소에서의 흡연을 허용한다는 의견에 찬성하면 '○'표, 반대하면 '×'표로 표시한다. 앞서의 각 장소에 대한 흡연허용에 대한 찬성률에 의하면 응답자들이 쉽게 선택할 수

있는 흡연허용장소는 지정흡연구역, 군중밀집장소를 제외한 구역, 모든 실외구역의 순서이다. 따라서 예상 가능한 A, B, C, D의 4가지 응답유형은 척도유형으로 분류하였고 그렇지 않은 E, F, G, H유형을 혼합유형으로 분류한다. 지수점수는 찬성한 경우를 각 1점으로 하여 계산한다. A, B, C, D의 4가지 척도유형의 척도점수는 예상과 정확히 일치하므로 지수점수와 같다. 하지만 혼합유형은 잘못된 예측, 즉 4가지 척도유형에 해당할 것이라는 잘못된 예측으로 인해 지수점수와 척도점수는 서로 다르게 된다. 예를 들어 '×○×'형태의 E유형의 지수점수는 1점이지만 척도점수는 군중밀집장소를 제외한 구역에서의 흡연허용에 대해 찬성한 사람은 지정흡연구역에서의 흡연을 허용할 것으로 보아 B형의 '○○×'형태의 응답을 예상하게 되므로 2점을 부여하게 된다. 이와 같이 지수점수와 척도점수 간의 차이를 최소화하는 수준에서 척도점수를 부여했을 때 발생하는 지수점수와 척도점수 간의 차이를 척도오류(scale error)라고 한다. F, G, H의 혼합유형에서도 같은 문제가 발생하게 되므로 총 33개의 척도오류가 발생하게 된다.

이제 척도의 유용성과 신뢰성 검증을 위해 다음과 같은 공식으로 재생계수를 계산한다.

$$\text{재생계수}(CR) = 1 - \frac{\text{척도오류수}}{\text{문항수} \times \text{응답자수}}$$

전체 1,000명의 응답자에게 3개의 응답을 예측하게 하면 모두 3,000개의 예측이 나오게 되는데 이 수가 앞의 공식에 있는 분수의 분모가 된다. [표 6-8]에 의하면, 총 33개의 척도오류가 발생했으므로 수식에 의한 재생계수는 98.9%이다.

$$CR = 1 - \frac{33}{3 \times 1000} = 1 - 0.011 = 0.989 = 98.9\%$$

일반적으로 재생계수는 90% 이상의 계수가 기준으로 사용되고 있으므로 재생계수 98.9%가 나온 실외흡연 허용에 관한 3문항은 거트만척도 구성이 가능하다.

거트만척도의 장점은 다음과 같다.

① 문항들이 누적적으로 구성되어 있기 때문에 강도가 가장 높은 문항에 대한 응답으로 다른 문항들에 대한 응답을 미리 예측할 수 있다.

② 문항이 누적적으로 구성되어 있기 때문에 응답자들이 여러 문항들 가운데 한 문항만 응답하더라도 큰 오차없이 응답자의 척도점수를 부여할 수 있다.
③ 문항들이 서열적으로 배열되어 있어 응답자들이 문항에 대해 직관적으로 이해하기가 쉽고 또 신속하게 응답할 수 있다.
④ 각 문항마다 척도점수가 부여되어 있기 때문에 통계적 분석이 용이하다.
⑤ 서스톤척도와 리커트척도에 비해 더 높은 단일차원성을 가진다.
⑥ 경험적 관찰에 근거하기 때문에 다른 척도에 비해 이론적으로 우월하다.

거트만척도의 단점은 다음과 같다.
① 단일차원이면서 강도가 상이한 문항을 수집하기가 쉽지 않다.
② 문항의 서열에 대해 연구자, 평가자, 응답자가 서로 다르게 해석할 수 있다.
③ 척도를 만드는 절차가 다소 복잡하고 어렵다.
④ 수집한 문항들이 단일차원성을 충족하는지를 확인하기가 어렵다.

(6) 소시오메트리

소시오메트리(sociometry)는 집단 구성원들 간, 집단들 간, 집단과 개인 간에 존재하는 호감과 반감의 사회적 관계와 의사소통 형태를 시각적이고 역동적으로 파악하는 방법이다. 연구자는 소시오메트리를 통해 구체적으로 집단에서 누가 가장 배척되는지, 누가 가장 선호되는지, 누가 가장 고립되어 있는지, 누가 집단의 지도자인지를 알 수 있으며 또한 집단 구성원의 추가와 탈퇴와 같은 집단 내부의 변화에 대한 집단의 반응과 적응의 역동적인 과정을 예측할 수 있다.

소시오메트리를 수행하는 절차는 다음과 같다.
① 연구하고자 하는 주제와 목적을 구체화한다.
② 연구대상이 되는 집단을 선정한다. 집단의 규모는 10인 이내가 적절하며, 집단 간의 관계에 대한 연구이면 집단의 수도 10개 이내가 적절하다.
③ 설문지를 구성한다. 문항은 특정한 상황, 장소, 놀이, 활동에서 가장 함께 하고 싶은 사람 또는 집단을 물어보는 내용을 담는다. 예를 들면, '이 집단의 구성원들 가운데 누구를 가장 좋아하십니까?', '이 집단의 구성원들 가운데 누구와 가장 여행을 같이 가고 싶습니까?', '이 집단의 구성원들 가운데 가장 식사를 함께 하고 싶은 사람은 누구입니까?'와 같은 질문들이 있겠다.

④ 응답자 모두가 문항에 응답하도록 한다.
⑤ 응답결과를 도표화하거나 수치화해서 표시하거나 해석한다.

응답결과를 도표화하거나 수치화해서 표시하거나 해석하는 방법은 다음과 같다.
① **소시오메트릭행렬**(sciometric matrix): 집단 구성원들을 가로와 세로로 똑같이 배열한 다음 교차되는 칸에 선택되는 사람을 숫자나 기호로 표시한 다음, 표시한 숫자나 기호의 수로 친밀감의 정도를 알아보는 방법
② **소시오그램**(sociogram): 집단 구성원들 간의 영향관계, 의사소통관계, 지배관계, 친구관계 등을 기호(주로 →, ↔ 등과 같은 화살표를 사용)를 사용하여 그림으로 표시해서 집단 구성원 간 상호작용의 유형과 구조를 파악하는 방법
③ **소시오메트릭지수**(sociometric indices): 구성원 간의 관계를 분석하기 위해 일정한 공식을 사용하여 구하는 지수로서 이를 통해 구성원 개개인의 선호 정도를 파악할 수 있음

소시오메트리의 장점은 다음과 같다.
① 자료수집이 간편해서 척도구성에 있어 시간과 비용이 적게 든다.
② 응답과정이 쉽고 단순하기 때문에 응답률이 높다.
③ 다양한 사회적 관계를 파악할 수 있어 적용범위가 넓다.
④ 비공식적인 사회적 관계를 파악하는데 효과적이다.
⑤ 집단구성원들 간의 관계와 전체 구조를 총체적으로 파악할 수 있다.
⑥ 질적이고 양적인 분석 모두에 사용할 수 있다.

소시오메트리의 단점은 다음과 같다.
① 소규모 집단이나 소수의 집단에만 사용이 가능하다.
② 조사대상자가 서로에 대해 잘 알아야 한다.
③ 측정결과가 단순하기 때문에 이에 대한 체계적 및 이론적 설명이 쉽지 않다.
④ 자료처리 및 분석과정이 다른 척도에 비해 시간이 더 걸리고 어려운 측면이 있다.
⑤ 특정인에 대한 선호가 쉽게 변할 수 있기 때문에 다른 척도에 비해 측정된 자료의 신뢰도와 정확도가 낮고 주관적인 측면이 강하다.

[소시오메트릭행렬]

선택자	선택된 자						
	A	B	C	D	E	F	G
A		1		1			
B	1						1
C				1	1		
D			1		1		
E			1	1			
F				1	1		
G			1	1			
선택 합	1	1	3	5	3	0	1

[소시오그램]

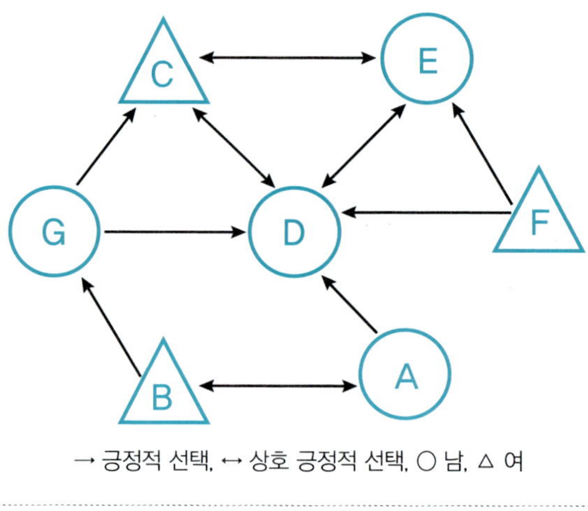

그림 6-1 소시오메트릭행렬과 소시오그램의 예

(7) 비교척도

비교척도는 둘 이상의 대상을 서로 비교하여 이들 간의 서열적인 우열이나 순서를 파악하는 척도이다. 비교척도의 대표적인 유형으로 쌍대비교척도(paired comparison scale), 순위서열척도(rank order scale), 고정총합척도(constant sum scale), Q-소트척도(Q-sort scale)가 있다.

① 쌍대비교척도

쌍대비교척도는 응답자에게 한 번에 두 개의 항목을 제시한 다음 이들 가운데서 특정한 기준에 따라 하나를 선택하게 하는 기법이다. 예를 들어 [표 6-9]와 같은 문항형태는 쌍대비교법에 해당한다. 만약 여러 개의 대상들을 전부 두 개씩 쌍을 만들어 앞의 방식대로 서로 비교해보면 이들 대상의 전체 서열을 확인할 수 있을 것이다.

쌍대비교척도의 장점은 다음과 같다.

㉠ 분석이 쉽고 간단하다.
㉡ 항목 간의 미묘한 차이를 발견할 수 있다.
㉢ 항목의 강도를 측정하는 객관적인 기준이 없을 때 유용하다.
㉣ 항목들의 서열화를 명확하게 할 수 있다.

쌍대비교척도의 단점은 다음과 같다.

㉠ 항목의 수가 많을 경우 비교의 수도 많아져 응답과 분석이 어렵다.
㉡ 비교되는 항목을 배열하는 순서에 따라 응답에 차이날 수 있다.
㉢ 여러 항목을 한꺼번에 고려하는 실제 상황과 맞지 않아 연구결과를 일반화하는데 한계가 있을 수 있다.
㉣ 항목에 대한 응답자의 서열화가 서로 다를 경우 항목의 전체적인 서열에 있어 일관성이 결여되고 분석이 어렵다.

표 6-9 휴대폰 구매의 결정요인에 대한 쌍대비교척도형 문항

4. 휴대폰을 구매할 때 가격과 기능 가운데 더 중요하다고 생각되는 것에 "√" 표시해주십시오.
① 가격이 더 중요함 ( )
② 기능이 더 중요함 ( )

② 순위서열척도

순위서열척도는 응답자에게 여러 개의 항목을 제시한 다음 이들에 대해 특정한 기준에 따라 차례로 서열을 매기게 하는 기법이다. 여기서 기준은 선호도, 중요도, 효율성, 기능성, 필요성 등 다양한 종류가 사용될 수 있겠다. [표 6-10]과 같은 문항형태는 순위서열척도에 해당한다.

순위서열척도의 장점은 다음과 같다.

㉠ 응답자가 이해하기 쉽고 응답이 간편하다.
㉡ 여러 항목을 함께 고려하는 현실 상황에 가깝다.
㉢ 쌍대비교척도에 비해 응답과 분석시간이 적다.
㉣ 쌍대비교척도에 비해 비교가 보다 직접적이고 명확하다.

순위서열척도의 단점은 다음과 같다.
㉠ 비교되는 항목의 수가 많으면 응답자에게 부담을 줄 수 있다.
㉡ 항목을 배열할 때 앞이나 뒤에 두는 순서에 따라 응답에 차이날 수 있다.
㉢ 쌍대비교척도와 마찬가지로 항목에 대한 응답자의 서열화가 서로 다를 경우 항목의 전체적인 서열에 있어 일관성이 결여되고 분석이 어렵다.

표 6-10 휴대폰 구매의 결정요인에 대한 순위서열척도형 문항

4. 다음에서 귀하가 휴대폰을 구매할 때 가장 중요하게 고려하는 요소부터 1~5의 순서대로 번호를 적어주십시오.
- 가격 ( )
- 기능 ( )
- 내구성 ( )
- 디자인 ( )
- 서비스 ( )

③ 고정총합척도

고정총합척도는 응답자에게 일정한 총점을 부여한 다음 여러 개의 항목들에 대해 특정한 기준에 따라 각 항목별로 총점 가운에 일부 점수를 할당하게 하는 기법이다. 항목별로 할당된 점수의 합은 총점이 된다. [표 6-11]과 같은 문항형태는 고정총합척도에 해당한다.

고정총합척도의 장점은 다음과 같다.
㉠ 비척도(ratio scale)의 자료를 얻을 수 있다.
㉡ 항목 간의 차이를 보다 정밀하게 측정할 수 있다.
㉢ 응답하기가 쉽다.

고정총합척도의 단점은 다음과 같다.
㉠ 평가항목이 많을 경우 응답자가 점수를 할당하는데 어려움과 부담을 느낄 수 있다.
㉡ 개별 항목 점수의 합과 총합 점수의 합이 다를 수 있다.

표 6-11 휴대폰 구매의 결정요인에 대한 고정총합척도형 문항

4. 휴대폰을 구매할 때 고려하는 중요도에 따라 100점을 나누어서 다음 각각의 항목에 할당해주십시오.

– 가격	(점)
– 기능	(점)
– 내구성	(점)
– 디자인	(점)
– 서비스	(점)
총합	**(100점)**

④ Q–소트척도

Q–소트척도는 특정한 대상, 주제, 이슈 등에 대한 연구대상자의 주관성이나 관점을 체계적으로 연구하는 방법이다. Q–소트척도의 주요 변수는 특성이 아니라 사람이다. 다시 말해 Q–소트척도는 사람들의 유사성과 유형을 탐색하고자 한다. 하지만 연구자는 Q–소트척도를 통해 추가적으로 특정한 주제에 대한 다양한 관점을 파악해낼 수 있을 뿐만 아니라 여러 관점들을 유사성과 차이에 따라 군집화할 수 있다.

Q–소트척도를 개발하는 절차는 다음과 같다.

㉠ 연구주제와 관련된 진술을 60개에서 90개 정도 모아서 하나의 진술을 하나의 카드에 각각 적거나 인쇄한다. 이렇게 모인 카드의 모음을 Q세트(Q–set)라고 한다.

㉡ Q세트를 참여자 또는 응답자에게 주고 각 진술에 대한 찬반의 정도를 11개 또는 그 이하의 등급에 맞게 분류하도록 한다. 이때 연구자는 참여자가 분류한 카드를 둘 표를 제공해주는 데 이 표는 Q소트구조(Q–sort structure)라고 하며 [그림 6–2]처럼 삼각형 또는 정상분포곡선 모양으로 양쪽 끝은 찬반의 극단적인 입장을 그리고 가운데는 중립적인 입장을 나타낸다. 참여자는 표의 형태에 맞추어 양 극단적인 입장은 적게 그리고 보다 중립적인 입장은 많게 분류하도록 한다.

㉢ 분류가 끝난 Q소트구조를 부호화 한 다음 상관관계분석이나 요인분석을 통해 비슷한 관점을 지닌 참여자들을 하나의 집단으로 묶을 수도 있고 또는 발견된 요인에 따라 분류할 집단의 수, 종류, 내용에 관한 정보를 얻을 수 있다.

Q–소트척도의 장점은 다음과 같다.

㉠ 많은 참여자를 필요로 하지 않기 때문에 시간과 비용을 절약할 수 있다.

㉡ 진술의 수집과 분류하는 과정에 참여자가 직접 참여하기 때문에 연구결과의 현실성

과 타당성이 높다.

㉢ 새로운 변수나 요인을 탐색하는 데 유용하다.

㉣ 질적이고 양적인 분석 모두에 적용될 수 있다.

Q-소트척도의 단점은 다음과 같다.

㉠ 진술이 많을 경우 분류하는 데 시간이 많이 걸린다.

㉡ 분류방법이 상대적으로 복잡하다.

㉢ 참여자의 수가 적기 때문에 연구결과의 일반화에 한계가 있다.

㉣ 진술을 분류표의 비율에 맞게 분류해야 하기 때문에 분류의 결과가 인위적이고 정확하지 않을 수 있다.

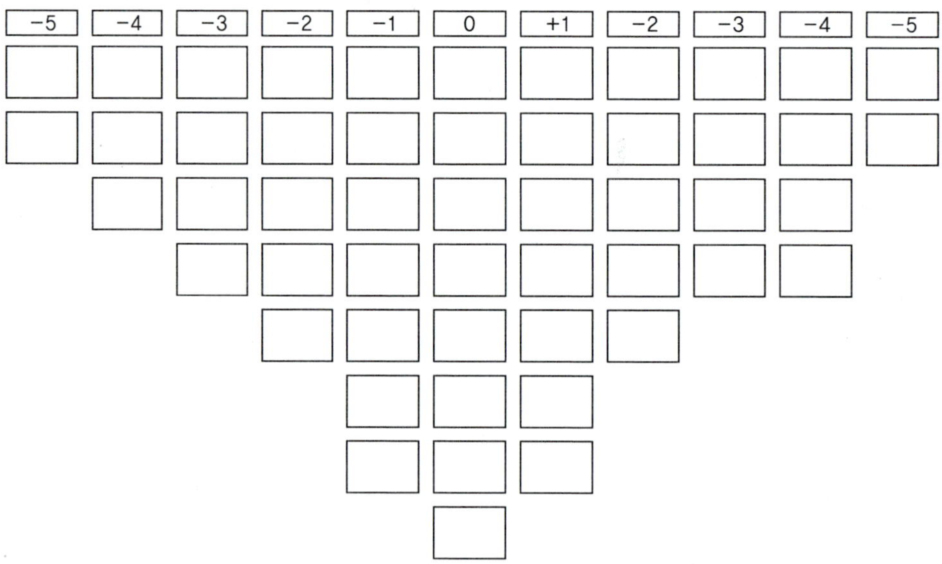

그림 6-2 Q소트구조

3) 척도분석

척도분석(scale analysis)은 척도의 적합성을 검증하는 분석방법이다. 척도의 분석방법으로는 문항분석, 요인분석 등이 있으며, 거트만척도에서는 스캘로그램 분석(scalogram analysis)이 이용된다. 스캘로그램 분석은 앞서 거트만 척도법의 재생계수의 계산과정을 통해서 설명되었으므로 여기서는 문항분석과 요인분석을 살펴보고자 한다.

(1) 문항분석

문항분석은 척도를 구성하는 문항끼리의 내적 일관성, 각 문항과 전체 척도와의 관계를 평가하여 척도의 정확성을 평가한다. 문항분석은 문항의 모집단에서 추출한 표본문항들에 대한 응답자의 응답값이 모집단의 참값들과 상관관계가 크면 좋은 표본으로서 대표성을 갖는다고 판단한다. 척도를 구성하는 항목들 간의 연관관계 및 내적 일관성을 평가하는 지표로는 크론바하 α값을 사용한다.

$$\alpha = \frac{k}{k-1}(1 - \frac{\sum \sigma_i^2}{\sigma_y^2})$$

α : 크론바하 알파값

k : 측정항목수

σ_y^2 : 측정항목 모두를 더한 총화척도의 분산

σ_i^2 : 각 항목의 분산

크론바하 α값은 전체적으로 척도의 질을 평가하는 계수로 α값이 높다는 것은 k항목으로 구성된 척도가 측정하고자 하는 개념의 모집단을 잘 반영하고 있다는 것을 나타내고 있다. 문항분석의 결과, α값이 낮다면 연구자는 각 측정문항과 전체 값과의 상관계수를 계산하여 항목 대 전체의 상관계수가 아주 작은 항목들을 제거시켜야 한다.

(2) 요인분석

요인분석은 다수의 상호 관련된 변수들을 보다 제한된 수의 차원이나 공통요인으로 분류하는 통계기법으로 다차원의 척도를 구성하는데 유용하다. 요인분석에서 요인은 그 자체가 측정되는 것이 아니라 그것을 구성하는 일단의 변수 또는 문항들에 의해 나타나는 것으로 정의된다. 요인은 여러 변수 또는 문항 간의 상관행렬을 분석하여 변수들 간의 공통변화의 정도에 따라서 추출된다. 하나의 변수와 요인 사이의 상관관계는 요인부하값으로 표현된다. 요인부하값은 상관계수와 유사하며 0~1사이의 값을 갖는다. 복합척도를 구성할 때 요인부하값이 높은 문항만을 포함시킨다. 또는 요인과 상관관계가 높은 문항에 상대적으로

높은 가중치를 부여하는 요인점수계수(factor score coefficient)를 사용하기도 한다. 요인점수계수는 요인부하값과 일치하지는 않지만 그 크기와 부호가 유사하다. SPSS와 같은 통계 프로그램들은 요인점수계수와 각 사례별 요인점수도 계산해 주기 때문에 그 점수를 바로 척도 값으로 사용할 수도 있다.

7 표본추출

제7장

제7장

표본추출

일반적으로 연구는 연구자가 관심있어 하는 대상들의 전체집단인 모집단(population)에 대해 이해를 하거나, 또는 어떤 주장을 하기 위해 시행된다. 모집단의 특성을 알아보기 위해서는 원칙적으로 모집단 전체를 대상으로 조사하는 전수조사를 시행하면 모집단의 특성을 정확히 파악할 수 있고 조사결과를 일반화하는 데 어려움이 없다. 그런데 실제에 있어서 상당히 큰 모집단을 전부 다 조사하는 것은 매우 힘들뿐만 아니라 경제적이지도 않다.

예를 들어, 여러분이 어떤 아파트단지의 모든 주민을 대상으로 설문조사를 실시한다고 하자. 여러분은 과연 몇 사람을 만나고 또 만난 사람들 가운데 몇 사람으로부터 설문조사에 대한 응답을 받아낼 수 있겠는가? 하나도 빠짐없이 모두 조사하는 것은 현실적으로 거의 불가능하거나 가능하더라도 상당한 시간과 비용을 필요로 할 것이다.

따라서 대부분의 연구자들은 실행가능한 대안으로 모집단에서 추출된 보다 작은 집단인 표본(sample)을 가지고 연구하고, 이러한 연구결과를 바탕으로 모집단의 특성을 추론한다. 이 장에서는 표본추출(sampling) 또는 다른 말로 표본추출과 관련된 기본 용어, 표본추출 방식, 표본추출의 종류에 대해 살펴보기로 한다.

1 표본추출의 기본 구성요소

1) 모집단과 모수

모집단은 앞에서 이야기했듯이 연구자가 관심을 가지고 있는 집단 전체 또는 연구의 결과를 일반화하거나 적용시키고자 하는 대상들의 집합 전체를 일컫는다. 만약 연구자가 일반대학생들의 음주행태에 관심을 갖고 있다면 모집단은 모든 대학생들로 구성된다. 연구의 종류에 따라 모집단은 주민, 직업 종사자, 연령층, 휴대폰 사용자, 환자, 신문의 기사, 자동차 등과 같이 다양한 유형이 있을 수 있다.

모집단에 대한 규정은 이론적인 측면과 실제적인 측면에 따라 다를 수 있다. 예를 들어, 어떤 도시 주민들의 건강상태에 대해 조사를 할 경우 주민 모두를 파악하기가 어려울 수 있다. 왜냐하면 일부 주민들은 소재가 불분명할 수 있기 때문이다. 이에 따라 연구자가 조사를 하기 원하는 집단과 실제로 조사를 할 수 있는 집단은 서로 부합하지 않을 수 있다. 표적모집단(target population)은 연구자가 관심을 갖고 있거나 연구하기를 원하는 이상적인 집단으로 앞의 경우 도시 주민 전체가 되겠다. 연구모집단(study population)은 연구자가 실제로 조사할 수 있거나 조사가 되는 집단으로, 앞의 경우 소재가 파악되거나 접근이 가능한(accessible) 주민 전체가 된다.

모수(parameter)는 모집단의 특성을 나타내는 값을 일컫는다. 대개의 경우 모수는 알기 어렵기 때문에 추정을 한다. 모집단은 전체로서 하나밖에 없는 만큼 모집단의 특성을 나타내는 모수들은 각 한 개씩이며, 또한 모수는 변하지 않는다. 예를 들어, 모집단의 평균은 한 개의 값만 존재한다.

2) 표본과 통계치

표본은 모집단의 일부로서 모집단을 대표할 수 있는 작은 집단이다. 일반적으로 모집단의 규모가 클 경우 모집단의 모든 구성원을 조사하거나 또는 구성요소에 관한 모든 정보를 모으는 것이 불가능하거나 또는 시간과 비용이 많이 들어 비현실적일 수 있다. 이 때 연구자는 모집단의 대체물로 모집단을 대표할 수 있는 작은 집단, 즉 표본을 모집단으로부터 추출하여 이 표본을 대상으로 조사한다. 조사가 끝난 후 연구자는 표본으로부터 수집된 자료를 분석하여 모집단의 특성을 추론한다. 표본에서 나온 통계치를 모집단에 적용하기 위해서는 표본의 특성이 모집단의 특성과 최대한 같아야 한다.

표본의 속성에 대한 측정치 또는 값을 통계치(statistic)라고 한다. 통계치는 대개 표본에서 수집된 자료를 분석하거나 계산해서 나온 결과이다. 표본에서 나온 조사결과를 통해 모집단의 특성을 추론하는 만큼 통계치는 모집단의 특성 즉 모수에 대한 추정치(estimator)이다. 한 모집단에서 여러 개의 서로 다른 표본들을 추출할 수 있는 만큼 통계치는 표본에 따라 서로서로 다를 수 있다.

3) 표본추출단위와 표본추출틀

표본추출단위(sampling unit) 또는 표집단위는 표본을 추출하는 모집단의 개별 구성요소를 말한다. 만약 특정 중학교 3학년 학생이 모집단이라면, 표본추출단위는 그 중학교의 3학년에 재학중인 개별학생 모두가 해당된다. 모집단과 마찬가지로 표본추출단위는 꼭 개인일 필요는 없다. 연구주제에 따라 가구, 사건, 병원, 대학교, 도시 등도 표본추출단위가 될 수 있다.

표본추출틀(sampling frame) 또는 표집틀은 표본이 추출되는 원천 자료(source material)로서 모집단의 모든 구성요소들이 수록된 목록이다. 연구대상이 되는 모집단이 설정되면 연구자는 모집단을 적절하게 대표하는 표본을 추출한다. 이 과정은 실제에서 연구자가 모든 표본추출단위를 포함하고 있는 목록인 표본추출틀에서 표본을 추출하는 식으로 이루어진다. 만약 어떤 지역 시민의 건강행태를 조사하기 위해 표본을 그 지역 인명전화번호부에서 추출하였다면 모집단은 지역시민이고 표본추출틀은 전화번호부가 되겠다.

이상적으로, 표본추출틀은 주어진 모집단의 모든 표본추출단위를 포함해야 한다. 하지만 현실적으로 그리고 모집단의 규모가 특히 클 경우에는 그렇게 완전하고 정확한 표본추출틀을 구하기가 매우 어렵다. 예를 들어, 특정 지역 인명전화번호부는 그 지역 시민 모두를 포함하고 있지는 않다. 그렇기 때문에 연구자들은 때때로 대상이 되는 표본추출단위를 최대한 많이 포함하면서 완전한 표본추출틀에 유사하거나 가장 가까운 대안 목록을 사용한다. 어떤 경우든 정확한 표본을 추출하기 위해서 연구자는 표본추출틀과 모집단이 최대한 일치하도록 노력해야 한다. 이처럼 바람직한 표본추출틀이 되기 위해서는 다음과 같은 조건을 갖출 필요가 있다(Sändal et al., 2003).

① 모든 표본추출단위는 논리적이고 숫자로 식별할 수 있어야 한다.
② 모든 표본추출단위는 접촉정보, 지도상의 위치, 기타 관련 정보를 지니고 있어 찾을 수 있어야 한다.
③ 표본추출틀은 논리적이고 체계적인 방식으로 조직되어야 한다.
④ 표본추출틀은 경우에 따라 수준이 더 높은 표본추출틀을 만들어 사용하는 것도 가능하도록 표본추출단위에 관한 추가적인 정보를 가지고 있어야 한다.
⑤ 모집단의 모든 구성요소가 표본추출틀에 있어야 한다.
⑥ 모집단의 모든 구성요소는 표본추출틀에 각각 1개씩만 있어야 한다.
⑦ 모집단 외부의 구성요소가 표본추출틀에 있어서는 안된다.

4) 대표성

표본에서 나온 결과를 모집단에 적용하기 위해서는 표본의 특성이 모집단의 특성과 같아야 한다. 이상적으로 표본은 모집단의 축소판이어야 한다. 그래야지 표본의 결과를 그대로 모집단에 확대 적용해서 모집단에 대해 일반화시킬 수 있다. 대표성(representativeness)은 이와 같이 표본의 총체적 특성이 모집단의 총체적 특성에 근접한 정도를 일컫는다. 예를 들어, 모집단에서 20대 여성이 30%를 차지하고 있다면, 표본이 대표성을 갖기 위해서는 표본도 반드시 20대 여성을 30% 가까이 포함해야 한다.

표본에 의한 모수의 추정은 표본이 모집단을 얼마나 진정으로 잘 대표하는가 또는 연구와 관련된 주요 변수들에 있어 표본과 모집단이 얼마나 유사한가에 의해 결정된다. 표본이 모집단을 대표하지 못하거나 모집단 외부의 요소가 표본의 구성요소로 포함될 경우 표본에 의한 추정에 편향(bias)이 발생할 수 있다. 따라서 표본이 모수를 정확하게 추론하기 위해서는 표본을 추출할 때 표본이 전체모집단을 정확하게 대표할 수 있도록 노력해야 한다.

5) 전수조사와 표본조사

전수조사(population survey)는 관심의 대상이 되는 집단을 이루는 모든 구성요소들을 조사하여 모집단의 특성을 측정하는 방법을 말한다. 통계청에서 매 5년마다 대한민국 영토 내에 상주하는 모든 내 · 외국인과 이들이 살고 있는 거처를 대상으로 실시하는 인구주택총조사가 그 대표적인 사례이다. 하지만 모집단 내의 모든 구성요소를 다 조사하는 데에는 현실적으로 불가능한 경우가 많고, 또 설사 가능하더라도 많은 비용과 어려움이 따르기 때문에 대부분의 조사는 전수조사가 아닌 표본조사(sample survey)로 이루어진다. 표본조사는 관심의 대상이 되는 전체 모집단에서 일부를 선택하고 그 선택된 일부인 표본을 대상으로 조사를 실시하여 이로부터 나온 결과를 토대로 전체 모집단의 특성을 추정해 내는 방법이다.

실제 연구에서 연구자들이 전수조사 대신에 표본조사를 실시하는 이유를 보다 구체적으로 정리하면 다음과 같다.

(1) 시간을 절약할 수 있다.

표본조사는 모집단의 일부인 표본을 대상으로 조사하기 때문에 전수조사보다 조사를 보다 신속하게 수행할 수 있다. 이에 비해 모집단을 구성하고 있는 전체 구성원을 조사하는 전수조사는 자료를 수집하고 분석하기까지에는 상당히 긴 시간이 소요된다. 따라서 신속한 자료와 정보를 요구하는 조사의 경우에는 표본조사가 적합하다.

(2) 응답오차를 줄일 수 있다.

표본조사의 경우 조사가 짧은 기간에 신속하게 이루어지기 때문에 조사시점이 분명하여 특정 시점의 현황과 실태를 정확하게 파악하거나 주요 변수들 간의 비교분석이 가능하다. 이에 비해 조사기간이 긴 전수조사는 시간의 경과에 따라 응답자의 응답이 시점별로 달라져 응답에 오차가 생길 수 있음으로 인해 특정 시점의 현황을 정확하게 파악하기가 어렵다.

(3) 비용을 절감할 수 있다.

표본조사는 모집단의 일부로 이루어진 작은 집단을 조사하기 때문에 전수조사에 비해 조사비용을 줄여 경제성을 높일 수 있다.

(4) 전수조사에 비해 더 정확한 자료를 얻을 수 있다.

일반적으로 전수조사가 보다 정확할 것으로 여겨질 수 있지만 실제에 있어 전수조사는 방대한 자료를 수집하고 처리하는 과정에서 실수와 오류가 발생할 소지를 많이 가지고 있다. 이에 비해 조사대상자의 수가 전수조사보다 적은 표본조사는 조사과정을 더 잘 통제하고 관리할 수 있어 추출된 표본을 조사하는 과정에서 발생하는 비표본추출오차(nonsampling error)를 더 많이 줄일 수 있다. 물론 표본조사에 있어서도 비표본추출 오차가 없지는 않지만 전수조사에 비해 훨씬 작기 때문에 대표성 있는 표본만 확보되면 표본조사가 전수조사보다 정확한 자료를 산출할 수 있다.

(5) 전수조사를 실시하기 어려운 경우가 있다.

어떤 모집단의 경우 구성원들을 모두 확인하기가 어려울 수 있다. 예를 들어, 노숙자와 불법체류 외국인노동자의 소재는 모두 파악하기가 힘들다. 모집단의 구성요소 모두를 대상으로 조사하기가 현실적으로 어려운 경우도 있다. 예를 들어, 냉동식품의 신선도 유지기간을 알아보기 위해 모든 냉동식품의 부패속도를 조사하거나 자동차 안전성을 검사하기 위해 모든 자동차를 대상으로 충돌안정성검사를 한다면 조사가 끝난 후 판매할 제품은 하나도 남지 않게 될 것이다.

6) 표본조사의 오차

비록 모집단의 일부이기는 하지만 표본은 모집단 그 자체가 아니다. 따라서 표본조사에서 나온 통계치와 전수조사에서 나온 모수는 일치하지 않을 수 있으며 이에 따른 오차는 불가피하다. 표본조사에서 발생할 수 있는 오차에는 표본추출오차(sampling error)와 비표본추출오차(nonsampling error)의 두 종류가 있다.

(1) 표본추출오차

표본추출오차 또는 표집오차는 모집단에서 추출한 표본의 특성이 모집단의 특성과 일치하지 않아서 통계치와 모수 간에 생기는 차이이다. 다시 말해, 표본추출오차는 모집단에서 추출된 표본이 모집단을 정확히 대표해주지 못해서 발생하는 오차이다. 전수조사에서 나온 결과는 모수와 차이가 나지 않기 때문에 표본추출오차는 표본조사에서만 발생한다.

표본을 모집단에서 무작위로 추출할 경우 표본추출오차는 확률적으로 분포한다. 그렇기 때문에 표본추출오차는 무작위 표본추출에 한해서만 확률이론에 근거해 추정이 가능하다. 그렇지 않고 표본을 의도적으로 뽑을 경우 표본추출오차의 추정은 불가능하다. 무작위 표본추출에서 표본추출오차는 확률적으로 분포되어 있기 때문에 표준오차(standard error)라고도 한다. 일반적으로 표본추출오차는 표본의 크기가 클수록, 또한 모집단이 동질적일수록 줄어든다.

(2) 신뢰구간과 신뢰수준

표본조사의 목적은 모집단의 모수를 추정하기 위함이다. 하지만 표본조사에서 나온 통계치는 모수가 아니며, 또한 무한한 숫자들 중에 특정한 한 개의 숫자만 가지고 모수를 추정하는 방식은 합리적이지도 않다. 그렇기 때문에 대부분의 연구자들은 구간을 정해 모수를 추정한다. 이 때 어느 정도의 확률치를 가지고 모수가 그 사이에 있을 것으로 추정되는 숫자상의 특정 구간을 신뢰구간(confidence interval)이라고 한다. 신뢰수준(confidence level)은 모수가 주어진 신뢰구간에 놓여 있을 가능성을 추정한 확률이다.

최근 들어 표본조사로 이루어지는 대부분의 여론조사들은 신뢰수준, 신뢰구간, 표본추출오차의 개념을 사용하여 조사결과를 발표하고 있다. 예를 들어, 유력한 정치인들에 대한 유권자 지지율 여론조사에서 “이번 여론조사의 표본추출오차(한계)는 95% 신뢰수준에서 ±2.5%포인트이다” 또는 “이번 여론조사의 표본추출오차(한계)는 95% 신뢰구간에서 ±2.5%

포인트이다”라는 발표를 했다고 하자. 여기서 신뢰수준은 95%이며 신뢰구간은 지지율± 2.5%의 범위이다. 이 말의 의미는 유력한 정치인들에 대한 전체 유권자(모집단)의 지지율(모수)이 여론조사에서 나온 지지율(통계치)±2.5% 사이에 있을 확률이 95%라는 것으로, 달리 말해 전체 유권자의 지지율이 통계치±2.5%포인트 사이에 있음을 95% 확신한다는 것이다. 신뢰구간이 커지면 신뢰수준도 높아진다. 왜냐하면 신뢰구간이 확장될수록 모수가 확장된 구간 내에 있을 확률이 높아지기 때문이다.

(3) 비표본추출오차

비표본추출오차 또는 비표집오차는 표본의 통계치가 모집단의 모수에서 벗어나는 차이로 표본추출 과정 이외의 다른 조사과정에서 발생하는 오차를 말한다. 비표본추출오차를 일으키는 요인은 모집단의 특성, 자료수집방법, 질문의 종류, 면접조사원의 기술, 응답자의 특성 등을 포함해서 매우 다양하다. 뿐만 아니라 비표본추출오차는 조사과정의 모든 단계에서 발생할 수 있으며 발생유형이 체계적일 수도 있고 무작위일 수도 있다. 이처럼 비표본추출오차는 다양하고 복잡한 방식으로 일어나기 때문에 확인이나 측정이 쉽지 않고 양화나 이론적인 설명과 추정 또한 어렵다. 비표본추출오차는 표본추출과정에 상관없이 발생하는 오차이기 때문에 전수조사에서도 발생한다. 비표본추출오차에는 다음과 같은 주요 유형들이 있다.

① 포함오차(coverage error)

포함오차는 모집단 외부의 요소가 표본추출틀에 포함되거나 모집단의 구성요소가 표본추출틀에 포함되지 않을 때 발생하는 오차이다. 표본추출틀에 모집단 외부의 요소가 포함되거나 모집단의 구성요소가 중복으로 포함되어 발생하는 오차를 과대포함오차(over-coverage error)라고 한다. 이에 비해 표본추출틀이 모집단의 구성요소를 포함하지 않아 발생하는 오차를 과소포함오차(undercoverage error)라고 한다.

② 무응답오차(non-response error)

무응답오차는 선정된 표본으로부터 완전한 자료를 얻지 못해서 발생하는 오차이다. 추출된 표본이 자료를 제공하지 않는 이유로 다음과 같은 경우들이 있을 수 있다.

- 표본이 응답을 거부하는 경우
- 선정된 표본이 아파서 조사에 응할 수 없는 경우

• 선정된 표본이 부재중이거나 접촉이 되지 않는 경우
• 조사자나 응답자가 질문을 이해하지 못하는 경우

무응답오차에는 선정된 표본이 조사의 전체나 일부 과정을 마치지 않아 자료를 전혀 제공하지 않는 단위무응답오류(unit nonresponse error) 또는 완전무응답오류(complete nonresponse error)와 선정된 표본이 조사과정은 마치되 일부 조사 항목이나 질문에 응답을 안하거나 적절히 응답하지 못해 자료 일부를 제공하지 않는 항목무응답오류(item nonresponse error) 또는 부분무응답오류(partial nonresponse error)의 두 가지 유형이 있다.

③ 측정오차(measurement error)

측정오차는 앞의 5장 측정에 상세히 소개되어 있다. 일반적으로 측정오차를 일으키는 주요 원천에는 응답자, 조사원, 설문지가 있는데 여기에서는 이러한 원천에 따라 측정오차를 응답오차(response error), 면접조사원(조사원)오차(interviewer error), 설문지오차(questionnaire error)로 다시 나누어 정리하였다.

㉠ 응답오차

응답오차는 선정된 표본이 의도적이든 우연적이든 정확하지 않은 자료를 제공함으로써 발생하는 오차이다. 응답오차는 다음과 같은 경우에 주로 일어난다.

• 응답자가 질문의 개념, 문항, 지시문 등을 분명하게 이해하지 못하는 경우
• 응답자에게 높은 수준의 기억력을 요구하거나 많은 부담을 주는 경우
• 응답자가 조사에 적극적으로 임해 정확한 대답을 주려는 노력이나 의지가 부족한 경우
• 응답자가 심리적으로나 인지적으로 문제가 있는 경우
• 사회적으로 바람직한 방식으로 대답을 하도록 이끌 수 있는 질문이 포함된 경우(이때 응답자는 질문에 대한 정확한 답보다는 사회적으로 바람직하다고 느끼는 답을 줄 수 있다)
• 선정된 표본이 아닌 다른 사람이 응답을 하는 경우

㉡ 면접조사원(조사원)오차

면접조사원오차는 자료수집과정에서 면접조사원이나 조사원에 의해 발생하는 오차

이다. 면접조사원오차가 일어나는 주요 경우는 다음과 같다.

- 조사원이 정보를 부정확하게 기록하는 경우
- 조사원이 중립적이거나 객관적이지 않은 경우
- 조사원이 실제로 조사하지 않은 응답자의 정보를 거짓으로 기록하는 경우
- 조사원이 응답자로 하여금 특정한 방식으로 응답하도록 부적절하게 영향을 주는 경우
- 조사원이 응답을 응답자의 외모나 다른 특성에 의해 해석 또는 가정하는 경우

ⓒ 설문지오차

설문지오차는 잘못 작성된 설문지에 의해 발생하는 오차이다. 설문지오차를 일으키는 요인으로 다음과 같은 경우들이 있다.

- 설문지가 잘못되거나, 애매하거나, 어설프거나, 혼란스러운 용어와 문장으로 이루어진 질문, 진술, 지시문을 포함할 경우
- 설문지의 문항 배열이 응답에 영향을 주는 경우
- 설문지의 구도(layout)가 혼란을 주는 경우

④ 처리오차(processing error)

처리오차는 제공된 자료를 수집하고 처리하는 과정에서 발생하는 오차를 일컫는다. 처리오차가 나타나는 주요 유형은 다음과 같다.

- 제공된 자료를 수집하는 과정에서 발생하는 오차
- 자료의 입력에서 발생하는 오차
- 자료의 부호화 및 분류에서 발생하는 오차
- 자료의 편집에서 발생하는 오차
- 결측자료의 처리에서 발생하는 오차
- 자료의 산출과 보고서 작성에서 발생하는 오차

2 표본의 크기 결정

표본조사를 하는 이유는 표본의 통계치로 모집단의 모수를 추정하기 위함이다. 이때 정

확한 추정을 이루어내게 하는 가장 중요한 요소는 표본이 모집단의 특성을 반영하는 정도인 대표성이 얼마나 높은가이다. 일반적으로 모든 조건이 동일할 경우 표본의 크기가 클수록 대표성은 높아진다. 극단적으로 모집단 전체를 표본으로 삼으면 대표성은 완벽하게 확보할 수 있다. 하지만 그렇다고 표본의 크기를 무작정 늘릴 수는 없는 노릇이다. 왜냐하면 표본의 크기를 늘릴수록 그만큼 시간, 비용, 노력 등이 더 들어갈 수 있기 때문이다. 따라서 표본의 크기는 조사의 목적을 달성할 수 있는 수준에서 적절하게 결정되어야 한다. 일반적으로 표본의 크기를 결정할 때 고려되는 대표적인 이론적 및 현실적 요인들을 소개하면 다음과 같다.

1) 모집단 구성요소의 동질성

모집단을 이루는 구성요소들이 서로 얼마나 동질한가는 표본의 크기를 결정하는 데 매우 중요한 영향을 미친다. 모집단을 추정하는 데 있어 동일한 정확도를 요구할 경우 모집단의 구성요소들이 서로 같을수록 표본의 크기를 더 작게 할 수 있다. 만약 모집단의 구성요소들이 모두 같다면 모집단에서 하나의 표본만 뽑아도 모집단의 특성을 정확하게 나타낼 수 있다. 하지만 모집단의 구성요소들이 서로 이질적일수록 이러한 이질적인 특성을 지닌 구성요소들이 표본에 포함되도록 하기 위해서는 표본의 크기를 더 늘릴 필요가 있다.

2) 분석범주 및 연구변수의 수

연구하고자 하는 변수의 수와 변수가 포함하고 있는 범주의 수에 따라 표본의 크기도 달라질 수 있다. 변수의 수가 많아지면 변수들을 교차시켜 분류되는 최종 하위집단의 수도 늘어난다. 동일한 크기의 표본이라면 하위집단의 수가 많을수록 각 하위집단에 해당되는 표본의 수가 작아진다.

예를 들어, 대학생에 대한 조사에서 성별(2개 범주)과 학년(4개 범주)의 2개 변수를 교차시켜 분석한다고 할 경우 두 변수의 조합으로 분류되는 하위집단의 수는 8개(2×4)가 되는데, 여기에 단과대학(5개 범주)을 추가하면 하위집단의 수는 40개로 늘어난다. 200명의 대학생을 표본으로 추출하고 하위집단에 포함되는 사례수가 같다면, 8개의 각 집단이 차지하는 표본의 수는 25개가 되지만 40개의 각 집단이 차지하는 표본의 수는 5개로 크게 줄어든다. 표본의 수가 작아지면 그 만큼 모집단을 대표할 가능성이 줄어들고 집단 간의 비교에 있어서도 신뢰도가 떨어진다.

변수가 지니는 범주의 수도 변수의 수와 마찬가지의 방식으로 표본의 크기에 영향을 준다. 따라서 변수의 수와 변수가 지니는 범주의 수가 많아질수록 표본의 수를 더 늘릴 필요가 있다.

3) 표본추출의 형태

표본을 추출하는 방식이 표본의 크기를 결정하는 데 영향을 줄 수 있다. 표본추출오차가 작거나 동질성이 높은 모집단에서 표본을 뽑을 경우 모집단의 대표성을 확보하기 쉽다. 따라서 표본추출오차가 큰 표본추출의 경우 우연성을 줄이고 표본의 대표성을 확보하기 위해서는 표본의 크기를 늘릴 필요가 있다. 상대적으로 이질적인 구성요소들로 이루어진 모집단의 경우, 구성 요소들을 동일한 특성을 지닌 하위집단으로 분류하여 동질성을 높인 다음 하위집단별로 표본을 추출하면 대표성이 높아지고 표본추출오차도 줄어들기 때문에 표본의 크기는 줄어들 수 있다.

4) 비용과 시간

조사의 시행은 현실적인 요소로 비용과 시간을 필요로 한다. 동일한 조건일 경우, 표본의 크기가 늘어날수록 그만큼 조사에 따른 비용, 시간, 노력이 더 들게 마련이다. 따라서 표본의 크기를 결정할 때 가용할 수 있는 비용과 시간을 고려해야 한다.

5) 연구결과의 정확도

모수를 추정하는 데 있어 연구자가 바라는 정확도의 수준(level of precision)은 표본의 크기를 결정할 때 영향을 준다. 예를 들어, 어떤 질병에 감염된 환자들의 사회인구학적인 특성을 알아본다고 할 경우, 동일한 조건이라면 100명의 환자 표본보다는 500명의 환자 표본이 보다 정확한 결과를 제공해 줄 것이다. 따라서 높은 수준의 정확도를 원하면 표본의 크기를 늘려야 한다. 마찬가지로 높은 수준의 통계적 유의도와 통계적 검증력을 요구하는 연구를 할 경우에도 표본의 크기를 늘릴 필요가 있다.

6) 변수의 통제

변수들을 얼마나 통제할 수 있느냐에 따라 표본의 크기가 달라질 수 있다. 연구와 관련된 주요 변수들의 영향을 제대로 통제하지 못할 경우에 대표성을 확보하기 위해서는 보다 큰 표본이 요구된다. 표본의 수가 작으면 통제하지 못한 변수들이 우연적으로 작용할 경우 극단적인 연구결과를 산출할 수 있다. 하지만 표본의 크기가 크면 통제하지 못한 변수들이 우연적으로 작용해도 연구결과에 체계적으로 영향을 미치지 못하고, 또한 전체 연구결과에 주는 영향도 상대적으로 작아진다.

7) 표본의 통제

변수에 대한 통제와 마찬가지로 선정된 표본들을 얼마나 잘 통제할 수 있느냐도 표본의 크기를 결정하는 데 영향을 줄 수 있다. 연구중에 표본이 변화하거나 중도에 탈락할 경우 표본의 크기가 클수록 그러한 변이성이 무작위로 작용하여 연구결과에 주는 영향이 상쇄될 가능성이 높으며, 또한 무작위로 작용하지 않더라도 전체적으로 미치는 영향은 상대적으로 작아진다. 표본의 중도탈락률이 높은 경우에는 연구에서 요구하는 최소한의 사례수를 확보하기 위해 최초에 선정되는 표본의 크기를 넉넉하게 잡아야 한다.

3 표본추출방법

표본에서 얻은 결과를 토대로 모집단의 특성을 추론하는 만큼 표본의 종류와 특성을 결정해주는 표본추출방법은 연구의 목적을 달성하는 데 있어 매우 중요한 작업이라고 할 수 있다. 표본추출방법은 매우 다양하지만 기본적으로 모집단의 특성과 표본을 추출하는 여건이나 상황을 고려하여 연구목적에 가장 적합한 표본추출방법을 결정해야 한다. 표본추출방법은 모집단 내의 구성요소들이 표본으로 선정될 확률을 알 수 있느냐의 여부에 따라 크게 확률표본추출(probability sampling)과 비확률표본추출(non-probability sampling)로 나눌 수 있다.

확률표본추출은 모집단의 모든 구성요소들이 표본으로 추출될 확률이 알려져 있는 조건하에서 표본을 추출하는 방법이다. 확률표본추출의 가장 간단한 방식은 모집단의 모든 구성요소들이 표본으로 뽑힐 확률을 똑같이 갖도록 하는 것이다. 이 같은 방식을 사용했을 때 표본이 모집단과 동일한 변이를 가져야 된다는 확률표본추출의 기본 원리가 달성될 수 있다. 이는 곧 표본이 대표성을 가진다는 의미이다.

대표성 있는 표본을 추출하기 위해 확률표본추출에서는 무작위 표본추출(random sampling) 방식을 사용한다. 무작위 표본추출은 모집단의 각 구성요소가 독립적이면서도 동일한 선정기회를 가지는 표본추출방법이다. 주사위를 던져서 나오는 숫자로 표본을 추출하는 방식은 무작위 표본추출의 대표적인 사례라고 할 수 있다. 주사위의 숫자가 나올 확률은 동일하며 또한 매번 주사위를 던지는 시행과정은 이전의 시행이 다음의 시행에 영향을 주지 않기 때문에 독립적이다.

비확률표본추출은 모집단의 모든 구성요소들이 표본으로 추출될 확률이 알려져 있지 않는 상태에서 표본을 추출하는 방법이다. 구성요소에 대한 표본추출 확률을 모르기 때문에 모든 구성요소들이 표본으로 뽑힐 기회를 어느 정도는 다 갖고 있다고도 주장할 수 없다. 비확률표본추출에서 모집단의 일부 구성요소들은 표본추출과정에 아예 포함되지 않을 수 있다. 이로 인해 표본을 통한 모집단의 특성에 대한 추정은 제한적이거나 불가능해질 수밖에 없다. 다시 말해 비확률표본은 모집단을 충분히 대표할 수 없다는 것이다.

확률표본만이 모집단을 대표할 수 있고 또한 모집단의 특성을 정확히 추론할 수 있음에도 불구하고 과학자들은 실제 연구에서 비확률표본을 종종 사용한다. 이는 경우에 따라 연구가 단지 탐색을 목적으로 하거나 또는 확률표본추출을 하기에는 비용이 많이 들거나 불편함이 크기 때문이다. 덧붙여 모집단을 정확히 규정할 수 없거나 또는 모집단의 구성요소들을 모두 포함한 표본추출틀을 구하기가 어려울 때도 비확률표본추출을 사용한다.

1) 비확률표본추출

비확률표본추출 방법의 대표적인 유형으로 편의표본추출(convenient sampling), 판단표본추출(judgemental sampling), 눈덩이표본추출(snowball sampling), 할당표본추출(quota sampling)이 있다.

(1) 편의표본추출

편의표본추출은 이용가능한 연구대상자들에 의존하여 연구자가 임의로 표본을 추출하는 방법으로서 임의표본추출이라고도 한다. 한편 편의표본추출방식으로 표본을 뽑을 경우 표본은 우발적으로 또는 우연적으로 선정되기 때문에 편의표본추출은 우연표본추출(hap-hazard sampling) 또는 우발표본추출(accidental sampling)이라고도 한다. 일반적으로 편의표본추출은 연구자가 정한 표본의 크기만큼 모집단에서 표본을 추출하며 연구자가 원하는 표본의 크기만큼 표본이 추출되면 표본추출은 중단된다.

편의표본추출에서는 대개 쉽고 편리하게 접근할 수 있는 대상만이 표본으로 추출되는 경향이 있기 때문에 편의표본추출로 선정된 표본은 모집단을 대표할 수 없다. 그러므로 편의표본에서 나온 결과를 가지고 모집단의 모수를 추정할 수 없다. 편의표본추출의 예로서, TV기자가 어떤 이슈에 대한 여론을 알아보기 위해 길가는 행인들 가운데 인터뷰에 응하는 사람만을 표본을 선정하거나 대학교에서 교수가 학생들이 많이 몰려 있는 강의실이나 학생식당에서 표본을 선정하는 방식을 들 수 있겠다.

편의표본추출이 갖는 장점으로 표본추출의 용이함, 표본추출절차의 단순함, 비용 절감, 시간 절약 등을 들 수 있다. 이에 비해 편의표본추출이 갖는 단점으로 대표성 부재, 연구자의 편견 개입, 일반화의 어려움 등이 있다.

(2) 판단표본추출

판단표본추출은 연구자의 판단하에 연구목적에 가장 유용하거나 대표성이 있다고 여겨지는 특정 집단을 표본으로 선정하는 방법으로 유의표본추출(purposive sampling), 목적표본추출이라고도 한다. 판단표본추출이 성공적으로 이루어지기 위해서는 연구자가 모집단의 특성에 대해 정확히 알고 있어야 한다. 하지만 표본의 선정이 전적으로 연구자의 판단에 의존하기 때문에 연구자의 주관과 편견이 개입될 가능성이 높다.

판단표본추출의 예로 연구자가 대학생들의 정치적 성향을 비교하기 위해 가장 우파적이라고 간주되는 단체와 가장 좌파적이라고 간주되는 단체를 선정하는 경우, 설문지초안에 대한 사전조사를 위해 연구자가 모집단에서 가장 대표적이라고 여기는 표본을 선정하는 경우, 새로운 제품에 대한 소비자의 반응을 보기 위해 기업체에서 제품을 사용할 것이라고 여겨지는 사람들을 초점집단면접의 표본으로 선정하는 경우를 들 수 있다.

판단표본추출이 갖는 장점은 다음과 같다.

① 비용과 시간이 적게 든다.

② 표본추출이 편리하다.

③ 모집단의 특성을 잘 알 경우 표본추출이 용이하다.

④ 편의표본추출에 비해 표본의 정확도가 상대적으로 높다.

⑤ 전체 표본의 크기가 작을 경우에 유용하다.
⑥ 모집단의 동질성이 높을 경우 표본의 대표성을 어느 정도 확보할 수 있다.
⑦ 연구의 초기 단계에서 설문지 문항의 적용타당성과 조사도구의 유용성을 검증하기 위해 적합하다.

판단표본추출이 갖는 단점은 다음과 같다.
① 대표성을 확신할 수 없다.
② 연구결과를 일반화하기 어렵다.
③ 연구자의 주관과 편견이 개입될 가능성이 높다.
④ 모집단에 대한 사전지식을 필요로 한다.

(3) 눈덩이표본추출

눈덩이표본추출은 모집단의 일부 구성원들을 조사한 다음 이들로 하여금 다른 구성원들을 소개해달라고 부탁하여 표본의 크기를 늘려나가는 방법이다. 이러한 표본추출 방식은 마치 눈덩이가 높은 곳에서 아래로 구르면서 주위의 눈을 묻혀 점차 커지는 모습과 유사하다. 눈덩이표본추출을 사용할 경우 표본이 늘어나면서 누적되기 때문에 눈덩이표본추출을 누적표본추출이라고도 한다. 한편 표본이 인맥, 친분, 소개를 통해 계속 연결되면서 늘어나기 때문에 눈덩이표본추출은 사슬표본추출(chain sampling)이나 소개표본추출(referral sampling)이라고도 한다. 이 방법은 연구자가 표본을 추출하는 일반적인 방식과는 달리 표본 구성원이 표본을 선정하기 때문에 응답자주도 표본추출(respondent-driven sampling) 방식이다. 눈덩이표본추출은 노숙자, 성매매자, 외국인 이주노동자처럼 연구자가 특정 모집단의 구성원을 찾아내거나 접근하기 어려울 때 사용하기 적절한 방법이다.

눈덩이표본추출이 갖는 장점은 다음과 같다.
① 연구자가 알기 어렵거나 접근이 힘든 표본을 얻을 수 있다.
② 소재가 불분명한 모집단 구성원들의 소재를 파악할 수 있다.
③ 아는 사람의 소개로 조사가 이루어지기 때문에 조사협조를 구하기 쉽다.
④ 대상자의 특성을 어느 정도 알고서 조사가 이루어지기 때문에 비교적 정확한 표본을 얻을 수 있다.
⑤ 표본추출에 많은 준비가 필요하지 않다.

눈덩이표본추출이 갖는 단점은 다음과 같다.

① 표본의 선정이 표본 구성원에 의해 작위적으로 이루어지기 때문에 표본의 대표성이 떨어진다.

② 서로 아는 구성원들로 표본이 이루어지기 때문에 표본의 특성이 유사하게 나타날 수 있어 표본추출편향(sampling bias)이 생길 수 있다.

③ 연구자가 표본추출과정을 통제하기가 어렵다.

④ 표본이 연줄에 의해 단계적으로 늘어나기 때문에 대규모 조사인 경우 조사기간이 길어지고 비용이 늘어날 수 있다.

(4) 할당표본추출

할당표본추출방법은 표본의 특성을 모집단의 특성과 동일하도록 만들기 위해 모집단을 미리 특정화된 특성에 기초하여 여러 집단으로 나눈 다음 각 집단별로 모집단에서 차지하는 구성비에 맞추어 표본을 추출하는 방법이다. 비록 할당표본추출은 비확률표본추출에 해당하지만 모집단에 가장 유사한 표본을 원할 때 사용하는 방법이다. 할당표본추출의 절차를 예로 들면 다음과 같다.

① 모집단에 관련된 특성에 기초한 행렬이나 표를 만든다. 만약 성별과 교육수준이 연구의 주요 변수이면 이들 변수를 서로 교차시킨 표를 만들 수 있다.

② 교차되어 나온 각 칸이나 범주별로 모집단에서 차지하는 구성비를 계산한다.

③ 각 칸이나 범주의 특성을 지닌 표본을 그 칸이나 범주에 할당된 구성비에 맞게 모집단에서 임의적으로 또는 비확률적으로 추출한다. 이와는 달리 각 칸이나 범주의 특성에 맞는 표본을 먼저 추출한 다음 나중에 각 칸이나 범주의 구성비에 맞게 가중치를 주어 표본의 크기를 결정하는 방법도 있다.

할당표본추출이 지니는 장점은 다음과 같다.

① 비확률표본추출방법으로 가장 대표성이 높다.

② 확률표본추출방법에 유사하면서 확률표본추출방법보다는 적은 비용과 시간으로 표본을 추출할 수 있다.

③ 확률표본추출방법에 비해 준비가 많이 필요하지 않으며 표본추출과정도 비교적 단순하고 쉬운 편이다.

④ 집단 간 비교를 가능하게 그리고 보다 쉽게 하도록 해준다.

할당표본추출이 지니는 단점은 다음과 같다.

① 비록 다른 비확률표본추출방법보다는 대표성이 높지만 그래도 확률표본추출방법보다는 대표성이 떨어지기 때문에 조사결과를 일반화하는 데에는 한계가 있다.

② 표본추출과정에서 연구자가 표본을 편의적이거나 주관적으로 선정할 수 있기 때문에 표본추출편향이 발생할 수 있다.

③ 각 칸이나 범주가 모집단에서 차지하고 있는 비율을 정확히 알려주는 최신의 정보를 구해야 한다.

④ 변수의 수가 커지면 칸이나 범주의 수는 기하급수적으로 늘어나기 때문에 연구하고자 하는 변수의 수에 제한이 있다.

2) 확률표본추출

확률표본추출의 대표적인 유형으로 단순무작위표본추출(simple random sampling), 체계적 표본추출(systematic sampling), 층화표본추출(stratified sampling), 집락표본추출(cluster sampling)이 있다.

(1) 단순무작위표본추출

단순무작위표본추출은 모집단을 구성하는 모든 요소들에 대해 표본으로 선정될 확률을 동일하게 부여하여 표본을 추출하는 방법이다. 일반적으로 이 방법은 모집단의 모든 구성요소에 일련번호를 부여한 다음, 그 가운데서 표본을 원하는 크기만큼 무작위로 추출하는 식으로 진행된다. 무작위표본추출의 도구로서 난수표, 컴퓨터, 인터넷의 무작위번호생성기(random number generator, RNG) 등이 주로 사용된다.

단순무작위표본추출이 지니는 장점은 다음과 같다.

① 표본이 확률이론에 의해 추출되었기 때문에 모집단을 잘 대표한다.

② 표본선정이 간단하다.

③ 모집단에 대한 자세한 지식이 필요하지 않다.

④ 표본추출된 자료의 분류와 오차의 계산이 용이하다.

단순무작위표본추출이 지니는 단점은 다음과 같다.

① 모집단의 모든 구성요소들이 수록된 목록이 필요하다.

② 대규모 모집단인 경우 모든 구성요소를 파악하는 데 시간이 많이 걸릴 수 있다.

③ 무작위표본추출인 만큼 모집단을 구성하는 전체 특성을 반영하지 못하는 표본도 생성될 수 있어 층화표본추출보다는 표본추출오차가 크다.

④ 표본추출과정에서 조사자가 모집단에 대한 지식을 충분히 활용할 수 없다.

(2) 체계적 표본추출

체계적 표본추출은 모집단의 모든 구성요소에 일련번호를 부여하고 배열한 다음 매 k번째 요소를 표본으로 선정하는 방법으로 계통적 표본추출이라고도 한다. 예를 들어, 만 개의 구성요소들 가운데 천 개의 표본을 원한다면 매 10번째 요소를 표본으로 추출하면 된다. 체계적 표본추출에서는 무작위성을 확실히 하기 위해 첫 번째 구성요소는 무작위로 추출한다. 표본에 추출되는 요소들 사이의 간격인 표준 거리(standard distance) 'k'는 표본추출간격(sampling interval)이라고 하며 이것은 '모집단 크기/표본 크기'로 계산된다. 모집단에서 구성요소들이 표본으로 추출되는 표본추출비(sampling ratio)는 '표본 크기/모집단 크기'로 산출한다.

체계적 표본추출에 의해 만들어진 표본이 대표성을 갖기 위해서는 표본추출틀 내 구성요소들의 배열에 어떤 유형이 있어서는 안된다. 특히 표본추출틀에서 특정한 특성을 지닌 구성요소들의 배열간격이 표본추출간격과 일치하는 주기성(periodicity)을 띨 경우 편향된 표본을 추출할 가능성이 높다. 예를 들어, 동들이 일렬로 배열된 한 아파트단지의 주민에 대한 주거만족 조사에서 첫 번째 가구가 아파트 한쪽 끝집이 선정되었을 경우 체계적 표본추출에서는 그 다음 표본들도 계속해서 끝집이 선정될 수가 있다. 이럴 경우 표본은 다양한 특성을 지닌 아파트의 전체 주민들 대신에 특정한 특성을 지닌 즉, 끝집에 사는 일부 주민들의 의견 밖에 대표하지 못한다.

체계적 표본추출이 지니는 장점은 다음과 같다.

① 표본추출이 기계적으로 이루어지기 때문에 단순하고 쉽다.

② 표본추출틀의 목록이 길거나 표본의 크기가 클 경우 신속하게 표본을 추출할 수 있다.

③ 단순무작위표본추출보다 대표성이 높다.

④ 매 k번째 마다 표본이 추출되기 때문에 표본추출에 문제가 생겼을 경우 이를 쉽고 빠르게 알아낼 수 있다.

체계적 표본추출이 지니는 단점은 다음과 같다.

① 모집단의 배열이 주기성이나 편향성을 보일 경우 대표성에 문제가 생길 수 있다.

② 표본의 크기가 작을 경우 모집단의 전체 특성을 반영하지 못할 수 있다.

③ 무작위로 선정되는 첫 번째 구성요소를 제외한 나머지 모집단의 구성요소들은 표본으로 뽑힐 확률을 똑같이 가지지 못하기 때문에 표본의 대표성이 층화표본추출보다 낮다.

(3) 층화표본추출

층화표본추출은 모집단을 구성하고 있는 요소들을 표본추출 전에 동질성이 있는 하위집단(층)으로 범주화한 다음 각 하위집단이 모집단에서 차지하는 구성비에 따라 각 하위집단에서 표본을 무작위로 추출하는 방법이다. 이 때 범주화된 하위집단들은 서로 상호배타적(이질적)이어야 하며 망라적이어야 한다. 다시 말해 모집단의 어떤 구성요소도 분류된 범주들 가운데 한 곳에만 속해야 하며 또한 범주들이 모집단의 모든 구성요소를 포함할 수 있어야 한다.

범주화를 하는 기준은 연구에서 중요하게 고려되는 변수에 따라 결정된다. 예를 들어, 성별이 중요한 변수이면 범주는 '남성, 여성'으로, 연령대가 중요한 변수이면 범주는 '20대 이하, 30대, 40대, 50대, 60대 이상'과 같이 분류될 수 있다. 만약 중요한 변수가 여럿이면 범주는 이들 변수를 교차(또는 결합)했을 때 나오는 수만큼 늘어난다. 앞의 예에서 성별과 연령대가 연구의 중요한 변수이면 생성되는 범주는 성별(2개 범주)과 연령대(5개 범주)를 결합해서 나온 10개 집단이 된다.

모집단을 동질적인 하위집단으로 범주화하여 표본을 추출한다는 점에서 층화표본추출은 할당표본추출과 매우 유사하다. 하지만 분류된 범주의 하위집단에서 표본을 선정하는 데 있어 층화표본추출은 무작위 표본추출방식을 사용하는 데 비해 할당표본추출은 비무작위 표본추출방식을 사용한다는 점에서 서로 다르다. 층화표본추출에서 사용하는 무작위 표본추출방법으로 단순무작위표본추출과 체계적 표본추출이 대표적이다. 층화표본추출방법은 모집단을 이루는 상이한 집단들이 표본에 최대한 적절히 반영되도록 함으로써 표본의 대표성 및 모집단에 대한 추정의 정확도를 높이는 가장 대표적인 표본추출방법이다.

층화표본추출은 분류된 하위집단이나 층에서 추출되는 표본의 크기를 정하는 방법에 따라 비례층화표본추출(proportionate stratified sampling)과 비비례층화표본추출(disproportionate stratified sampling)로 나누어진다. 비례층화표본추출은 하위집단이 전체 모집단에서 차지하는 비율에 맞게 각 하위집단에 표본의 크기가 할당되는 방법이다. 이 방법은 전체 모집단을 보다 정확하게 대표할 수 있는 반면 작은 하위집단에 할당된 표본의 크기가 작을 경우 표본추출오차는 커져 통계적 분석에 어려움이 있을 수 있다. 비비례층화표본추출은 하위집단이 전체 모집단에서 차지하는 비율에 맞지 않게 각 하위집단에 표본의 크기가 할당되는 방법이다. 연구자는 연구목적에 따라 각 하위집단에서 추출되는 표본의 크기를 동일하게 할 수 있고 또 일부 작은 하위집단에 할당되는 표본의 크기를 의도적으로 증가시킬 수 있다. 이 방법은 상황에 따라 표본추출을 유연하게 진행할 수 있고 또한 규모가 작은 하위집단의 대표성을 높일 수 있는 반면 통계적 분석에서 각 하위집단이 전체에서 차지하는 비율에 맞게 가중치를 정확하게 부여하지 않을 경우 특정 하위집단이 과대하거나 과소하게 대표될 수 있다.

층화표본추출을 시행하는 방법은 다음과 같다.

① 연구변수의 특성에 따라 모집단을 2개 이상의 하위집단으로 나눈다. 이때 하위집단 내의 구성요소는 동질적이며 하위집단 간은 서로 이질적이어야 한다. 연구변수가 2개 이상이면 이들 변수를 서로 교차시킨 행렬이나 표를 만들 수 있다.

② 구분된 하위집단에서 추출될 표본의 크기를 정한다. 표본의 크기는 연구목적과 상황에 따라 하위집단이 모집단에서 차지하는 구성비에 맞게 비례적으로 또는 비비례적으로 정할 수 있다.

③ 각 하위집단에 할당된 표본의 크기에 맞게 각 하위집단에서 표본을 단순무작위표본추출이나 체계적 표본추출의 방법으로 추출한다.

층화표본추출이 지니는 장점은 다음과 같다.

① 모집단의 구성에 맞게 표본이 추출되게 함으로써 가장 대표성이 높은 표본을 추출할 수 있다.

② 표본의 크기에 상관없이 대표성이 높은 표본을 추출할 수 있다.

③ 모집단을 구성하는 하위집단 간에 이질성이 존재할 경우, 층화표본추출된 표본은 다른 무작위 표본추출방법보다 모집단의 특성을 더 잘 반영한다.

④ 표본의 무작위성을 확보하면서 불필요한 표본추출오차를 줄여준다.

⑤ 층화된 하위집단 간의 비교를 보다 효과적이고 용이하게 해준다.

층화표본추출이 지니는 단점은 다음과 같다.

① 모집단을 구성하는 각 하위집단의 특성과 비율을 정확히 알고 있어야 한다.

② 다른 무작위 표본추출방법에 비해 비용과 시간이 더 든다.

③ 분류에 따른 오류가 발생할 수 있다.

④ 분류된 범주의 수가 많을 경우 각 범주에 통계적 분석에 필요한 적절한 수 이상의 표본이 할당되어야 하기 때문에 표본의 크기가 비례적으로 더 늘어난다.

(4) 집락표본추출

집락표본추출은 모집단에서 이질적인 구성요소로 이루어진 자연적인 집단(집락)을 다수 표본추출한 다음, 선정된 각 집락에서 표본을 선정하는 방식으로 군집표본추출이라고 불리기도 한다. 모집단에서 구분되는 집락은 내부적으로 이질적인 구성요소로 이루어져 있으며 집락 간에는 서로 동질적이어야 한다. 이상적으로 각 집락은 모집단의 축소판이어야 한다.

집락표본추출은 연구목적과 조사여건에 따라 선정된 각 집락에서 일부 구성요소를 표본추출할 수도 있고 또는 선정된 각 집락의 전체 구성요소를 표본추출할 수도 있다. 예로서, 전국조사인 경우 광역시도의 일부를 표본추출하고, 뽑힌 광역시도에서 시군구를 표본추출하고, 뽑힌 시군구에서 동면을 표본추출한 다음, 최종적으로 뽑힌 동면에서 일부 가구를 추출하여 표본조사하거나 또는 모든 가구들을 대상으로 전수조사할 수 있다.

한번의 표본추출로 집락을 선정한 다음 선정된 집락의 모든 구성요소를 표본으로 삼는 경우를 제외하곤 집락표본추출은 최종 표본을 추출하기 위해 최소한 2번 이상의 표본추출 과정을 거치기 때문에 다단계 집락표본추출(multistage cluster sampling)이라고도 한다. 집락표본추출도 확률표본추출인 만큼 표본추출의 모든 단계는 무작위 표본추출로 이루어져야 한다. 연구자는 표본추출의 여건에 따라 단순무작위표본추출, 체계적 표본추출, 층화표본추출 가운데 적절한 방법을 쓸 수 있다.

일반적으로 자연적으로 형성된 집락의 구성요소는 동질적인 특성을 공유할 가능성이 높기 때문에 집락설계의 기본적인 지침은 각 집락 내에서 추출되는 요소들의 수는 줄이되 추출할 집락의 수는 최대화하는 것이다(Babbie, 2021). 한편, 자연적으로 형성된 집락들은 그 크기가 다 같을 수 없다. 따라서 크기가 서로 다른 집락들 가운데서 표본을 선정할 경우에는 표본의 대표성을 높이기 위해 집락들이 동일한 확률이 아닌 집락들의 크기에 비례하는 크기 비례확률(probability proportionate to size, PPS)로 표본추출할 필요가 있다. 예를 들어, 200가구의 집락은 100가구의 집락보다 표본으로 추출될 확률을 2배 가지도록 가중치를 부여할 수 있다.

집락표본추출은 목표모집단의 구성요소들을 총망라한 목록이 존재하지 않거나 그러한 표본추출틀을 얻기가 현실적으로 불가능한 대신 모집단을 구성하는 하위집단들은 개별적으로 자체적인 구성요소들의 목록을 가지고 있는 경우에 효과적으로 사용할 수 있다. 한편, 집락표본추출은 하위집단(층) 모두를 조사하는 층화표본추출과 달리 하위집단(집락)들 가운데 일부만 조사한다. 따라서 조사지역이 아주 광범위하여 조사에 따른 시간과 비용에 제약이 있을 경우 집락표본추출은 효율적인 대안으로 사용될 수 있다.

집락표본추출이 지니는 장점은 다음과 같다.

① 표본추출에 드는 시간과 비용을 절감할 수 있다.
② 모집단 전체의 표본추출틀이 없어도 확률적 표본추출이 가능하다.
③ 집락들 간 및 집락과 모집단 간의 비교를 효과적이고 용이하게 해준다.
④ 광범위한 지역이나 대규모 모집단인 경우 표본추출에 있어 상당한 유연성이 있다.
⑤ 선정된 각 집락은 무작위로 선정된 만큼 다른 조사의 표본으로 활용할 수 있다.

집락표본추출이 지니는 단점은 다음과 같다.

① 일부 집락만이 선정됨으로 인해 대표성이 다른 확률표본추출방법에 비해 떨어진다.
② 여러 단계로 표본을 추출함으로 인해 표본추출오차가 가중될 수 있다.
③ 표본추출이 여러 단계로 이루어지기 때문에 표본추출방법이 복잡하다.
④ 집락내 이질성 및 집락간 동질성을 인위적인 조정을 통해 확보하기가 어렵다.

8 설문지 개발

제8장

1. 설문지의 기본
2. 설문지 작성

제8장

설문지 개발

설문지(questionnaire)가 자료수집의 효과적인 수단으로 활용되기 위해서는 자료수집에 적합한 형태의 설문지 개발이 전제되어야 한다. 잘못 작성된 설문지는 유용한 자료를 얻을 수 없고 수집된 자료의 신뢰성이 낮아져 연구 전체에 나쁜 영향을 주게 된다. 따라서, 연구에 적합한 내용과 측정수준을 담고 있는 설문지의 개발이 매우 중요하다. 이 장에서는 설문지의 개념을 비롯하여 설문지의 구성요소 및 작성절차와 설문지를 작성할 때의 유의점, 효과적 응답을 유도하기 위한 질문문항의 배치방법에 관하여 소개한다.

1 설문지의 기본

1) 설문지의 개념

설문지는 연구자가 특정 집단 또는 개인으로부터 연구에 필요한 정보를 얻기 위하여 구성된 일련의 질문들로 이루어진 문서나 목록이다. 설문지는 서베이조사를 비롯해 실험, 질적 조사, 평가연구 등을 포함한 다양한 연구방법에서 유용한 자료수집 수단으로 사용된다. 설문지를 구성하는 각 질문들은 연구에 필요한 다수의 개념을 측정할 수 있고 응답자에게 원하는 응답을 얻기에 적합한 형태로 만들어져 있다.

설문지 또는 설문지의 질문은 조사대상자가 직접 읽어 응답을 기입하기도 하고 때로는 면접조사원이 읽어주면서 조사대상자의 응답을 기록하기도 한다. 두 경우 모두 사전에 조사를 위해 준비된 설문지가 이용되는데, 일반적으로 전자에 사용되는 설문지를 자기기입식 설문지(self-administered questionnaire), 후자에 사용되는 설문지를 면접조사원(조사원)기입식 설문지(interviewer-administered questionnaire) 또는 조사표라고 한다.

2) 조사와 설문지

조사에서 설문지는 연구목적에 맞는 유용한 자료를 수집하는 도구로 사용된다. 조사의 전형적인 절차는 먼저 조사대상자를 선택하고 다음으로 이들에 대해 설문지를 가지고 조사를 수행하는 방식으로 진행된다. 설문지를 잘못 작성하면 의미있는 유용한 정보를 얻지 못하거나 수집된 자료의 신뢰성이 손상될 수 있다. 잘못된 조사를 바로 잡기 위하여 모든 조사대상자를 추적하여 재조사하기도 어렵고, 재조사가 가능한 경우라고 하더라도 추가적인 시간과 비용의 낭비를 피할 수 없다. 따라서 설문지의 작성은 정보의 종류, 측정방법, 분석의 내용과 방법까지 많은 부분을 충분히 고려해야 한다. 무엇보다도 신뢰할 수 있는 유용한 조사를 설계하는 것은 원하는 정보를 추출하기 위한 설문지를 제대로 작성하는 것으로부터 시작한다.

3) 설문지의 구성요소

설문지는 크게 조사대상자에 대한 조사의 취지와 목적을 소개하고 협조를 요청하는 부분, 각 문항에 대한 응답요령을 안내하는 부분, 실제 자료의 수집수단이 되는 질문문항과 추가 분석을 위한 조사대상자 분류용 문항 부분으로 구성되고 끝으로 조사 후 확인 및 추가조사를 위한 정보를 표시하기 위하여 조사대상자 식별용 정보를 표시하는 부분으로 구성된다.

(1) 조사대상자에 대한 협조요청

설문지의 제일 앞부분에 조사대상자의 흥미를 유발하고 조사응답률을 높이기 위하여 연구자와 조사연구기관의 소개 및 조사의 목적과 취지에 대해 설명하고 조사대상자의 협조를 정중하게 요청한다. 응답을 꺼릴 수 있는 사적 정보에 관한 조사인 경우, 조사 목적과 취지에 관한 자세한 질문이 조사대상자의 자기 방어적 태도를 유발할 수 있으므로 조사 내용의 비밀보장 및 보호에 관한 내용을 분명하게 밝혀 두어야 한다. 경우에 따라 조사대상자에 대한 비밀의 보호와 관련된 통계법 제33조[① 통계의 작성과정에서 알려진 사항으로서 개인이나 법인 또는 단체 등의 비밀에 속하는 사항은 보호되어야 한다. ② 통계의 작성을 위하여 수집된 개인이나 법인 또는 단체 등의 비밀에 속하는 자료는 통계작성 외의 목적으로 사용 되어서는 아니 된다.]를 알려주어 조사에 대한 신뢰와 조사대상자의 참여의지를 높일 필요도 있다.

(2) 응답요령

자기기입식 설문지의 경우 조사대상자 스스로 설문지를 완성시킬 수 있도록 각 문항별 응답방법이나 응답의 순서를 명확히 하고, 응답완료 후에 설문지를 연구자에게 전달하는 방법 등에 대한 구체적 요령을 설명한다. 면접조사표인 경우에는 면접조사원에 따른 응답 변화를 최소화시키기 위하여 면접조사원들의 면접시 태도나 행동에 대한 최소한의 지침을 설명한다.

(3) 질문문항

설문지의 가장 중요한 부분으로 연구목적에 부합하는 선별된 문항들을 배열한다. 설문지를 이용한 자료수집에서 가장 중요한 부분이므로 작은 부분까지 면밀히 검토하여 작성해야 한다. 질문문항에 관한 부분은 설문지의 작성부분에서 구체적으로 다루기로 한다.

(4) 조사대상자 분류용 문항

조사대상자의 특성에 따른 조사결과의 차이점 등을 추가적으로 분석하기 위하여 연구의 필요에 따라 조사대상자의 성, 연령, 학력, 소득 등과 같은 사회인구학적 변수 등에 대한 문항을 추가하는 것이 일반적이다.

(5) 조사대상자 식별용 정보

조사대상자 식별자료(identification data)란 조사 후에 필요할 때 확인 또는 추가 조사를 위하여 설문지 일련번호, 조사대상자의 번호, 면접조사원의 이름과 면접일시 등을 기록한다. 보통 설문지의 맨 앞장이나 맨 뒷장에 표시한다.

2 설문지 작성

1) 설문지의 작성절차

설문지는 ① 수집정보의 결정, ② 자료수집방법의 결정, ③ 개별문항의 내용결정, ④ 응답능력과 의도를 고려한 문항설계, ⑤ 질문형태의 결정, ⑥ 개별문항의 표현 완성, ⑦ 문항순서의 결정, ⑧ 설문지의 외형결정, ⑨ 사전조사, ⑩ 설문지 완성의 과정을 통해 작성된다. 각 과정에 대해 부연 설명하면 다음과 같다.

(1) 수집정보의 결정

연구문제를 토대로 조사의 목적, 관련 개념과 이론 사이의 상호관계, 가설 등을 검토하여 설문지를 통해 어떤 정보를 수집할 것인지 결정한다. 수집정보의 결정은 설문지에 포함될 질문의 실질적 내용이 결정되는 단계이므로 연구자는 측정하려는 개념을 명확히 이해하고 적절한 측정방법에 대해서도 충분한 이해가 필요하다.

(2) 자료수집의 방법결정

연구자는 면접, 우편, 전화, 인터넷, 실험 등을 포함한 다양한 방법으로 자료를 수집할 수 있다. 각 방법에 따라 소용되는 비용과 시간, 정보의 양, 질문의 형태, 질문방식 등이 달라질 수 있으므로 연구자는 연구문제에 적합한 자료수집방법을 결정한다.

(3) 개별문항의 내용결정

정보 수집력을 강화하고 오류를 최소하기 위해 개별문항의 내용을 결정할 때는 문항의 필요성과 복수문항의 필요성을 충분히 고려한다. 연구자는 연구문제와 깊은 관련이 없더라도 가능한 많은 것을 질문하려는 경향이 있다. 설령 질문이 연구문제와 관련이 있더라도 현재 조사목적과 부합하지 않는다면 과감하게 제외하는 것이 좋다. 질문의 양이 많을수록 조사대상자의 부담이 커져 신뢰성이 저하될 수 있고, 과다한 정보수집은 불필요한 시간과 비용을 초래할 수 있기 때문이다. 또한 응답에 대한 해석에 오류가 증가할 수 있으므로 개별문항은 2가지 이상의 요소를 포함하지 않도록 주의한다. 개별문항에 포함된 2가지 이상의 요소에 대한 측정이 필요한 경우는 각 요소별로 별도의 질문을 구성한다.

(4) 응답능력과 의도를 고려한 문항설계

문항을 작성할 때는 조사대상자의 응답능력을 고려하여 조사대상자가 필요한 정보를 가지고 있는지 또는 그 정보를 기억할 수 있는지, 표현할 수 있는지를 고려하여 쉽고 명확하게 작성해야 한다. 또한 조사대상자의 응답의도를 고려하여 큰 노력을 들이지 않고도 쉽게 응답할 수 있도록 구성하고 조사대상자가 느끼는 문항의 적절성이나 조사대상자에게 민감한 정보는 아닌지 면밀히 검토한 후 작성한다.

(5) 질문형태의 결정

응답범주에 제한을 두지 않고 조사대상자가 자유롭게 응답하게 할 것인지, 응답범주의 수를 정해 선택하도록 할 것인지를 결정한다. 질문형태는 자료의 측정수준에 영향을 주기 때문에 통계적 분석을 고려하여 신중하게 결정한다.

(6) 개별문항의 표현(wording) 완성

개별문항은 쉽고 명확한 단어를 사용하여 표현하고 응답이 곤란한 질문은 간접질문으로 바꿔 조사대상자의 부담을 덜어준다. 특정 응답을 유도하는 질문은 삼가해야 한다.

(7) 문항의 순서 결정

타당성 있는 응답을 유도하기 위해 질문항목의 순서를 조절한다. 전체적으로는 조사연구 현상과 관련한 기초정보, 인구사회학적 특성과 관련한 분류정보, 개별조사대상자의 이름이나 연락처 등과 관련한 식별정보 순으로 배열한다. 쉽고 일반적인 질문을 먼저 배치하고 어렵고 특수한 질문은 뒤에 배치한다. 개인의 인적사항에 관한 질문도 조사대상자의 자기 노출에 대한 거부감을 줄이기 위하여 설문지의 맨 뒤쪽에 배치하는 것이 좋다.

(8) 설문지의 외형 결정

조사대상자로 하여금 조사에 대한 흥미와 신뢰를 느낄 수 있도록 연구의 소개, 연구의 중요성, 연구기관의 이름, 연구자, 지도교수 등의 정보를 작성하고 종이나 인쇄의 질적 상태, 설문지의 크기나 활자의 상태 등이 조사대상자에게 불편하지는 않은지도 고려한다.

(9) 사전조사(pretest)

조사대상 집단 또는 유사한 집단 가운데 일부를 대상으로 사전조사를 실시하여 오류를 파악하고 수정해 최종적 설문지를 완성한다.

(10) 설문지의 완성

대규모 조사연구의 경우, 완성된 설문지에 추가로 각 문항에 전산처리용 코드를 부여하여 조사대상자의 응답에 방해가 되지 않도록 적절한 위치에 가능한 작은 글씨로 삽입한다.

2) 설문지 작성에서 유의할 사항

설문지는 연구목적을 충분히 고려하여 작성해야 한다. 질문을 통해 수집 · 측정되는 자료들이 연구목적을 충족할 수 있도록 구성하고 가설에 대한 경험적 자료와 경험적 검증이 가능한지 검토해야 한다. 또한 개별문항들이 연구목적의 실현에 기여할 수 있는지 확인하고 조사대상자의 이해능력을 고려하여 작성되었는지 검토해야 한다. 설문지는 주로 서베이조사에서 사용되나 실험과 관찰 등에서도 사용된다. 질문과 설문지 작성에 고려해야 하는 사항은 다음과 같다(Frankfort-Nachmias and Nachmias, 2000; Babbie, 2021).

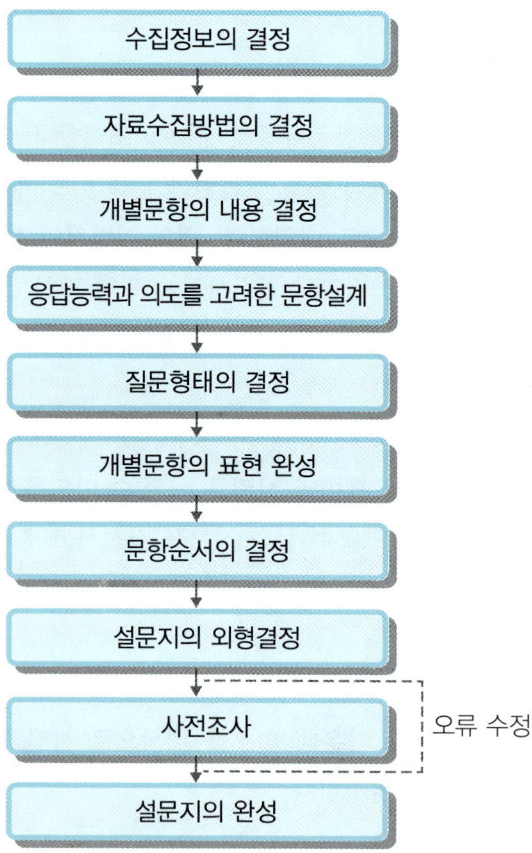

그림 8-1 설문지의 작성과정

(1) 적합한 질문 형태의 선택

① 질문과 진술

연구자는 필요한 정보를 얻기 위해 설문지에서 질문과 진술을 사용할 수 있다. 연구자는 질문을 사용해서 응답자가 알고자 하는 내용과 관련해서 직접 물어볼 수 있다. 일반적으로 설문지는 많은 질문들로 구성되지만 동시에 많은 진술도 필요로 한다. 조사대상자의 태도나 관점의 정도를 파악하고자 하는 경우 짧은 진술을 통해 해당 진술에 대한 응답자의 태도(찬성과 반대 등의 의견)를 알아볼 수 있다. 예를 들면 어떤 주제나 문제에 대한 진술을 제시하고 조사대상자가 이에 대해 '매우 찬성', '찬성', '보통', '반대', '매우 반대' 등과 같이 응답하도록 하는 리커트척도의 문항을 이용할 수 있다. 진술과 질문의 적절한 사용은 문항개발에 있어 보다 많은 유연성을 제공한다.

② 개방형 질문

개방형 질문(open-ended question)은 질문에 대해 조사대상자가 자신의 생각을 자유롭게 응답하는 형태이다.

개방형 질문이 가지는 장점은 다음과 같다.

- 응답범주의 제한없이 다양하고 많은 정보를 얻을 수 있다.
- 연구자가 필요에 따라 조사대상자의 의견, 동기, 태도에 관한 보다 상세하고 깊이 있는 정보를 얻을 수 있다.
- 연구자가 미처 고려하지 못한 새로운 사실을 발견할 수도 있다.
- 연구자가 표본에 대한 정확한 정보가 없거나 연구주제에 대해 자세히 알지 못할 때 연구의 핵심내용을 파악하기 위해 사용하는 예비조사나 탐색적 연구에 적합하다.
- 조사대상자가 적은 경우에도 적합하다.
- 질적인 연구에 적합하다.

개방형 질문이 가지는 단점은 다음과 같다.

- 응답시간이 길어 조사에 많은 시간이 든다.
- 말이나 글을 통한 응답은 조사대상자에게 응답의 부담을 주기 때문에 응답률이 낮다.
- 개방형 질문은 수집된 응답들이 구조화되어 있지 않기 때문에 자료처리를 위한 부호화가 어렵고 수집된 자료의 처리시간도 많이 소요된다.

- 단어나 문장과 같은 비구조화된 자료는 숫자화하기가 어렵기 때문에 통계처리가 용이하지 않다.
- 응답된 단어나 문장의 종류와 이것들이 갖는 의미가 조사대상자에 따라 다르기 때문에 비교나 분석이 어렵다.
- 응답의 해석과 분석에 있어 연구자의 주관과 편견이 개입될 수 있다.

③ 폐쇄형 질문

폐쇄형 질문(closed-ended question)은 연구자가 제시한 응답범주 내에서 조사대상자가 응답을 선택하는 형태이다. 폐쇄형 질문의 응답범주는 망라적(exhaustive)이고 상호배타적(mutually exclusive)으로 구성한다. 즉 응답범주를 구조화하는데 있어 중요한 응답이 누락되지 않도록 주의하고 조사대상자가 자연스럽게 선택할 수 있도록 각 응답범주의 조합이 중복되지 않도록 주의 깊게 확인해야 한다. 폐쇄형 질문은 조사대상자들이 연구주제에 대해 잘 알고 있고 또한 조사대상자들이 어떻게 응답할 것인가를 잘 예상할 수 있을 경우에 유용하게 사용할 수 있다. 폐쇄형 질문은 응답자가 쉽고 간편하게 응답할 수 있기 때문에 오늘날 대부분의 사회조사는 폐쇄형 질문을 사용하고 있다.

폐쇄형 질문이 가지는 장점은 다음과 같다.

- 응답이 쉽고 간편해서 응답률이 높다.
- 구조화된 응답이기 때문에 자료의 처리, 부호화, 통계적 분석이 용이하다.
- 응답에 통일성이 있어 자료의 신뢰도가 높다.
- 응답에 걸리는 시간이 짧아 조사시간을 줄일 수 있다.
- 응답이 표준화되어 있어 조사대상자가 민감한 질문에도 비교적 용이하게 응답할 수 있다.
- 응답이 표준화되어 있어 다양한 조사대상자 집단을 보다 쉽게 분류하고 비교할 수 있다.
- 자료의 수집과 분석과정에 조사자의 주관과 편견이 적게 개입된다.

폐쇄형 질문이 가지는 단점은 다음과 같다.

- 조사대상자가 갖고 있는 모든 가능한 응답을 파악하기 어렵다.
- 조사대상자의 복잡하고 미묘한 응답을 자세히 알기 어렵다.
- 응답항목의 수가 많을 경우 응답자에게 혼란을 줄 수 있고 또 응답항목의 배열순서

에 따라 응답이 달라질 수 있다.

- 응답이 정해져 있기 때문에 조사대상자가 자신의 의견을 능동적이고 적극적으로 개진하기가 어렵다.
- 개방형 질문에 비해 조사대상자가 질문을 정확히 이해했는지를 알기 어렵다.

④ 양자택일형과 선다형 질문

양자택일형 질문(dichotomous questions)은 2가지 보기 중 하나를 선택한다. 응답자의 응답부담이 적고 자료의 집계와 처리가 쉽지만 선택 범위가 매우 좁아지기 때문에 다른 의견이나 중간 정도의 의견을 가진 사람들도 양극으로 분류될 수 있다는 점을 고려해야 한다.

[유형 A]

1. 귀하는 현재 암질환이나 만성질환(3개월 이상 병을 앓고 있는 것)이 있습니까?

① 예
② 아니오

선다형 질문(multiple choice questions)은 하나의 질문에 대해 2개 이상의 응답을 선택할 수 있는 형태로 선택 가능한 응답 개수가 너무 많으면 응답자에게 혼란을 가져올 수 있으므로 꼭 필요한 경우가 아니라면 3~5개 정도로 적당하다. 질문 작성시 응답범주는 가능한 논리적으로 총망라하고 서로 배타적이어야 한다.

[유형 B]

1. 귀하가 혈당을 관리하기 위해 받고 있는 치료를 모두 표시해 주십시오.

① 인슐린 주사
② 당뇨병약(경구 혈당강하제)
③ 비약물요법(운동, 식사요법)
④ 기타(________________)

⑤ 서열식 질문

서열식 질문(ranking question)은 응답범주를 모두 나열하고 응답자로 하여금 문제에 대한 중요도, 선호도 등의 우선순위를 부여하도록 하는 질문방식이다. 응답범주 간에 수치적 표현이 어려울 때 서열을 통해 최소한의 상대적 서열에 관한 정보를 획득할 수 있지만 각 서열 간의 거리에 대해서는 알 수 없다는 점에 유의해야 한다.

[유형 C]

1. 다음 5개의 보건의료기관 중 의료서비스의 만족도가 가장 높은 순서대로 1~5순위까지 순위를 적어주십시오.

① 종합병원 (______위)
② 병원/의원 (______위)
③ 약국 (______위)
④ 한방병원 (______위)
⑤ 한의원 (______위)

⑥ 조건부 질문

이전의 질문에 대한 응답에 따라 결정이 되고 특정 응답자에게만 해당되는 질문을 조건부 질문(contingency question)이라고 부른다. 다른 한편으로 조건부 질문은 일부 조사대상자로 하여금 자신과 무관한 질문에 답하지 않아도 되기 때문에 조사대상자가 응답을 쉽고 빠르게 하도록 만들어준다.

[유형 D]는 1번 질문에 '예'라고 응답한 사람들만 화살표를 따라가 조건부 질문에 응답하면 되고, '아니오'라고 응답한 사람들은 조건부 질문을 건너 띄고 2번 질문으로 가면된다.

[유형 D]

1. 귀하는 현재 암질환이나 만성질환(3개월 이상 병을 앓고 있는 것)이 있습니까?

① 예
② 아니오

→ "예"라면, 귀하는 지금 앓고 있는 암질환이나 만성질환에 대하여 정기적으로 치료를 받고 계십니까?

① 정기적으로 치료받고 있다.
② 치료받고 싶지만 치료받지 못하고 있다.
③ 치료받고 싶지 않아서 치료받지 않고 있다.

만약, 조건부 질문이 여러 개이거나 [유형 D]와 같이 처리하기 어려운 경우에는 [유형 E]처럼 특정 번호로 이동하도록 처리할 수도 있다.

[유형 E]

1. 귀하는 현재 암질환이나 만성질환(3개월 이상 병을 앓고 있는 것)이 있습니까?
   ① 예 → [3번]으로 이동
   ② 아니오

⑦ 행렬식 질문

행렬식 질문(matrix question)은 동일한 질문형태와 응답범주를 가지고 있는 여러 질문들을 표 형태로 모아놓은 것을 말한다. 행렬식 질문은 공간을 효율적으로 사용할 수 있고 여러 개의 문장으로 구성된 것보다 조사대상자들이 응답을 쉽고 간편하게 완성할 수 있는 장점이 있다.

[유형 F]

1. 귀하는 지난 2주일[12.1(월)~12.14(일)]동안 일상생활에서 스트레스를 어느 정도 느꼈습니까? 해당 란에 √표 해주세요.

	❶매우 많이 느꼈다	❷느끼는 편이다	❸느끼지 않는 편이다	❹전혀 느끼지 않는다	❺해당 없음
1. 가정생활					
2. 직장생활					
3. 학교생활					
4. 전반적인 생활					

그러나 행렬식 질문의 장점으로 인해서 서로 다르고 특이한 응답 세트가 보다 적합한 문항인 경우에도 이를 억지로 구성하려고 해서는 안 된다. 또한 [유형 G]처럼 배열된 질문의 앞부분이 특정 지향을 나타내는 문항을 배열하고 뒤에 반대 지향의 문항을 배열하면 조사대상자들은 모든 질문이 같은 지향을 나타내는 것으로 오해하고 틀린 답을 줄 수도 있다. 이런 문제는 다른 지향을 나타내는 질문을 교대로 배치시키거나 모든 질문을 짧고 분명하게 만듦으로서 오해를 줄일 수 있다.

[유형 G]

1. 귀하는 다음 각 항목에 대하여 어느 정도 찬성 또는 반대하십니까? 해당 란에 √표 해주세요.

	❶매우 찬성	❷약간 찬성	❸약간 반대	❹매우 반대
1. 암 등 중증질환 급여 확대				
2. 건강보험 보장성 확대				
3. 저소득층 무상 의료급여 확대				
4. 건강보험가입자 본인 부담률 확대				

(2) 질문의 명료성

질문은 연구자가 물어보고자 하는 것을 조사대상자가 정확히 알 수 있도록 명확하고 분명해야 한다. 주어진 질문에 대해 모든 조사대상자들이 동일하게 인식해야 하지만 오해의 가능성은 끝이 없고 어떤 연구자도 이로부터 자유로울 수 없다(Polivka & Rothgeb, 1993).

"당신이 살고 있는 지역병원의 가장 큰 문제점은?"과 같은 질문은 응답자에게 지역의 범위에 대한 혼란을 줄 수 있다. 지역병원은 조사대상자가 살고 있는 도시 전체가 될 수도 있고, 구나 동 또는 아파트 인근지역의 병원이 될 수도 있기 때문이다. 지역의 범위가 조사대상자와 연구자 간의 큰 차이가 있다면 연구자의 의도대로 측정이 어려울 수 있기 때문에 주의가 필요하다.

또한 파트타임으로 근무하는 의사들에게 1주간의 총 근무시간을 파악하기 위하여 "지난 1주간 총 근무시간은 몇 시간인가?"와 질문을 사용하는 경우, 연구자와 조사대상자 간의 1주간의 시간범위에 대한 혼란이 있을 수 있다. 연구자는 시간적 범위로 지난 주 일요일부터 월요일까지를 1주단위로 한 근무시간을 알고 싶었으나 조사대상자는 월요일부터 금요일이나 월요일부터 토요일을 지난 1주간으로 볼 수도 있고, 조사대상자가 조사에 임하고 있는 요일을 기준으로 전일까지의 1주간일 수도 있다. 질문 문항은 명확하고 분명하게 표현해서 연구자가 물어보는 것을 조사대상자가 정확히 알 수 있도록 해야 한다.

(3) 쌍렬식 질문(double-barreled question) 피하기

연구자는 종종 여러 개의 내용을 가지고 있는 한 개의 질문에 대해 하나의 대답을 요구한다. 이러한 쌍렬식 또는 이중 질문은 조사대상자가 하나의 내용에는 동의하지만 다른 내용에는 동의하지 않을 수 있어 조사대상자를 혼란에 빠지게 할 수 있다. 예를 들어, "스트레스를 경험할 때 음주나 흡연을 하십니까?"와 같은 질문은 스트레스를 경험할 때 음주를 하지만 흡연을 하지 않는 사람은 대답하기가 곤란할 수밖에 없다.

또한 "국방예산을 줄이고 사회복지예산을 늘려야 한다."와 같은 진술은 조사대상자의 찬반여부가 명확하지 않다. 이 진술에 명백히 찬성하는 사람이나 반대하는 사람도 있겠지만 국방예산을 줄이는 것에는 찬성하지만 사회복지예산을 늘리는 것에는 반대하는 사람도 있을 수 있고, 국방예산과 사회복지예산을 모두 줄이거나 모두 늘리자는 의견도 있을 수 있다. 앞의 쌍렬식 진술에 대해 단순히 찬성 또는 반대의견만 가지고 분석한다면 연구자는 이 진술에 대한 잘못된 결론을 내릴 수도 있다.

쌍렬식 질문은 그에 따른 응답을 해석하고 활용하기가 매우 어렵기 때문에 일반적으로 '그리고, ~과(와), ~이거나, 또는'이라는 단어가 질문에 포함된다면 쌍렬식 질문이 아닌지 검토해야 한다. 만약 쌍렬식 질문이라면 포함된 내용의 종류만큼 질문을 만들어야 한다. 예를 들어, 앞의 "스트레스를 경험할 때 음주나 흡연을 하십니까?"의 질문은 "스트레스를 경험할 때 음주를 하십니까?"와 "스트레스를 경험할 때 흡연을 하십니까?"의 두 질문으로 나누어야 한다.

(4) 조사대상자의 응답능력 고려

연구자는 질문 항목을 작성하는데 있어 자신의 의도를 충분히 반영해야 하지만 이에 앞서 연구자의 질문을 조사대상자가 충분히 이해하고 답할 수 있는지도 고려해야 한다.

예를 들어, 연구자가 부모들에게 자녀들의 최초 흡연시기를 묻고자 "자녀들의 최초 흡연시기는 언제입니까?"와 같은 질문을 사용한다고 가정하자. 과연 부모들은 자녀들의 최초 흡연시기를 정확히 알 수 있겠는가? 대부분의 자녀들은 자신의 흡연사실을 숨겼을 가능성이 크고 부모가 흡연사실을 알았다고 하더라도 오랜 시간 전이라면 정확한 시기를 기억하는지도 알 수 없다.

또한, 한 사람이 7일간 섭취한 우유의 양을 파악하기 위하여 "지난 7일 동안 마신 우유의 양은 몇 cc 입니까?"와 같은 질문은 사용한다고 가정하자. 조사대상자가 아무리 성실하게 응답한다고 하더라도 7일 동안 마신 우유를 정확히 측정하기도 어려울뿐더러 cc라는 단위는 일반인들에게 익숙한 단위도 아니기 때문에 정확한 응답을 기대하는 것은 무리가 있다.

"건강보험 재정의 사용에 있어서 적당한 보험자부담 급여율은 어느 정도라고 생각하십니까?"와 같은 질문도 마찬가지이다. 이 질문은 건강보험 가입자들이 생각하는 적당한 보험자부담 급여율을 묻는 개방형 질문인데, 조사대상자들이 보험자부담 급여율이라는 단어의 의미를 정확히 알고 있는지 고려되어야 한다. 뿐만 아니라 조사대상자들은 '보험자'가 건강보험관리공단을 의미하는지 아니면 건강보험 가입자를 의미하는지 혼돈할 우려가 있다. 즉, 보험자부담 급여율을 부담하는 주체에 대한 오해가 있을 수 있다.

객관식 질문의 경우 응답자들이 정확한 대답을 모르는 경우에는 중간값을 고르거나 보다 상세한 설명이 된 보기를 선택하는 경향이 있으므로 질문은 응답자가 이해할 수 있는 범주를 고려하여 보기를 나열할 필요가 있다.

(5) 응답에 대한 부담 정도 고려

사람들은 낯선 다른 사람들에게 자신의 생각이나 의견을 공개하는 것을 꺼리거나 부담을 가질 수 있다. 예를 들어 한국은 성적인 주제에 대해 민감하게 반응하는 경향이 있다. 따라서 성을 표현하는데도 이중적인 경향이 있을 수 있다. 실제 생각과 차이가 있음에도 불구하고 그러한 질문에는 사회적으로 다수의 지지를 받는 쪽으로 응답할 가능성이 있다. 성뿐만 아니라 한 사회가 갖고 있는 특성에 따라 조사대상자들은 자신이 갖고 있는 생각들이 소수집단에 속할 때 이를 솔직하게 밝히지 않고 "잘 모르겠음"이라고 응답할 수 있다. 응답에 대한 부담이 많은 질문은 응답의 결과가 신뢰할만한 경험적 증거가 되지 못하므로 설문지 작성시 응답자들의 부담을 고려하여 응답자들에게 지나치게 자세한 응답을 요구하거나 응답이 곤란한 질문들에 대한 직접적인 질문은 피하는 것이 좋다.

그럼에도 불구하고 조사대상자가 응답에 대한 많은 부담을 느낄 수 있는 질문 항목을 구성할 필요가 있는 경우에는 익명성 보장에 대한 신뢰를 높이기 위한 방법을 강구하는 등의 조사대상자의 부담을 완화시키기 위한 노력이 필요하다. 예를 들면, 익명성이 보장된다는 사실을 알려주고 조사대상자와 친근감(rapport)을 형성하여 응답을 유도하거나 간접적으로 질문하는 방식을 택할 수 있다. 간접질문의 대표적인 형태로 투사법(projective technique)이 있다. 투사법은 어떤 자극적인 상태나 인물 또는 대상을 제시하고 이에 대해 응답자가 자신의 의견이나 느낌 또는 해석을 자유스럽게 표현하게 하는 기법이다. 이 같은 응답자의 반응을 통해 직접적인 질문으로는 얻을 수 없는 응답자의 솔직한 의견이나 의향을 우회적으로 파악할 수 있다. 투사법에는 다음과 같은 구체적인 방식들이 있다.

① **단어연상법(word association technique)**: 어떤 자극이나 단어, 문장, 그림을 제시한 다음 응답자가 처음으로 떠오르는 또는 연상되는 단어나 생각을 적게 하는 방법이다.

② **완성법(completion technique)**: 미완성된 문장이나 이야기를 제시한 다음 응답자가 완

성하게 하는 방법이다.

③ **구성법**(construction technique): 어떤 그림, 사진, 만화 등을 제시한 다음 응답자가 이에 관한 이야기를 작성하게 만드는 방법이다.

④ **표현법**(expression techniques): 그림이나 글 또는 상황을 제시하고 응답자로 하여금 제3자의 입장에서 가질 수 있는 생각, 느낌, 태도를 표현하거나 연기를 하도록 하는 방법이다.

(6) 조사대상자와 관계있는 질문

응답자들이 별로 생각해보지 않았거나 실제로 신경쓰지 않는 주제에 대해 물어보았을 때, 응답자들이 주는 대답은 진정성이나 의미가 별로 없다(Babbie, 2021). 따라서 질문항목들을 가급적 조사대상자들과 관계가 있는 것으로 구성함으로써 조사대상자의 관심을 유도하고 불필요한 무의식적 응답을 하지 않도록 도와야 한다. 이 부분은 연구자가 연구주제와 적합한 모집단을 설정하는 것과도 관련 있다.

(7) 짧은 문항으로 구성

연구의도에 적합한 질문을 만들려고 하다보면 설명을 덧붙이게 되어 문장이 길고 복잡해질 수 있다. 그러나 사람들은 긴 질문을 잘 읽지 않는 경향이 있다. 연구자는 조사대상자들이 문항을 빨리 읽고, 그 의도를 이해하고, 어려움이 없이 답을 선택하거나 제공할 수 있도록 해야 한다(Babbie, 2021). 여기에 연구자의 어려움이 있다. 연구자는 조사대상자들이 문항을 빨리 읽고 즉시 답할 수 있도록 해야 하며 동시에 해당 질문이 잘못 해석되지 않도록 명료하고 짧은 문항을 제공하도록 노력해야 하기 때문이다.

(8) 편견적인 문항과 용어 금지

질문에 대한 응답은 질문이 지닌 의미에 영향 받는다. 어떤 질문들은 다른 질문들에 비해 특정 응답을 유도하는 것처럼 보일 수 있다. 이러한 편향(bias)은 연구자가 의도하는 정확한 측정을 어렵게 만든다. "…라는 저명한 의학자는" 또는 "많은 사람들이 존경하는 성직자인"과 같은 문장으로 시작하는 질문은 태도나 위치를 명성 있는 인물과 동일시하는 효과를 불러일으켜 응답을 왜곡시킬 수 있다는 것을 쉽게 예견할 수 있다. 연구자들이 이런 유형의 문장을 구사하지 않을 정도의 식견을 다 가지고 있을 것이다. 그러나 실제 설문지의 작성에서 일어나는 왜곡은 훨씬 더 미묘하고 복잡하다. 예를 들어, 사람들은 복지에 관한 정부의 지출에 대하여 막연히 '복지'라는 표현을 사용할 때 보다는 '가난한 사람들에 대한 지원'이라는 표현을 사용했을 때 더 많은 지지를 얻을 수 있다고 한다(Rasinski, 1989).

조사대상자들은 자신의 의견이 그렇지 않음에도 불구하고 사회적으로 바람직한 것을 선택하는 경향이 있다. 면접조사의 경우에는 이러한 특성이 더 강하게 나타날 수 있다. 연구자들은 질문과 대답이 사회적으로 바람직한 것으로 흐르고 있지 않은지 고려해야 한다. 궁극적으로 질문은 '옳은' 또는 '잘못된' 방법이 있다고 생각하는 쪽으로 유도해서는 안 된다. 연구자는 질문을 만들기 전 사회적으로 바람직하지 않거나 부정적인 반응을 이끌어내는 문항에 대하여 다른 사람들이 기꺼이 대답해 줄 것인지 깊이 생각해보아야 한다. 또한 그러한 질문이 필요한 경우에는 응답의 신뢰도를 높이기 위하여 둘 이상의 문항을 구성할 필요가 있다.

(9) 부정어의 사용 자제

질문에 부정어가 있느냐 없느냐에 따라 질문의 내용은 반대로 바뀐다. 그렇기 때문에 응답자가 설문지의 질문에 포함된 부정어를 간과하게 되면 질문의 내용을 오해하여 잘못된 응답을 할 수 있다. 대체적으로 응답자들은 설문지의 질문을 마치 공부하듯이 꼼꼼히 읽지 않는다. 그렇기 때문에 질문에 포함된 '안'이나 '않'과 같은 부정이나 반대의 의미가 있는 단어를 간과하기가 쉽다. 또한 부정어가 들어간 질문은 응답자로 하여금 한 번 더 생각하게 만듦으로써 응답자에게 혼란과 부담을 줄 수 있다. 만약 설문지의 질문에 부정어가 포함되어야 한다면 "**안 하는** …"이나 "**않은** …"과 같이 부정어에 밑줄을 긋거나 진하게 만들어 강조함으로써 응답자가 이 부정어를 놓치지 않고 읽을 수 있도록 해야 한다.

3) 질문 문항의 배치 방법

(1) 응답을 위한 표시란 제공

설문지는 조사대상자에게 응답을 요구하는 질문들로 구성된다. 가장 일반적인 유형은 조사대상자가 여러 개의 응답 중 한 개를 선택하여 표시하도록 되어 있는 형태이다. 이 경우 보기의 해당 응답항목에 직접 표시하게 하거나 해당 응답항목 앞에 별도의 표시란을 두어 표시하게 할 수도 있다.

문항의 응답항목 중에서 직접 선택하도록 하는 경우에는 "응답에 √표 또는 ○표를 하라"는 식의 구체적 지침을 적어주거나 예시를 보여준다. 이러한 형태는 자기기입식 설문지에 널리 쓰이며 아래의 [유형 H]와 같이 작성할 수 있다.

[유형 H]

※ 다음 질문을 읽고 해당되는 응답에 ○표 또는 √표 하세요.

1. 전동킥보드의 인도 주차에 대한 단속에 찬성하십니까, 반대하십니까?
   1) 찬성
   2) 반대
   3) 모르겠음

조사대상자가 응답을 선택할 때 각 질문 유형에 별도의 표시란은 두는 경우는 [유형 I] 또는 [유형 J]와 같이 작성할 수 있다. [유형 J]는 면접조사표를 이용하는 경우 면접조사원이 해당 질문에 대한 조사대상자의 응답을 해당 문항의 오른쪽에 마련된 별도의 표시란에 응답 항목의 번호로 기록한다. 별도의 응답표시란은 선택상황을 한눈에 볼 수 있고 자료를 입력할 때 동일한 위치에서 응답상황을 확인할 수 있어 유용하다. 특히, 면접조사표를 이용하여 면접조사원 이 응답을 기록하는 경우는 응답만을 기록하는 별도의 응답표를 두기도 한다.

[유형 I]

※ 다음 질문을 읽고 해당되는 응답항목의 □란에 √표 하세요.

1. 전동킥보드의 인도 주차에 대한 단속에 찬성하십니까, 반대하십니까?
   1) 찬성 □
   2) 반대 □
   3) 모르겠음 □

[유형 J]

1. 전동킥보드의 인도 주차에 대한 단속에 찬성하십니까, 반대하십니까? 1) 찬성 2) 반대 3) 모르겠음	☐
2. 전동킥보드의 인도 주행에 대한 단속에 찬성하십니까, 반대하십니까? 1) 찬성 2) 반대 3) 모르겠음	☐

(2) 설문지 문항의 순서

설문지 문항이 제시되는 순서가 응답에 영향을 줄 수 있다는 것은 알려진 사실이지만 실제 설문지 문항을 배열하는 데 있어서 이 문제로부터 완벽하게 자유로울 수 있는 방법은 별로 없다. 가장 안전한 방법은 연구자가 이 부분에 가능한 주의를 모두 기울이는 것이다. 문항 순서의 효과를 피할 수는 없더라도 그 효과가 어느 정도인지 추정해서 결과를 의미 있게 해석할 수 있도록 노력해야 한다.

일반적으로 설문지에서 질문의 효율성과 응답률을 고려한 문항의 배열순서는 다음과 같다.

① 깔때기형(funnel sequence)으로 배열한다. 깔때기형은 질문을 일반적인 것에서 구체적인 것으로, 사실적인 것에서 추상적인 것으로, 쉬운 것에서 어려운 것으로, 시사적인 것에서 비시사적인 것으로, 포괄적인 것에서 개별적이고 특수한 것으로 배열하는 방식을 일컫는다.

② 쉽고 흥미를 유발할 수 있는 질문을 먼저 배열하고 민감한 질문이나 개방형 질문들은 가급적 뒷부분에 배치한다.

③ 유사한 주제나 내용의 질문들은 응답자의 집중도와 편의성을 높이기 위해 한 데 묶어서 배열한다.

④ 질문은 내용과 주제의 논리적 순서에 따라 그리고 자연스러운 흐름에 맞춰 배열한다.

⑤ 고정반응(response set)을 막기 위해 변화감 있게 질문을 배치한다. 고정반응은 유사한 느낌을 갖는 일련의 질문들이 연속적으로 나열되면 조사대상자가 모든 질문의 내용이 유사할 것이라고 추정해서 비슷한 유형의 응답을 무성의하게 계속적으로 하는 경향을 말한다.

⑥ 연상작용을 일으키거나 서로 영향을 주어 상호작용을 일으키는 질문들은 서로 떨어뜨려 배치한다.

⑦ 신뢰도 측정을 위해 도입되는 2개의 질문은 서로 다른 곳에 분리 배치한다.

⑧ 응답자의 인적 사항에 관한 질문은 되도록 마지막 부분에 둔다.

일반적으로 질문을 배열할 때 앞에 소개했듯이 응답을 자연스럽게 유도하기 위하여 넓은 범주에서 구체적인 범주로 범위를 좁혀나가는 깔때기형이 많이 쓰인다. 하지만 경우에 따라 개별적인 질문이 먼저 나오고 점차 범위를 확대해나가는 역깔때기형(inverted funnel sequence) 배열을 사용할 수 있다. 예를 들어 심리적 태도나 인식은 그에 관련된 객관적 사실이나 현상 다음에 물어보는 것이 효과적이고, 면접조사에서는 현관문이 열리면 즉시 친근감(rapport)을 얻는 것부터 시작해야 하므로 사회인구학적 특성과 같이 쉽게 대답하고 서로를 알 수 있는 질문부터 시작하는 것이 유리할 수 있다.

깔때기형 배열은 자세한 정보를 얻고자 하거나 예상하지 못한 응답을 발견하고자 하는 경우에는 유용하며, 역깔때기형 배열은 특정 상황에 대한 전반적인 의견을 얻고자 하거나 응답자는 잘 알고 있는 내용이지만 연구자는 잘 모르는 경우에 유용하다.

깔때기형 배열의 예는 [유형 K]와 같고 역깔때기형의 예는 [유형 L]과 같다.

[유형 K] 깔때기형의 예

1. 현재 담배를 피웁니까?
2. 담배를 끊고자 하루(24시간) 이상 금연한 적이 있습니까?
3. 담배를 끊기 위해 사용했던 방법은 무엇입니까?

[유형 L] 역깔때기형의 예

1. 참여하신 금연 프로그램의 종류는 무엇입니까?
2. 참여하신 금연 프로그램이 귀하의 금연에 도움이 되었습니까?
3. 금연 프로그램이 금연에 실질적인 효과를 발휘하기 위하여 개선할 점은 무엇입니까?
4. 우리 사회의 금연 활성화를 위해 금연 프로그램이 어떻게 운영되어야 한다고 생각하십니까?

(3) 설문지의 지시문

설문지는 응답의 작성자가 응답자이든 면접조사원이든 적합한 위치에 지시문과 소개문이 포함되어 있어야 한다. 자기기입식인 경우에는 연구에 대한 기본적인 소개부터 시작하는 것이 좋다. 연구에 관한 소개는 [유형 M]과 같은 형태로 작성될 수 있다.

[유형 M]

안녕하십니까?

2023년 『○○조사』에 참여해주셔서 감사합니다.
이 조사는 「○○법」 제○○조(○○의 내용), 제○○조(○○ 등)에 의거하여 ○○통계를 생산하여 근거 중심의 ○○사업수행 기반을 마련하는데 목적이 있습니다. 전국 ○○개 ○○기관에서 ○○월부터 ○○월까지 실시하며, 만 19세 이상 성인을 대상으로 표준화된 조사지를 사용하여 자료를 수집합니다.

조사내용은 ○○와 ○○의 상태, ○○이용, 삶의 질, 사회 경제적 상태 등입니다. 지역별로 약 ○○명을 대상으로 조사하며, 조사대상은 주민등록상의 주소를 이용하여 가구 단위로 선정합니다. 응답자는 주민등록상의 등록 여부와 관계없이 조사 대상가구에 거주하는 실거주자입니다. ○○기관에 소속된 조사원이 귀댁을 직접 방문하여 조사를 수행합니다.

조사를 통해 얻은 정보는 통계법 제33조 및 제34조에 의하여 비밀이 보장되며 통계용으로만 활용됩니다. 또한, 개인을 구별할 수 있는 정보가 발표되거나 공개되지 않습니다. 응답해주신 자료는 그 성과를 측정하는데 활용되며, ○○사회 만들기에 중요한 역할을 하게 될 것입니다.

응답을 얻기 위해 필요한 지시사항이나 지침은 해당 질문을 시작하기 전에 간결하게 적시해둔다. 이는 응답자가 설문지를 이해하는 데 도움을 주고 응답자로 하여금 설문지가 덜 혼란스럽게 보이도록 돕는다. 폐쇄형 질문이나 응답이 서열화되어 있는 경우에 응답자가 응답유형을 정확히 이해할 수 있도록 지시문을 통해 설명한다. 특히 강조할 대목은 밑줄긋기나 진한 글씨체를 통해 주의를 집중할 수 있다.

[유형 N]

- 다음의 1~10번은 ○○에 관한 질문입니다.
- 지금부터는 ○○에 대해 질문하도록 하겠습니다. 본인에게 해당되는 내용에 응답해 주시기 바랍니다.
- 다음 질문을 읽고 해당 번호에 √표 하세요.
- ⇨ ○○번 문항으로
- ⋮

(4) 설문지의 외형 결정

설문지의 내용과 순서가 결정되면 설문지의 외형(layout)을 결정한다. 보기 좋은 떡이 먹기도 좋다는 말이 있다. 비록 질문이 잘 만들어졌다고 하더라도 응답자가 처음에 받아든 설문지의 외형이나 디자인이 좋지 않거나 마음에 들지 않으면 응답자는 선뜻 설문조사에 협조하지 않을 수 있고, 또 그렇게 되면 조사의 진행에 어려움을 겪을 수 있다. 대체로 설문지의 앞부분에는 조사의 중요성을 알리고 조사대상자로부터의 신뢰를 확보하기 위하여 연구에 관한 소개와 연구기관의 이름, 연구자 등의 정보 및 조사의 내용이 통계법 제33조에 의해 비밀이 보장된다는 사실을 적시한다. 조사대상자의 조사태도가 수집된 자료의 질적 수준을 결정하므로 조사대상자의 자발적이고 성실한 협조의 필요성이 부각될 수 있도록 해야 한다. 이에 관해서는 [유형 M]의 예제를 참조한다.

설문지 내에 포함되어 있는 조사원이나 조사대상자가 주의할 사항은 눈에 잘 띄도록 해야 하고, 설문지의 크기는 설문지의 내용과 분량에 적합하되 설문지의 내용을 읽기에 부담 없는 글자크기와 행 간격을 가지도록 작성한다. 설문지는 조사대상자에게 배포된 후에도 설문지의 회수와 코딩 및 분석과정을 거쳐야 하므로 관리의 용이성을 고려할 필요가 있다. 설문지는 조사방법에 따라서도 달라질 수 있다. 조사대상자에게 직접 배포하고 응답 후 바로 회수되는 경우도 있지만 전화나 우편, 인터넷을 이용하는 경우도 있으므로 각 조사 상황에 적합한 형태로 설문지의 크기, 페이지 수, 활자의 크기와 형태, 인쇄와 종이의 질, 제본 방법 등을 고려하여 외형을 결정한다.

(5) 예비조사와 사전조사

예비조사(pilot survey 또는 pilot study)는 설문지를 작성하기 전에 조사하려고 하는 문제의 핵심 요소에 관한 정보가 부족하거나 잘 알지 못하는 경우에 사용하는 조사이다. 예비조사는 필요한 정보를 주로 개방형 질문을 사용한 설문조사나 심층적이고 질적인 면접을 통해 수집한다. 예비조사를 통해 연구자는 연구내용에 대한 핵심적이고 기초적인 지식을 습득하며, 설문지 작성의 기초자료를 얻고, 연구변수 및 변수들 간의 통찰력을 제고하며, 조사진행에 관련된 정보를 수집할 수 있다.

사전조사(pretest)는 설문지가 최종적으로 완성되기 전에 조사대상이 될 집단이나 그와 유사한 집단 가운데 일부를 대상으로 설문지 초안을 사용해서 본조사 동일한 방법으로 실시하는 조사로 설문지 초안이 내포할 수 있는 문제점을 찾아 수정하기 위한 절차이다. 사전조사를 통하여 연구자는 작성된 설문지의 내용, 언어구성, 응답형식. 배열 등에 오류가 없는지 검토할 수 있다. 사전조사 결과를 토대로 문항의 난이도, 응답의 편의성, 응답의 일관성과 극단성, 모른다거나 무응답 비율 등을 확인하여 문제가능성을 내포한 질문은 선별하여 수정할 수 있다. 그 밖에도 사전조사를 통하여 본조사 시행시 예상되는 상황을 파악할 수 있다. 응답에 소요되는 시간이나 면접시간 그리고 조사대상자의 응답태도 및 현장에서 발생할 수 있는 애로사항이나 문제점을 파악하여 대안을 마련할 수 있다. 사전조사를 통해 얻은 정보를 토대로 최종 설문지를 완성하고 본조사에 영향을 미칠 수 있는 사항들을 확인하고 검토한 후 본조사를 실시한다.

9 서베이조사

제9장

제9장

서베이조사

오늘날 인간과 사회를 다루는 과학에서 자료수집을 위해 가장 많이 사용되는 조사방법은 서베이조사(survey research)이다. 서베이조사는 연구자나 조사자가 연구대상자들(응답자들)에게 연구자가 알고 싶어하는 응답자들의 속성, 태도, 가치, 행동 또는 어떤 상황이나 사건에 대해 응답자에게 일련의 질문을 하고, 이에 대한 응답자의 대답을 통해 필요한 자료나 정보를 수집하는 방법으로 그냥 줄여서 서베이 또는 조사라고도 한다. 또한 서베이조사는 질문과 응답의 방식으로 수행되기 때문에 설문조사라고도 한다.

서베이조사는 어떤 현상을 기술하기 위해(예를 들어, 얼마나 많은 대학생들이 사형제를 지지하는가), 혹은 어떤 사실들 간의 관계를 설명하거나 탐구하기 위해(예를 들어, 종교를 갖고 있지 않는 대학생들이 종교를 갖고 있는 대학생들 보다 사형제에 대해 더 찬성할 것인가) 사용될 수 있다. 또한 서베이조사는 묻고 대답하는 간단한 방식으로 이루어져 있기 때문에 직접 관찰하기에는 큰 모집단을 조사하기에 적합한 측정방식이다. 서베이조사는 시행방식에 따라 우편서베이(mail survey), 면접서베이(interview survey), 전화서베이(telephone survey), 온라인서베이(online survey), 기타 서베이로 크게 구분될 수 있다.

1 우편서베이

우편서베이 또는 우편조사는 일반적으로 표본으로 선정된 개인들에게 설문지를 우편으로 우송한 후 동봉한 회송용 봉투를 이용하여 응답자들이 응답된 설문지를 연구자에게 다시 우송하게끔 하여 자료를 수집하는 방법이다. 최근에 들어서는 응답률을 높이기 위해 우편배달 대신에 조사자가 설문지를 응답자에게 직접 전달하고 완성된 설문지를 그 자리에서 또는 나중에 다시 방문하여 회수하는 직접배달(hand delivery) 방식을 사용하기도 한다. 직접배달 방식은 가정배달(home delivery) 방식 또는 개인배달(personal delivery) 방식이라고도 한다. 여건에 따라 우편배달 방식과 직접배달 방식을 혼합해서 사용할 수 있다. 즉, 설문지를 조사대상자들에게 우송한 후 나중에 조사대상자를 찾아가 완성된 설문지를 회수하거나 역으로 조사대상자에게 설문지를 직접 전달한 후 완성된 설문지를 조사자에게 우송해줄 것을 부탁할 수 있다.

우편서베이는 응답자들에게 조사에 대해 설명하는 소개편지(cover letter), 설문지(questionnaire), 설문지를 회송받기 위해 수신인(조사자나 조사기관)의 주소가 쓰여 있고 또한 우표가 붙어 있거나 수취인후납의 도장이 찍힌 회송봉투를 함께 보내는 방식으로 진행된다. 대부분의 우편서베이에서 조사대상자가 설문지를 보내주지 않는 이유는 설문지에 답하고 보내는 것이 귀찮기 때문이다. 따라서 연구자는 되도록 조사대상자가 응답하기 쉬운 폐쇄형 질문으로 이루어진 자기기입식 설문지를 사용할 필요가 있다. 아울러 회송봉투도 설문지를 접으면 바로 회송봉투가 되는 자기우편(self-mailing) 방식의 설계를 포함해서 응답자가 보다 쉽고 용이하게 우편을 하도록 제작해야 한다.

1) 절차

(1) 배포

① 우송하기 전에 우송 봉투에 설문지, 소개편지, 회송봉투 등의 우편서베이에 필요한 내용물이 전부 들어가 있는지를 확인한다.
② 적절한 우편방식(수취인 후납제 또는 우표가 붙은 회송봉투 등의 사용)을 결정한다.

(2) 회수

① 자료수집이 어떻게 진행되는가를 알기 위해 설문지를 우송한 후 회수율을 모니터한다.
② 일별 및 누적별로 회수율 도표를 작성한다.
③ 회수되는 순서에 따라 설문지에 고유번호를 연속적으로 부과한다.
④ 회수된 설문지별로 응답이 적절하게 잘 되었는지를 꼼꼼하게 확인해야 한다.

(3) 추적우편

① 설문지 회수율을 높이기 위해 무응답자에게 조사협조를 부탁하는 즉 응답을 권유하는

추가 편지로서 추적우편(follow-up mailing)을 보낸다.

② 무응답자가 우편물을 분실하였을 것을 고려하여 추적우편을 보낼 때 봉투에 설문지와 회송봉투를 다시 첨부하는 것이 좋다.

③ 1차 추적우편은 최초의 설문지가 우송된 후 2~3주 후에, 2차 추적우편도 같은 기간의 공백을 두고 우송하는 것이 좋다(Babbie, 2021).

④ 정해진 회수율과 조사기간을 고려하여 추적우편은 2~3차례 정도 실시하는 것이 효과적인 편이다.

2) 응답률

응답률(response rate)은 서베이에 참가한 사람의 수를 서베이에 선정된 사람의 수로 나눈 수치로서 퍼센트로 나타내며 완성률(completion rate) 또는 회수율(return rate)이라고도 한다. 일반적으로 무응답자들의 특성은 응답자들의 특성과 다른 경향이 있기 때문에 무응답은 우편서베이의 결과에 심각한 영향을 미친다. 예를 들어, 학력이 높은 사람일수록 서베이에 보다 잘 응하는 경향이 있다(Frankfort-Nachmias and Nachmias; 2000 Groves et al., 2009). 따라서 낮은 응답률은 응답편향(response bias)의 가능성을 높일 수 있다. 하지만 최소 응답률의 기준에 대해 사회과학계 내에서는 전체적으로 동의가 되어 있지 않기 때문에 수용가능한 응답률이 어느 정도인가를 대답하기란 쉽지 않다. 그럼에도 불구하고 대개 50%의 회수율은 적절, 60%의 회수율은 우수, 70% 이상의 회수율은 매우 우수하다고 보는 경향이 있다(Frankfort-Nachmias and Nachmias, 2000; Babbie, 2021).

낮은 응답률이 응답편향을 일으켜 표본의 대표성과 조사결과의 일반화에 문제를 일으킬 수 있는 만큼 대부분의 연구자들은 응답률을 높이기 위해 노력한다. 서베이에서 응답률을 높일 수 있는 방안들을 소개하면 다음과 같다.

① 설문지와 소개편지에 조사의 주체와 지원기관을 밝혀 조사에 대한 정당성, 가치, 투명성을 높임으로써 응답자로 하여금 조사에 대한 신뢰도를 높이도록 한다.

② 소개편지나 설문지의 표지에 조사의 목적, 응답자가 반드시 응답을 해야 하는 이유, 회송해야 된다는 사실, 익명성 보장 등에 관한 내용을 포함시킨다.

③ 응답을 유인하기 위해 조사의 중요성을 강조하거나, 응답자의 선의에 호소하거나, 관련 있거나 영향력 있는 기관의 소개를 받거나, 응답자의 시간과 노력을 보상하는 차원에서 사례품 등의 물질적 유인물을 제공한다.

④ 설문지의 길이가 짧을수록 응답률이 높아진다.

⑤ 설문지를 제작할 때 응답자의 취향에 맞는 글자체, 글자 크기, 설문지 종이의 재질 및 색깔, 디자인 등을 고려한다.

⑥ 응답자의 나이, 성별, 학력, 직업 그리고 동질성의 정도 등과 같은 특성들이 응답률에 차이를 나타낼 수 있음을 고려하여 적절한 자료수집 방법과 전략을 수립할 필요가 있다.

⑦ 추적우편의 사용을 적극적으로 고려한다.

⑧ 응답자가 응답한 설문지를 회송하기에 편리한 우편 유형을 고려한다. 예를 들면 설문지를 우송할 때 수취인후납의 회송용 봉투를 제공하거나 또는 응답이 끝난 설문지를 접으면 바로 회송용 봉투가 되는 설문지를 제작한다.

⑨ 사회적으로 민감하거나 사생활에 대한 상세한 내용을 묻는 질문에 대한 응답률은 낮을 수 있음을 고려해야 한다.

⑩ 적절한 우편 시기를 고려한다. 예를 들어, 더운 여름철이나 휴가철에는 응답률이 낮을 수 있다.

3) 장단점

(1) 장점

① 비용이 적게 들음

면접조사원을 필요로 하지 않으며 또한 자료수집과 분석이 다른 조사에 비해 간단하고 돈이 적게 들기 때문에 경제성이 높다.

② 광범위한 지역과 대상을 표본으로 사용 가능함

우편은 어느 지역이나 연결이 되며 또 싼 비용으로 배달이 가능하도록 해준다.

③ 면접조사원의 개인적 특성과 면접기술에 의해 생길 수 있는 편향오류(biasing error)를 줄일 수 있음

면접의 경우, 면접조사원과 응답자 간의 상호작용이 서로에 대해 영향을 줌으로써 응답에 왜곡이 발생할 수 있다.

④ 높은 익명성으로 인해 보다 솔직한 응답을 기대할 수 있음

응답자들은 면접조사원과 직면하거나 다른 사람에게 직접적으로 말하지 않아도 됨으로써 남을 의식하지 않고 설문지의 질문 특히 사생활이나 일탈과 관련된 민감한 질문에 솔직하고 편안하게 응답할 수 있다.

⑤ 응답자에게 시간적 여유를 제공하여 생각이나 자료검토가 필요한 질문을 사용할 수 있음

(2) 단점

① 응답자가 질문내용을 이해하지 못할 경우 보충설명이 불가능함

인쇄된 지시문과 지침에만 전적으로 의존해야 되기 때문에 간단하고 분명한 질문 이외의 것은 사용하기 어렵다.

② 응답의 정확성에 대한 규명이 불가능함

설문지가 회수되고 나면 더 이상의 조사가 어렵기 때문에 무응답이나 모호한 응답에 대해서는 캐물을 기회가 없다.

③ 실제로 누가 설문지를 작성했는지를 알 수 없음

연구자가 응답 현장에 없기 때문에 응답자의 신원을 확인할 수 없다.

④ 낮은 응답률

응답자의 익명성이 보장되고 응답에 대한 의무가 없기 때문에 응답자가 질문에 적극적으로 응답하지 않는 경향이 있다.

⑤ 낮은 응답률로 인해 표본의 대표성이 낮아질 수 있음

응답자들과 비응답자들이 주요 연구변수에 있어 차이가 날 경우 표본의 대표성이 떨어지고 조사결과를 일반화하는데 한계가 있다.

⑥ 회수기간이 길어질 경우, 시간변화에 따른 변수로 인해 오차요인이 발생할 수 있음

회수기간이 길어지면 조사변수와 관련된 응답자의 특성이나 태도가 바뀌어 응답에 오

차가 생길 수 있다.

⑦ '잘 모름/무응답'의 응답이 많이 나올 수 있음

질문이 복잡하고 어렵거나 또 민감한 질문인 경우 '잘 모름'이나 '무응답'의 응답이 나올 가능성이 높다.

2 면접서베이

면접서베이 또는 면접조사는 연구자나 면접자가 응답자에게 직접 말로 질문하고 그리고 이 질문에 대해 응답자가 자신의 말로 자유스럽게 대답하면 이것을 기록하여 필요한 자료를 수집하는 방법이다. 면접서베이는 대개 대면(face-to-face)으로 이루어지나 경우에 따라 전화를 포함한 기타 통신장비를 활용하여 시행할 수 있다. 일반적으로 면접조사는 대면적으로 이루어지는 조사를 일컬으며 개인면접조사(personal interview survey)라고도 한다. 전화로 이루어지는 면접은 전화서베이라고 부른다. 면접으로 조사가 이루어질 경우 한 번에 조사를 할 수 있는 사람의 수가 적기 때문에 대부분의 면접서베이는 주어진 시간 안에 조사를 마치기 위해 둘 이상의 면접조사원을 필요로 한다.

1) 면접의 유형

면접은 질문형태, 진행방식에 따라 구조화된 면접(structured interview)과 비구조화된 면접(non structured interview, unstructured interview)으로 크게 나눌 수 있다.

(1) 구조화된 면접

구조화된 면접은 미리 정해진 질문과 질문방식 및 일정에 따라 조사가 이루어지는 면접이다. 구조화된 면접에서 면접조사원은 모든 응답자에게 똑같은 수의 질문과 똑같은 말의 질문을 해야 한다. 따라서 면접조사원은 응답자가 보충적인 설명을 요구하더라도 주어진 질문을 수정하거나 또는 질문 이외의 이야기나 설명을 되도록 하지 말아야 한다. 구조화된 면접에서 이루어지는 질문의 순서도 모든 응답자들에게 같아야 한다.

구조화된 면접이 정해진 틀에서 면접이 이루지는 것을 목적으로 하는 만큼 대개의 구조화된 면접에서는 질문 뿐만 아니라 응답도 유형화되어 있다. 그렇기 때문에 구조화된 면접에서는 응답자가 질문에 대해 제시된 보기나 대안들 중에서 자신의 응답을 선택하는 폐쇄형 설문지를 사용하는 경향이 높다. 이와 같이 질문과 응답이 구조화되어 있기 때문에 면접 서베이에서 발생하는 변이는 면접과정이 일으키는 변이가 아니라 응답자들 간에 존재하는 실제적인 차이로 간주할 수 있게 된다.

구조화된 면접이 가지는 장점은 다음과 같다.

① 수집한 자료의 변이가 크지 않기 때문에 자료를 보다 쉽게 비교할 수 있다.
② 자료가 어느 정도 정형화되어 있기 때문에 자료의 기록, 부호화, 분석이 쉽다.
③ 질문이 표준화되어 있기 때문에 수집한 자료의 신뢰도가 높다.
④ 면접과정을 보다 신속히 진행시킬 수 있음으로 조사 시간과 경비를 절약할 수 있다.
⑤ 대체로 폐쇄형 질문이 많기 때문에 조사결과의 통계적 분석 및 조사결과의 비교가 용이하다.

구조화된 면접이 가지는 단점은 다음과 같다.

① 면접자 중심으로 면접이 진행되기 때문에 응답자의 의견을 충분히 알아내기 힘들다.
② 깊이가 있거나 새로운 내용을 탐색하기가 어렵다.
③ 타당도가 높지 않다.

(2) 비구조화된 면접

비구조화된 면접은 구조화된 면접과 달리 질문과 질문의 순서가 미리 정해져 있지 않은 채 면접조사원의 재량에 따라 조사가 유연하게 진행되는 면접이다. 면접조사원은 면접과정에서 질문의 문장, 질문시간, 질문순서에 제약을 별로 받지 않으며 나아가 다양한 영역들을 탐색하고 추가적인 질문도 자유롭게 할 수 있다. 비구조화된 면접에서는 응답자도 면접조사원으로부터 지시나 통제를 되도록 받지 않은 채 질문에 대한 자신의 해석, 자신이 하고 싶은 말, 자신이 가진 태도와 의견, 자신의 경험과 느낌에 대해 자유스럽게 표현할 수 있다. 비구조화된 면접에서는 면접조사원과 응답자 모두가 자유스럽게 물어보고 답하기 때문에 개방형 설문지를 사용하는 경향이 높다.

비구조화된 면접이 가지는 장점은 다음과 같다.

① 자연스런 대화의 방식으로 면접이 이루어지기 때문에 응답자의 자발적이고 솔직한 의견을 알아낼 수 있다.

② 응답자가 자유스럽게 답할 수 있기 때문에 응답자의 의견을 충분히 그리고 자세히 알 수 있다.
③ 면접조사원과 응답자 모두 주제에 대해 상세하게 물어보고 답할 수 있기 때문에 자료의 타당도가 높다.
④ 깊이가 있거나 새로운 내용을 탐색하기가 쉽다.

비구조화된 면접이 가지는 단점은 다음과 같다.
① 각 면접마다 수집한 자료의 변이가 크기 때문에 자료를 비교하기가 어렵다.
② 자료가 어느 정도 정형화되어 있지 않기 때문에 자료의 기록, 부호화, 분석이 어렵다.
③ 질문과 응답이 표준화되어 있지 않기 때문에 수집한 자료의 신뢰도가 낮다.
④ 면접과정에 대한 통제가 없기 때문에 조사 시간과 경비가 많이 든다.

2) 면접조사원의 역할과 지침

면접서베이에서 면접조사원은 연구자의 질문을 응답자에게 전달하고 또 수집한 응답자의 대답을 연구자에게 전달하는 매개 역할을 수행한다. 따라서 연구자와 응답자의 중간에서 면접조사원이 역할을 어떻게 수행하느냐에 따라 면접서베이가 성공할 수도 또 실패할 수도 있다. 이와 같이 면접조사원이 면접서베이에서 핵심적인 역할을 수행하는 만큼 연구자들은 면접조사원의 교육과 훈련에 상당한 시간과 정성을 들인다. 성공적인 면접을 위한 면접조사원의 역할과 면접조사원이 따라야 할 주요 지침들을 소개하면 다음과 같다(Babbie, 2021).

(1) 면접조사원의 역할

① 응답자를 찾고 적정한 면접시간을 알아내기

면접은 응답자와의 만남을 통해 이루어지는 만큼 면접조사원은 먼저 응답자의 소재를 파악해야 한다. 이를 위해 면접조사원은 응답자의 위치와 응답자가 면접에 가장 잘 응할 수 있는 시간을 알아내야 한다.

② 응답자에게 응답을 하도록 동기부여를 함

만약 조사의 주체가 되는 면접조사원이 조사에 적극적이지 않으면 응답자는 조사에 참여할 이유가 없는 것이다. 따라서 면접조사원이 먼저 동기화되어야 하며 이러한 동기를 응답자에게 잘 전달될 수 있도록 해야 한다. 이를 위해 면접조사원은 조사의 중요성을 확신해야 한다.

③ 응답자의 혼란과 우려를 해소하기

응답자는 면접과정에서 예기치 않은 의문, 이의, 우려를 제기할 수 있다. 이 때문에 면접조사원은 즉석에서 판단하여 재빨리 대답할 수 있어야 한다. 이 때 면접조사원은 솔직해야 하고 응답자에게 유익한 정보를 제공할 수 있어야 한다.

④ 응답의 질을 관찰하기

면접조사원은 응답자가 제공한 정보를 가장 먼저 접하고 그에 대한 질을 판단할 수 있는 위치에 있다. 면접조사원은 이러한 판단을 위해 응답자의 대답뿐만 아니라 몸짓과 표정 및 주변 정황을 잘 살펴보아야 한다.

⑤ 훌륭한 면접을 수행하기

모든 면접은 다를 수 있다. 어떤 응답자들은 적극적이고 협조적이지만 또 어떤 응답자들은 무관심하고 비협조적일 수 있다. 면접조사원도 기분 좋은 날이 있을 수 있고 기분 안 좋은 날이 있을 수 있다. 어떤 조건과 상황에도 불구하고 면접조사원은 높은 수준의 면접을 일관되게 수행하도록 지속적인 노력을 기울여야 한다.

(2) 면접조사원을 위한 지침

① 면접에 대한 사전교육과 훈련을 받아야 함

- 연구의 목적, 시행기관, 표본추출과정, 면접기술 등에 관해 교육을 받아야 한다.
- 실제의 면접과 동일한 방식의 사전 면접을 예행연습해 보아야 한다.

② 면접을 하기 전에 응답자의 주소와 위치, 연락처를 확인해야 함

- 응답자의 주소를 지도에서 확인한다.
- 가능한 응답자의 연락처를 확보한 다음 응답자와 연락을 취하여 응답자한테 편한 면접 장소와 시간을 정한다.

- 응답자의 기본적인 특성을 파악한다.

③ 면접에 나서기 전에 조사표나 설문지, 협조문, 필기구, 신분증, 지도, 응답자 연락처, 면접 사례품 등의 준비물을 확인해야 함

④ 응답자의 호의적인 협조와 응답을 얻기 위해 면접조사원은 차림새와 태도에 신경을 써야 함

- 면접대상자와 유사한 옷을 입거나 일반적인 사회규범상 적당하고 깨끗함과 단정함을 갖춘 의복을 입어야 한다.
- 응답자를 대할 때 명랑하고 여유있으며 친절해야 한다.
- 응답자를 편안하게 만들어 응답자와 친근감(래포: rapport)을 형성하도록 한다.
- 응답자와 대면을 하게 되면 응답자에게 자기소개를 하고 면접조사의 배경, 목적, 필요성, 중요성을 설명하여 면접조사에 대한 신뢰감을 얻도록 한다.

⑤ 설문지에 익숙해야 함

- 면접조사원이 설문지에 익숙하지 않으면 면접이 어색하고 시간을 많이 소요하면서 면접에 대한 중요성을 떨어뜨려 응답자에게 불필요한 부담과 불편한 느낌을 줄 수 있다.
- 면접조사원은 사전에 모든 질문을 정성들여 연구하고 큰 소리로 읽는 것을 연습하여 질문을 더듬지 않고 자연스레 읽을 수 있어야 한다.
- 설문지와 함께 준비된 안내문과 설명서에 대해서도 익숙해야 한다.

⑥ 질문을 천천히 또박또박 읽어야 함

- 질문을 천천히 읽으면 발음이 보다 분명하고 정확해진다.
- 질문을 천천히 읽으면 응답자가 질문을 보다 정확히 이해할 수 있다.

⑦ 질문 문항에 약간만 변화를 주어도 응답에 영향을 줄 수 있기 때문에 면접조사원은 주어진 질문 문항을 정확히 그대로 따라서 읽어야 하며 특히 구조화된 면접에서는 반드시 그렇게 해야 한다.

⑧ 응답을 정확히 기록하기

- 면접조사원은 대답을 주어진 대로 정확하게 기록해야 한다.
- 면접조사원은 대답을 요약하거나 의역하거나 틀린 문법을 고치려고 시도해서는 안된다.
- 응답자의 느낌과 면접의 정황에 대한 주석은 필요할 경우 달 수 있다.

⑨ 응답을 얻으려고 캐묻기

- 응답자가 부적절하거나 불충분한 응답을 할 경우 정교화를 위한 방법으로 캐묻기(probing)를 할 수 있다.
- 캐묻기는 중립적으로 이루어져야 하며 이어지는 질문의 응답에 영향을 주어서는 안된다.

⑩ 면접조사원에 대한 조정과 통제가 필요함

- 여러 면접조사원들을 이용할 경우 이들을 훈련시키고 감독할 필요가 있다.
- 설문지의 전체 질문들을 하나하나 면접조사원과 함께 훑어보아야 한다.
- 면접조사원들 앞에서 한두 차례 시범면접을 실시한다.
- 면접조사원들로 하여금 짝지어 실습해보도록 한다.
- 면접이 끝나면 면접조사원들과 면접결과에 대해 함께 검토하면서 면접의 문제점과 개선방안을 찾아야 한다.

3) 장단점

(1) 장점

① 응답자들이 질문내용을 이해하지 못할 경우 추가설명을 해줄 수 있어 정확한 응답을 얻을 수 있다.

② 면접조사원이 직접 방문하고 설득함으로써 문자해독에 어려움을 겪는 사람들에게 도움을 줄 수 있다.

③ 응답자가 편한 시간과 장소에 면접을 진행함으로써 응답률을 높일 수 있다.

④ 모름/무응답의 수를 감소시킨다.

⑤ 구조화되지 않은 면접조사의 경우, 응답자의 특성이나 응답상황에 맞게 질문순서를 바꾸거나, 질문의 문구를 수정하거나, 뜻이 불분명한 용어를 해석해 줌으로써 질문 과

정을 유연하게 진행시킬 수 있다.

⑥ 응답자를 관찰할 수 있음으로 인해 보충적인 정보를 얻을 수 있다.

⑦ 응답자가 질문에 적합하게 대답을 하도록 이끌고, 응답자가 다른 사람과 질문에 대해 상의하여 대답을 왜곡시키지 않도록 만드는 등 면접과정을 통제할 수 있다.

⑧ 복잡하거나 어려운 사항이나 주제에 대해 풍부하고 깊이 있는 정보와 자료를 제공해준다.

⑨ 응답자나 응답의 진위여부를 보다 잘 파악할 수 있다.

(2) 단점

① 면접조사원의 선발, 훈련, 감독, 여행 등에 따른 시간과 비용이 많이 든다.

② 면접조사원과 마주 대하고 있는 상황에서 응답자의 익명성이 보장되기 어려워 민감하거나 일탈적인 질문에 대해서는 솔직한 응답을 얻기가 어렵다.

③ 면접조사원의 능력과 주관 또는 편견에 따라 응답에 왜곡이 발생할 수 있다.

④ 면접조사원과 응답자가 서로 대면하는 상태에서 이루어지는 면접은 서로 상대방을 의식하고 또 어떤 인상을 줄 수 있기 때문에 질문이나 응답에 대한 해석에 있어서 주관적이 되기 쉽다.

⑤ 구조화된 설문지를 사용하지 않는 개방된 면접의 경우, 응답은 제한된 수의 범주로 밖에 부호화될 수 없기 때문에 통계적 분석이 힘들다.

3 전화서베이

1) 방식

전화서베이 또는 전화조사는 전화(휴대폰 포함)를 통해 응답자로부터 필요한 자료를 수집하는 방법으로 준면접(semi-interview) 방식으로 이루어진다. 전화서베이는 오늘날 편리함, 신속성, 경제성으로 인해 사회조사에서 가장 많이 사용하는 방법이다. 그동안 전화는 일부의 사람들에게만 보급되어 전화소유자와 비소유자 간의 특성에 차이가 있었고 이는 전화서베이를 표본의 대표성에 문제가 있는 방식으로 간주하게끔 만들었다. 하지만 최근 들어 유선전화는 물론 휴대폰이 대부분의 사람들에게 보편적으로 보급되면서 전화서베이는 표본의 대표성에 따른 문제를 극복하게 되어 이제 사람들이 가장 많이 선호하는 조사방식으로 자리매김을 하게 되었다.

전화서베이는 대개 표본의 대표성을 확보하기 위해 무작위번호걸기(random digit dialing, RDD) 방식으로 표본추출하여 조사를 진행한다. 최근에 발달한 컴퓨터와 통신기술은 무작위로 전화를 거는 것은 물론 전화서베이의 전체과정을 컴퓨터를 통해 진행하는 것을 가능하게 만들었다. 컴퓨터보조 전화면접(computer-assisted telephone interview, CATI)은 컴퓨터를 사용해서 전화서베이를 시행하는 대표적인 방식이다. CATI에서는 컴퓨터가 무작위로 전화를 걸며, 면접조사원은 스크린에 나타난 질문을 응답자에게 읽어주고, 응답자의 답을 바로 컴퓨터에 입력한다. 이러한 방식으로 CATI는 부호화, 편집, 입력의 과정을 일시에 자동으로 처리하며, 동시에 면접자가 응답자별로 맞춤식 질문을 하도록 해주고, 또한 조사가 진행되는 중간에도 언제든지 분석결과를 알 수 있도록 해준다.

오늘날 개인들은 유선전화보다 휴대폰을 더 많이 소지하고 사용하기 때문에 최근의 전화서베이는 휴대폰사용자를 표본에 보다 적극적으로 포함시키고 있다. 이 과정에서 전화서베이는 휴대폰사용자만을 대상으로 하거나 또는 휴대폰사용자와 유선전화사용자를 혼합해서 조사를 진행하기도 한다.

전화는 그 유용성으로 인해 판촉, 광고, 선전 등을 포함한 다양한 용도로 빈번하게 사용된다. 하지만 이 같은 상업용 전화에 시달린 사람들이 외부인의 전화에 대해 싫증을 느끼거나 거부반응을 일으키면서 전화서베이가 점점 더 어려워지고 있다. 따라서 전화면접조사원은 응답자가 갑자기 전화를 받을 경우 당황하거나 상업용 전화로 오인할 수 있기 때문에 통화가 시작되면 먼저 조사에 대해 간단히 소개하고 동시에 상업용과 무관함을 알리면서 더불어 최대한 친근감을 가지고 응답자를 대해야 한다.

2) 장단점

(1) 장점

① 빠른 시간에 저렴한 비용으로 조사가 가능하다.
② CATI를 활용할 경우 조사 중에도 그때그때 분석결과를 바로 알 수 있다.
③ 한 지역에서 전국을 대상으로 쉽게 조사를 할 수 있다.
④ 전화번호를 이용하여 표본대상을 쉽게 확보할 수 있다.
⑤ 면접조사원은 차림새와 의복에 신경을 쓰지 않아도 된다.
⑥ 면접조사원의 영향과 편견을 줄일 수 있다.

⑦ 조사하기 어려운 응답자에게 접근이 용이하다.
⑧ 면접조사원이 한 장소에서 전화를 걸 경우 연구자가 이들을 통제함으로써 대인면접보다 더 일관되고 정확한 자료를 수집할 수 있다.
⑨ 면접조사원의 안전을 확보할 수 있다.

(2) 단점

① 응답자에게 다양하고 심도있는 질문을 하기 어렵다.
② 면접시간이 제한적이다.
③ 전화번호부에 등록되어 있지 않거나 부재중이어서 통화가 안될 경우 표본의 대표성에 문제를 발생시킬 수 있다.
④ 응답자가 선정된 표본인지를 확인하기 어렵다.
⑤ 판촉성 전화의 범람에 따라 낯선 통화에 대한 일반인들의 거부반응이 크고 또 직접 대면하지 않는 상황에서 응답자가 통화를 쉽게 거부하거나 중단할 수 있기 때문에 응답률이 낮다.
⑥ 대인면접에 비해 상세한 자료를 얻기가 힘들다.
⑦ 응답 상황과 주변 정황에 대한 정보를 얻을 수가 없다.

4 온라인서베이

온라인서베이 또는 온라인조사는 인터넷을 통해 응답자로부터 필요한 자료를 수집하는 방법으로 인터넷 서베이(internet survey)라고도 불린다. 이 조사방법은 특히 양방향적이고 즉각적인 통신을 가능하게 해주는 인터넷상의 웹을 조사매체로 이용한다. 이제 인터넷은 대부분의 사람들에게 보급되어 있고 거의 무료로 이용할 수 있으며 또한 기술의 발달에 힘입어 누구나 쉽고 간편하면서 다양한 용도로 활용할 수 있게 되었다. 이 같은 변화에 따라 오늘날 온라인서베이는 인기를 얻으면서 사용이 점차 확대되는 조사방법이 되고 있다.

1) 종류

온라인서베이는 조사방식에 따라 온라인 방문자서베이(online visitor survey), 온라인 패널서베이(online panel survey), 온라인 이메일서베이(online email survey)로 구분할 수 있다.

(1) 온라인 방문자서베이

온라인 방문자서베이는 조사기관을 포함한 특정 홈페이지나 인터넷 웹사이트에 조사시스템을 구축하거나 설문지를 공개한 후, 조사대상자들이 즐겨 찾거나 많이 방문하는 다른 웹사이트나 포털사이트에 서베이에 대한 광고를 하거나 공지를 하여, 그 광고나 공지를 본 응답자들이 그 특정 웹사이트를 방문하여 조사에 참여하게 하는 방법이다. 온라인 방문자서베이는 짧은 시간에 많은 참여자를 모집할 수 있는 장점이 있다. 반면에 이 조사방식은 관심이 높거나 반대의사가 뚜렷한 집단이 응답에 중복적으로 참여할 가능성이 있으며 응답자에 대한 통제가 없기 때문에 표본의 대표성이 떨어지는 단점이 있다.

(2) 온라인 패널서베이

온라인 패널서베이는 사전에 조사와 관련된 인터넷 사용자들을 모아 응답자 패널(panel)을 구성한 후, 이를 데이터베이스화하여, 매 조사마다 이 데이터베이스를 표본추출틀로 활용하여 선정된 응답자로 하여금 조사에 응하게 하는 방법으로 회원서베이(member survey)라고도 한다. 표본으로 선정된 응답자들에게는 이메일이나 전화로 조사에 참여해줄 것을 공지한 후에 조사에 참여하도록 한다. 응답자들은 이메일의 웹문서에 직접 응답하거나 이메일에 연결된(linked) 특정 웹사이트로 이동한 후에 응답한다.

(3) 온라인 이메일서베이

온라인 이메일서베이는 확보된 이메일 주소록의 조사대상자들에게 설문지가 담겨져 있거나 첨부된 또는 조사가 이루어지는 웹사이트의 링크가 있는 이메일을 발송한 후 조사대상자가 설문지에 응답을 하여 답장을 하도록 하는 방법이다. 설문지가 이메일 본문에 있는 경우에 조사대상자는 답장메일에 직접 응답을 하여 발송을 하며, 설문지가 첨부파일에 있을 경우 조사대상자는 첨부파일에 따로 응답을 한 후 발송을 하며, 이메일의 웹사이트 링크를 클릭하여 조사에 참여한다. 온라인 이메일서베이는 자료수집이 간편한 장점은 있지만 이메일 주소록을 확보하기 어렵고 또한 조사대상자의 대표성이 떨어지는 단점이 있다.

2) 장단점

(1) 장점

① 컴퓨터와 인터넷의 사용으로 인해 공간과 설비 및 시간의 제약이 적다.
② 인터넷의 사용으로 시간과 비용을 절약할 수 있다.
③ 컴퓨터의 조사용 및 통계용 프로그램과 연결하여 실시간으로 조사진행과정과 조사결과를 알 수 있다.
④ 인터넷으로 많은 사람들을 동시에 조사할 수 있고 또한 컴퓨터로 자료처리와 분석이 바로 가능하기 때문에 조사기간을 단축할 수 있다.
⑤ 익명으로 조사가 가능하기 때문에 민감한 질문에 대한 응답을 얻기가 쉽다.
⑥ 면접자에 의한 영향과 오류를 줄일 수 있다.
⑦ 멀티미디어의 특성을 활용함으로써 도표, 사진, 그림, 소리, 동영상 등을 포함하는 다양한 형태의 조사를 진행할 수 있다.
⑧ 응답자 및 응답에 따라 질문을 그때그때 맞춤식으로 구성할 수 있다.
⑨ 긴 목록의 응답보기를 가진 질문도 쉽게 표현할 수 있다.
⑩ 응답과정 중에도 응답을 저장할 수 있어 응답자가 상황에 따라 나중에 응답을 쉽고 편리하게 재개할 수 있다.

(2) 단점

① 인터넷으로 조사가 가능한 표본추출틀을 구하기가 힘들기 때문에 대표성이 있는 표본을 선정하기가 어렵다.
② 조사대상자가 인터넷을 사용할 수 있는 층에 한정된다.
③ 인터넷조사에 친숙한 사람들만 응답하는 경향이 있기 때문에 응답률이 낮고 응답도 편향될 가능성이 높다.
④ 실제의 응답자를 확인하기가 어렵다.
⑤ 선정된 표본이 이메일을 확인하지 않을 경우 조사대상자로 선정된 사실을 알기가 어렵다.

5 기타 서베이

앞에서 우편, 면접, 전화, 온라인으로 자료를 수집하는 방식에 대해 소개하였다. 오늘날에는 이 밖에도 이러한 자료수집방법을 응용하거나 또는 혼합한 다양한 방식들이 자료수집에 활용되기도 한다. 다음에서는 이 가운데 대표적으로 이차분석(secondary analysis)과 집단조사(group survey)에 대해 알아보기로 한다.

1) 이차분석

현대사회에서 자료의 중요성이 보다 강조되면서 학자들은 물론 많은 연구소, 공공기관, 기업, 단체에서 조사를 진행하고 있다. 이에 따라 다양한 주제와 관련된 수많은 자료들이 지속적으로 생산되고 있다. 이러한 자료를 잘 탐색하거나 검토하면 연구자는 자신의 새로운 연구주제에 필요한 자료를 찾을 수 있고 또 이러한 자료를 분석하여 새로운 연구결과를 제시할 수 있다. 이와 같이 어떤 연구자나 기관이 수집하거나 처리한 기존의 자료를 다른 연구자가 새로운 연구주제나 목적으로 재분석하는 조사형태를 이차분석이라고 한다. 달리 이야기 하면 2차 자료를 재활용, 재분석하는 조사방법이 되겠다. 2차 자료의 원천이 되는 1차 자료(원자료)는 서베이조사 뿐만 아니라, 실험, 질적 조사 등을 포함한 다양한 방법으로 수집된다. 하지만 실제에 있어 이차분석은 대부분 서베이조사를 통해 수집한 자료를 활용하기 때문에 이차분석을 서베이조사의 장에서 다루기로 한다.

(1) 이차분석의 절차

다음은 이차분석이 진행되는 절차이다.

① 연구하고자 하는 문제나 주제를 결정한다.

② 연구에 필요한 정보가 무엇인가를 결정하고 이와 관련된 이차자료를 어디에서 얻을 것인가를 조사한다.

③ 이차자료를 갖고 있는 기관이나 연구자에게 요청하여 필요한 자료를 수집한다.

④ 수집한 자료를 분석에 적합한 형태로 전환하고 처리해서 새롭게 조직한다. 이 과정에서 수집한 자료는 필요에 따라 재부호화, 자료정제(data cleaning), 변수변환 등의 작업을 한다.

⑤ 자료를 분석한다.

(2) 이차분석의 장점

① 기존 자료를 활용하기 때문에 자료수집에 들어가는 시간, 비용, 노력을 절약할 수 있다.

② 대부분 잘 정리된 자료를 활용하기 때문에 연구와 분석을 보다 쉽고 빠르게 진행할 수 있다.

③ 경우에 따라 정부나 공공기관 그리고 규모가 있는 연구소나 기관이 생산한 1차 자료는 개인 연구자가 직접 생산한 자료보다 질이 더 우수하다.

④ 연구자가 1차 자료의 수집과정에 개입하지 않았기 때문에 경우에 따라 비교적 객관적인 자료를 확보할 수 있다.

⑤ 많은 비용과 오랜 기간을 필요로 하는 종단적 자료를 한 번에 모아 비교함으로써 종단연구의 결과를 적은 비용과 짧은 시간에 확인할 수 있다.

⑥ 찾아내기 힘들거나 접근하기 어려운 조사대상자의 자료를 확보할 수 있다.

(3) 이차분석의 단점

① 수집된 자료가 대부분 과거의 자료이기 때문에 연구결과의 시의성이나 현실성이 떨어질 수 있다.

② 연구자가 1차 자료의 수집과정에 참여하지 않았기 때문에 자료의 품질이나 문제점에 대해 알기 어렵다.

③ 연구목적에 적합한 자료를 구하기가 쉽지 않을 수 있다.

2) 집단조사

집단조사는 조사대상자들을 한 자리에 모아놓고 설문지를 배분한 다음 조사대상자가 작성한 설문지를 그 자리에서 회수하는 방법이다. 교수가 강의실에서 학생들을 상대로 설문지를 사용하여 조사를 하거나 사무실에서 직원들을 상대로 설문지를 사용하여 이루어지는 조사는 집단조사에 해당한다.

(1) 집단조사의 장점

① 연구목적에 적합한 조사대상자들이 모여 있을 경우 조사에 드는 시간과 비용을 절감할 수 있다.

② 응답률이 높다.

③ 조사원이 설명해줄 수 있기 때문에 모름/무응답의 수를 줄이고 응답의 질을 높일 수 있다.
④ 조사조건을 표준화하여 조사에 대한 신뢰도를 높일 수 있다.
⑤ 비교적 많은 수의 응답자를 조사할 수 있다.

(2) 집단조사의 단점

① 상세하고 심도있는 조사가 이루어지기 어렵다.
② 조사대상자가 조사자를 의식해서 솔직한 대답을 하지 않을 수 있다.
③ 모인 집단의 사람들 모두가 모집단을 정확히 대표하지 않을 수 있다.
④ 조사가 이루어지거나 조사장소를 제공해준 기관에 대해 긍정적인 응답을 할 가능성이 있다.
⑤ 조사대상자들이 한 장소에 모여 있지 않을 경우 이들을 집합시키기 위한 교통비, 사례비 등의 비용이 발생할 수 있다.

RESEARCH METHODS

10 실험

제10장

1. 실험의 특징
2. 실험설계의 종류
3. 실험설계의 타당도 문제

제10장

실험

기본적으로 실험(experiment)은 어떤 행동을 취하거나 자극을 일으키고 그에 따른 결과를 관찰하는 것이다(Babbie, 2021). 일반적으로 연구자들은 어떤 집단을 대상으로 가상적인 상태를 조작하고 그 조작의 효과를 관찰한다. 어떤 집단을 대상으로 조작된 가상의 상태를 우리는 변수라고 하는데 실험은 이 변수들 간의 인과관계를 규명하기 위해 주로 쓰이는 조사방법이다. 이 장에서는 실험의 개념을 비롯한 실험의 특징과 다양한 실험의 유형을 소개한다.

1 실험의 특징

1) 실험의 개념

실험은 일반적으로 통제된 조건하에서 연구대상이 되는 변수들 사이의 일정한 상호작용을 집중적으로 분석하여 이들 간의 인과관계를 밝히는 연구방법이다. 즉, 실험은 연구대상을 실험집단과 통제집단으로 배정한 후 실험집단에는 독립변수 또는 실험변수를 도입하고 통제집단에는 도입하지 않은 다음 이 두 집단의 종속변수 값의 변화정도를 비교한다. 실험의 효과는 변수들 사이에 일정한 관계가 있을 때 발생한다. 예를 들어, 어떤 상황에 자극이 주어졌을 때 일어난 변화와 자극이 주어지지 않았을 때 일어난 변화는 차이가 있을 수 있다. 연구자는 이 차이를 비교함으로써 자극의 영향을 설명할 수 있다. 이 자극이 실험에서는 연구자가 조작가능한 독립변수가 된다. 이 경우 독립변수인 자극은 자극이 있는 경우와 없는 경우의 2가지 상태로만 설명된다. 이 자극에 대한 결과는 종속변수에 나타나며 따라서 종속변수는 독립변수에 의한 영향을 규명하는 변수가 된다.

실험은 연구자에 의해 조작가능한 독립변수가 존재한다는 점에서 변수의 조작없이 이루어지는 다른 조사들과 차이가 있고, 독립변수에 의한 영향을 파악하기 위하여 실험집단 외에 비교의 준거가 되는 통제집단(control group)이 필요하기도 하며, 정확한 인과관계 규명을 위해 실험결과에 영향을 미칠 수 있는 독립변수 외에 다른 변수를 통제할 수도 있다.

2) 실험의 구성요소

실험은 변수들 사이의 인과관계를 밝히는 연구방법이다. 즉, 원인과 결과를 밝혀서 그 결과로 현상을 설명한다. 인과관계를 설명하기 위해서는 추정된 원인 X와 결과 Y사이의 인과관계를 입증해야 한다. 단순히 X가 Y의 원인이라는 주장만으로는 두 변수 간의 연관성(association)을 입증하기 어렵기 때문에 X와 Y의 인과관계를 설명하기 위해서는 다음과 같은 3가지 조건을 충족해야 한다(Babbie, 2021). 이 3가지 조건이 곧 인과관계를 밝히고자 하는 실험의 구성요소이다.

(1) 독립변수와 종속변수

본질적으로 실험은 원인과 결과의 관계를 밝히고자 하는 조사방법인 만큼 원인에 해당하는 독립변수와 결과에 해당하는 종속변수를 갖추고 있어야 한다. 실험에서 독립변수는 종종 자극이나 행동의 형태를 취하며 종속변수는 반응의 형태로 나타난다.

(2) 사전조사와 사후조사

독립변수나 자극의 효과는 종속변수 또는 실험대상의 변화나 차이로 나타난다. 이에 따라 이러한 차이나 변화를 확인하기 위해서는 먼저 실험대상을 상대로 종속변수를 측정하고 그런 다음 실험대상이나 종속변수를 독립변수 혹은 자극에 노출시키고서 종속변수를 다시 측정한다. 이 과정에서 종속변수에 대한 첫 번째 측정은 사전조사(pretest), 두 번째 측정은 사후조사(posttest)라고 한다. 이 사전조사와 사후조사 간의 차이가 독립변수 또는 자극에 의해 나타난 결과라고 할 수 있다.

(3) 실험집단과 통제집단

실험을 진행하는 동안에 실험대상이나 종속변수가 독립변수 이외의 요인에 의해 변화할 수도 있다. 이에 따라 사전조사와 사후조사의 차이가 독립변수에 의한 것인지 아니면 독립변수 이외의 요인에 의한 것인지가 불분명한 경우가 발생한다. 이러한 문제를 해결하기 위해 연구자는 자극이 가해지는 실험집단(experimental group)과 모든 면에서 실험집단과 유사하지만 단지 자극만 가해지지 않는 통제집단(control group)을 관찰하여 비교한다. 만약 실험집단과 통제집단 간에 있어 사후조사의 차이가 발생한다면 이러한 차이는 전적으로 자극, 즉 독립변수에 의한 효과라고 할 수 있다.

3) 실험설계의 기본조건

앞서 살펴본 실험의 구성요소를 토대로 실험을 설계할 때 갖추어야 할 기본조건을 제시하면 다음과 같다.

(1) 독립변수의 조작(manipulation of independent variable)

인과관계가 성립되기 위해서는 먼저 독립변수의 변화에 따라 종속변수가 변해야 한다. 이에 따라 연구자는 실험에서 인과성을 확인하기 위해 독립변수를 의도적으로 변화시켜 종속변수의 변화를 살펴보아야 한다. 다시 말해 실험에서는 연구자가 독립변수를 의도적으로 변화시키는 작업인 독립변수의 조작이 있어야 한다.

(2) 외생변수의 통제와 제거(control or of elimination of exogenous variable)

실험과정에서는 독립변수 이외에 우연적인 사건의 발생이나 예기치 못한 실험환경의 변화 등과 같은 여러 가지 요인이 종속변수의 결과에 영향을 미칠 수 있다. 이와 같이 독립변수 이외에 종속변수에 영향을 미칠 수 있는 모든 변수를 외생변수라고 한다. 실험에서 종속변수에 대한 독립변수의 순수한 효과를 확인하기 위해서는 이들 외생변수가 종속변수에 영향을 주지 못하도록 통제되거나 제거되어야 한다. 그래야지만 종속변수의 변화가 오로지 독립변수에 의해 나타난 것이라고 확신할 수 있다.

(3) 실험대상자의 무작위화(randomization of experimental subject)

독립변수와 종속변수의 인과관계는 외생변수의 통제만으로 충족될 수 없다. 실험에서 인과성을 확보하기 위해서는 추가적으로 실험대상자가 모집단을 대표해야 하며 더불어 실험집단과 통제집단이 같아야 한다. 이와 같이 실험대상자 표본의 대표성과 실험집단과 통제집단의 동질성을 확보하기 위해서는 실험대상자가 모집단에서 추출될 때 실험집단과 통제집단에 무작위로 배정되어야 한다. 실험대상자의 무작위 배정을 통해 실험결과에 대한 독립변수의 순수한 효과를 보다 확실히 파악할 수 있고 또한 실험결과를 모집단 전체에 대해 일반화할 수 있다.

4) 실험의 장단점

(1) 장점

① 실험에서 연구자는 외생변수를 통제하고 독립변수만을 분리시킴으로써 종속변수에 대한 독립변수의 효과를 정확하게 확인할 수 있다.

② 실험은 변수의 통제가 가능한 형태로 이루어져 있기 때문에 동일한 실험을 반복적으로 시행하여 실험결과의 내적 타당도와 외적 타당도의 가능성을 보다 명확하게 확인할 수 있다.

③ 실험은 인위적인 설계가 가능하기 때문에 다양한 분야의 연구에 적용할 수 있다.

④ 실험은 변수의 통제와 조작이 가능한 만큼 실험설계의 변경이 쉽고 또 다양한 유형의 실험을 설계할 수 있다.

⑤ 실험은 다른 조사방법에 덧붙여 쉽게 사용이 가능하기 때문에 조사결과의 타당도를 보다 정확하게 확인하게 해줄 수 있다.

(2) 단점

① 실험은 인위적인 통제와 조작으로 이루어져 있기 때문에 실험결과가 실험상황 이외의 실제 상황에서는 다를 수가 있다.

② 실험은 어느 정도 연구자의 통제와 조작을 필요로 하기 때문에 다른 조사방법에 비해 연구자의 실수가 발생하고 연구자의 주관이 개입될 가능성이 높다.

③ 변수의 수가 많고 엄밀한 결과를 요구하는 실험의 경우, 실험을 설계하고 변수를 통제하는데 많은 시간과 비용이 소요된다.

④ 사람과 동물을 대상으로 이루어지는 실험의 경우 윤리적인 문제가 제기될 가능성이 높다.

⑤ 실험대상자가 실험변수보다 실험조건이나 실험상황에 의해 영향받을 가능성이 있다.

2 실험설계의 종류

실험설계의 종류는 인과적 설명의 정도에 따라 진실험설계(true experimental design), 준실험설계(quasi-experimental design), 비실험설계(non-experimental design)로 나뉜다. 진실험설계는 인과적 설명력이 가장 높은 방법으로 실험설계의 3가지 요건을 갖고 있으며 실험변수의 노출시점과 대상, 실험결과의 측정시점과 대상에 대한 통제가 가능하며 무작위적 대상선정이 이루어진다. 준실험설계는 실험결과의 측정시점과 대상에 대한 통제만 가능하며 대상 선정시 무작위적 방법 대신 다른 방법을 통하여 실험집단과 유사한 통제집단을 구성한다. 비실험설계는 실험설계의 3가지 조건을 모두 갖추지 못한 설계방법으로 진실험설계와 준실험설계에 해당하지 않는 실험설계의 유형을 비실험설계로 분류한다.

1) 진실험설계

순수실험설계라고도 하는 진실험설계는 엄격한 외생변수의 통제 하에서 독립변수를 조작하여 인과관계를 밝히는 설계형태로 연구자가 사전에 계획하여 실험집단 · 통제집단을 무작위로 배정할 수 있기 때문에 미래지향적(prospective) 성격을 가진다.

진실험설계는 철저한 외생변수의 통제와 대상의 무작위화, 1개 이상의 독립변수에 대한 조작가능성, 변수의 명확한 조작화와 그 강도의 정밀한 변화가능성 등의 특징으로 인하여 실험결과의 재현 가능성이 높고 명확한 인과관계의 검증이 가능하다는 장점이 있다. 진실험설계는 철저한 외생변수의 통제와 독립변수의 조작으로 인하여 실험결과가 인위적이고 부자연스러울 수 있다. 또한 표본의 크기가 큰 경우에는 통제의 이려움이 있어 실행이 어렵고 윤리적 문제로 인하여 실험이 불가능할 수도 있다.

진실험설계는 주로 순수한 독립변수의 효과측정이나 변수 간의 인과관계의 검증, 가설의 검증 또는 수정, 새로운 가설을 도출할 목적으로 사용된다. 진실험설계의 종류로는 통제집단 사후측정 설계(posttest-only control group design), 통제집단 사전 · 사후측정 설계(pretest-posttest control group design), 솔로몬 4집단 설계(solomon 4-group design)가 대표적이다.

(1) 통제집단 사후측정 설계

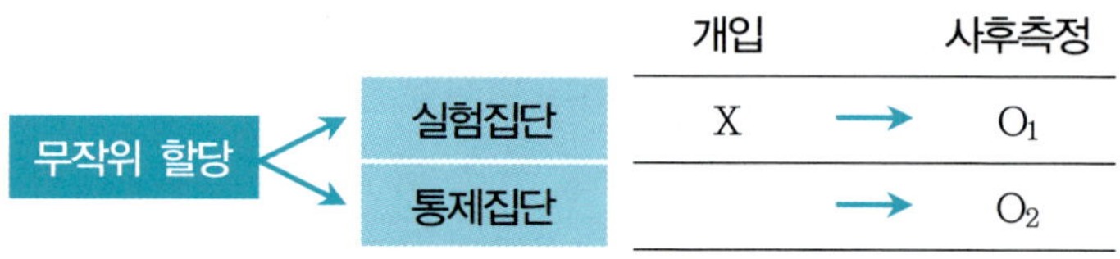

그림 10-1 통제집단 사후측정 설계

X : 실험처리(treatment), 실험적으로 조작되는 처리를 나타내는 변수 = 독립변수
O : 관찰 또는 측정값(observation), 종속변수에 대한 측정값

통제집단 사후측정 설계는 무작위배정에 의해 동질적인 실험집단과 통제집단을 구성한 다음 실험집단에 대해서는 독립변수를 처리하고, 통제집단에 대해서는 독립변수를 처리하지 않는다. 두 집단 모두에 대해 사후측정을 실시하여 실험집단의 사후측정값과 통제집단의 사후측정값의 차이를 통해 독립변수의 효과(E)를 알 수 있다.

$$E = O_1 - O_2$$

통제집단 사후측정 설계는 사전측정이 문제를 일으키는 경우나 사전측정이 불가능한 경우에 주로 사용되며, 사전측정을 하지 않아 시험효과 및 상호작용 개입이 방지되고, 실험개입과 테스트의 결합효과를 제거할 수 있다는 장점이 있다. 이 설계는 두 집단을 무작위배정을 통해서 선정하므로 두 집단 모두 외생변수의 영향은 동일하다고 가정한다. 그러나 사전측정을 하지 않아 최초의 상태가 동질적인지 정확히 알 수 없고, 실험 전에 비해 실험 후에는 어느 정도 변화했는지 확인하기도 어렵다는 단점이 있다.

(2) 통제집단 사전 · 사후측정 설계

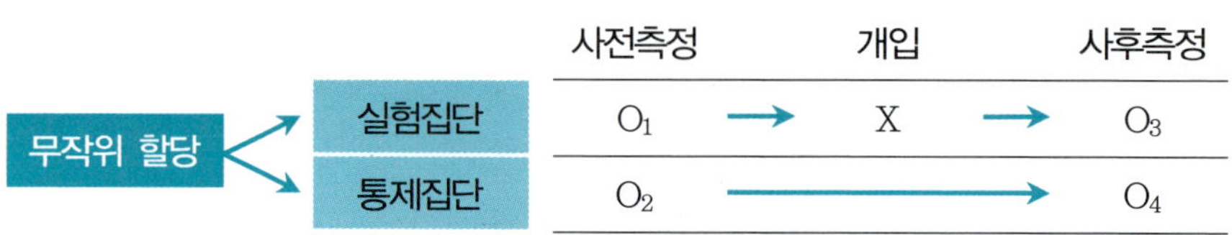

그림 10-2 통제집단 사전 · 사후측정 설계

X : 실험처리(treatment), 실험적으로 조작되는 처리를 나타내는 변수 = 독립변수
O : 관찰 또는 측정값(observation), 종속변수에 대한 측정값

통제집단 사전 · 사후측정 설계(pretest-posttest control group design)는 가장 고전적인 설계방법으로 사전측정을 포함하고 있어 실험 전 최초의 상태가 동질적인지 알 수 있다는 점에서 통제집단 사후측정 설계와 차이점이 있다. 무작위배정을 통해 선정된 두 집단에 대하여 실험집단에만 독립변수의 조작을 가한 후 두 집단 모두를 사후측정한다. 독립변수의 효과(E)는 실험집단의 사후측정값(O_3)과 통제집단의 사후측정값(O_4)의 차이를 구한 후 실험집단의 사전측정값(O_1)과 통제집단의 사전측정값(O_2)의 차이를 구해 이 두 값의 차이를 통해 알 수 있다.

$$E = (O_3 - O_4) - (O_1 - O_2)$$

통제집단 사전 · 사후측정 설계는 사전측정이 포함되므로 두 집단의 동질성 검증이 가능하고 내적 타당도를 저해하는 대부분의 요소를 제거할 수 있다는 장점이 있다. 그러나 실험집단과 통제집단의 선정과 관리가 어렵고 비경제적이며 테스트나 도구, 실험개입에 의해 특정 효과가 산출되기도 해서 외적 타당도를 저해하는 문제가 있다.

(3) 솔로몬 4집단 설계

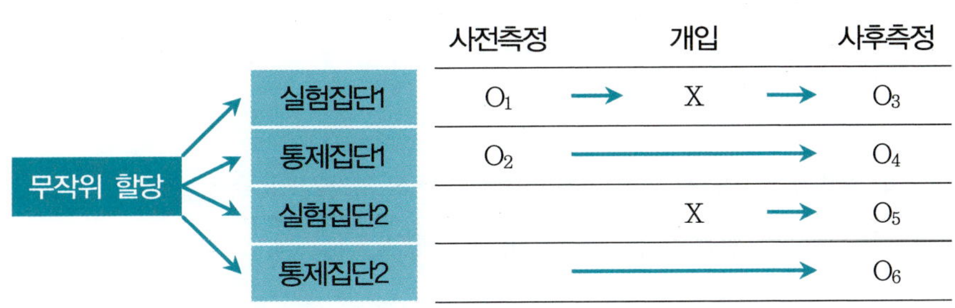

그림 10-3 솔로몬 4집단 설계

X : 실험처리(treatment), 실험적으로 조작되는 처리를 나타내는 변수 = 독립변수
O : 관찰 또는 측정값(observation), 종속변수에 대한 측정값

솔로몬 4집단 설계(solomon 4-group design)는 진실험설계의 유형 중 가장 강력한 형태로, 통제집단 사전 · 사후설계와 사후설계를 결합한 가장 이상적인 형태이다. 실험설계가 다름에 따라 상이한 결과가 나타난 경우에 보다 정확한 결과를 검증하고자 할 때 사용된다. 솔로몬 4집단 설계는 각 외생변수별로 효과의 분리가 가능하고 외생변수를 철저히 통제하

여 사전측정의 영향과 관련한 효과들을 제거할 수 있어 외적 타당도와 내적 타당도 모두를 높일 수 있다. 그러나 전형적인 실험설계의 결함인 테스트와 실험개입의 상호작용을 완전히 배제할 수 없고, 실험 · 통제집단의 선정 및 관리가 어렵고 비경제적이기 때문에 실제 적용에는 한계가 있다.

솔로몬 4집단 설계에 사용되는 4개의 집단은 각기 다른 실험 과정을 거치게 된다. 실험집단1은 독립변수의 조작 전의 사전측정과 조작 후의 사후측정을 모두 실시한다. 통제집단1은 독립변수의 조작없이 사전 · 사후측정을 모두 실시한다. 실험집단2는 사전측정없이 독립변수만 조작하고 사후측정을 실시하며, 통제집단2는 사후측정만 실시한다. 실험집단2와 통제집단2는 사전측정의 효과를 배제하기 위하여 사전측정을 하지 않고 독립변수의 조작없이 바로 사후측정을 수행한다. 대신 4개의 집단이 무작위배정에 의해 구성되었으므로 사전측정값이 동일하리라는 가정 하에 실험집단1과 통제집단1의 사전측정값의 평균값(E_{bm})을 사전측정값으로 사용한다.

$$E_{bm} = \frac{1}{2}(O_1 + O_2)$$

실험집단1의 변화(Dg_1)와 통제집단1의 변화(Dg_2)는 독립변수의 조작 후의 사후측정값과 조작 전의 사전측정값의 차로 구할 수 있다.

$$Dg_1 = O_3 - O_1$$
$$Dg_2 = O_4 - O_2$$

실험집단2의 변화(Dg_3)와 통제집단2의 변화(Dg_4)는 각각의 측정값에서 실험집단1과 통제집단1의 사전측정값의 평균(E_{bm})을 차감하여 구한다.

$$Dg_3 = O_5 - E_{\mathrm{bm}} = O_5 - (O_1 + O_2) / 2$$
$$Dg_4 = O_6 - E_{\mathrm{bm}} = O_6 - (O_1 + O_2) / 2$$

각 집단에서 발생했던 변화들 토대로 상호작용 효과를 측정할 수 있다. 각 집단에 사전측정효과를 B, 독립변수의 효과를 X, 사전측정과 독립변수 조작의 상호작용효과를 I, 통제할 수 없는 외생변수의 효과를 U라고 할 때, 다음과 같은 수식으로 나타낼 수 있다.

$$Dg_1 = O_3 - O_1 = B + X + I + U$$
$$Dg_2 = O_4 - O_2 = B + U$$
$$Dg_3 = O_5 - (O_1 + O_2) / 2 = X + U$$
$$Dg_4 = O_6 - (O_1 + O_2) / 2 = U$$

따라서

$$
\begin{aligned}
I &= Dg_1 - (B + X + U) \\
&= Dg_1 - (B + U + X + U - U) \\
&= Dg_1 - (Dg_2 + Dg_3 - Dg_4) \\
\therefore I &= Dg_1 - (Dg_2 + Dg_3 - Dg_4)
\end{aligned}
$$

같은 방법으로 독립변수의 효과(E)도 구할 수 있다.

$$
\begin{aligned}
E &= Dg_1 - (B + U + I) \\
&= Dg_1 - Dg_2 - I \\
\therefore E &= Dg_1 - Dg_2 - I
\end{aligned}
$$

2) 준실험설계

유사실험설계라고도 하는 준실험설계(quasi-experimental design)는 무작위배정에 의하여 실험집단과 통제집단을 동등하게 선정할 수 없을 때 무작위배정에 의한 방법 대신에 다른 방법을 통하여 실험집단과 유사한 비교집단을 구성하는 설계방법이다. 준실험설계는 실제 연구 수행시 진실험설계의 조건을 완벽하게 갖추기 어렵기 때문에 실험대상의 무작위화를 제외하고 측정대상과 측정시점 만을 통제한다. 준실험설계는 비교적 인과적 추론이 가능한 실험설계와 인과적 추론이 어려운 실험설계로 나눌 수 있다.

준실험설계는 연구자가 연구과제에 발생한 실험처리의 효과를 추정하기 위한 연구에 주로 사용하기 때문에 과거지향적(retrospective)인 경우가 많다. 준실험설계의 장점은 실제 상황에서 이루어지기 때문에 실험설계와는 달리 독립변수의 강도가 강하게 나타난다. 매우 복잡한 요인이 작용하는 경우에도 사용할 수 있고 융통성이 있어 다양한 문제해결에 적용할 수 있기 때문에 이론 검증은 물론 실제적 문제를 해결하기 위하여 주로 사용된다.

준실험설계는 진실험설계보다 실용성 · 실행가능성 · 일반화 능력은 좋으나 인과관계의 명확한 규명은 진실험설계가 더 유리하다. 준실험설계가 갖는 특징들로 인해 외적 타당도는 높은데 비해 내적 타당도가 낮다는 단점이 있다.

(1) 인과적 추론이 비교적 가능한 준실험설계

인과적 추론이 비교적 가능한 준실험설계로는 비동질적 통제집단 설계(non-equivalent control group design), 단절적 시계열 설계(interrupted time-series design), 통제-시

계열 설계(control–series design), 회귀 · 불연속 설계(regression–discontinuity design)가 있다. 준실험설계가 진실험설계에 비해 인과적 추론가능성이 낮은 이유는 실험집단과 통제집단의 선정이 무작위로 이루어지지 않기 때문이다. 따라서, 준실험설계에서 인과적 추론가능성을 높이기 위해서는 가능한 실험집단과 유사한 비교집단을 만들 수 있어야 한다. 실험집단의 크기가 큰 경우에는 확률표본추출도 어느 정도의 유사성을 얻을 수 있지만 일반적으로 실험은 표본의 크기 자체가 작기 때문에 확률표본추출은 거의 사용되지 않는다. 실험집단과 통제집단의 유사성을 확보하기 위한 또 하나의 방법은 짝짓기(matching)이다. 짝짓기는 실험참가자들의 특성을 유사성에 근거하여 분류하고 분류된 특성을 가진 실험참가자들을 둘씩 짝지어 한 사람은 실험집단에 다른 한 사람은 통제집단에 배정하는 방법이다. 또는 실험이 요구하는 것보다 더 많은 수의 실험참가자를 모집하여 유사한 특징을 가진 한 쌍을 발견할 때마다 무작위로 한 명은 실험집단에 다른 한 명은 통제집단에 배정할 수도 있다.

① 비동질적 통제집단 설계

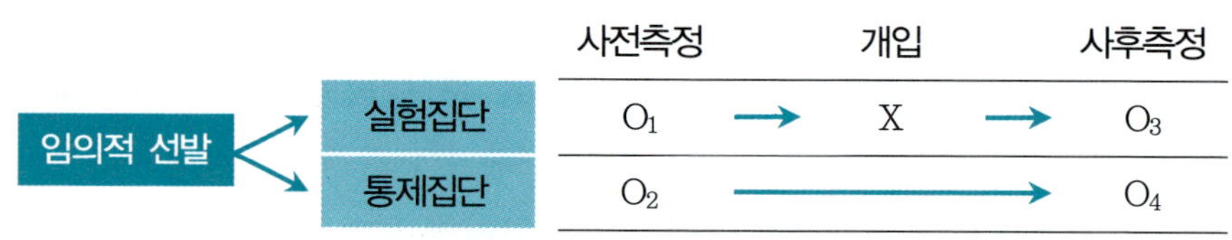

그림 10–4 비동질적 통제집단 설계

X : 실험처리(treatment), 실험적으로 조작되는 처리를 나타내는 변수 = 독립변수
O : 관찰 또는 측정값(observation), 종속변수에 대한 측정값

비동질적 통제집단 설계(non–equivalent control group design)는 통제집단을 갖는다는 점에서 진실험설계 중 통제집단 사전 · 사후측정 설계와 유사하나, 통제집단의 구성이 무작위 할당에 의한 동질화가 이루어지지 않았다는 점에서 차이가 있다. 바로 이 때문에 진실험설계보다 내적 타당도를 저해하는 외생변수의 영향을 통제하거나 배제하는데 어려움이 있다. 그러나, 가능한 범위 내에서 실험집단과 유사한 비교집단 구성을 위해 노력하고, 다양한 외부적 설명들을 통제하기 위해서 집단 간의 차이에 대한 선험적이거나 직관적인 지식들을 동원한다.

② 단절적 시계열 설계

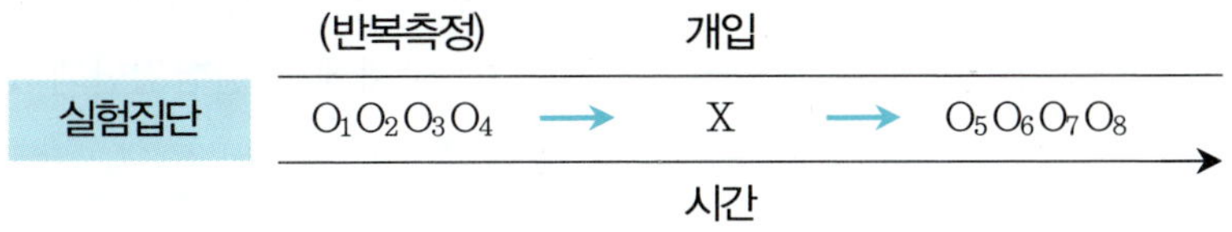

그림 10-5 단절적 시계열 설계

X : 실험처리(treatment), 실험적으로 조작되는 처리를 나타내는 변수 = 독립변수
O : 관찰 또는 측정값(observation), 종속변수에 대한 측정값

단절적 시계열 설계(interrupted time-series design)는 여러 시점에 관찰되는 자료를 통하여 독립변수의 효과를 추정하기 위한 방법으로 조사대상을 실험 · 통제집단으로 나눌 수 없고 실험변수의 효과가 일시적이거나 변화 가능성이 있을 때 동일한 대상에 대하여 실험변수에 노출되기 전 · 후에 여러 차례 정기적으로 종속변수에 대한 측정을 실시하여 변화의 추세를 파악하여 실험효과를 분석하는 방법이다.

단절적 시계열 설계는 각 시점에서 관찰된 단일단위가 정의될 수 있고, 계량적 관찰이 가능하며 독립변수 조작 전후의 여러 시점에 걸쳐서 측정이 가능할 때 사용한다. 단절적 시계열 설계는 인과적 추론의 타당도를 위협하는 다양한 요인들을 체계적으로 고려할 수 있다는 장점이 있지만 우발적인 사건이나 측정수단의 변화와 같은 외생변수의 영향을 받을 가능성이 많은 단점이 있다.

③ 통제-시계열 설계

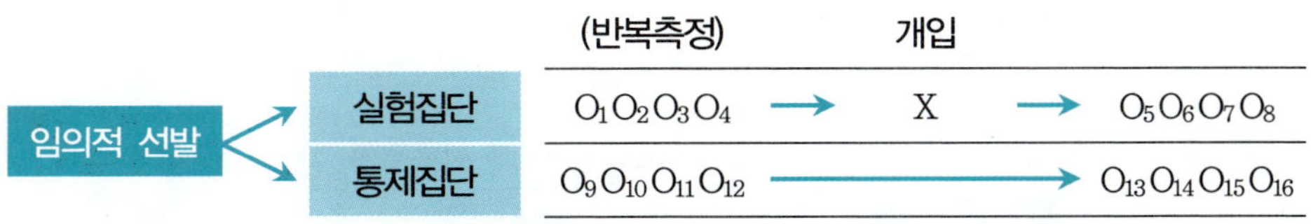

그림 10-6 통제-시계열 설계

X : 실험처리(treatment), 실험적으로 조작되는 처리를 나타내는 변수 = 독립변수
O : 관찰 또는 측정값(observation), 종속변수에 대한 측정값

통제-시계열 설계(control-series design)는 단절적 시계열 설계에 하나 또는 그 이상의 통제집단을 부가한 것으로 프로그램 효과 추정 상의 왜곡을 줄여 인과적 해석이 가능하다. 통제-시계열 설계는 비록 무작위에 의한 할당은 아니지만 이에 근사하는 유사집단 구성 노력을 통하여 실험집단과 통제집단을 구성한 상태에서 실험집단과 통제집단이 공유하는 역사, 성장, 검사 결과 등을 통제할 수 있는 장점이 있다.

④ 회귀-불연속 설계

회귀-불연속 설계(regression-discontinuity design)는 실험집단과 통제집단에 실험대상을 배정할 때 분명하게 알려진 자격기준(eligibility criterion)을 적용하는 방법이다. 일정한 기준에 따라 실험집단과 통제집단을 배정한 후 이들 집단의 각각을 회귀분석하여 두 회귀 경향선의 불연속 정도를 독립변수의 효과로 간주한다. 이 때 배정기준이나 종속변수는 모두 등간 또는 비율척도여야 한다. 회귀-불연속 설계는 실험집단과 통제집단이 동시발생하기 때문에 역사와 성장측정요인에 대한 통제가 용이하여 내적 타당도를 높일 수 있으며 동시에 일반화 또는 보편화를 다루는 외적 타당도도 높일 수 있다. 그러나 부분적으로 실험대상이 소멸하거나 도구 등의 문제로 인한 내적 타당도가 낮아지는 문제가 발생할 수 있다.

(2) 인과적 추론이 어려운 준실험설계

인과적 추론이 어려운 준실험설계는 실험설계의 조건을 거의 갖추지 못했기 때문에 전실험설계(pre-experimental design)라고도 부른다(Cook & Campbell, 1979). 인과적 추론이 어려운 준실험설계로는 단일집단 사후측정 설계(one group posttest only design), 비동질적 집단 사후측정 설계(the posttest only design with nonequivalent group), 단일집단 사전 · 사후측정 설계(the one group pretest-posttest design) 등이 있다.

① 단일집단 사후측정 설계

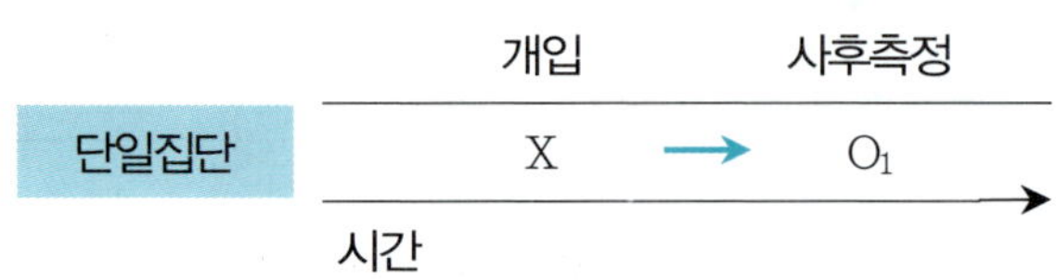

그림 10-7 단일집단 사후측정 설계

X : 실험처리(treatment), 실험적으로 조작되는 처리를 나타내는 변수 = 독립변수
O : 관찰 또는 측정값(observation), 종속변수에 대한 측정값

단일사례연구(one-shot case study)라고도 불리는 단일집단 사후측정 설계(one group posttest only design)는 독립변수에서 노출된 하나의 집단에 대해 사후적으로 결과변수를 측정한다. 이 설계는 단 한 번의 결과측정을 가지고 앞서 실시된 개입이나 독립변수의 효과(E)를 판단한다. 따라서 사전측정 없이 사후측정의 결과가 높은지 혹은 낮은지 직관적으로 판단해야 하기 때문에 실험의 순수한 효과를 측정했다고 볼 수 없으며, 외생변수의 통제도 불가능해 내적 · 외적 타당도를 모두 결여한 설계방법이다.

$$E = O_1$$

② 단일집단 사전 · 사후측정 설계

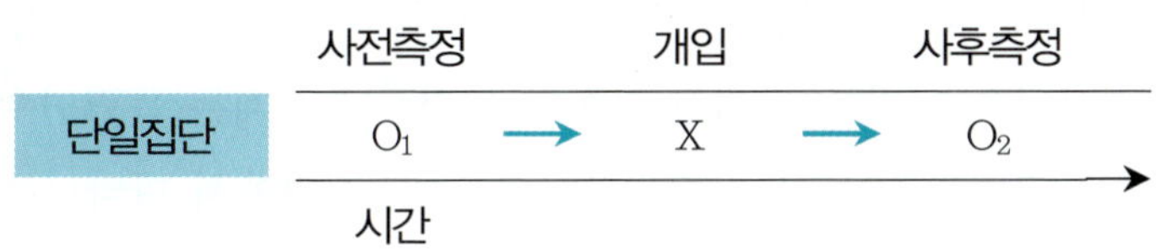

그림 10-8 단일집단 사전 · 사후측정 설계

X : 실험처리(treatment), 실험적으로 조작되는 처리를 나타내는 변수 = 독립변수
O : 관찰 또는 측정값(observation), 종속변수에 대한 측정값

단일집단 사전 · 사후측정 설계(the one group pretest-posttest design)는 단일집단 사후측정 설계에 사전측정을 추가한 설계방식으로 독립변수를 조작하기 전과 후에 종속변수를 측정하여 그 결과를 비교해보는 방식이다. 이 설계의 독립변수 효과(E)는 사후측정값과 사전측정값의 차이로 구할 수 있다.

$$E = O_2 - O_1$$

이 설계는 시간적인 우선성과 비교대상이 있다는 점에서 독립변수의 효과 추정을 위한 최소한 조건을 갖추었다고 볼 수 있다. 그러나 여전히 외생변수의 통제가 불가능하다는 점에서 한계가 있다.

③ 비동질적 집단 사후측정 설계

비동질적 집단 사후측정 설계(the posttest only design with nonequivalent group)

	개입		사후측정
실험집단	X	→	O_1
고정집단		→	O_2

그림 10-9 비동질적 집단 사후측정 설계

X : 실험처리(treatment), 실험적으로 조작되는 처리를 나타내는 변수 = 독립변수
O : 관찰 또는 측정값(observation), 종속변수에 대한 측정값

는 무작위 할당에 의한 집단의 동질성을 확보하지 못했기 때문에 정태적 집단비교(static group comparison)라고도 한다. 비동질적 집단 사후측정 설계는 통제집단에 해당하는 고정집단이 존재하지만 고정집단은 통제집단과 달리 무작위 또는 짝짓기 등의 방법에 의해 구성된 유사집단이 아니라는 점에서 차이가 있다. 이 설계는 독립변수의 조작이 이루어지는 실험집단과 그렇지 않은 고정집단을 두고 실험집단에서 나타나는 결과를 고정집단과 비교하여 독립변수의 효과를 측정하는 설계로 실험적인 조작이 필요하지 않은 조사연구에 적용 가능하다.

이 설계는 두 집단의 동등화 내지는 동질화가 불가능하기 때문에 비교에 사용되는 고정집단이 실험집단과 동일하다는 경험적 보장이 없다. 따라서, 외생변수의 통제가 불가능하다는 단점이 있으며, 인과관계 검증에 있어서 상관관계연구의 한계를 벗어나지 못하고 있다.

3) 비실험설계

비실험설계(non-experimental design)는 인과적 추론의 세 가지 조건을 갖추지 못한 설계방법이다. 비실험설계는 연구자가 실험변수를 조작하기 어렵고 실험대상을 무작위화할 수 없는 실험설계이므로 엄격한 의미에서 실험설계라 할 수 없다. 따라서, 가설의 검증보다는 문제의 도출을 위하여 순수한 실험설계 전에 시험적으로 실시하는 탐색조사의 성격을 가진다. 비실험설계는 독립변수의 조작이나 외생변수의 통제가 불가능한 상황에서 자연적으로 발생하는 공동변화와 발생 순서를 관찰하여 인과적 과정을 추론해 나간다. 비실험설계를 통해서 얻은 정보는 자연발생적 상황에서 얻어진 것이기 때문에 연구자의 노력에 의해 같은 정보가 재생산될 수 없다. 따라서, 비실험설계는 현실적 환경에서 자료수집은 용

이하지만 실험설계를 할 수 없는 경우에 유용한 방법이다. 앞에서 설명된 진실험설계와 준실험설계에 해당되지 않는 연구방법들은 비실험설계로 분류할 수 있다. 비실험설계이면서도 인과적 추론을 시도할 수 있는 연구방법에는 통계적 통제(statistical control)에 의한 방법과 인과모형에 의한 방법 등이 있다.

(1) 통계적 통제에 의한 방법

통계적 통제에 의한 방법은 종속변수에 영향을 미친다고 생각되는 제3의 변수를 통계분석의 모형에 포함시킨다. 예를 들어 회귀분석은 다음과 같은 회귀방정식(regression equation)을 이용한다.

$$Y = \alpha + \beta X$$

여기에서 Y는 종속변수, X는 독립변수, α와 β는 회귀계수(regression coefficient)를 의미한다. 만약 Y에 영향을 미치는 제3의 변수($\gamma_1 Z_1$, $\gamma_2 Z_2$, $\gamma_3 Z_3$ 등)가 있다면, 이들의 영향을 통제한 후에 X의 효과측정은 다음과 같은 다중회귀방정식을 이용할 수 있다.

$$Y = \alpha + \beta X + \gamma_1 Z_1 + \gamma_2 Z_2 + \gamma_3 Z_3 + \cdots$$

이상의 다중회귀방정식을 통해 $\gamma_1 Z_1$, $\gamma_2 Z_2$, $\gamma_3 Z_3$ 등을 통제한 후의 X가 Y에 미치는 영향의 크기를 β값을 통해 측정할 수 있다. 그러나 이를 통해 X와 Y의 시간적 선후관계가 확인된 것은 아니므로 이것이 반드시 인과관계를 설명하는 것은 아니다. 이 때문에 회귀분석은 인과론적 추론이 필요 없는 순수한 예측을 위한 연구의 수단으로 활용되기도 한다. 인과론적 추론이 가능하기 위해서는 원인과 인과적 경로(causal path)를 찾을 수 있는 구조적 회귀분석(structural regression)이 필요하다. 연구자는 이를 위한 구체적 방법론적 대안을 강구해야 한다.

(2) 인과모형에 의한 방법

여러 변수들 간의 인과관계가 복잡하게 작용할 것으로 추정되면 이를 도식화된 인과모형으로 작성하고 경로분석(path analysis)을 통해 각 변수들 간의 인과관계에 관한 가설을 검증할 수 있다. 경로분석을 통하여 인과모형을 검증하기 위해서는 인과관계가 있을 것으로 추정되는 변수들 간의 인과적 순서(causal order)와 인과적 폐쇄성(causal closure)을 지녀야 한다. 인과모형에 의한 분석은 여러 가지 자료분석방법을 다루고 있는 15장에서 다루기로 한다.

3 실험설계의 타당도 문제

연구자들은 실험과 실험결과에 대한 타당도를 높이기 위하여 연구설계 과정 중 실험의 타당도에 영향을 줄 수 있는 다양한 요인들을 고려할 필요가 있다. 실험의 타당도를 저해하는 요인들을 간과하면 실험의 결과가 실제 실험의 내용을 정확히 반영하지 못하거나 실험결과의 일반화에 심각한 오류가 발생할 수 있다. 이는 내적 타당도와 외적 타당도의 저해를 의미하는 것으로 각각의 타당도 저해요인을 정리하면 다음과 같다.

1) 내적 타당도의 저해요인

실험의 내적 타당도에 영향을 줄 수 있는 요인으로는 우발적으로 발생한 역사적 사건, 시간의 경과에 따른 성숙, 반복적인 실험으로 인한 테스트 효과, 측정대상 또는 도구의 변화, 반복적 측정으로 발생하는 통계적 회귀, 표본선정의 오류, 실험대상의 탈락, 모호한 인과적 시간순서, 실험자극의 확산 또는 모방, 통제집단에 대한 잘못된 보상, 실험참가자들의 보상경쟁 또는 사기저하 등이 있다(Cook & Campbell, 1979).

① **우발적으로 발생한 역사적 사건(history)** : 실험결과에 영향을 미칠 수 있는 어떤 사건이 발생했으나 연구자가 인지하지 못했거나 인지하였더라도 종속변수의 변화가 독립변수에 의한 것인지 이 사건에 의한 것인지 알 수 없는 경우 실험의 내적 타당도가 낮아진다. 예를 들어, 사형제 폐지에 관한 연구가 진행되는 동안 연쇄 살인과 같은 잔혹한 범죄가 발생하면 범죄자, 특히 살인을 저지른 범죄자에 대한 편견을 증가시킬 수 있다.

② **성숙(maturation)** : 장기적 실험이 진행되는 경우 시간의 경과에 따른 실험대상자들의 신체적, 정신적, 사회적 성장과 주변 환경의 변화가 실험에 영향을 미칠 수 있다는 점을 고려해야 한다. 연구자는 실험을 둘러싼 성숙의 문제를 어떻게 해결할 것인가에 대한 방안을 강구해야 한다.

③ **테스트 효과(testing effect)** : 실험의 반복적인 참여나 유사 실험의 참여경험은 실험 참가자의 인지에 영향을 줌으로써 실험효과에 영향을 미칠 수 있다.

④ **측정도구(instrumentation)** : 실험진행 중 실험효과를 측정하는 대상이나 측정도구의

변경은 측정결과에 영향을 미치게 된다. 측정대상이나 도구의 변화 이전과 이후의 결과가 서로 유사하다고 확신할 수 없기 때문에 내적 타당도가 현저히 낮아지게 된다.

⑤ **통계적 회귀**(statistical regression) : 동일한 사실을 반복적으로 계속 측정하면 측정치는 궁극적으로 평균으로 수렴하게 된다. '평균으로의 회귀'라고 불리는 이 현상은 어떤 실험자극 없이 발생한 실험대상의 변화를 실험자극의 효과로 오인할 수 있는 위험을 일으킨다. 예를 들어, 신체활동능력을 측정하는 실험에 참가한 실험대상자는 반복적인 측정을 통하여 신체활동능력이 점진적으로 향상될 수 있다.

⑥ **표본선정 오류**(selection bias) : 실험집단과 통제집단 간에 심각한 차이가 있는 경우 실험결과가 독립변수로 인한 것인지 두 집단에 내재한 특성 차이로 인한 것인지 판단하기 쉽지 않다. 따라서 연구자는 실험집단과 통제집단의 무작위 배정이 어려운 경우 유사한 비교집단 구성을 위한 대안을 강구해야 한다.

⑦ **실험대상의 탈락**(mortality) : 독립변수의 개입 전 사전 측정을 마친 대상들이 사후 측정을 하기 전에 자격 상실 등의 이유로 실험집단에서 제외되는 경우가 있는데 실험 대상이 실험기간 중 이탈하게 되면 표본의 대표성을 훼손하고 실험효과의 왜곡이 발생할 수 있다.

⑧ **인과적 시간순서**(causal time order)**의 모호성** : 연구자가 관심있는 변수들 사이에 상관관계가 분명하지만 인과관계가 모호하다면 외생변수의 조작이 힘들기 때문에 실험이 어려울 수 있다. 실험이 이루어지더라도 실험자극과 종속변수의 시간적 순서가 모호하면 실험자극으로 인한 종속변수의 변화인지 종속변수에 의한 실험자극의 변화인지에 대한 논란이 발생할 수 있다.

⑨ **실험자극의 확산 또는 모방**(diffusion or imitation of treatment) : 실험자극의 내용이 통제집단에도 알려져서 독립변수의 효과를 올바르게 파악할 수 없는 경우 실험의 내적 타당도가 훼손되므로 독립변수의 확산이나 모방이 예상되는 경우에는 실험집단과 통제집단을 엄격하게 분리할 필요가 있다.

⑩ **보상**(compensation) : 독립변수가 사회적으로 바람직한 내용일 경우 연구자는 통제집단에게 독립변수를 상쇄할만한 다른 보상을 제공하는 경우가 있다. 이러한 행동은 실험변수의 효과를 올바르게 측정하지 못하게 만들어 내적 타당도에 영향을 주게 된다.

⑪ **보상경쟁**(compensatory rivalry)**과 사기저하**(demoralization) : 사회적으로 바람직하지 않은 실험자극에 노출된 사람들은 이 때문에 자존심에 상처를 입고 자존심을 회복하기 위해 평상시 보다 더 많은 노력을 기울이거나 역으로 스스로를 비하함으로써 평상

시 보다 더 낮은 노력을 기울일 수 있다. 이 두 가지 경우 모두 실험자극의 효과를 올바르게 측정하기 어렵게 만들어 내적 타당도에 영향을 미친다.

2) 외적 타당도의 저해요인

외적 타당도에 영향을 줄 수 있는 요인으로는 표본선정과 독립변수 사이의 상호작용, 상황과 실험변수 사이의 상호작용, 우발적 사건과 독립변수 사이의 상호작용, 상호작용 시험효과, 실험적 배치에 의한 반작용, 중복된 실험변수 등이 있다(Cook & Campbell, 1979).

① **표본선정과 독립변수 사이의 상호작용**(interaction of selection and treatment) : 실험집단이 모집단을 대표하지 못할 경우 발생할 수 있는 상호작용으로 실험효과가 다른 집단에서는 발생하지 않는다면 모집단에 일반화시키기 어렵고, 역으로 내적 타당도 저해와 관련된 표본선택이 문제라면 선정된 표본이 모집단을 대표할 수 있는가의 문제가 발생한다.

② **상황과 실험변수 사이의 상호작용**(interaction of setting and treatment) : 실험진행 상황이 일반화될 수 있는 상황인가의 문제로 실험 상황이 전혀 다른 종류의 상황에서도 적용가능하다면 일반화 가능성도 커지지만 그렇지 않다면 일반화 가능성은 낮아진다.

③ **우발적 사건과 독립변수 사이의 상호작용**(interaction of history and treatment) : 실험진행 당일 우발적으로 발생한 특정 사건이 실험결과에 영향을 미치고 있다면, 같은 실험결과가 실험일이 아닌 다른 날에도 발생할 수 있는가가 문제가 된다.

④ **상호작용 시험효과**(interaction testing effect) : 사전측정이 실험결과에 영향을 미치는 경우로 사전측정을 하지 않은 경우보다 사전측정을 한 경우에 실험효과가 더 크게 나타나는 문제가 생길 수 있다.

⑤ **중복된 실험변수**(multiple-treatment interference) : 같은 실험대상자에게 동시에 또는 반복적으로 여러 종류의 독립변수가 주어지면 각 변수의 실험효과가 상쇄되거나 강화되어 각 실험변수의 효과를 측정하기 어려울 수 있다.

3) 외생변수의 통제방법

내적 타당도와 외적 타당도에 영향을 주는 요인들을 통제하기 위하여 연구자들은 다음과 같은 방법을 사용할 수 있다.

① 종속변수에 영향을 미치는 외생변수를 제거한다.
② 독립변수를 제외한 실험집단과 통제집단의 외생변수 조건을 동일하게 맞춘다.
③ 종속변수에 영향을 미치는 외생변수를 모르거나 그 종류가 너무 많은 경우에는 표본의 추출과 배정을 무작위로 수행한다.
④ 통계기법을 통하여 외생변수의 개입을 제거한다.

11 질적 조사

제11장

1. 질적 조사의 개념과 패러다임
2. 질적 조사의 종류
3. 질적 조사의 과정
4. 질적 조사의 타당도와 신뢰도

제11장

질적 조사

다양한 패러다임에 근거하여 연구대상에 대한 자연주의적 관점과 해석적 이해를 강조하는 질적 조사는 인간의 행동이나 현상의 의미해석을 통하여 사회현상을 이해하고자 할 때 매우 유용한 조사방법이만 질적 조사가 갖는 특성 때문에 연구자의 주관성 개입이 허용되고 연구결과에 대한 타당도와 신뢰도 확보가 어려운 문제가 있다. 이 장에서는 질적 조사의 토대를 형성하고 있는 다양한 패러다임과 대표적인 질적 조사방법, 질적 조사의 과정을 소개하고 질적 조사의 타당도와 신뢰도를 저해하는 구체적인 요인을 살펴본다.

1 질적 조사의 개념과 패러다임

1) 질적 조사의 개념

질적 조사(qualitative research)는 인간행동이나 사건의 의미에 대한 해석을 통해서 사회현상을 이해하고자 할 때 유용한 조사방법으로 연구대상에 관한 정보의 수량적 수집보다는 숫자로 표현되지 않는 연구대상의 특질이나 특성에 관한 정보를 자연스러운 관찰을 통하여 기록하고자 한다. 이를 통하여 연구대상이나 현상의 의미, 발생 또는 진행의 과정, 인과적 관계 등에 대한 깊이 있고 총제적인 이해를 얻고자 한다. 이러한 질적 조사에 대하여 덴진과 링컨(Denzin & Lincoln, 2005)은 질적 조사가 연구주제에 대한 해석적, 자연주의적 접근을 수반하며, 초점에 있어서 복합적인 방법을 사용한다고 하였으며, 메이슨(Mason, 1996)은 질적 조사가 해석주의적(interpretive)인 철학적 입장에 기반하고 있다는 사실을 지적하며 질적 조사가 사회적 흐름에 관심을 가진 연구에서 분석과 설명의 복합성, 구체적 사항과 더불어 흐름을 이해하는데 중점을 두고 있어 풍부하고 상황적이며 구체적인 자료를 바탕으로 완숙한 이해 창출을 목적으로 한다고 보았다.

질적 조사가 갖는 복합적인 패러다임에 대해 넬슨 등(Nelson et al., 1992)은 연구대상이 되는 인간의 경험이 다민족적이고 정치적 입장에 의해 형성된 삶의 터전에서 이루어지고 있기 때문이라고 한다. 따라서 인간경험에 대한 자연주의적 관점과 해석적 이해는 다중 패러다임에 근거한 복합적인 연구방법의 지지를 받게 된다고 한다.

2) 질적 조사의 패러다임

(1) 민속지학

자연주의는 실증주의적 전통에 기반을 두고 사회적 사실을 '실재하는 사실, 자연스럽게 관찰되고 보고될 수 있는 객관적 실체'로 보았다(Gubrium and Holstein, 1997). 설명보다는 상세하고 정확한 묘사에 초점을 맞춘 민속지학(ethnography)은 자연주의로 분류되는 연구기법 중 하나로 인류학에 토대를 두고 있으며, 연구자가 특정사회집단 내에 구성원으로 참여하여 해당 집단을 관찰하는 연구형태이다(Babbie, 2021). 민속지학은 연구를 통해 특정 집단을 이해해 나가며 그 과정을 공유하고 연구자에 의해 그 집단의 사회적 특징이 평가되는 과정(process)이자 결과(product)이다(Morse, 1992).

민속지학은 다른 질적 조사방법에 비해 전체적(holistric), 맥락적(contextual), 반성적(reflective)이라는 특징을 갖는다(Boyle, 1994). 첫째, 전체적이란 연구현장과 참여자 행동의 의미와 목적이 서로 통합되어 있다는 것으로, 인간의 행동은 인간이 처한 여러가지 상황에서의 복합적인 작용에 따른 전체적인 것으로 본다. 둘째, 맥락이란 추출한 자료의 해석에 있어 문맥 속에서 단어의 진정한 의미를 찾아내듯이 인간의 상호관계(inter-relationship) 속에서 사회적 사실의 의미를 정리해내는 것을 말한다. 셋째, 연구자는 연구현장을 통해 자신이 살고 있는 삶의 일부를 반성할 수 있다.

민속지학의 종류에는 고전민속지학(classical ethnography), 체계적 민속지학(systematic ethnography), 해석적 민속지학(interpretive ethnography), 비평적 민속지학(critical ethnography) 등이 있다. 고전적 민속지학은 물질적 환경을 이해하고자 기술을 시도한다. 기술을 통하여 일반적 사실(general fact)을 주제와 연관된 용어 및 범주로 묶어서 설명한다. 체계적 민속지학은 사람들의 사회작용, 감정 그리고 문화의 구조(structure of culture)에 대해 규정하고자 한다. 즉, 특정집단 구성원들의 행동을 형성하는 문화와 연관된 인지적인 지도(cognitive map)에 대하여 해석하고자 한다. 해석적 민속지학은 인간행동에 대한 많은 분량의 기술(thick description)을 매우 중요시 하며, 특정 문화 안에서 파생되어진 인간의 행동을 함축적인 부분과 수많은 관계들에 대하여 독자들이 이해할 수 있도록 텍스트를 제공하고자 한다. 비평적 민속지학은 민속지학의 결과물을 연구자와 연구대상자 사이에서 만들어낸 일종의 허구라고 간주하고 일정한 시간과 문화에서 창조되어지고 파생되는 현상에 대하여 소설식으로 기술하고자 한다.

민속지학의 연구과정은 먼저, 연구대상 집단 또는 개인의 동의를 구하는 것으로부터 시작한다. 연구자는 연구의 대상이 되는 집단 또는 개인을 직접 만나 연구의 목적 및 필요성, 관찰대상 및 연구과정을 이해할 수 있도록 충분히 설명하고 동의를 구하여 자발적인 참여를 유도해야 한다. 또한, 연구결과물이 익명으로 처리될 것이라는 점을 분명히 하여 개인정보 유출에 대한 연구대상 집단 또는 개인의 우려를 불식시켜야 한다.

두번째는 연구의 기간과 시간에 관한 계획을 정해야 한다. 연구자는 연구에 필요한 결과를 도출하기까지 필요한 기간과 관찰 시간대를 파악해야 한다. 긴 연구기간이나 관찰시간대가 연구자와 연구대상 간 합의되지 않으면 연구과정 중 연구대상의 누락이 발생할 수 있으므로 연구자는 이를 연구대상 집단 또는 개인과 충분히 협의하고 동의를 구함으로써 연구과정 중 연구대상이 되는 집단이나 개인이 누락되지 않도록 할 수 있다.

세번째는 자료의 수집으로 연구결과 산출을 위한 자료를 생성하는 과정으로 연구과정 중 가장 중요한 단계이다. 자료는 관찰과 인터뷰에 의해 생산되는 주자료와 그 밖의 범주에 속하는 보조자료로 나눌 수 있다. 주자료는 관찰과 인터뷰에 대해 연구자가 작성한 인터뷰 기록, 음성 녹취, 영상 녹화 등으로 수집할 수 있으며, 보조자료는 연구관련 제반 기록문서, 연구대상에 대한 사적 기록, 전화 인터뷰, Email 자료, 연구자의 반성 노트 등으로 수집할 수 있다. 폴 윌리스(Paul Willis, 1978)는 사람들의 경험을 과소평가하거나 그것을 사회구조와 사회적 상황의 수동적인 반영으로 보지 않고, 그것을 있는 그대로 표현하는 것이 최상의 민속지학이라고 한다. 따라서, 자료의 수집 역시 있는 수집된 각 자료 간의 간극이 연구자의 추측이나 성향으로 채워지지 않고 있는 그대로를 표현할 수 있도록 연구자의 노력이 필요하다.

네번째는 자료의 분석이다. 수집된 자료의 분석은 주로 내용분석(content analysis)과 기술분석(descriptive analysis)을 사용한다. 내용분석은 텍스트 상에 연관된 주요 개념들을 범주화시켜 의미나 추론에 따라 내용을 분석한다. 기술분석은 연구자가 수집한 자료들의 일정한 현상과 내용적 측면을 연결시켜 특정 현상이 발생하게 된 원인부터 전개과정을 지속적으로 기술해 나간다.

마지막으로 연구의 신뢰성 검증이 필요하다. 민속지학에서의 신뢰성 검증은 ① 연구의 진실성(credibility), ② 연구의 전이성(transferability), ③ 연구의 믿음성(dependability), ④ 확인성(confirmability)을 통해 이루어진다. 연구의 진실성을 높이기 위한 검증방법은 지속적인 관찰(persistent observation), 자료의 수집 및 분석 삼각법, 연구결과물에 대한 연구참여자의 확인(member check), 타 연구자의 결과물에 대한 진단(peer debriefing) 등을 들 수 있다. 연구의 전이성이란 수행한 연구의 결과가 일시적이 아닌 다른 상황에서도 그렇게 나타날 수 있다는 것을 증명하는 정도를 말한다(Guba & Lincolin, 1985). 연구의 믿음성은 주로 동료 연구자가 연구절차에 대해 다시 한 번 점검하여 이상이 없음을 확인함으로써 향상된다. 마지막으로 확인성은 주로 연구에 참여한 대상자들 및 동료연구자들과 함께 자료의 분석과 해석이 오류를 범하고 있지 않은가에 대해 검증함으로써 연구결과의 신뢰성을 높이는 검증방법이다.

민속지학의 초기 연구로는 윌리엄 화이트(William Foote Whyte)의 코너빌(Cornerville) 연구(1943)가 유명하다. 화이트는 코너빌의 이탈리아계 이민자들의 실제생활에 참여하여 이들의 실제 생활상을 세밀하게 보고하였다. 화이트는 이 연구에서 코너빌 사람들의 현실을 연구자의 용어가 아닌 그들 자신의 용어로 기록하고 보고하여 그들이 '실제로 하는' 방식에 기초함으로써 객관적인 사회적 실재를 보고하고자 하였다.

스노우와 앤더슨(Snow and Anderson, 1987)은 노숙자가 자신들에게 부여된 낙인을 인지하는 과정에서 어떻게 자신의 정체성을 형성하고 타협하는지 이해하기 위하여 텍사스 주 오스틴 시 노숙자들의 매일의 일상을 관찰하였다. 그들은 약 12개월 간 노숙자들과 함께 하면서 일상의 상세한 기록과 심층면접의 녹취를 통하여 연구를 수행하였다.

민속지학적 해석은 많은 어려운 과정이 있다. 연구자가 어려운 환경 속에서 연구대상자들과 동고동락하며 연구결과물을 생산해내야 하는 연구자의 헌신과 노력이 필요하고, 연구대상의 동의로부터 연구과정 및 결과, 그리고 그에 대한 신뢰성 검증에 이르기까지 각 절차에 대한 연구자의 치밀한 연구태도가 필요하다.

(2) 현상학

현상학(phenomenology)은 직접적인 경험(immediate experience)의 범위를 다양하고 폭넓게 이해하고자 하며(Husserl, 1993), 인간 행위의 근본적인 의미를 밝혀내고자 노력한다(Bishop & Scudder, 1995). 경험의 본질에 대한 해석은 충분한 기술을 통해서 가능하다. 현상학의 적용은 생생한 체험(lived experience)의 구성요인에 관한 올바른 이해를 제시해 줄 수 있고, 인간의 의식이 투영되는 현상을 있는 그대로 나타내고자 하므로 연구대상자의 주관적 상황, 태도 그리고 일상의 역할에 대한 충분한 기술을 통해서 경험의 본질과 의미를 밝힐 수 있다.

현상학은 기존의 실증주의적인(positivistic) 연구 경향과는 달리 인간의 의식과 경험은 조작될 수 없으며 자연적인 상황에서 있는 그대로의 경험을 이해함으로써 문제의 본질(essence)을 해결하고자 한다. 현상학은 연구과정에 수집된 반성에 대한 대화, 기술 그리고 기타 기록물 등을 통해 경험에 대한 분석과 현상에 대한 이해를 시도한다.

경험의 속성은 크게 다차원적 속성(multi-dimensional nature), 일시적 속성(transitory nature), 다면적 속성(multi-phase nature)으로 구분된다. 다차원적 속성은 경험을 긍정적 경험, 스트레스적 경험, 부정적 경험의 상태로 구분하며, 일시적 속성은 경험이 일시적 또는 단편적으로 진행되므로 지속적으로 영향을 미치기 보다는 각각의 상황에 따라 다르게 나타난다. 다면적 속성은 경험의 단계를 예상, 현장참여, 참여활동, 현장 재참여, 회상의 단계로 구분한다.

경험에 대한 해석은 각성 및 변화의 추이를 고려해야 한다. 경험은 각성 수준에 따라 그

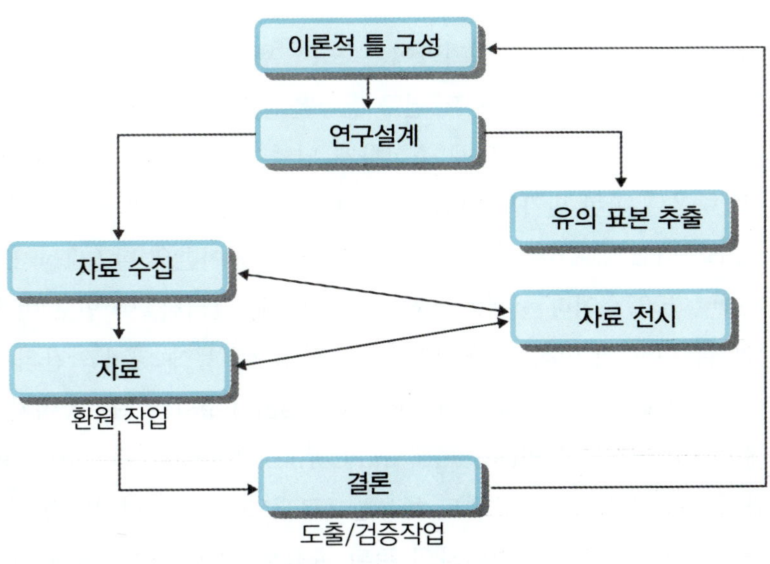

그림 11-1 현상학적 연구과정의 순환체제(recursive schema)

출처 : Howe, 1991.

경험의 정도를 달리할 수 있다. 각성 수준이 높을수록 높은 수준의 수행결과를 산출할 수 있으며 역으로 각성 수준이 낮을수록 그렇지 못하다. 또한 각성이 과다하면 긴장을 유발하여 수행결과가 낮아질 수 있으며 각성 수준이 지나치게 낮으면 수행결과가 미미할 수 있다. 그리고 경험의 반복은 같은 경험이라도 그 수행결과에 차이가 있을 것이므로 이에 대한 고려가 필요하다.

현상학적 분석을 이용한 조사연구 수행을 위해서는 [그림 11-1]과 같이 현상학이라는 이론적인 틀로부터 경험, 의미, 의의, 의식에 관한 연구문제를 설정한다. 연구문제가 설정되면 연구설계를 바탕으로 유의적 표본을 추출하고 이에 대한 자료들을 수집하고 수집된 자료의 분석과 함께 자료들을 전시하고 자료들 사이에서 제시된 요인들을 정리하는 과정을 거친다.

현상학적 분석은 연구대상자의 의식의 흐름, 경험의 질적인 차원, 경험의 다차원적 속성을 이해할 수 있는 자료를 얻을 수 있다. 현상학적 분석은 실증주의적 분석에서 범하기 쉬운 경험의 객관화 그리고 요인들을 획일적으로 열거하는 문제들에 대한 해결책을 제공한다.

현상학적 분석에서 가장 중요한 것은 연구자의 태도이다. 연구자가 현상을 있는 그대로 이해하려고 노력하고 상호주관적인 자료들에 대하여 질문, 반성, 주의집중, 그리고 직관 등을 동원하여 해석해야 한다.

(3) 근거이론

근거이론(grounded theory)은 '현실기반이론' 또는 '현장이론'이라고 불리기도 하며, 실증주의와 상호작용론이라는 두 가지 주요 연구 전통을 접목시킨 글레이서(Barney Glaser)와 스트라우스(Anselm Strauss)에 의해 출현하게 되었다. 1967년 그들은 죽음을 앞둔 환자들을 대상으로 죽음에 관한 환자의 관점을 연구하면서 근거이론의 원초적 틀을 사용하였다(Glasser and Strauss, 2006). 이들의 연구과정은 〈근거이론의 발견(The Discovery of Grounded Theory, 1967)〉이라는 책을 통해 소개되었다. 그러나, 이 연구 이후 두 연구자는 연구주제, 인터뷰의 질의 방식, 문헌고찰시기, 분석과정 등에 있어 약간의 시각차를 보였다. 먼저, 연구주제에 대해서 글레이서(Glaser, 1992; 1998)는 연구참여자의 관심으로 제한한 데 비해 스트라우스와 코빈(Strauss and Corbin, 1998)은 연구참여자의 관심은 물론 연구자의 관심에서 비롯된 연구주제도 허용함으로써 연구주제 선정방법에 다양성을 허용하였다. 이들은 공통적으로 연구참여자의 주된 관심사, 즉 연구참여자에게 중요한 문제가 무엇인지를 발견하는 것이 중요하고 그것이 연구의 주제가 되는 것이 적합하다고 한다.

다음으로 인터뷰의 질문형식에 있어서는 스트라우스와 코빈(Strauss and Corbin, 1998)

은 "어떻게(how)"와 "만약 ~한다면(if)"으로 구성된 질문형식을 허용하지만, 글레이서(Glaser, 1992)는 가정상황의 사용이 연구자의 선입견을 강화시키고, 연구자의 생각을 연구참여자에게 강요한다고 보아 "만약 ~한다면(if)"의 질문을 피하라고 한다.

문헌고찰에 대해서 글레이서(Glasser, 1992)는 핵심범주 발견 전에는 문헌고찰을 삼가하라고 한다. 사전 문헌고찰로 인한 연구자의 선입견이 연구에 미칠 영향을 우려한 때문이다. 이에 반해, 스트라우스와 코빈(Strauss and Corbin, 1998)은 실제 자료에 담겨있는 의미를 파악할 수 있는 이론적 민감성을 높이기 위해 연구의 시작과 더불어 연구과정 중에도 지속적인 문헌고찰을 권유한다.

분석과정에 있어서의 가장 큰 차이는 이론적 코딩(theoretical coding)과 축코딩(axial coding)이다. 수집된 자료의 분석단계에서 스트라우스와 코빈(Strauss and Corbin, 1998)은 개방 코딩(open coding), 축코딩(axial coding), 선택적 코딩(selective coding)을 제시하였고, 글레이서(Glaser, 1992)는 개방 코딩(open coding), 선택적 코딩(selective coding)과 함께 이론적 코딩(theoretical coding)을 제안했다. 스트라우스와 코빈이 제시한 축코딩은 인과적 상황(causal conditions), 현상(phenomenon), 맥락(context), 중재상황(intervening conditions), 작용/상호작용 전략(action/interactional strategies), 결과(consequences)를 포함하는 일련의 개념적 모형이다. 글레이서가 제시한 이론적 코딩은 자료에 나타난 범주와 범주의 속성 간의 개념적 관계를 만들어내는 지속적인 비교 분석과정으로 글레이서는 18개의 이론적 코딩방법을 제시하였다(Glaser, 1998). 또한 글레이서는 기존 18개의 이론적 코딩에 해당 연구자료에 적합한 코딩방법이 없다면 연구에 적합한 새로운 이론적 코딩을 만들어 사용할 수 있다고 한다.

근거이론은 관찰자료에서 발견되는 유형, 주제, 그리고 공통 범주의 분석으로부터 이론들을 도출해 내고자 한다(Babbie, 2021). 근거이론은 이론과 개념, 가설을 찾기 위해 지속적인 자료의 수집과 귀납적 분석을 주장하기 때문에 연구자가 새로운 관점에 둔감해질 수 있으며, 분석에서 귀납적 관찰을 통해 유형을 발견하기 때문에 주로 귀납적 과정이 강조되지만 그 유형에 근거한 개념과 임시가설(working hypothesis)은 연역적으로 발전시키므로 귀납적 과정과 함께 연역적 과정도 중요하다는 사실을 간과해서는 안된다. 분석을 위한 새로운 사례는 기존 개념과 가설에 근거하고 있거나 이와 유사한 사례를 추출하여 기존 사례를 검증해 나간다. 이러한 특징 때문에 근거이론은 이론적 기반이 갖추어지지 않았거나 기존 이론의 수정이 필요한 경우에 적절히 사용될 수 있다.

글레이서와 스트라우스의 근거이론에 관한 방법론적 차이는 절대적이기보다는 연구주제와 목적의 적합성에 따라 연구자가 연구를 위해 참조할 수 있는 준거를 제공한다. 배비(Babbie, 2021)는 근거이론의 과학적 사용을 위한 구체적 지침으로 편견을 피하기 위한 비교적 사고(think comparatively), 관찰기법의 다양화를 위한 복수관점 확보(obtain multiple viewpoints), 기존 해석에 반하는 자료가 있는지에 대한 주기적 검토(periodically step back), 기존 자료의 검증을 위한 회의적 태도의 견지(maintain an attitude of skepticism), 그 밖에 연구절차의 준수(follow the research procedures) 등을 제시하였다.

(4) 질적 연구 패러다임의 비교

앞서 살펴본 질적 연구의 패러다임의 주된 특징들을 비교해보면 [표 11-1]과 같다. 민속지학은 기술을 중심으로 가치, 믿음, 실천행위에 관한 해석을 하고자 할 때 적합하며, 인류학에 기원을 두고 있는 자연주의적 연구방법이다. 비구조화된 인터뷰, 참여관찰, 관찰노트 등의 연구방법을 사용하여 서류, 기록물, 사진, 지도, 가계혈통도, 사회관계 구성도 등이 연구자료가 된다. 현상학은 의미를 중심으로 경험의 본질을 해석하고자 할 때 유용하며, 철학 또는 현상학 자체에 기원을 두고 있다. 대화의 녹음이나 경험에 관한 기록을 통해 연구하며 현상학에 관한 문헌, 철학적인 반성, 문학, 예술작품 등이 연구자료가 된다. 근거이론은 과정 중심으로 시간과 변화에 따른 경험의 해석을 하고자 할 때 적합하며, 사회학의 상징적 상호작용의 토대 위에 인터뷰 등의 연구방법을 통하여 수집한 참여관찰, 메모기록, 일기 등이 연구자료가 된다.

표 11-1 질적 연구 패러다임의 비교

연구유형	기술 가치, 믿음, 실천행위에 관한 해석	의미 경험의 본질을 해석	과정 시간과 변화에 따른 경험의 해석
연구범주	민속지학(ethnography)	현상학(phenomenology)	근거이론(grounded theory)
패러다임	인류학	현상학(철학)	사회학(상징적 상호작용)
연구방법	• 비구조화된 인터뷰 • 참여관찰 • 관찰노트	• 대화 녹음 • 경험에 관한 기록	• 인터뷰
연구자료	• 서류, 기록물 • 사진, 지도 • 가계혈통도 • 사회관계 구성도 등	• 현상학에 관한 문헌 • 철학적인 반성 • 문학, 예술작품 등	• 참여관찰들 • 메모기록 • 일기 등

출처 : Morse & Field, 1995.

2 질적 조사의 종류

질적인 자료를 수집하는 조사방법으로 관찰(observation), 사례연구(case study), 심층면접(in-depth interview), 초점집단면접(focus group interview, FGI)이 많이 사용된다.

1) 관찰

(1) 관찰의 의미

관찰은 연구대상이 되는 개인이나 집단에게 질문을 하지 않거나 또는 이들의 행위에 영향을 주지 않으면서 이들의 행위를 주의 깊고 면밀하게 살피면서 필요한 자료를 수집하는 방법이다. 예를 들어 청소년의 흡연행위를 파악하기 위해 청소년들이 주로 흡연하는 장소를 멀리서 주의 깊게 살펴보는 방법은 관찰에 해당한다. 관찰은 연구자가 현장을 직접 목격하고 행위나 상황이 일어나는 과정을 살펴보면서 수 이외의 자료를 주로 수집하기 때문에 기본적으로 질적 연구이다. 따라서 관찰은 다른 질적 연구와 마찬가지로 연구자에게 폭넓은 시각을 제공해주고 아울러 연구내용에 대해 총체적이고 깊이 있는 이해가 가능하도록 해준다.

과학세계에서 일어나는 관찰은 미리 의도되고 또 체계적으로 계획되어 실행된다는 측면에서 일상생활에서 일어나는 단순하고 우연적인 관찰과 다르다. 서베이조사와 실험에서도 관찰이 이루어진다. 하지만 질적 연구로서 관찰은 질문을 하지 않고 또 자극을 주거나 조작하지 않으면서 연구대상자의 자연스런 행위를 관찰한다는 측면에서 이들 조사방법과 차이 난다고 할 수 있다.

관찰은 대부분 관찰대상이 있는 현장이나 현장을 직접 목격할 수 있는 장소에서 이루어지기 때문에 현장연구(field research)이기도 하다. 그런데 현장에서 관찰이 이루어질 때 연구대상자가 자신이 관찰대상이라는 사실을 알게 되었을 때 원래의 행동과는 다른 행동을 할 가능성이 있다. 이를 반향성(reactivity)이라고 한다. 연구자는 조사대상자의 반향성 문제를 고려해야 한다. 반향성이 생기지 않도록 연구자는 조사대상자가 자신이 관찰대상이라는 사실을 모르게끔 관찰을 시행할 수 있다. 하지만 경우에 따라 조사대상자에게 관찰 사실을 숨기고 관찰하는 행위는 윤리적인 문제를 발생할 소지를 갖고 있다. 이에 따라 연구자는 반향성과 윤리적인 기준을 고려하여 현장상황에 적합한 관찰을 시행해야 한다.

(2) 관찰의 종류

관찰은 연구자의 역할, 관찰의 조건과 상황, 방식 등에 따라 참여관찰(participant observation)과 비참여관찰(non-participant observation), 체계적 관찰(systematic observation)과 비체계적 관찰(unsystematic observation), 통제적 관찰(controlled observation)과 비통제적 관찰(uncontrolled observation), 직접적 관찰(direct observation)과 간접적 관찰(indirect observation)로 나뉠 수 있다.

① 참여관찰과 비참여관찰

참여관찰과 비참여관찰은 연구자가 관찰대상 집단이나 상황에 참여하는가의 여부에 따라 구분된다. 먼저 참여관찰은 연구자가 관찰대상 집단이나 상황에 직접 참여하여 관찰하는 방법이다. 연구자의 참여 정도에 따라 참여관찰은 다시 완전참여자법(full participant)과 관찰자적 참여자법(participant as observer)으로 구분된다. 완전참여자법은 연구자가 자신의 정체를 드러내지 않은 채 관찰대상 집단에 들어가 관찰대상자들과 같이 활동하면서 관찰하는 방법이다. 관찰자적 참여자법은 연구자가 자신의 신분을 밝히고서 관찰대상 집단에 들어가 관찰대상자들과 교류하거나 같이 활동하면서 관찰하는 방법이다. 참여관찰은 연구대상자들과 밀접하게 교류하면서 같이 활동하기 때문에 깊이 있고 상세한 정보를 제공해주는 장점이 있는 반면에 연구자가 연구대상에 동화되어 객관적인 관찰을 하지 못할 수도 있다. 아울러 관찰자적 참여자법은 연구대상자가 연구자의 존재를 의식해서 평소와는 다르게 행동할 수 있는 단점이 있을 수 있다.

비참여관찰은 연구대상자가 관찰대상 집단에 참여하지 않거나 매우 제한적으로 참여하면서 관찰하는 방법이다. 연구자의 참여 정도에 따라 비참여관찰은 다시 완전관찰자법(complete observer)과 참여자적 관찰자법(observer as participant)으로 구분된다. 완전관찰자법은 분리관찰법(detached observation)이라고도 하는데 연구자가 관찰대상 집단으로부터 떨어져 관찰대상자들을 관찰하는 방법이다. 연구자는 되도록 관찰대상 집단과 접촉하지 않으며 관찰대상 집단 또한 자기들이 관찰되고 있다는 사실을 모르는 경우가 일반적이다. 참여자적 관찰자법은 연구자가 자신의 신분을 밝히되 관찰대상 집단과의 접촉과 교류는 최소한으로 유지하면서 관찰하는 방법이다. 연구자는 관찰대상 집단과 일정한 사회적 거리를 두면서 참여보다는 중립적인 관찰에 중점을 둔다. 비참여관찰은 연구대상에 영향을 주지 않으면서 자연스런 행위를 관찰할 수 있고 또 윤리적 문제를 최소화 할 수 있지만 관찰내용이 피상적이고 수집되는 정보가 공개적인 장소에서 일어나는 것에 한정되는 단점이 있다.

② 체계적 관찰과 비체계적 관찰

체계적 관찰은 관찰내용, 관찰방법, 기록방식 등을 미리 정해놓고 여기에 맞추어 시행하는 관찰이다. 이에 따라 행위과정과 상황을 객관적이고 체계적으로 관찰할 수 있으며 관찰자의 해석에 의해 왜곡되지 않는 신뢰할만한 자료를 수집할 수 있다. 체계적 관찰은 정해진 기준과 틀에 맞추어 관찰이 이루어지기 때문에 구조화된 관찰(structured observation)이라고도 한다. 체계적 관찰이 이상적으로 실행될 경우 모든 연구자들은 동일한 행위나 상황에 대해 동일한 결과를 얻게 된다. 체계적 관찰은 객관적이고 신뢰도가 높은 자료를 얻을 수 있고 또한 가설을 검증하거나 결론을 입증하는 데 유용하지만 새롭게 발생하는 행위나 예외적인 행위에 대한 자료를 얻는 데 어려움이 있다.

비체계적 관찰은 관찰내용, 관찰방법, 기록방식 등을 미리 정해놓지 않고 시행하는 관찰이다. 그렇기 때문에 연구자는 연구주제에 대한 일반적인 생각만 가지고 이와 관련된 모든 행위와 상황을 상세하게 관찰하고 기록한다. 비체계적 관찰은 정해진 기준과 틀이 없이 관찰이 이루어지기 때문에 비구조화된 관찰(unstructured observation)이라고도 한다. 비체계적 관찰은 미리 정해놓은 기준이 없기 때문에 관찰 중에 새로운 사실을 발견할 가능성이 크고 관찰내용이나 관찰대상을 바꿀 수 있는 유연성을 지니고 있으며 또한 연구주제와 관련될 수 있는 모든 행위와 상황을 관찰함으로써 종합적인 접근과 이해가 가능하다. 이와 같은 장점 때문에 비체계적 관찰은 가설을 도출하거나 탐색적인 연구 그리고 심층적인 연구에 적합하다. 하지만 비체계적 관찰은 체계적인 관찰에 비해 연구자의 주관과 편견이 개입될 소지가 크고 이에 따라 연구의 객관성과 신뢰도가 떨어질 수 있다.

③ 통제적 관찰과 비통제적 관찰

통제적 관찰은 관찰대상, 관찰시간, 관찰장소, 관찰내용, 관찰방법 등을 사전에 의도적으로 설정해놓고 시행하는 관찰이다. 다시 말해 관찰의 모든 상황, 조건, 과정을 사전의 계획에 따라 통제하면서 실시하는 관찰이다. 경우에 따라 연구자는 관찰현장이나 상황을 인위적으로 설정하거나 조작하며 또한 관찰대상에 대해 자극을 가해 그 결과를 관찰한다. 이 같은 특성들로 인해 통제적 관찰은 체계적 관찰에 유사하며 또한 인위적 관찰(artificial observation)이라고도 한다. 통제적 관찰은 통제의 효과를 높이기 위해 종종 실험실과 같은 조건에서 이루어지며 아울러 관찰의 정확성과 신뢰도를 높이기 위해 기계를 사용하기도 한다. 통제적 관찰은 신뢰도가 높은 자료를 얻을 수 있고 또한 행위과정의 인과성을 정확하게 파악할 수 있다. 이에 비해 관찰의 인위성으로 이해 연구결과의 일반화가 제한적이며 또한 호손효과의 발생으로 인해 연구결과의 타당도가 저해될 가능성이 있다.

비통제적 관찰은 아무런 통제나 조작이 없는 자연적인 조건과 상황에서 이루어지는 관찰이다. 다시 말해 자연발생적으로 나타나는 행위과정과 상황을 관찰하는 방법이다. 이 같은 특성으로 인해 비통제적 관찰은 자연적 관찰(naturalistic observation)이라고도 한다. 비통제적 관찰은 일상과 같은 자연스런 상황에서 관찰이 이루어지기 때문에 연구결과를 일반화하기가 쉬운 반면 관찰에 시간이 많이 소요되고 관찰결과에 대한 해석이 주관적이 될 가능성이 크다.

④ 직접적 관찰과 간접적 관찰

직접적 관찰은 발생하고 있는 행위, 상황, 과정을 연구자가 직접 관찰하는 방법이다. 직접적 관찰은 관찰을 유연하게 진행할 수 있고 또한 깊이 있고 풍부한 자료를 얻을 수 있는데 비해 시간과 비용이 많이 소요되고 관찰자의 주관이 개입되며 관찰대상이 관찰자와 관찰상황에 의해 영향을 받을 수 있다.

간접적 관찰은 다른 연구자가 관찰했거나 기록한 자료 또는 기계적인 방법으로 수집했거나 기록한 자료를 관찰하는 방법이다. 이러한 자료에는 녹화된 동영상, 진술이나 대화의 녹음본이나 녹취록, 과거의 행위를 확인할 수 있는 영수증이나 주문서 또는 사건이 일어난 현장과 같은 물리적인 흔적 등이 포함된다. 간접적 관찰은 시간과 비용을 절감하고 연구대상에 영향을 미치지 않는 반면에 관찰로 얻을 수 있는 자료와 정보가 제한적이다.

(3) 관찰의 기록

기록은 모든 연구에서 중요한 요소지만 관찰과 같은 질적 연구에서 특히 더 중요하다. 기록을 통해 수집된 자료가 질적 연구의 분석 대상이 되기 때문이다. 질적 연구의 현장 기록은 문자형태 뿐만 아니라 녹음, 영상녹화 등의 다양한 기기를 이용한 기록을 포함한다. 현장연구에서 기록은 현장의 상황을 풍부하고 정확하게 남기는 것이 중요하다. 연구자에 의해 관찰된 내용들을 가능하면 즉시 기록하고 가장 적절한 것들을 기록할 수 있어야 한다. 무엇을 기록할 것인지에 대하여 연구자의 신중하고 의도적인 주의와 판단이 요구된다. 존 로플랜드와 린 로플랜드(1995)는 훌륭한 기록을 위한 몇 가지 지침으로 첫째, 즉시 기록, 둘째, 단계별 기록, 셋째, 상세한 기록을 들었다. 즉시 기록은 연구자의 기억력에 한계가 있으므로 연구자의 기억을 믿지 말고 관찰 동안 또는 관찰 즉시 바로 기록을 남기라는 것이다. 단계별 기록은 관찰과 동시에 세부적인 내용을 모두 기록할 수는 없으므로 대략적인 기록을 한 후 나중에 세부적인 내용을 다시 기록하라는 것이다. 상세한 기록은 현장 연구에서 획득한 많은 정보를 분석하기 전까지는 무엇이 더 중요한 정보인지 확신할 수 없기 때문에 관찰된 모든 사항을 가능한 상세히 기록하라는 것이다. 관찰과 기록은 모두 전문적인 기술을 필요로 하는 영역이므로 연구자가 관심을 갖고 경험적 기술을 축적하고 숙련해 나가도록 노력해야 한다.

(4) 관찰의 장단점

관찰이 지니는 일반적인 장점과 단점을 소개하면 다음과 같다.

① 장점

- 일어나고 있는 상황이나 행위를 즉각적으로 기록함으로써 생생한 자료를 수집할 수 있다.
- 연구자가 제공하는 정보에 의존하는 설문조사와 달리 연구자가 상황이나 행위를 직접 확인할 수 있기 때문에 정확한 정보를 얻을 수 있다.
- 발생하는 상황이나 행동을 전체적으로 살펴볼 수 있어 비교적 자세하고 풍부한 정보를 얻을 수 있다.
- 연구자의 개입이 최소화되어 있기 때문에 자연스런 상황의 자료를 수집할 수 있다.
- 관찰에 특별한 지식이나 기술을 요구하지 않기 때문에 상대적으로 쉽게 사용할 수 있고 또한 거의 모든 분야에 걸쳐 보편적으로 적용할 수 있는 조사방법이다.
- 언어적으로 측정하기 어려운 사실이나 행동에 대한 자료를 수집할 수 있다.
- 구두표현이 어렵거나 조사에 비협조적인 연구대상에 대해 효과적으로 사용할 수 있는 자료수집 방법이다.

② 단점

- 외부인에게 공개하지 않는 개인적인, 비밀스런, 일탈적인 행위 등은 관찰할 수 없다.
- 연구자가 알지 못하는 장소와 시간에 발생하는 행위나 사건을 관찰할 수 없다.
- 개인의 감정, 느낌, 태도, 인식과 같은 내면적인 특성과 과거의 사실에 대한 자료는 수집하기 어렵다.

- 조사대상자의 수가 같을 경우 다른 조사방법에 비해 시간과 비용이 많이 소요된다.
- 반복측정이 불가능하고 외생변수의 통제가 어렵기 때문에 신뢰도가 높지 않고 또한 연구결과의 일반화가 어렵다.
- 연구자의 의도와 직관에 주로 의존하기 때문에 관찰과정과 관찰결과의 해석에 있어 연구자의 주관, 편견, 선입견이 개입되기 쉽다.

2) 사례연구

(1) 사례연구의 의미

사례연구는 연구주제와 관련된 개인, 집단, 장소, 사건 등과 같은 특정한 사례에 대해 심도 있게 그리고 총체적으로 조사하는 연구이다. 사례연구의 목적은 특정한 사례에 대해 가능한 많이 그리고 상세하게 이해하고자 하는 것이다. 이에 따라 연구자는 사례연구를 통해 연구대상인 사례의 삶, 역사, 발전과정에 대한 모든 측면을 분석하고 또한 연구주제와 관련된 행동이나 사건의 유형 및 인과관계를 찾는다.

사례연구에서는 자료를 수집할 수 있는 다양한 조사방법들이 사용될 수 있는데 이들 가운데 특히 면접과 관찰이 많이 사용된다. 연구자는 연구대상이 되는 특정한 개인에 대한 면접을 통해 필요한 자료를 수집할 수 있을 뿐만 아니라 특정한 개인이나 집단을 잘 아는 가족, 친구, 직장동료, 기타 지인 등에 대한 면접을 통해서도 필요한 자료를 수집할 수 있다. 연구자는 연구대상이 되는 개인이나 집단의 행동을 현장에서 관찰함으로써 연구주제와 관련된 상세하고 종합적인 자료를 수집할 수 있다. 사례연구를 통해 수집할 수 있는 자료는 대부분 언어적이거나 행동과 같은 비언어적인 질적 자료이지만 면접에서의 질문, 행동에 대한 집계, 문헌수집 등을 통해 양적인 자료의 수집도 가능하다.

사례연구는 다양한 분야에서 사용될 수 있는데, 특히 연구의 초점이 연구결과의 일반화에 있지 않고 복잡성이 있는 특정 사례를 이해하는 데 있는 경우, 연구주제가 생소한 경우, 연구주제가 일반적으로 불법적인 성향이거나 사회적 지지를 받을 수 없는 행위가 포함된 경우이거나 또는 이러한 이유로 연구대상자를 대표할 수 있는 표본선정이 어려운 경우에 주로 활용될 수 있다.

(2) 사례연구의 특성

① **특수성(particularity)** : 사례연구는 개별적이면서 특수한 인물, 상황, 사건, 프로그램,

현상에 초점을 둔다.

② 구체성(concreteness) : 사례연구는 연구과정에서 사례가 갖는 구체적인 특징과 의미에 초점을 두고 생생하면서 직접적이고 감각적인 내용이 포함된 연구결과를 통해 구체적인 지식을 생성한다.

③ 기술(description) : 사례연구의 최종적인 결과물은 연구하고 있는 대상이나 현상에 대한 풍부하고 깊이가 있는 상세한 기술이다. 비록 연구의 목적은 탐색, 기술, 설명 등에 두어져 있다고 하더라도 사례연구를 통해 나온 주요 결과물은 연구대상이나 현상에 대한 기술 또는 서술이다.

④ 발견적 방법(heuristic) : 사례연구는 연구하고 있는 대상이나 현상에 대해 새로운 사실과 의미를 발견하고자 한다. 이 과정에서 연구자는 엄밀한 추론과 계산보다는 경험과 직관에 바탕을 둔 발견적 방법(heuristic)을 사용하여 새로운 지식을 생산한다.

⑤ 귀납(induction) : 사례연구는 연구의 결과를 통해서 주로 귀납적인 추리를 한다. 발견한 사실과 자료를 주어진 맥락 속에서 검토하고 해석하여 일반화를 시도하거나 개념 또는 가설을 생성한다.

⑥ 총체적 이해(holistic understanding) : 사례연구는 연구대상에 대한 총체적인 이해를 얻고자 한다. 비록 사례연구의 대상이 개별적이고 소수이지만 연구의 목적은 연구와 관련된 주제와 대상에 대해 전체적으로 그리고 심도 있게 이해하는 데 있다.

(3) 사례연구의 유형

① 탐색적 사례연구(exploratory case study)

탐색적 사례연구는 기존의 연구결과들이 별로 없는 대상이나 현상에 대해 처음으로 파악하거나 친숙하기 위해 탐색하는 사례연구이다. 연구의 초점은 관심 있는 연구주제의 특성, 구조, 역학, 맥락 등에 대한 기초적이고 경험적인 자료를 발견하는데 두어져 있다. 탐색적 사례연구는 가설을 도출하거나, 연구문제를 발전시키거나, 보다 심도 있는 연구의 설계에 사용될 연구내용과 연구방법을 미리 발견하는데 특히 유용하다.

② 기술적 사례연구(descriptive case study)

기술적 사례연구는 연구되고 있는 대상이나 현상에 대해 상세하게 서술하는 사례연구이다. 연구의 초점은 발생한 상황과 행동, 참여한 인물, 역학과 맥락 등에 대해 명확하고 자세한 정보를 제공하는데 있다. 기술적 사례연구는 연구의 대상이나 현상의 실제적인 상황에 대해 자세히 파악하여 이해의 정도를 높이는 연구목적에 적합하다.

③ 설명적 사례연구(explanatory case study)

설명적 사례연구는 연구대상의 행위, 사건, 현상의 발생에 대해 인과관계를 파악하려는 사례연구이다. 연구의 초점은 주어진 행위, 사건, 현상이 어떻게 그리고 왜 발생했는가에 대한 질문에 대답하려는데 있다. 이 과정에서 연구자는 행위, 사건, 현상의 유형, 경향, 원인을 발견한다. 설명적 사례연구는 특정 행위, 사건, 현상 등의 인과관계를 설명하고 또한 이것들이 미래에 발생할 가능성에 대해 예측하려는 연구목적에 유용하다.

④ 고유적 사례연구(intrinsic case study)

고유적 사례연구는 연구자가 관심을 가지고 있는 특수한 사례 그 자체에 대해 보다 잘 이해하려는 사례연구이다. 연구의 초점은 사례연구를 바탕으로 어떤 변수나 개념을 발견하거나 또는 연구결과를 일반화하는데 있지 않고 관심을 가지고 연구를 하고 있는 특정 사례에 국한해서 깊이 있게 자세히 아는 데 있다. 고유적 사례연구의 목적은 어떤 가설을 도출하거나 이론을 입증하거나 일반화를 시도하려는데 있지 않고 연구대상인 특정한 사례의 고유한 사실, 특성, 문제 등을 발견하고 이해하는 데 있다.

⑤ 도구적 사례연구(instrumental case study)

도구적 사례연구는 어떤 다른 주제나 현상을 이해하기 위한 도구로서 시행되는 사례연구이다. 연구의 초점은 연구되고 사례에 모아져 있지 않으며 사례는 단지 다른 주제나 현상에 대한 이해를 촉진하거나 도움을 주는 데 이용되는 보조적인 역할을 한다. 비록 연구자는 사례에 대해 깊이 있고 자세히 관찰하고, 기록하고, 분석하지만 이러한 활동의 목적은 다른 연구에 도움을 주는 데 있다. 도구적 사례연구는 다른 연구를 위한 자료, 통찰력을 제공해주고 이론을 정교화하는데 많이 활용된다.

⑥ 집합적 사례연구(collective case study)

집합적 사례연구는 다수의 사례들 또는 공동체 전체를 대상으로 이루어지는 사례연구이다. 다수의 사례를 연구하기 때문에 다중사례연구(multiple-case study)라고도 한다. 연구의 초점은 주로 다수의 사례들을 비교함으로써 이들 간의 공통점과 차이점을 발견하는 데 있다. 사례연구는 특정한 주제나 현상에 관해 광범위하게 이해하고자 하거나, 연구결과를 일반화하거나, 이론을 검증하는 데 많이 활용된다.

(4) 사례연구의 장단점

① 장점

- 소수의 사례를 자세하게 심층적으로 연구함으로써 연구주제나 현상에 대한 종합적이고 깊이 있는 이해가 가능하도록 해준다.
- 사례를 대상으로 종단적인 측면을 연구할 수 있어 연구대상인 사람, 행동, 사건, 현상의 자연발생적인 발전과정을 탐구할 수 있다.
- 풍부하고 깊이 있는 자료는 가설의 도출과 이론의 정교화에 도움을 준다.
- 풍부하고 깊이 있는 자료는 다른 연구에 대한 통찰력과 추가 연구에 대한 새로운 아이디어를 제공해준다.
- 심층적인 연구를 통해 다양한 요인을 발견하고 이들 간의 인과관계를 밝히는 데 유용하다.
- 연구과정이 유연하고 다양한 조사방법을 활용할 수 있다.
- 개인의 내면적이고 심리적인 측면을 파악하는 데 유용하다.

② 단점

- 소수의 사례만을 조사하기 때문에 연구결과를 일반화하는 데 한계가 있다.
- 연구자의 느낌과 직관에 많이 의존하기 때문에 연구자의 주관과 편견이 개입될 소지가 크다.
- 연구대상의 주관적인 기억과 해석은 자료의 객관성과 타당도를 떨어뜨린다.
- 연구를 재현하거나 반복하기가 어려워 신뢰도가 낮다.
- 연구대상의 수가 같을 경우 다른 연구방법에 비해 비용과 시간이 더 많이 소요된다.
- 연구자가 연구대상을 자주 그리고 장기간 접촉함으로써 가지게 되는 친근감(rapport)은 연구의 객관성을 떨어뜨릴 수 있다.

3) 심층면접

(1) 심층면접의 의미

심층면접은 조사대상자와의 집중적이고 심층적인 면접을 통해 조사대상자의 행동, 생각, 태도, 관점에 대해 풍부하고 깊이 있는 정보를 수집하는 질적 조사방법이다. 심층면접은 주로 질적인 자료를 수집하기 때문에 질적 면접(qualitative interview)이라고 한다. 9장의 서베이조사에서 소개한 일반적인 면접은 대체적으로 조사원과 조사대상자 간의 접촉이 한 번으로만 이루어지며 또한 시간의 제약이 있다. 이에 비해 심층면접은 조사원과 조사대상자 간의 접촉횟수, 면접시간, 질문과 응답방식이 보다 자유스럽고 유연하다.

심층면접은 조사원과 조사대상자 간에 일대일의 대화로 진행된다. 이 과정에서 조사원이 질문하고 조사대상자가 대답하는 방식이 주를 이루지만 경우에 따라 조사대상자가 모르거나 궁금한 사항에 대해 질문하고 조사원이 대답해줄 수도 있다. 면접에서 사용되는 질문은 대부분 개방형 질문이며 면접대상과 면접상황에 맞추어 유연하게 선정될 수 있다. 일대일의 대화를 통해 조사자는 조사대상자가 친근감을 갖도록 하여 조사대상자가 편안함을 느끼고 조사에 적극적으로 참여하게 만들 수 있다. 이에 따라 조사대상자는 자신의 솔직한 생각, 느낌, 감정, 의견, 기억 등을 자세하게 표현하며 이것들은 연구주제와 관련된 풍부하고 깊이 있는 질적 자료가 된다.

(2) 심층면접의 특성

① **구조화된 유연성(flexibility)** : 심층면접은 어떤 기준이나 절차없이 아무렇게나 진행되는 것이 아니라 질문내용, 면접방식, 분석방법 등이 어느 정도 정해진 상태에서 구조화된 방식으로 진행된다. 하지만 이러한 기본적인 구조 내에서 연구자는 상황에 따라 구체적인 조사내용과 조사절차를 유연하게 정할 수 있다.

② **상호성(interactivity)** : 심층면접은 조사자와 조사대상자 간의 상호작용으로 진행된다. 이러한 상호작용에는 조사자와 조사대상자 간의 질문과 응답, 대화, 논의 등이 포함된다.

③ **심층성(depth)** : 심층면접은 말 그대로 심층적인 자료를 수집하는 방법이다. 조사자는 심층적인 자료를 수집하기 위해 다양한 캐묻기기법(probing techniques)을 사용하고 추적질문(follow-up question)을 한다. 하지만 이 과정에서 조사자는 조사대상자가 불편하게 느끼지 않도록 주의해야 한다.

④ **생성성(generativity)**: 심층면접은 조사자와 조사대상자 간의 자유스런 대화로 진행된다. 이 과정에서 조사자는 물론 조사대상자도 연구주제와 관련된 새로운 지식, 아이디어, 사실 등을 발견하거나 산출해낼 수 있다.

(3) 심층면접의 절차

심층면접은 면접조사원과 조사대상자 사이의 상호작용을 통해 이루어진다. 면접조사원은 일반적인 조사계획과 질문할 내용에 대한 충분한 사전 인식을 가지고 있지만 구체적인 순서와 내용을 정하고 있는 것은 아니다. 심층면접은 논의될 일련의 주제에 기초하여 연구자가 대화를 위한 일반적인 방향을 설정하고 조사대상자의 응답을 통해 구체적인 주제로 대화를 이어나간다. 면접조사원의 일반적인 역할과 행동지침은 9장에서 논의된 면접서베이와 유사하지만 질적 면접에서는 면접조사원의 좀 더 세심한 주의와 숙련된 기술을 필요로 한다.

면접조사원은 조사대상자의 응답을 세심하게 경청하고 연구문제에 대해 그 응답이 갖는 의미를 해석하여 이 문제를 더 깊이 이끌어낼 것인지 관련 주제로 되돌리기 위한 다른 형태의 질문을 던질 것인지 판단해야 한다. 따라서 면접조사원은 융통성을 갖고 대화를 통제하는 능력을 개발해야 하며 관찰기록을 분석하여 유효한 질문과 그렇지 못한 질문을 찾아 개선해 나가야 한다.

일반적으로 심층면접은 다음과 같은 구체적인 과정을 거친다(Kvale, 1996).

① **주제설정** : 연구목적, 연구주제, 조사내용, 질문들을 명확하게 정리한다.
② **조사대상자 선정** : 연구에 적합한 조사대상자를 선정하고 조사대상자에 대한 개인정보와 연락처를 수집한다.
③ **면접일정 잡기** : 조사대상자에게 연락하여 면접시간과 장소를 정한다.
④ **조사설계** : 면접이 시작되기 전에 윤리적 차원의 고려를 포함하여 마지막 보고단계에 이르기까지 연구자의 목적을 달성하는데 거쳐야 할 전 과정을 계획한다.
⑤ **면접실시** : 연구를 위한 심층면접을 실시한다. 조사대상자가 편안함을 느끼도록 분위기를 만들고 또한 조사대상자가 지치거나 피곤해하지 않는 한도 내에서 최대한의 조사시간을 갖도록 한다. 조사원은 면접과정 중 관찰을 통해 얻어진 비언어적 메시지까지 주의하는 한편 반향성에 유의하여 적절한 뉘앙스를 구사해야 한다. 숙련된 조사원의 유연성과 통찰력은 조사대상자에 대한 심층적인 이해를 돕고 면접의 효용성을 높

인다. 면접과정에서 관찰되는 모든 언어적 및 비언어적 정보를 정확하고 상세하게 기록한다. 면접과정을 사실대로 기록하기 위하여 음성녹음 또는 영상녹화 등의 다양한 방법을 사용할 수 있다.

⑥ **전사작업** : 분석을 위하여 그리고 참고문헌으로 활용하기 위하여 면접과정에서 기록된 내용을 정리해서 컴퓨터의 문서파일로 만들거나 다른 매체방식으로 저장한다.

⑦ **분석** : 수집된 자료의 의미를 분석한다. 이 단계는 연구설계 과정에서 이미 결정된다. 심층면접에서 수집된 자료를 응축하거나 분류하고 해석하여 의미를 결정한다. 분석은 많은 비용과 시간이 소요되는 과정이므로 시간과 자원이 한정되어 있는 경우에는 분석과 해석이 쉽도록 좀 더 표준화된 면접형식을 사용할 수 있지만 자료수집 범위가 감소할 수 있다는 점을 고려해야 한다. 분석과정에서 연구자의 주관성이 개입될 수 있기 때문에 일부 연구자는 좀 더 객관적인 분석을 위하여 컴퓨터 프로그램을 이용하여 정량적 형태의 분석을 허용하기도 한다.

⑧ **확증** : 연구결과에 대한 신뢰도와 타당도를 검토한다.

⑨ **보고** : 연구의 결과를 보고한다. 연구결과 보고서는 연구의 윤리적 차원에 대한 고려를 포함하여 보고서를 읽게 될 독자에게 연구결과를 효과적으로 전달할 수 있도록 작성한다.

(4) 심층면접의 장단점

심층면접은 사례연구에서 많이 사용되는 조사방법이기 때문에 심층면접의 장단점은 사례연구의 장단점과 매우 유사하다.

① 장점

- 조사대상자에게 자세하게 그리고 심층적으로 질문함으로써 연구주제나 현상에 대한 풍부하고 깊이 있는 정보를 얻을 수 있다.
- 캐묻기나 추적질문을 통해 정확한 정보는 물론 새로운 정보도 얻을 수 있다.
- 풍부하고 깊이 있는 정보는 개념의 발전, 설문지 문항의 개발, 가설의 도출, 이론의 정교화에 도움을 준다.
- 심층적인 연구를 통해 다양한 요인을 발견하고 이들 간의 인과관계를 밝히는 데 유용하다.
- 한 명의 조사대상자로부터도 많은 정보를 얻을 수 있기 때문에 유용한 정보를 얻기

위해 많은 조사대상자를 필요로 하지 않는다.
- 연구과정이 유연하고 다양한 조사방법을 활용할 수 있다.
- 개인의 내면적이고 심리적인 측면을 파악하는 데 유용하다.

② 단점
- 소수의 사례만을 대상으로 면접이 이루어지기 때문에 연구결과를 일반화하는 데 한계가 있다.
- 심층면접은 연구자의 느낌과 직관에 많이 의존하기 때문에 연구자의 주관과 편견이 개입될 소지가 크다.
- 조사대상자의 주관적인 느낌, 기억, 해석은 자료의 객관성과 타당도를 떨어뜨린다.
- 연구를 재현하거나 반복하기가 어려워 신뢰도가 낮다.
- 조사대상자의 수가 같을 경우 다른 연구방법에 비해 비용과 시간이 더 많이 소요된다.
- 조사대상자가 조사자를 의식해서 솔직한 응답을 하지 않거나 평소와는 다르게 반응할 수 있다.

4) 초점집단면접

(1) 초점집단면접의 의미

초점집단면접 또는 표적집단면접은 보통 10명 내외의 유사한 특성이나 관심을 공유한 사람들로 구성된 초점집단(focus group)의 참여자(participant)들이 특정 장소에서 사회자(moderator, facilitator)의 주관 아래 어떤 주제에 대하여 자유롭게 토론하는 가운데 연구자가 필요로 하는 정보를 얻는 집단면접방법이다. 초점집단면접은 질적인 조사방법으로 면접에서 참여자들이 제시하는 의견은 물론 참여자들의 행동과 집단역학까지 관찰되고 기록된다. 비록 초점집단면접에서 사회자가 면접을 통제하고 안내하지만 이는 최소한도로 이루어지며 참여자들은 자유스럽게 자신의 의견을 개진한다. 이를 통해 연구자는 연구주제나 문제에 대해 풍부하고, 깊이 있고, 생생한 정보를 얻을 수 있다.

초점집단면접은 엄밀한 계획과 체계적 절차보다는 참여자들의 자발적 표현과 토론으로 진행되기 때문에 어떤 결정적인 측면을 기술하거나 설명하기보다는 탐색적 성격이 강하다. 따라서 가설을 설정하거나 설문지를 작성하기 위해 필요한 정보를 얻고자 하는 경우 또는 특정 주제, 프로그램, 제품 등에 대한 예비조사를 하고자 할 경우에 유용하다.

(2) 초점집단면접의 구성

초점집단면접은 기본적으로 참여자와 사회자로 구성된다. 이들의 특성은 다음과 같다.

① 참여자

- 연구주제에 관련되어 있거나 관심 또는 지식을 갖고 있는 사람들을 선정한다.
- 되도록 사회인구학적으로 유사한 특성을 공유한 사람들을 모은다.
- 조건과 상황에 따라 6명에서 12명 정도로 구성하는 것이 효율적이다. 6명보다 적으면 수집할 수 있는 정보의 양이 적고 12명보다 많으면 시간이 많이 소요되고 통제에 어려울 수 있기 때문이다.
- 참여자들은 미리 면접의 주제와 내용에 대한 정보를 제공받는다.

② 사회자

- 연구주제에 관해 전문적인 지식을 갖고 있는 사람으로 연구자 본인이 될 수 있다.
- 초점집단의 대화와 참여자의 발언을 활성화하거나 촉진시키는 역할을 수행한다.
- 참여자들의 대화가 연구주제 밖으로 벗어나지 않도록 조종하고 안내한다.
- 참여자들에게 필요한 질문은 하되 되도록 참여자들이 적극적으로 자유롭게 이야기할 수 있는 분위기를 조성한다.
- 자기주장이 강하거나 언변이 뛰어난 한두 명의 참여자에 의해 집단동조(group conformity) 또는 집단사고(groupthink) 문제가 발생할 수 있기 때문에 사회자는 집단 내 역학에 대한 통제능력과 중재능력을 갖추고 있어야 한다.
- 면접에서 나오는 모든 언어적 및 비언어적 표현을 정확하고 상세하게 기록해야 한다. 하지만 면접의 진행과 기록을 동시에 수행하기 어렵기 때문에 기록만 전담하는 사람을 따로 둘 수 있다.

(3) 초점집단면접의 절차

① **주제 선정** : 초점집단면접은 실제의 생생한 정보, 느낌이나 인식 또는 의견과 같은 질적인 정보, 소수의 사람들도 제공해줄 수 있는 정보, 새로운 문제나 정보를 찾거나 필요로 할 때 적합하다.

② **질문 개발** : 질문은 연구주제와 직결되고, 개방형이며, 객관적이고 중립적이며, 단답형이 아니고 '왜'와 '어떻게'에 대해 참여자들이 이야기하게끔 하는 형태를 갖추는 것

이 효과적이다.

③ **사회자 선정** : 사회자는 관련 분야의 전문가나 연구자가 될 수 있으며 경우에 따라 두 명도 가능하다.

④ **참여자 모집** : 연구주제와 관련되어 있거나 지식을 갖고 있는 사람을 선정한다. 선정에는 연구조건과 환경에 따라 다양한 확률표본추출 방법과 비확률표본추출 방법을 사용할 수 있다.

⑤ **면접 진행** : 참여자들을 한자리에 모이게 한 다음 사회자의 주관 아래 면접을 진행한다. 사회자는 질문을 하되 참여자가 최대한 적극적으로 자신의 의견을 표현하고 참여자들이 자유스럽게 대화하도록 면접을 진행한다. 면접과정에서 나온 모든 의견, 대화, 분위기, 집단역학은 모두 자세히 기록한다.

⑥ **전사 및 자료 편집** : 기록된 내용을 정리해서 컴퓨터의 문서파일로 만들거나 다른 매체방식으로 저장한다. 이 과정에서 각 참여자에게 식별번호가 주어지고 언어적 표현과 비언어적 표현은 구분해서 저장되고 연구주제와 관련없는 자료는 삭제하는 등의 편집작업이 이루어진다.

⑦ **분석** : 기록된 자료의 의미를 분석한다. 수집된 자료의 분류, 집계, 해석 등을 통해 자료의 의미를 파악하고 또 필요한 정보를 도출한다.

(4) 초점집단면접의 장단점

① 장점

- 실제의 생생한 경험과 생각에 대한 자료를 수집할 수 있다.
- 시간과 비용이 적게 드는 경제적인 자료수집방법이다.
- 사회자와 참여자가 자유롭게 대화함으로써 조사를 매우 유연하게 진행할 수 있다.
- 캐묻기와 추적질문을 활용하여 풍부하고 깊이 있는 정보를 수집할 수 있다.
- 연구결과의 내적 타당도가 높다.
- 주어진 연구에 대한 높은 통찰력과 새로운 연구에 대한 아이디어를 제공해준다.

② 단점

- 개인면접에 비해 참여자를 같은 시간에 한자리에 모으기가 쉽지 않고 또한 통제하기도 어렵다.

- 소수자를 대상으로 조사가 이루어졌기 때문에 연구결과를 일반화가 어렵다. 즉 대표성과 외적 타당도가 높지 않다.
- 참여자가 사회자와 다른 참여자를 의식해서 그리고 익명성 보장되지 않아 솔직한 의견을 제시하지 않을 수 있다.
- 집단의 성격으로 인해 집단동조와 집단사고가 발생할 수 있다.
- 면접과정에서 사회자의 주관과 편견이 참여자에게 영향을 줄 수 있다.
- 자료해석이 어렵고 주관적이 될 수 있다.

3 질적 조사의 과정

질적 조사의 과정은 선형적인 양적 연구와는 달리 사이클형(cyclical pattern)이다. 일반적으로 선형적인 양적 연구에서는 연구문제가 선정된 후 구체적인 연구에 착수하기 전에 가설이 형성되고 이 가설에 따라 자료를 수집하고 분석하게 된다. 그러나 질적 조사에서는 자료가 수집되는 과정에서도 계속해서 가설이 형성되고 수정된다.

스프래들리(Spradley, 1979)는 질적 조사의 과정을 과제선정, 질문, 자료수집, 기록, 자료분석, 보고서 작성으로 나누었고, 히치콕과 휴즈(Hitchcock and Hughes, 1989)는 연구주제 선정, 문헌개관, 연구설계 및 자료분석, 자료수집, 자료분석, 개념과 이론의 정교화로 구분하였다. 신경숙(2001)은 질적 조사방법을 강조하는 여러 학자들의 주장을 근거로 연구목적 및 문제선정, 연구모델의 선택, 집단선택과 절차선택, 자료수집, 자료분석, 결과의 적용과 해석의 단계로 나누기도 하였으며 코헨 등(Cohen et al, 2000)은 연구의 일반적 목표와 목적 설정부터 연구의 보고서 작성에 이르기까지 17단계의 연구과정으로 세분화하기도 하였다.

이와 같이 질적 조사의 과정은 연구자에 따라 차이가 있으나 크게 연구의 초기결정단계, 연구설계와 방법론 결정단계, 자료분석단계, 결과의 발표와 보고의 4단계로 정리할 수 있다(Morrison, 2002).

1) 연구의 초기결정단계

연구자가 가지고 있는 기존의 철학, 개인적 관심, 문화적 환경이 연구목적 및 연구문제

형성에 영향을 줄 수 있다. 연구문제는 기본적으로 연구자의 관심과 흥미에서 출발하지만 다른 사람의 흥미를 유발할 수 없고 자신의 감정에 치우친 연구문제를 선정해서는 안된다(Glesne and Peshkin, 1992).

연구의 초기결정단계는 연구의 일반적인 속성을 결정한다. 연구의 일반적 목표와 목적, 우선순위와 주요 제약점을 파악하고, 연구에 필요한 시간, 장소, 경비, 이용 가능한 자원, 윤리적 문제 등을 고려해야 한다. 그리고 이 단계의 결정에서 연구를 위한 주요 매개변수와 연구의 소유권에 대한 정치적 결정을 포함하여 연구의 여러 실행가능성 여부를 파악해야 한다.

2) 연구설계와 방법론

이 단계에서는 연구의 특정한 목적, 특정한 연구문제, 특정연구 질문에 대해 조작된 일반적인 연구의 목적과 목표를 구체화한다. 어떤 종류의 자료가 필요한지, 어디서 어떻게 자료를 수집할 것인지를 결정하고 이에 적합한 연구수행자와 연구의 주요방법론 선택 및 연구의 신뢰성과 타당도 확보를 위한 진술방법을 고려한다.

조작화(operationalization)의 과정은 효과적 연구를 위해서 매우 중요하다. 연구자는 초기결정단계에서 설정된 일반적인 연구목적과 목표들로부터 더 구체적인 연구목적과 목표를 만들고 세부적인 답변이 제공될 수 있는 상세하고 구체적인 질문이 나올 때까지 그 과정의 요소들을 구성하고 그 작업을 계속한다. 이 과정에서 특정 연구문제 뿐만 아니라 그에 답하게 될 자료를 수집하는 적절한 도구를 선택하게 된다.

연구자는 연구설계를 통해 연구방법과 방법론(methodology), 접근방법과 도구, 자료수집방법 등을 명확히 할 수 있다.

연구방법은 서베이(survey), 실험, 심층적 민속지학 연구(in-depth ethnography), 행위연구(action research), 사례연구조사(case study research), 시험과 평가(testing and assessment) 등을 이용할 수 있으며, 자료의 수집하는 방법은 면접(interview), 설문지(questionnaires), 관찰, 시험(test), 계산(accounts), 사례연구(case studies), 모의실험(simulation), 역할연기(role playing), 개인적 구상(personal construct) 등을 이용할 수 있다.

3) 자료의 분석

연구자는 자료의 분석을 위해서 수집된 자료의 용도와 자료의 처리 및 분석방법을 고려해야 하며, 분석결과의 신뢰성 향상을 위하여 분석결과의 확증방법과 교차점검(cross check) 방안, 타당도 확보 방법을 고려해야 한다.

코헨 등(Cohen et al., 2000)은 질적인 자료를 이용하는 연구에 적합한 자료분석 기법으로 현장연구의 코딩(coding), 현장연구 혹은 질적 자료의 내용분석(content analysis), 인지적 지도(cognitive mapping), 응답의 패턴 찾기(seeking patterning of responses), 인과경로와 관계조사(looking for causal pathway and connection), 교차분석 표시(presenting cross-site analysis), 사례연구(case studies), 개인적 구성(personal constructs), 이야기 설명(narrative accounts), 활동 연구분석(action research analysis), 분석적 귀납(analytic induction), 상시비교(constant comparison), 담론분석(discourse analysis), 전기 및 삶의 역사(biography and life histories) 등을 들고 있다. 자료의 분석방법은 연구의 목적과 정당성에 부합해야 하며, 수집된 자료의 종류에 적합해야 한다.

4) 결과의 발표와 보고

연구자는 연구결과의 보고를 위하여 논문과 연구보고서를 작성해야 한다. 이를 위하여 연구자는 연구결과의 보고시기와 보고대상자 및 보고 횟수에 대한 정보를 파악하고 이해를 돕기 위한 표현방법을 고려해야 한다. 연구결과에 대한 논문 및 보고서는 연구자가 아닌 타인을 위한 것이므로 독자와 보고대상자의 이해를 위한 충분한 고려가 필요하다.

4 질적 조사의 타당도와 신뢰도

1) 질적 조사의 타당도

주로 연구대상자에 대한 관찰로 이루어지는 질적 조사는 실험실보다는 실제 현장에서 이루어지기 때문에 끊임없는 의문과 재평가를 필요로 한다. 이런 이유로 질적 조사에 대한 타당도(validity)는 양적 연구방법에 비해 그 다양성과 깊이가 매우 풍부하다. 질적 조사의 특성상 질적 조사의 타당도 확보를 위해서는 연구의 설계부터 자료의 수집과 분석과정에 이르기까지 연구의 전 과정에 대한 풍부한 고려가 필요하다. 특히 질적 자료의 타당도는 정직성, 깊이, 풍부함, 획득한 자료의 범위, 연구의 참여자, 다각 검증의 정도와 연구자의 공평성 정도 혹은 객관성을 보여주어야 한다(Cohen et al., 2000). 질적 자료는 응답자의 의견, 태도, 관점 등이 모두 편향(bias)의 정도에 영향을 줄 수 있기 때문이다.

맥스웰(Maxwell, 1992)은 질적 조사자들은 실증주의자들처럼 동시적, 예측적, 수렴적 준거지향적, 내적 · 외적 타당도에 주의를 기울일 필요는 없다고 하며 질적 조사를 위하여 기술적 타당도(descriptive validity), 해석적 타당도(interpretive validity), 이론적 타당도(theoretical validity), 일반화 가능성(generalizability), 평가적 타당도(evaluative validity)를 고려하였다. 한편, 아가(Agar, 1986)는 질적 자료의 수집에서 집중적인 개인적 참여와 심도 있는 개인들의 응답은 충분한 수준의 타당도와 신뢰도를 보장한다고 주장한다.

코헨 등(Cohen et al., 2000)은 양적 연구에서와 마찬가지로 질적 조사에서도 내적 타당도(internal validity)와 외적 타당도(external validity) 뿐만 아니라 내용적 타당도(content validity), 구상적 타당도(construct validity), 생태적 타당도(ecological validity), 촉매적 타당도(catalytic validity), 기준관련 타당도(criterion-related validity) 등을 고려해야 한다고 한다. 이 중 생태적 타당도는 최근에 나타난 문화적 타당도(cultual validity)와 유사한 개념으로 연구의 실재적 환경을 정확히 묘사하기 위한 것이다. 촉매적 타당도는 비평이론(critical theory)의 패러다임을 포용하는 개념으로 연구의 내용이 연구자에서 연구대상자 간으로 이르기까지의 타당도를 이른다. 촉매적 타당도는 연구과정에서의 연구자의 책임에 관한 윤리적 문제와도 관련 있다. 마지막의 준거타당도는 처음 획득한 자료와 미래에 획득할 자료 간의 높은 상관관계에 의해 성취되는 예측적 타당도와 서로 다른 도구로 수집된 자료의 높은 상관관계에 의해 성취되는 동시적 타당도를 포함한다.

(1) 질적 조사의 타당도 저해 요인

① 외적 타당도에 영향을 미치는 요인

질적 조사에 있어서 외적 타당도에 영향을 주는 요인은 주로 비교가능성과 해석가능성 차원의 문제이다. 연구에 적합하지 않은 연구대상이나 범위 또는 연구도구 선정의 오류는 이론과 실제 간의 차이를 유발하고 다른 연구와의 타당한 비교가 어려워지는 문제가 발생한다. 둘 이상의 연구대상 선정시 객관적으로 드러난 현재의 조건이 매우 유사한 연구대상 집단이라고 하더라도 현재 시점에서 확인되지 않는 역사적 요인이 다를 경우에는 연구의 구성 개념이 잘못 적용되고 어떤 현상에 대한 두 집단 간에 동일하게 존재하거나 발생한다는 잘못된 전제를 받아들이게 된다.

또한 질적 조사는 연구행위 자체가 연구결과의 타당도에 영향을 미칠 수 있다. 연구자가 연구대상의 상황에 개입한다는 자체만으로도 연구대상자는 평상시와 다른 반응을 보일 수 있고, 연구대상의 유사 연구에 대한 반복적 경험이나 응답회피 등의 문제로 인한 영향이 있을 수도 있다. 이러한 영향을 실제와는 다른 연구결과가 산출되는 문제를 유발하게 된다.

질적 조사에서는 구성개념에 관한 타당도도 중요하다. 연구에서 사용된 용어와 구성개념들에 대한 정의들이 비교하고자 하는 다른 연구에서도 타당하게 적용할 수 있어야 하기 때문이다. 잘못 정의된 구성개념은 연구 전체에 영향을 미쳐 연구의 타당도를 저해하는 요인이 된다. 구성개념의 타당도는 연구에서 관찰된 현상들에 대한 해석방법과 연구도구에 의해서도 영향을 받는다. 해당 연구의 해석방법이 다른 유사한 연구에서도 적용가능한지에 대한 문제와 사용된 연구도구의 활용이 연구자와 연구대상자에게 적절히 이해되고 적용되었는지에 대한 고려가 필요하다.

② 내적 타당도에 영향을 미치는 요인

질적 조사의 내적 타당도는 실제적 현상에 대한 진실성 있는 해석의 문제로 귀결된다. 질적 조사는 다원적이고 끊임없이 변화하는 실재를 그 범주로 하고 있기 때문에 연구자가 예상치 못한 연구 상황의 변화를 만날 수 있다. 연구과정 중 연구환경에 영향을 주는 특정 사건이 발생하거나 연구대상자의 성숙으로 인한 타당도 문제가 발생할 수 있으며, 연구기간의 경과에 따른 연구대상자의 성장과 자연누락이 발생할 수도 있다.

또는 연구자의 잘못으로 자료가 왜곡될 수 있다. 연구자의 밀도 있는 관찰이 부족하거나 연구대상자의 거짓제보, 관련 자료 누락, 기록 오류, 연구자와 연구대상자 간의 인간관계에 의해 왜곡된 자료 등으로 인한 문제가 내적 타당도를 저해할 수 있다.

질적 조사의 대표성 문제는 연구자의 연구대상자 또는 연구대상 집단의 선택과 자료수집 방법의 선택에 따라서 달라질 수 있다. 따라서, 연구자는 대표성 문제를 해결하기 위하여 적절한 연구대상 집단과 연구방법을 선택할 수 있어야 한다.

이상의 요인들이 적절히 통제되었다고 하더라도 관찰된 현상 간에 설정된 관계들이 명확하지 않으면 연구결과에 대한 허위적 결론이 도출될 수 있다. 질적 조사 자체가 귀납적이고 연구자의 견해가 반영될 수밖에 없으며, 제한된 자료와 결과 내에서 연구를 확장하기 위한 자료원 대체 등에 의해서 허위적 결론에 도달할 가능성을 내포하고 있다. 연구자는 질적 조사의 특성을 파악하고 타당도 확보를 위해 노력해야 한다.

(2) 질적 조사의 타당도 확보 전략

코헨 등(Cohen et al., 2000)은 질적 조사의 타당도 확보를 위하여 연구계획, 자료수집, 분석의 처리, 해석과 판단의 각 과정에 대한 유의점을 다음과 같이 제시하였다.

① 설계단계

설계단계의 타당도 확보를 위하여 연구자는 시간계획의 적절성, 연구수행 수단의 적절성, 연구방법론 선택의 적절성, 샘플의 적절성을 고려해야 하며 내적 · 외적 타당도를 비롯한 내용적, 동시적, 구상적 타당도를 증명하고 안정성을 위하여 신뢰성을 확인한다. 연구문제 해답을 위한 초점의 적절성, 자료획득 도구와 도구 사용의 적절성을 고려하고 연구자의 편향적 선택을 회피해야 한다.

② 자료 수집단계

자료 수집단계의 타당도를 확보하기 위하여 연구자는 호손효과(hawthorne effect)와 반응효과의 최소화를 위해 노력해야 하며, 연구대상자의 탈락방지와 설문지 회수율 향상 및 연구대상자의 동기부여를 위한 방안을 고려해야 한다. 내부평가자의 신뢰성을 확인하고 통제 및 실험집단을 공정하게 정합해야 하며 자료수집이나 관리의 검증을 위한 표준화된 과정을 마련해야 한다. 인터뷰시에는 인터뷰 상황에 응답자가 집중할 수 있도록 응답환경을 조절하고 필요한 정도에 따라 응답자에 관한 연구관련 요소들을 기록한다.

③ 자료 분석단계

자료 분석단계의 타당도 확보를 위하여 연구자는 응답자의 정당성을 입증하고 후광효과(halo effect)를 줄여야 하며, 자료의 주관적 해석과 선택적 사용, 자료의 부정한 집합과 확대(telescoping)를 피해야 한다. 자료에 영향을 미칠 수 있는 비논리적인 상관관계와 이질적인 요소를 인식하고 상관관계와 원인을 동일시 하는 것을 피해야 한다. 질적 자료의 빈약한 코딩을 피해야 하며 자료의 가능성을 넘어서는 추론과 일반화를 피해야 한다. 자료의 수준에 따라 적정한 통계처리를 사용하고, 통계적 가설검증에 있어서는 제1종

오류나 제2종 오류를 피해야 한다.

④ 자료보고 단계

연구결과를 강조하기 위해서 자료를 선택적으로 사용하거나 비대표적으로 사용하는 것을 피해야 하며, 메시지를 잘못 이해하지 않도록 정확히 표현해야 한다. 자료에 의해 입증할 수 있는 주장을 기술하고 부정확하거나 기술적 오류 또는 오탈자에 의해 잘못된 자료의 보고를 피해야 한다. 연구질문이 해답을 가져올 수 있는지 확인하고 너무 이르거나 너무 늦지 않도록 연구결과를 발표한다.

2) 질적 조사의 신뢰도

질적 조사에 신뢰도는 이론적으로 분분하다. 전통적으로 신뢰도라는 용어는 양적 연구에 적합한 것이며 질적 조사에 적합하지 않다고도 한다(LeCompte et al., 1993). 구바와 링컨(Guba & Lincoln, 1985)은 질적 조사에서 신뢰도란 자료로부터 얻어진 결과의 신뢰성(dependability) 혹은 일관성(consistency) 견지에서 논의될 수 있다고 한다. 보그던과 비클런(Bogdan & Biklen, 2003)은 연구자가 자료로 기록한 것과 연구되는 자연적 상태에서 실제로 발생한 것 사이의 적합성이라고 하며, 해머슬리(Hammersley, 1992)는 연구결과의 일관성이라고 한다. 덴진과 링컨(Denzin & Lincoln, 2005)은 반복가능성(replicability)으로 설명하였으며, 이는 여러 가지 다른 조건 하에서도 동일한 관찰결과와 해석이 이루어졌는지에 대한 것이라고 한다.

코헨 등(Cohen et al., 2000)은 질적 조사의 신뢰도를 시간, 도구, 그리고 연구대상에 대한 유사한 연구결과의 일관성 있는 반복이라고 한다. 이들은 안정성, 등가성, 내적 일관성이 신뢰도를 결정한다고 보았다.

먼저, 안정성이란 연구대상에 대한 일관성 있는 측정을 위하여 시간 규모와 유사한 샘플에 대한 안정성을 말한다. 실험이나 조사의 반복 수행이 필요한 경우, 해당 연구 상황의 반복기간이 너무 짧으면 연구대상자가 이전 연구 상황의 답을 기억할 것이고 너무 길면 연구대상자가 자료를 왜곡하는 외부효과(extraneous effect)가 발생할 수 있으므로 두 연구 상황 사이에 영향을 최소화할 수 있는 적절한 시간규모를 선택해야 한다. 또한 두 집단에 대한 비교 연구가 필요한 경우 각 집단의 주요 특징들이 일치하는 유사집단을 구성함으로써 연구 샘플의 안정성을 유지해야 한다고 한다.

둘째, 등가성이란 실험연구나 조사연구에 사용된 도구에 대한 신뢰성으로 연구를 위해 고안된 도구가 유사한 다른 연구에서 유사한 결과를 산출할 때 신뢰성이 있다고 한다. 또한 한 연구에 여러 연구자가 참여하는 경우에는 자료의 이해와 수집에 모든 연구 간 합의를 통해 등가성에 대한 신뢰도를 높일 수 있다고 한다.

셋째, 내적 일관성은 조사도구나 검사의 내용을 난이도와 내용면에서 대응하도록 반분하여 구성하고 조사결과 서로 대응하는 문항 간의 상관관계가 높을 때 내적 일관성을 갖추었고 이에 대한 신뢰도가 높다고 본다.

(1) 질적 조사의 내적 신뢰도 저해 요인

질적 조사는 연구자의 추론이 많기 때문에 연구자의 주관적 견해가 반영될 가능성이 있다. 연구자는 연구결과의 보고시 연구대상자의 구체적 진술과 정확한 기록과 원자료를 이용함으로써 추론의 근거를 마련해야 한다. 이를 위해서는 신뢰성 있는 현장기록도 중요하므로 기록노트 외에도 녹음이나 영상기록 등의 추가적 자료수집 방안을 염두에 둘 필요가 있으며, 연구자의 치밀한 사전교육과 다른 연구자들과의 합의를 통해 내적 신뢰도를 향상할 수 있다.

(2) 질적 조사의 외적 신뢰도 저해 요인

질적 조사의 외적 신뢰도에 영향을 주는 요인은 크게 연구자, 연구대상자, 연구의 구성개념과 전제, 자료수집의 상황, 자료수집과 분석방법의 측면에서 살펴볼 수 있다. 첫째, 질적 조사에서는 연구의 자료들이 연구자와 연구참여자 간의 관계에 의존하는 문제가 발생할 수 있다. 따라서, 연구보고서에 연구된 집단 내에서의 연구자의 지위와 역할을 분명히 밝힐 필요가 있다. 둘째, 연구대상자가 제공하는 정보는 각기 개별적이고 독특한 특성을 가지고 있으며, 이들이 제공한 정보가 바로 보편성으로 치환되지 않으므로 연구자는 연구대상자와 그들이 제공한 정보가 만들어진 과정을 상세하게 기술해 둘 필요가 있다. 셋째, 연구의 구성 개념과 이론적 전제에 대한 불충분한 서술과 주관적 정의는 외적 신뢰도를 낮추는 요인이 된다. 연구의 구성개념과 이론적 전제는 객관적이고 명료해야 하지만 질적 조사에서 연구자의 주관성을 배제하는 것 자체가 어렵다. 넷째, 자료의 수집상황에 따라 연구대상자의 반응이 다를 수 있다. 예를 들어, 연구대상자가 연구자와 단 둘이 있을 때와 다른 사람이 있을 때의 반응이 다를 수 있다. 이 경우, 연구자는 자료의 수집상황을 사회적 · 물리적 · 맥락적 상황을 상세히 기록함으로써 질적 조사의 복제가능성을 높일 수 있다. 끝으로, 잘못된 자료수집과 분석 방법은 연구의 신뢰도에 치명적인 영향을 주게 되므로 연구자는 질적 자료의 수집과정에 사용된 전략을 철저하게 확인하고 명확하게 기록해야 한다. 또한 수집된 자료의 검토 방법과 통합 방법 역시 충분히 검토하고 확인하고 이를 상세히 기록해야 한다.

12 내용분석

제12장

1. 내용분석의 이해
2. 내용분석의 방법과 절차
3. 분석단위에 대한 이해

제12장

내용분석

연구자가 연구에 필요한 자료를 직접 생산할 수 있지만, 연구문제와 관련된 기존 자료를 활용할 수도 있다. 그런데, 기존 자료가 질적인 기록물인 경우에는 지금까지 배운 연구방법과는 다른 분석이 필요하다. 문헌자료에 포함되어 있는 내용을 정밀 분석하는 방법이 내용분석(content analysis)이다. 이 연구방법은 그동안 많이 알려져 있지 않다가 최근에는 방대한 데이터베이스의 구축으로 기록물에 대한 접근이 쉬워지고 컴퓨터를 활용한 분석방법이 발달하면서 활용이 크게 증가하고 있다. 이 장에서는 내용분석에 대해서 살펴보려고 한다.

1 내용분석의 이해

1) 내용분석의 개념

내용분석은 연구주제와 관련된 기존 자료들의 특징을 객관적, 체계적, 계량적으로 분석하는 방법이다. 내용분석은 단순히 본문에 등장하는 단어의 빈도수를 집계하는 것이 아니라 질적 자료를 양적으로 해석하는 연구방법론이다. 즉, 문헌자료의 내용을 일정한 분석단위에 따라 계량적이고 질적으로 분석하는 방법으로 문헌연구의 한 종류이다.

한편, 문헌연구는 연구내용과 관련된 정보가 수록된 기록물을 수집하고, 기록물에 포함되어 있는 내용을 정밀하게 분석하여 어떤 결론을 내리는 연구방법이다. 문헌연구는 과거의 일이 기록된 문서자료를 이용하기 때문에 역사적 연구(historical research)라고도 하며, 연구자가 직접 수집한 자료를 분석하는 것이 아니라 이미 있는 자료를 분석하기 때문에 2차분석(secondary analysis)의 한 유형으로 이해될 수도 있다.

문헌연구는 연구 활동에서 일반적으로 진행되는 문헌고찰(literature review)과 혼동하는 경우가 있다. 문헌고찰은 넓은 의미에서는 문헌연구에 포함될 수 있지만 엄밀한 의미에서 문헌고찰은 그 목적에 차이가 있다. 문헌고찰은 새로운 연구를 시작하기 전에 적절한 주제를 선정할 때, 연구주제와 관련 있는 이론을 확인할 때, 가설을 설정하기 위하여 기존의 연구결과를 참고할 때, 기존 연구결과와 자신의 연구결과를 비교할 때 활용된다. 그러나 문헌연구는 자료수집 및 분석의 한 방법이다. 즉, 기록물을 참고만 하는 것이 아니라 그것들이 담고 있는 내용을 정밀하게 분석하여 관심 있는 영역의 현상에 대한 정보를 얻고 분석하여 이론을 검토하거나 가설을 검증하여 결론을 도출하게 된다.

2) 내용분석의 특성

내용분석은 연구문제와 분석자료에 따라 다양하게 정의될 수 있는 개념이다. 내용분석의 의미를 보다 구체적으로 이해하기 위하여 몇 가지 특성을 살펴보면 다음과 같다.

첫째, 내용분석은 의사소통 내용을 기록한 문헌자료를 분석한다는 점에서 문헌연구의 일종이라 할 수 있다. 문헌자료에는 일반적인 기록물뿐만 아니라 비언어적 표현인 상징과 회화도 포함된다. 내용분석은 방대한 자료를 체계적으로 분석하거나 관찰, 설문조사, 현지조사 등에 의한 자료수집이 어려울 경우에 활용할 수 있는 연구방법으로 인정받고 있다. 따라서 원칙적으로 모든 기록 자료가 내용분석의 대상이 될 수 있다.

둘째, 내용분석은 명백한 내용을 대상으로 하지만 간혹 잠재적 내용도 분석대상에 포함된다. 명백한 내용이란 본문의 분명하고 직접적인 의미를 말하며, 잠재적 내용이란 본문 혹은 특정한 상징이 함축하고 있는 미묘한 의미를 말한다. 명백한 내용은 계량화에 별다른 문제가 없지만, 잠재적 내용은 주제 혹은 특징을 통하여 판단해야 하기 때문에 객관화가 어렵고 분석자의 자의적 결정이 개입할 여지가 있어 신뢰성과 타당성이 저하된다. 명백한 내용만을 다루는 내용분석을 리페(Riffe, 1998)는 양적 내용분석이라고 하였다. 이와 달리 질적 내용분석은 체계적인 분류과정을 적용하여 주제 혹은 패턴을 코딩하고 확인함으로써 텍스터의 내용을 주관적으로 해석하는 연구방법이라고 할 수 있다. 학자에 따라 잠재적 내용의 분석을 질적 내용분석 범주에 포함시키는 경우가 있긴 하지만, 기본적으로 텍스트가 함축하고 있는 모든 의미를 추론하기는 어렵다. 따라서 잠재적 내용은 코딩의 신뢰성을 확보할 수 있는 과학적 절차가 마련되거나 또는 의미의 분석과 해석을 할 때에 객관성을 확보할 수 있을 경우에만 제한적으로 이용하는 것이 바람직할 것이다.

셋째, 내용분석은 객관성과 체계성 등 과학적 연구의 기본 요건을 갖추어야 한다. 객관성 확보는 조사자의 개인적인 편견이 분석결과에 개입되지 않도록 하는 것으로 이를 위해서는 분석기준이 명확하고 정확하게 정의되어야 한다. 아울러 내용분석은 특성상 방대한 자료를 분석할 경우가 일반적이기 때문에 분석 또는 분류 기준의 설정에 일관성을 유지할 수 있는 규칙과 절차를 마련하는 것이 중요하다. 여기서 일관성은 분석 내용을 선정하고 평가하는 과정에서 적절한 기준과 동일한 척도를 적용할 수 있도록 체계성을 가져야 한다는 의미이다.

넷째, 내용분석은 객관성과 체계성을 강조한다는 점에서 내용이 가진 특성을 통계적으로 처리할 수 있는 계량화를 선호한다. 내용분석의 목적은 메시지(커뮤니케이션의 내용)를 정확하게 기술하거나 특성을 추론하는 것이므로 계량화가 정확성 확보에 도움을 줄 수 있다. 내용분석에서 계량화는 분석해야 할 내용단위를 측정할 수 있는 형태로 정확하게 요약해주며, 분석결과에 대한 해석과 추론의 질적 향상을 위한 도구로써 다양한 통계적 방법의 적용을 가능하게 해준다.

3) 내용분석의 장 · 단점

내용분석이 잘 알려지지 않은 것은 그 특성을 충분히 이해하지 못하고 단점만 부각되었기 때문이다. 그러나 2000년 이후에는 컴퓨터 기술을 활용한 분석기법이 크게 발달하여 내용분석이 관심을 받고 있다. 내용분석의 장 · 단점을 살펴보면 다음과 같다.

(1) 장점

① 다른 연구방법과 비교할 때 조사비용이 저렴하다. 직접조사, 우편조사, 전화조사, 전자조사 등의 방법으로 자료를 수집할 경우에는 예산 규모에 따라 표본수, 조사기간 등이 크게 제약되는데, 내용분석은 연구자의 노력과 시간 투자로 필요한 문헌을 상당한 수준까지 확보할 수 있어 상대적으로 저렴한 비용으로 연구가 가능하다.

② 재조사가 쉽게 가능하다. 표본조사나 실험은 한번 실수가 생기면 전부 다시 해야 하기 때문에 많은 시간과 비용이 소비되거나 재조사 자체가 현실적으로 불가능할 때가 많다. 그러나 내용분석은 기록물을 다시 들여다보면 되기 때문에 실수를 보완할 수 있다.

③ 여타의 방법으로 접근하기 어려운 특수 계층에 대한 조사나 과거의 일이나 사건을 연구하고자 할 경우에 적합하다. 연구대상자를 직접 만나 면접이나 관찰을 할 수 없을 때는 관련 기록물이 중요한 정보가 될 수 있다. 특히, 역사적 사건이나 사망하고 없는

인물들에 대한 정보를 얻고자 할 때는 남긴 기록물을 분석하는 것이 가장 합리적 자료 수집 방법이라고 할 수 있다.

④ 비교적 양질의 자료를 얻을 수 있다. 내용분석에서 사용하는 기록물은 대체적으로 그 분야의 전문가에 의해서 작성된 것이거나 작성자가 사실적인 내용을 그대로 기록한 것이기 때문에 자료의 신뢰성이 높다. 또한, 전문가가 분석한 내용이기 때문에 그 분야나 주제에 익숙하지 못한 일반인이 설문지 등을 통하여 제공하는 자료보다 더욱 구체적이고 심층적이며 신뢰할 수 있다.

⑤ 정보제공의 자발성(spontaneity)이 높다. 설문지와 같이 조사자가 지정하는 방법에 따라 응답하지 않고 자연스러운 상황에서 제보자가 하고 싶은 때에 마음대로 행동하는 것을 정보제공의 자발성이라고 한다. 전화 또는 면접 방법으로 설문조사를 하게 될 경우에는 자신에게 불리한 것이나 사생활 등에 관한 자료는 상당 부분에 걸쳐서 원래의 의도를 감추게 되는 경우가 많다. 이와 달리 내용분석은 일기, 회의록, 신문기사 등과 같이 자발성이 충분히 보장된 자료를 활용하게 된다.

⑥ 사람을 직접 연구대상으로 하지 않기 때문에 사생활 침해라든지 인권문제와 같은 윤리적 쟁점에서 자유롭다.

(2) 단점

① 자료가 불완전하다. 연구에 필요한 기록물이 충분히 보존되지 않아서 수집할 수 없는 경우도 있고, 수집된 기록물도 연구목적에 필요한 정보를 제대로 갖추지 못한 경우도 있다. 비록 수집되었다고 하더라도 연구자가 생각하는 분석 변수들을 충분히 포함하고 있는 경우는 많지 않다. 어떤 내용은 처음부터 기록되지 않았거나, 기록했더라도 존속하지 않아서 수집 못하는 경우도 있다.

② 왜곡된 정보를 얻을 가능성이 있다. 각종 기록물에는 각각의 작성목적이 있다. 취급하고자 하는 기록물이 연구목적으로 작성된 것이 아니기 때문에 기록물 작성의 목적과 의도에 따라서 문헌연구에 편견이 발생할 수 있다. 다양한 목적에서 작성된 기록물을 연구목적으로 활용하는 것이기 때문에 원래의 작성 의도를 알 수 없어 왜곡된 정보를 얻을 가능성도 있다. 예를 들어, 단체에서 발간한 간행물은 단체를 홍보하거나 실적을 과장 또는 확대하는 경우가 있을 수도 있다. 그러나 내용분석은 수집된 기록물에 나타난 내용을 근거로 진행되기 때문에 기록물을 작성한 단체의 목적이나 의도를 파악하기는 쉽지 않다. 물론 다른 조사방법에서도 정보제공자가 왜곡된 정보를 줄 수 있

지만 내용분석은 수집된 기록물에만 의존하기 때문에 상대적으로 가능성이 더 크다고 할 수 있다.

③ 자료에 대한 잘못된 해석이 가능하다. 기록 당시의 상황을 이해하지 않으면 연구자가 쉽게 이해하기 어려운 용어나 특별한 사실을 기록한 경우에는 기록물에 대한 해석이 쉽지 않다. 따라서 수집된 기록물이 다루는 내용을 충분히 이해하지 못하면 전체적인 맥락을 이해하지 못하고 단순히 표현된 단어 중심으로 해석할 수 있다. 특히 시대적, 문화적 특성을 이해하지 못하면 이런 오류를 범할 수 있다.

④ 연구목적에 부합되는 자료수집이 어렵다. 연구목적에 적합한 기록물 자체가 부족하거나 기록물의 내용이 부실한 경우가 많다. 조사하고자 하는 내용에 맞는 기록물의 양(표본크기)을 확보할 수 없는 경우가 많으며, 기록물의 양은 풍부하다고 하여도 내용이 연구주제와 관련이 적거나 기록물의 신뢰성 문제가 제기되면 내용분석은 수행하기 어렵다. 연구자의 능력이나 노력 부족으로 필요한 기록물을 충분히 확보하지 못한 경우에는 표본의 부족으로 연구결과의 타당성이 낮아 연구는 실패하게 된다.

⑤ 표준형식의 결여로 자료 조정이 필요하다. 각종 기록물은 표현방식 및 문장형식에서 다르게 나타난다. 일부 신문기사나 공공기관의 공식문서는 표준화된 형식을 갖추고 있기도 하지만 개인적인 문서들은 표준화를 기대하기 어렵다. 따라서 표준형식의 결여 때문에 여러 자료의 내용을 하나로 만들거나 비교할 때에는 그 목적에 맞도록 기록물을 조정해야 한다. 특히, 시계열적 분석을 할 경우에는 기본 자료의 분석 단위가 여러번 바뀌는 경우도 발생하게 된다. 왜냐하면, 일정한 분석 단위를 정하였다고 하더라도 장기적으로 생산된 자료는 같은 분석 단위를 표준화하여 사용할 수 없는 경우가 대단히 많기 때문이다. 예를 들어, 건강증진기금 예산을 분석할 경우에 예산 분류 기준이 각 연도마다 차이가 있어 어느 기준으로 표준화할 것인지를 결정하기 어렵다.

4) 사용되는 자료의 종류

연구에 사용되는 자료의 종류는 1차 기록물과 2차 기록물, 공식기록물, 개인기록물, 기존 통계자료, 대중매체 등으로 구분할 수 있다. 이 구분은 기록물의 특성을 이해하기 위해서 임의적으로 나눈 것이며, 실제 내용분석에 사용되는 자료들은 복합적인 성격을 가지고 있는 경우가 많다. 내용분석에 사용되는 자료의 종류는 다음과 같다.

(1) 1차 및 2차 기록물

1차 기록물은 자신이 직접 경험하고 목격한 사건이나 현상을 직접 기록으로 남긴 것으로 체험담, 일기, 자서전, 회의록 등이 여기에 해당된다. 연구자가 직접 경험 또는 관찰할 수 없는 일들에 대해서 1차 기록물은 자세히 기록하고 있기 때문에 실제 상황을 파악하는데 도움이 된다. 한편, 2차 기록물은 사건이나 현상을 경험한 당사자가 아닌 제3자가 당사자로부터 경험한 내용을 듣고 기록한 것이다.

(2) 공식기록물

공식기록물(formal documents)은 각종 공공기관에서 공적인 목적으로 작성한 서류이다. 공식기록물은 정부, 기업, 연구기관, 협회 등에 의하여 작성된다. 이들 조직체들은 업무상 중요하다고 간주하는 일들은 기록으로 남겨 두는데 회계기록, 회의록, 각종 공문과 통신문, 출판물, 법령집, 최고의사 결정자의 연설문 등으로 보존된다. 공식기록물은 모두가 그 나름의 형식을 갖추고 있다.

(3) 개인기록물

개인기록물(personal documents)은 사사로운 목적으로 일정한 형식 없이 자유롭게 작성된 기록이다. 개인기록물에는 일기, 편지, 자서전, 수필, 문집 등이 포함된다. 개인기록물을 이용하면 자연스러운 행동에 대한 참여관찰처럼 구조화하지 않은 상황에서 개인이 자발적으로 경험하고 느낀 바를 알아 낼 수 있다. 개인기록물은 개인의 내면세계를 알 수 있다는 점에서 질적인 연구에 유용한 자료가 된다.

(4) 기존 통계자료

기존 통계자료는 공공기관 및 공인된 조직체에서 직접 수집한 원자료(raw data)들을 체계적으로 보관하면서 다른 연구자들이 이용할 수 있도록 공개하는 것이다. 인구센서스, 국민건강영양조사, 지역사회 건강종사, 각종 사회조사 자료 등 수없이 많다. 최근에는 민간단체에서도 관련 분야의 각종 통계자료들을 제공하고 있다. 다른 사람이 수고하여 수집해 놓은 자료로 자기가 원하는 2차분석(secondary analysis)을 할 수 있다면 시간과 비용을 절약할 수 있을 뿐만 아니라 직접자료를 수집하는 과정에서 경험하게 되는 연구윤리 문제도 피할 수 있다.

원자료를 2차분석할 경우에는 이미 범주화해서 작성해 놓은 통계표를 이용하는 것보다 훨씬 다양한 자료처리가 가능하다. 그럼에도 불구하고 원자료는 연구자가 처음부터 기획하고 수집한 것이 아니기 때문에 연구자가 필요한 모든 분석이 가능한 것은 아니다. 뿐만 아니라 같은 개념이라도 그것을 통계처리하기 위한 척도(변수) 변환 과정에서 연구자의 생각과 다르게 진행되었을 수가 있다. 따라서 원자료를 사용할 때는 연구자가 임의적으로 조정하는 것은 최소한으로 하고 최초 연구설계를 고려하면서 분석하는 것이 바람직하다. 그렇지 않으면 자료가 왜곡될 수 있다.

(5) 대중매체

대중매체란 공중에게 정보를 알리고, 설득을 하며, 오락을 제공하려는 목적으로 통신행동을 하는 수단을 말한다. 그 종류에는 신문, 방송매체, 영상매체 및 각종 정기간행물과 출판물 등이 포함된다. 대중매체는 다양한 정보를 담고 있기 때문에 연구자들이 활용하기 좋은 자료가 된다. 다만, 그것이 오늘날에는 두 가지 사회적 요인으로 말미암아 정보의 왜곡을 일으킬 소지가 있음을 주목해야 한다. 그 하나는 정치적 압력에 의한 왜곡이나 편견이고, 다른 하나는 이른바 상업주의라는 문학적, 경제적 특성에서 초래한다. 대중매체의 분석에서 이러한 요소들을 어떻게 가려내느냐 하는 것이 연구의 객관성을 유지하는 관건이 된다.

2 내용분석의 방법과 절차

내용분석은 메시지의 일정한 패턴을 분석하여 내용에 나타난 특징을 밝혀내려는 연구방법이다. 분석과정에서 내용의 해석에 대한 연구자의 판단이 이 기법의 적용가능성을 크게 제약하고 있기 때문에 분류절차에 일관성을 유지할 수 있는 체계적인 절차가 중요하게 고려된다. 내용분석법의 진행과정은 큰 틀에서 보면 일반적 연구절차와 차이가 없다. 다만, 세부 진행 내용에서 내용분석 고유의 방법이 적용되게 된다. 고유의 방법으로 핵심적인 내용은 분석단위의 결정과 분석단위의 수량화라고 볼 수 있다.

최선의 분석과정이 정해져 있는 것은 아니지만 일반적인 내용분석법의 절차는 연구문제의 설정 → 대상의 모집단 규정 → 문헌자료의 표본추출 → 내용의 범주 규정 → 분석단위의 결정 → 분석단위의 수량화 → 타당도와 신뢰도 점검 등의 단계로 진행된다. 각 단계별로 진행되는 구체적인 내용은 다음과 같다.

1) 연구문제 설정

연구문제를 설정하는 것은 모든 연구에서 가장 기본적인 것이기 때문에 내용분석법에서만 특별한 것은 아니다. 연구문제를 명확하게 설정함으로써 타당성 높은 문헌자료를 선정할 수 있고 분석기준과 분석단위를 정확하게 구성할 수 있다. 그런데, 대부분의 경우에 연구문제에 따라서 연구방법이 결정되기 때문에 연구문제는 내용분석법이 아니고는 진행하기 어려운 주제이거나, 내용분석법이 다른 연구방법과 비교하여 더 적합하여야 한다.

2) 대상 모집단 규정

대상 모집단을 규정하는 것은 연구문제와 관련된 문헌자료의 종류와 범위를 어디까지 할 것인지를 결정하는 것이다. 선정할 자료가 연구문제를 해결하는데 가장 적합하고 신뢰할 만한 것인지를 판단하게 된다. 그런데, 내용분석은 장기간에 축척된 방대한 자료를 대상으로 하는 경우가 많기 때문에 모집단을 명확하게 규정하기는 쉽지 않다. 예를 들어, 신문기사의 경우에 어떤 신문을 선정할 것인지, 시간적 범위를 어디까지 한정해야 타당성을 가질 것인가를 판단하는 것이 간단하지 않다.

3) 문헌자료 표본추출

내용분석을 위한 문헌자료의 표본추출도 일반적인 표본조사의 원리와 절차가 그대로 적용된다. 다만, 표본추출의 대상이 문헌자료라는 점이다. 연구문제의 해결을 위해서 규정된 모집단에서 표본추출방법을 적용하여 표본집단을 구성한다. 문헌자료를 대상으로 추출할 때에는 층화 및 집락을 곁들인 다단계 표본추출방법이 주로 사용된다. 예를 들어, 신문기사를 분석할 경우에 먼저 몇 년간 또는 몇 달간 등으로 기간을 한정한 다음에 각 신문의 몇 면을 선택할지를 결정하고, 그 안에서 문단, 행, 주제 등을 표본단위로 선정할 수 있다. 정기간행물이나 일기처럼 시간 배열이 일정한 자료는 계통적 표본추출로 하는 것이 효과적인 방법이 될 수 있다.

표 12-1 연구자료 표본추출 과정

순서	예시
1단계	국가 건강정책에 대한 신문기사 내용을 어떻게 파악할 것인가?
2단계	국내에 발간되는 모든 신문을 대상으로 할 것인가?, 발행부수가 많은 4개 신문만 대상으로 할 것인가?
3단계	발행부수가 많은 4개 신문을 표본으로 선정
4단계	표본 자료 중 어느 기간까지 분석할 것인가

4) 분석내용 범주 규정

분석내용의 범주를 어떻게 설정하느냐에 따라 연구의 질이 결정된다고 볼 수 있다. 범주를 규정할 때에 가장 주의할 요소는 첫째, 각 범주들이 연구목적과 연구주제를 적절하게(adequate) 반영할 수 있어야 하고, 둘째, 어떤 내용의 요소를 분류하여 부호화할 때에 그 요소는 한 범주에만 해당될 수 있도록 각 범주 간에 상호배타적(mutually exclusive)이어야 하고, 셋째, 어떤 요소이든지 범주들 중 하나에는 분류될 수 있어야 하며, 모든 요소가 반드시 한 개 범주에는 포함되도록 망라적(exhaustive)이어야 하고, 넷째, 어떤 범주에 속하는 요소들의 빈도가 다른 범주의 값에 영향을 미치지 않도록 상호 독립적(independent)이어야 한다.

한편, 범주를 규정할 때에는 이론의 틀에서 도출하는 연역법과 실제 자료에서 귀납적으로 형성해 가는 방법이 있다. 문헌자료의 내용분석법에서는 이론적 틀에 확고하고 완벽에 가깝기 전에는 가능한 자료를 사전에 충분히 검토하여 귀납적으로 범주를 설정하는 것이 바람직하다.

5) 분석단위 결정

내용분석의 가장 중요한 사항은 표본으로 선택한 문헌자료를 어떤 기준으로 무엇을 조사할 것인가 하는 것이다. 이것을 분석단위(analysis units) 또는 코딩(부호화) 단위라고 한다. 분석단위는 분석하려는 내용의 최소단위로 측정 가능한 단위로 환원될 수 있도록 설정되어야 한다. 이 분석단위를 체계적으로 분류 또는 배열하기 위한 범주(categories)를 분석기준이라고 한다. 내용분석의 핵심은 객관적인 분류와 측정이기 때문에 분석단위와 기준을 명확하게 설정하고 규정해야 한다.

한편, 분석단위는 기록(recording)단위와 맥락(contex)단위로 나누어진다. 기록단위는 분석하고자 하는 내용의 특정 요소가 한번 일어난다는 것을 가리켜주는 최소의 단위이고, 맥락단위는 기록단위의 성격을 좀 더 명확히 하고자 검토하는 내용의 최소 단위이다. 맥락단위는 기록단위에 비해 시간이 많이 소요되고 주관성이 개재할 가능성이 있어 객관적인 결과를 얻기 어려울 수 있다. 분석단위는 조사 내용에 따라 여러 가지가 사용되지만, 일반적으로 내용분석에서는 크게 다섯 가지를 고려할 수 있다.

① 단어(word)를 분석단위로 사용할 수 있다. 단어는 내용분석에서 가장 작은 분석단위이다. 조사 대상 문헌에 나타나는 단어의 빈도를 기록하는 단위이다. 예를 들어, 대통령 연설문에서 일자리, 빈곤, 건강, 정치 등의 단어를 사용한 빈도를 기록하여 어떤 문제에 관심을 갖는지를 분석하는 것이다.

② 주제(theme)를 분석단위로 사용할 수 있다. 주제는 분석내용의 기본 방향이나 철학 또는 주장하는 내용 등을 분석단위로 기록하는 것이다. 주제를 분석단위로 하는 것은 연구 내용에 따라 연구자가 주관적으로 결정한 주제에 해당되는 것을 분석하고자 하는 내용에 따라 나타나는 빈도를 기록하는 것이다. 예를 들어, 대통령 연설문에서 국민 건강문제에 대해서 얼마나 언급되었는지를 분석하기 위해서 건강문제와 관련된 단어(건강, 질병, 병원, 치료 등)를 사용한 빈도를 기록하여 분석하는 것이다.

③ 항목을 분석단위로 사용할 수 있다. 항목을 분석단위로 해서 주제를 상징하는 내용이나 단어의 사용 횟수를 조사할 수 있다. 주제나 단어 등을 분석단위로 하였을 때는 방대한 양의 문헌을 분석하기 어려울 때가 많다. 이 경우에는 하나의 문헌을 여타의 문헌과 비교하든지 아니면 문헌 전체의 입장을 항목으로 정리하기 위해서 항목을 분석단위로 사용하면 편리하다. 실제 분석에서는 항목과 주제를 정확하게 구분하기 쉽지 않은데, 예를 들어 담배값 인상에 찬성하는 기사 빈도와 반대하는 기사 빈도를 항목별로 나누어 비교하는 것이다.

④ 문장(sentence)이나 문단(paragraph)을 분석단위로 사용할 수 있다.

6) 분석단위 계량화

코딩(coding)은 분석단위를 분석기준에 맞게 배열하는 것이다. 분석기준이 정확하고 상세하게 정의되었다고 하더라도 이것이 분석단위에 어떻게 사용되고 있는지에 대한 판단은 코더의 몫이다. 아무리 정확하게 분석기준을 정의하더라도 분석단위를 배열하는 것은 코더의 판단이기 때문에 코딩의 적절성이 내용분석의 성공을 결정하게 된다. 내용분석이 과학적 엄밀성을 결여하고 있다는 비판은 코딩의 적절성을 판단하기 어렵다는 의미이다. 따라서 코더의 자의적인 해석을 줄여 분류의 객관성을 높일 수 있는 방안을 마련해야 한다. 이를 위해 복수의 코더를 이용하는 것과 분석기준에 대해서 명확한 조작적 정의를 하는 것이 일반적으로 이용된다.

코딩이 끝나면 적절한 통계적 방법을 적용하여 분석단위를 계량적으로 분석한다. 일반적으로 내용분석에 사용되는 분석단위를 계량화하는 방법을 크게 세 가지로 나누어 볼 수 있다(Bailey, 1994).

첫째, 단순집계 방법이다. 단순히 표본으로 채택된 문헌에서 분석단위로 결정된 것이 있느냐 또는 없느냐를 표시하는 방법이다. 예를 들어, 대통령 연설문에 건강문제에 대한 언급이 있었느냐, 없었느냐를 체크하는 것이다.

둘째, 빈도를 계산하는 방법이다. 내용분석에서 가장 많이 사용하는 기법으로 필요하면 빈도를 백분율로 계량화할 수 있다. 빈도를 계산할 때에 가중치를 어떻게 할 것인가를 결정해야 한다. 왜냐하면, 단순히 빈도로만 계산하게 되면 문헌에서 차지하는 비중이나 전체 맥락을 고려할 수 없기 때문이다.

셋째, 강도(strength) 또는 여백이나 공간의 양을 사용하여 단순집계나 빈도가 계량화할 수 없었던 가중치를 계산할 수 있다. 단순히 양적인 것을 넘어서 질적인 것을 수량화하는 것이다. 예를 들어, 신문기사가 게재된 지면의 위치, 사용된 분량(몇단 기사) 등을 분석에 활용하는 것이다.

7) 타당도와 신뢰도 점검

내용분석에서 타당도를 점검하려면 먼저 측정을 위한 부호화에서 다룰 것이 현재적 내용(manifest content)인지 잠재적 내용(latent content)인지를 검토해야 한다. 현재적 내용은 단어나 문장을 액면 그대로 받아들여 표면상 내용을 그대로 채택하는 것이다. 이와 달리 잠재적 내용은 전달하고자 하는 메시지의 진정한 의미를 파악하는 것으로 표현된 내용의 숨은 의미를 측정대상으로 한다. 따라서 전체 본문(text)을 먼저 검토하여 문맥 속에서 내용의 의미를 분석하게 된다. 한편, 문헌자료와 관련되는 타당도와 신뢰도의 점검 내용은 다음과 같다.

① 문헌자료는 다른 자료들보다 내적 일관성을 점검하기가 쉽기 때문에 해당 문서의 진품 및 위조품을 파악하는데 유리하다. 자료에 사용된 단어, 표현방법, 문장 형식 등의 여러 요소들을 자세히 살펴보면 저자의 진위여부를 비교적 쉽게 파악할 수 있다.

② 한 자료의 내적 일관성만 가지고 진위여부를 파악하는 것은 한계가 있으므로 기준타당성을 점검하는 것이 필요하다. 즉, 객관적인 다른 기준으로 비교 · 검토하는 것이다. 관련된 사람들과의 면접 또는 다른 문헌자료의 검토를 통하여 비교 기준이 타당한지를 점검하게 된다.

③ 신뢰도의 측정은 비슷한 문헌자료를 두 시점 간에 비교하는 도구 신뢰도와 각 코더 간의 범주화와 집계를 비교하는 분석자 신뢰도의 두 가지로 할 수 있다. 도구 신뢰도는 시간적인 차이를 두고 비슷한 문서기록을 찾는 게 어려울 수도 있고, 내용이나 표현방식에 큰 변화가 있을 수 있기 때문에 현실적으로 추정이 쉽지 않을 수 있다. 따라서 내용분석법에서 신뢰도란 주로 둘 이상의 코더(부호부여자)들이 같은 내용을 동일범주로 집계하도록 하고, 두 사람사이의 일치 정도를 말한다. 즉, 분류가 코더 간에 일치하는 정도이다. 면담이나 설문조사의 경우에는 언제든지 조사자료(설문지)의 재검토가 가능하지만 내용분석 자료는 그것이 쉽지 않기 때문에 코더는 분류가 객관적으로 이루어질 수 있도록 노력해야 한다.

표 12-2 내용분석 절차

순서	내용
• 연구문제 설정	연구문제는 문헌자료 선정 및 분석기준과 관련
• 대상 모집단 규정	연구문제와 관련된 문헌자료의 종류와 범위 결정
• 문헌자료 표본추출	규정된 모집단에서 표본추출방법 적용
• 분석내용 범주 규정	적절성, 상호 배타성, 포괄성, 상호 독립성 등 적용
• 분석단위 결정	표본으로 선택한 문헌자료의 조사기준 설정
• 분석단위 계량화	분석단위를 단순집계, 빈도, 강도 등으로 수량화
• 타당도와 신뢰도 점검	내적 일관성, 기준타당성, 도구 및 분석자 신뢰도 점검

3 분석단위에 대한 이해

연구 내용이 무엇이건 내용은 측정할 수 있는 단위로 환원할 수 있어야 한다. 내용분석과 관련해서 내용단위와 연구단위의 두 가지 유형을 생각할 수 있다. 내용단위(content units)란 내용의 의미 및 생산과 특별히 관련된 요소들을 말한다. 내용단위들은 연구와 별도로 흔히 내용을 만드는 사람들에 의해 정의된 요소들을 나타낸다. 단어, 문장, 단락, 이미지, 기사, TV 프로그램 등이 내용단위에 해당된다. 한편, 연구단위(study units)는 내용분석가에 의해 선택되고 정의된 내용 요소들로 연구단위들은 어떤 특정 연구의 내용단위의 부분 집합이다. 어떤 내용단위를 연구단위로 할 것인지는 연구자가 연구설계 과정에서 결정하게 된다. 연구단위와 내용단위에 대한 구체적인 내용은 다음과 같다.

1) 연구단위

연구단위는 실제 측정과정과 관련된 것으로 내용분석가들에 의해 정의된다. 연구단위는 표본추출단위. 기록단위, 맥락단위, 분석단위로 분류된다.

(1) 표본추출단위

표본추출단위(sampling units)는 연구자가 관심을 가지고 있는 전체 내용으로부터 연구를 위해 선택되는 물리적 단위이다. 표본추출단위는 연구되는 내용의 유형에 따라 결정되며 신문기사, TV 프로그램, 잡지 등을 표본추출할 수 있다. 예를 들어, 2010년 1월부터 2012년 12월 사이에 발행된 주요 일간지의 신문기사를 표본추출할 수 있다.

(2) 기록단위

기록단위(recording units)는 코딩과정에서 분류될 내용의 요소들이다. 기록단위는 내용분석의 기초 단위로 단어, 기사, 출판물, 연설 등과 같은 물리적 또는 시간적 윤곽을 명확히 가지고 있어야 한다. 예를 들어, 특정 잡지를 수집하여 잡지에 수록된 건강 관련 주제를 추출했을 경우에 특정 잡지를 수집하는 것은 표본추출단위이고, 건강 관련 주제를 추출하는 것은 기록단위라고 할 수 있다.

(3) 맥락단위

맥락단위(context units)는 내용을 기록단위에 적절하게 할당하기 위해 반드시 검토되어야 할 내용 요소들이다. 맥락단위는 기록단위와 같거나 더 클 수는 있지만 더 작을 수는 없다. 예를 들어, 특정 신문에서 정부가 약속한 건강정책을 이행하지 않았다고 제기한 경우에 그 주장을 긍정할 것인지 부정할 것인지를 결정하기 위해서는 신문기사의 전체 맥락에서 제기된 내용이 차지하는 비중 또는 문단 크기에 따라 결정해야 한다. 전체 맥락이 정부의 건강정책 추진을 긍정적으로 평가하고, 만약 문제점을 설명하면서 일부 부정적인 내용을 언급했다면 부정적인 기록단위로 보기는 어려울 것이다.

(4) 분석단위

분석단위(analysis units)는 가설을 검증하거나 연구문제에 답하기 위해 통계적으로 분석되는 것이다. 분석단위는 기록단위보다 결코 더 세부적일 수 없다. 기록단위는 컴퓨터의 도움을 받아 여러 가지 방식으로 결합될 수는 있지만 기록단위를 원래의 그것보다 더 작은 단위들로 나눌 수는 없다. 예를 들어, 텔레비전 폭력에 관한 연구에서 연구자는 모든 등장인물의 각각의 행동을 공격적 행동 또는 비공격적 행동으로 분류할 수 있을 것이다. 여기서 각각의 행동은 기록단위이다. 분석단위는 각 텔레비전 프로그램의 공격적인 행동의 평균일 수도 있을 것이고, 프로그램에 나타난 공격적인 행동들의 비율이 될 수도 있을 것이다. 어떤 경우이든 통계적으로 분석되는 단위는 원래 기록단위(등장인물의 개별적 행동)와 같지 않게 된다.

2) 내용단위

내용단위는 내용의 의미 및 생산과 특별히 관련된 요소들이다. 내용단위는 연구와는 별도로 흔히 내용을 만드는 사람들에 의해 정의된 요소들을 나타낸다. 내용단위는 의미단위(meaning units)와 물리적 단위(physical units)로 구분된다. 의미는 송신자와 수신자가 자신의 인지적 또는 정서적 정신 상태를 내용상의 상징들과 연관 지을 때에 발생된다. 상징은 송신자나 수신자 혹은 둘 다에 대해 의미를 지니는 구별되는 내용단위이다. 물리적 단위는 내용에 할애되는 시간과 공간을 의미한다.

예를 들어, 국가 금연정책에 대한 2단 신문기사 보다 3단 신문기사가, 5분 뉴스보다는 10분 뉴스가 더 많은 정보를 담고 있을 것이다. 물론 정보가 중복되거나 관련성이 낮은 정보가 있을 수 있기 때문에 물리적 단위와 의미단위 간에 상관관계가 비례하지 않을 수는 있다. 그러나 더 많은 물리적 단위가 관련되어 있을수록 더 많은 상징들이 존재하고 그 내용은 더 많은 의미를 지닐 가능성이 높다.

(1) 물리적 단위의 유형

물리적 단위는 내용의 항목, 시간, 공간에 대한 척도이다. 그런데, 물리적 단위의 측정은 빈도 또는 비율을 통해서 진행된다. 물리적 단위는 내용 분석에서 가장 객관적인 단위가 되기 때문에 측정 결과는 송신자들이 그것에 부여하는 가치와 그것이 수신자에 미치는 영향을 추론하는데 사용되기도 한다. 즉, 물리적 단위의 수가 클수록 그것은 송신자들에게 더 큰 값어치를 지니게 될 뿐만 아니라 수신자들에게 미치는 영향도 더욱 크다고 추론한다. 송신자들의 물리적 단위 할당 결정은 임의적으로 내려지는 것이 아니며, 이러한 할당은 결과적으로 내용의 패턴을 파악할 수 있도록 한다.

(2) 의미단위의 유형

물리적 내용단위는 표준화된 측정단위를 사용한다. 그런데, 의미단위들은 물리적 성질과 시간적 성질을 포함하고 있지만 그것들은 상대적으로 표준화가 미흡하다. 의미단위는 단순히 물리적 단위로 분석할 수는 없고, 다른 방법으로 접근이 필요하다. 크리펜돌프(Krippendorf, 1980)는 내용분석에 사용되는 상징적 단위들을 구문단위, 대상단위, 명제단위, 주제단위로 나누어 설명하였다. 어떤 의미단위의 유형을 사용하느냐 하는 것은 연구자가 강조하려는 내용에 따라 달라진다. 구체적인 내용은 다음과 같다.

① 구문단위

구문단위(syntactical units)는 언어나 매체 내에서 식별될 수 있는 단위를 말한다. 언어에서 가장 단순한 구문단위는 단어이지만, 문장과 단락도 구문단위가 될 수 있다. 구문단위도 정해진 물리적, 시간적 한계를 가지고 있다는 점에서 물리적 단위와 유사하다. 그러나 구문단위는 의사소통에 도움을 주는 일반적으로 받아들여지는 단위라는 점에서 물리적 단위와는 다르다.

② 대상단위

대상단위(referential units)는 내용 속에서 언급되거나 암시되는 어떤 물리적 또는 시간적 단위를 말한다. 대상단위는 어떤 특정한 사람, 사건, 주제에 부여되는 의미를 측정하는 데 사용될 수 있다. 홀스티(Holsti, 1969)는 대상단위 대신에 인물단위(character units)란 용어를 사용하였다. 예를 들어, 이순신을 지칭하는 용어는 이순신 장군이든 명량해전 승리자든 동일한 대상단위이다.

③ 명제단위

명제단위(propositional units)는 의사소통의 내용을 구성 부분을 통해서 살펴볼 때에 사용된다. 복잡한 언어를 좀 더 간단한 명제들로 분류하여 어떤 대상이나 주장을 분류하는 것이다. 분석을 쉽게 하기 위해서는 일관성 있는 구조로 내용을 배열하는 과정이 필요하다.

④ 주제단위

주제단위(thematic units)는 내용에 포함된 중요한 개념들을 구조적으로 파악하는 방법과 관련된다. 주제는 어떤 주요 문제에 대한 하나의 단일 주장으로 볼 수 있다. 주제단위는 연구하고자 하는 내용에 특별히 관련된 뉘앙스를 통합할 수 있다. 주제는 내용을 적절히 분류하는데 중요한 역할을 하기 때문에 역할이 중요하다.

3) 내용 및 연구단위 간의 관계

내용분석 연구를 진행하기 위해서는 반드시 연구단위를 정의해야 한다. 앞에서 설명한 것처럼 내용단위를 이용해서 연구단위를 결정할 수 있다. 어떤 연구는 각 연구단위들이 한 가지 이상의 유형을 가질 수 있다. 예를 들어, 금연 신문기사에서 정보원의 유형에 관한 연구는 대상단위와 주제단위의 두 가지 기록단위를 필요로 할 수 있다. 어떤 경우는 두 가지 내용단위 중에서 하나만 사용할 수도 있고, 반대로 물리적 단위와 상징적 단위의 각각을 하나로 합쳐서 분석할 수도 있다.

[표 12-3]은 연구단위를 결정하는데, 내용단위들이 어떻게 활용되는지를 보여준다. 이 틀은 타당한 내용분석 프로토콜을 만드는데 지침이 될 수 있다.

표 12-3 연구단위를 위한 내용단위들의 조작적 정의

			연구단위			
			표본추출단위	기록단위	상황단위	분석단위
내용단위	물리적 단위	공간				
		시간				
		기타				
	상징적 단위	구분				
		대상				
		명제				
		주제				

출처 : 대니얼 라이프 외, 배현석 옮김, 2001, 미디어 내용분석 방법론, p121, 커뮤니케이션북스.

13 평가조사

제13장

1. 평가조사의 이해
2. 평가조사의 측정과 방법
3. 평가자의 역할과 윤리적 문제
4. 평가조사 결과의 활용

제13장

평가조사

평가(evaluation)는 처음 설정한 목적이 어느 정도 달성되었는지를 판정하는 과정으로 모든 학문 분야에서 중요하게 다루어지는 영역이다. 특히, 실험연구에서 개입 프로그램에 대한 평가는 프로그램의 효과와 영향을 사정하는데 유용한 방법이 된다. 평가조사는 체계적인 평가과정으로 볼 수 있다. 이 장에서는 평가조사와 관련된 기본 개념과 평가조사의 모든 과정에 대해서 살펴보려고 한다.

1 평가조사의 이해

1) 평가조사의 개념

평가조사(evaluation research)는 어떤 개입(intervention)의 효과를 확인한다. 개입은 의도된 결과를 성취하기 위해서 진행된 활동으로 새로운 프로그램, 행동, 정책, 의사결정 등이 해당된다. 따라서 평가조사는 개입이 의도했던 결과를 성취했는지를 판단하는 과정이라 할 수 있다. 즉, 개입이 사전에 정해 놓은 목적을 얼마나 이루었는지를 밝히는 것이다. 이런 이유로 평가조사를 프로그램평가 또는 성과평가라고도 한다. 일반적인 조사는 개입이 성공 또는 실패한 원인과 이유 등을 밝히는 가설검증의 성격을 갖는데, 평가조사는 그 결과가 성공 또는 실패인지를 파악하게 된다.

평가조사는 평가의도에 따라 많은 편차가 있다. 욕구사정조사(needs assessment research)는 특정 문제의 존재와 그 정도를 파악하여 개입의 타당성을 확보한다. 비용-편익조사(cost-benefit research)는 하나의 개입 결과가 재정적 비용이나 기타 비용에 의해 정당화되는지를 판단한다.

2) 평가조사의 목적

평가조사는 개입의 지속성 여부에 대한 결정을 돕는다. 역으로 평가조사는 개입의 개선 수단으로서 뿐만 아니라 개입의 정당성을 지지하는 근거가 되기도 한다. 평가조사 결과는 개입에 환류(feedback)하여 개입의 합리성과 예측성을 높인다. 평가목적은 평가하고자 하는 대상에 따라 결정되는데, 일반적인 평가조사의 목적은 다음과 같다(Bigman, 1961).

① 개입 목적의 성취도를 파악한다.
② 개입의 성공 또는 실패 원인을 구체적으로 제시한다.
③ 성공적인 개입 원리를 발견한다.
④ 효과성 증진을 위한 다양한 기법과 실험과정을 유도한다.
⑤ 대안적 기법들의 상대적인 성공을 위한 기초를 마련해 준다.
⑥ 목표성취를 위해 사용된 수단과 하위목표를 재정립한다.

2 평가조사의 측정과 방법

1) 평가조사 측정

평가조사는 무엇이 거기 있는지 또는 없는지, 어떤 사건이 발생했는지 또는 아닌지를 찾는 것이다. 평가조사를 실행하기 위해서는 연구대상으로 어떤 것이 존재하는지 또는 존재하지 않는지를 인지, 관찰, 조작화할 수 있어야 한다(Babie, 2013). 연구자는 평가를 시작하기 전에 다음과 같은 측정의 문제를 주의 깊게 다루어야 한다.

(1) 결과의 구체화

평가조사가 측정하는 주요 변수는 반응변수(response variable)라는 결과이다. 측정하려는 결과가 무엇인지에 대한 명확한 규정과 함께 결과 측정에 관한 구체적 기준이 제시되어야 한다. 예를 들어, 초등학교 학생들을 대상으로 3개월 간 지속적으로 보건교육 프로그램을 지원하여 자기건강관리 능력을 향상시켰는지를 평가조사하는 경우에는 자기건강관리

능력을 어떻게 정의할 것인지, 어떤 상태를 향상이라고 할 수 있는지, 그리고 향상 정도를 어떻게 측정할 것인지를 구체화해야 한다.

(2) 실험맥락의 측정

실험에 영향을 미치는 연구자의 관점을 측정하는 것은 중요하다(Riecken & Boruch, 1974). 예를 들어, 흡연율을 낮추기 위한 금연교육을 실시하는 경우에 초기의 결과측정은 연구대상자의 금연율을 통해 측정할 수 있다. 평가하는 동안 전체 금연율과 흡연율의 변화를 관찰해야 하고, 매우 낮은 금연율에 대한 평가는 음주와 흡연친구 등 흡연유도 환경을 고려해야 한다. 어떤 변수들은 외생적인 것임에도 실험에 영향을 미치기도 하므로 적절한 통제집단 설계와 보완적인 측정을 연계시켜 평가하고자 하는 개입의 효과가 잘 드러나도록 해야 한다.

(3) 개입의 구체화

평가조사에서는 개입 요소에 대해서 반드시 측정해야 한다. 어떤 프로그램이 효과적이었는가를 확인하기 위해서는 프로그램 내용에 대한 질적 수준을 측정할 필요가 있다. 예를 들어, 정기적인 보건교육 프로그램에 간헐적으로 참여하거나 참여하더라도 집중하지 않고 겉돌기만 한다면 당초 목적으로 하는 결과를 성취하기는 쉽지 않기 때문이다. 따라서 개입 프로그램을 세부적으로 분석한 후에 그 수준에 따라 결과를 평가해야 한다.

또한, 개입에서 정의된 변수들을 매우 정확하게 측정해야 한다. 보건교육 프로그램이 오직 여학생 특히, 상류층의 여학생들에게만 효과가 있다고 한다면 성별, 경제상태 등과 같은 사회경제적 변수를 충분히 측정해야 한다.

(4) 모집단의 구체화

모집단을 정의하는 것 자체가 측정을 구체화하는 것이지만 연구자들은 그 외의 정의된 변수들도 매우 정확하게 측정해야 한다. 어떤 개입이 특정 사람들에게만 효과가 있다면 다른 문제에 대한 상대적 심각성을 계속 추적할 필요가 있다(Babie, 2013). 만약, 특정 치료가 60대 이상의 노인들에게만 유용하다면 연구자는 연령, 성별, 인종과 같은 인구학적 변수를 측정해야 한다.

(5) 새로운 측정과 기존 측정의 대비

특정연구를 위해 만들어진 측정은 해당 연구에 높은 타당도와 신뢰도를 제공할 수 있지만 사전 검증을 필요로 하거나 불확실성을 지닌 채 사용된다. 다른 연구에서 사용된 측정을 이용할 경우에는 조사의 목적과 상황을 고려하여 현재까지 사용한 다양한 종류의 측정에 대한 상대적 가치를 평가할 필요가 있다. 그러나 이미 많은 다른 연구들에서 검증된 측정은 일반적으로 타당도와 신뢰도를 동반한다는 장점이 있다.

(6) 성공과 실패의 조작화

평가조사 결과는 프로그램의 목표 성취 여부를 명확히 제시하지 못하는 경우도 많으며, 때로는 전체 목표 및 가치에 세부적인 결과들이 어떻게 영향을 미치는지는 언급하지 않고 세부적인 관련 요인에 대해서만 설명하는 경우도 있다. 평가조사에서 가장 어려운 것의 하나는 평가받은 프로그램의 성공 또는 실패를 판단하는 것이다.

예를 들어, 보건교육 프로그램이 어느 정도 자기건강관리 능력을 향상시켜야 이 프로그램을 정당화시켜 줄 것이냐 하는 것이다. 이런 이유에서 평가조사에서 비용-편익 분석을 실시하기도 한다. 경제적인 측면에서 프로그램이 가져온 이득과 지불한 비용을 고려하게 된다. 그러나 평가자는 단순히 경제적 계산만으로 결정할 수는 없다. 따라서 평가조사의 성공 또는 실패에 대한 기준은 합의의 문제로 보아야 한다. 평가자의 선택에 따라 프로그램이 중단되거나 예산 지원이 중단되기 때문에 평가결과는 이해관계자들로부터 논쟁의 대상이 되고, 평가조사 결과가 실제로 실행되지 않는 경우도 발생한다.

2) 평가조사 방법

(1) 평가조사 방법의 분류

평가조사의 방법은 평가조사의 대상과 관련 있다. 즉, 무엇을 어떻게 평가할 것인가의 문제이다. 일반적으로 평가조사 방법은 평가조사에 사용된 연구방법론, 평가대상의 구성체계, 진행과정, 평가기준, 설계방식, 과정 등으로 분류되는데, 이 책에서는 평가조사의 대상에 따른 분류를 추가하였다.

① 질적평가와 양적평가

질적평가(qualitative evaluation)는 질적 조사방법을 사용하여 평가하는 방법을 말한다. 질적 조사는 인간과 사회적 현상을 자연주의적이고 해석학적 접근을 통해서 이해하고 규명하는 데 초점을 둔 연구방법이다. 따라서 자연스러운 현장의 상황에서 참여자의 언어나 의미를 관찰하여 계량적 자료가 아닌 질적 자료를 수집하여 해석하는 데 강조점을 둔다.

한편, 양적평가(quantitative evaluation)는 양적 연구방법을 적용한 평가로 척도나 설문지 혹은 계량화된 측정기준을 이용하여 측정되거나 수집된 수량적 결과들에 대하여 통계적 · 확률적 이론을 기반으로 하여 그 결과를 기술하고 해석하거나 가설을 검증하는 평가방법이다.

② 구성체계에 따른 평가

특정 개입이 이루어지기까지의 체계론적 주요 구성요소들을 대상으로 평가를 수행한다. 예를 들어, 금연클리닉의 효과에 대한 평가조사를 수행하고자 한다면 금연클리닉 이용자를 대상으로 평가조사가 이루어지는 것이 일반적이지만 경우에 따라서는 금연을 원하는 시민이나 기관 또는 단체, 실제 금연클리닉 이용자, 금연클리닉을 제공하고 있는 보건소 등의 의료기관이나 지역사회와의 관계, 국가와 제도, 사회적 환경에 따른 영향력을 분석할 수도 있다.

③ 개입의 진행과정별 평가

개입의 진행과정별 평가는 개입의 진행과정을 구조화하고 구조화된 과정별 또는 통합적으로 평가하는 방법이다. 일반적으로 구조화된 과정은 개입의 준비, 진행, 종결, 사후단계로 구성되며 프로그램의 수행과정과 직 · 간접적으로 파생되는 활동에 대한 평가를 수행하게 된다.

④ 평가기준별 평가

개입의 효율성, 효과성, 노력성, 대응성, 품질, 전문성 등의 평가기준에 따라 해당 개입을 평가하고자 할 때 각 평가기준들을 평가하기 위해서는 구체적인 척도가 필요하다. 척도는 기존에 표준화된 적절한 척도가 있다면 이를 이용할 수도 있고 별도의 조작적 정의에 의해 만들어진 척도를 이용할 수도 있다.

개입의 평가기준으로는 첫째, 개입의 목적과 목표의 성취정도를 측정하는 효과성(effectiveness), 둘째, 개입이 산출대비 투입을 분석하는 효율성(efficiency), 셋째, 피개입자 입장에서 개입의 질적 수준과 만족도, 넷째, 피개입자의 욕구에 대한 대응성, 다섯째, 목표 성취를 위한 노력, 여섯째, 개입의 균형성(balance), 일곱째, 적법성, 여덟째, 피개입자의 접근이나 이용기회에 대한 접근성, 아홉째, 개입의 적절성(appropriateness) 등이 있다.

⑤ 설계방식에 따른 평가

설계에 따른 평가는 개입의 효과성 검증에 유용한 실험설계와 개입의 개선과 발전에 유용한 정보를 얻을 수 있는 비실험설계로 구분된다. 설계에 따른 평가조사에서 실험설계는 일반적으로 표준실험설계가 이용되지만 종종 유사실험설계(quasi experiment design)가 이용되기도 한다. 유사실험은 실험집단이 통제집단에 대상자를 무작위로 배정할 수 없다는 점에서 실제 실험과 차이가 있다(Babbie, 2021). 간혹 개입의 평가조사가 어려울 때 평가조사의 가능성을 확대하는 방법으로 유사실험설계가 사용된다. 유사실험설계는 개입 전후의 시간적 측정을 포함하는 시계열 설계(time series design)와 한 개 이상의 시계열 분석을 사용하는 다중 시계열 설계(multiple time series design), 실험집단과 유사한 기존 통제집단을 찾아 평가하는 비균등 통제집단(nonequivalent control group) 등에 의한 설계가 있다.

⑥ 과정에 따른 분류

과정에 따른 분류에는 형성평가(formateive evaluation)와 총괄평가(summative evaluation)가 있다. 형성평가는 진행과정과 개입의 수정과 보완을 목적으로 이루어지는 평가로 진단적인 과정평가의 성격이 강하다. 예를 들어, 3개월간 보건교육 프로그램을 실행하면서 계속 평가조사를 수행한다면 교육대상자의 반응에 따라 교육내용이나 자료를 변경할 수 있게 된다.

한편, 총괄평가는 개입의 전체적이고 최종적인 결과를 토대로 수행하는 평가로 개입의 유지, 개선, 대체를 결정하기 위한 정책결정적 성격의 평가이다. 예를 들어, 3개월간 보건교육 프로그램을 실행한 후에 보건교육 프로그램을 실행하지 않는 집단과 새로운 교육을 실행한 집단으로 나누어 차이를 검증하고 보건교육 프로그램이 효과적인지를 판단할 수 있다.

⑦ 대상에 따른 분류

대상에 따른 분류에는 절대 평가조사와 상대 평가조사가 있다. 절대 평가조사는 하나의 개입에 대해서만 평가하지만 상대 평가조사는 유사한 다른 개입들 중에서 어느 것이 우월한지를 비교 평가한다. 절대 평가조사는 비교할 대상이 없기 때문에 개입의 효과성을 평가할 수 있는 명확한 기준을 만드는 것이 필요하다. 따라서 목표 측정이 절대 평가조사에서는 매우 중요하다. 대부분의 프로그램이 비교하기 적절한 다른 개입이 없는 경우가 많기 때문에 절대 평가조사를 많이 이용한다. 절대 평가가 특정 개입의 수정, 유지를 결정하는 것이라면 상대 평가조사는 여러 개입들 중에서 특정 개입을 선택한다. 상대 평가조사에서는 실험설계 등의 평가방법이 많이 이용된다.

⑧ 기타

그밖에 평가주체에 따라 개입과 관련 있는 내부자에 의해 평가되는 내부평가(internal evaluation)와 개입과 직접적인 관련이 없는 외부자에 의해 평가되는 외부평가(external evaluation)로 구분할 수 있다. 분석방법에 따라서는 기술적 방법이 도입된 평가, 인과적 방법이 도입된 평가, 처방적 방법이 도입된 평가가 있고, 평가시기에 따라서 사전 · 사후 평가 등이 있다.

(2) 욕구사정조사

욕구사정조사는 개입의 필요를 판단하기 위한 목적으로 이루어진다. 욕구사정조사는 의료행위, 보건프로그램, 정책, 제도 등의 개입 정도 파악과 함께 문제의 정의, 실제적 조건에 관한 묘사, 욕구의 발견, 욕구 충족의 장애요소 진단 등이 이루어진다.

욕구사정조사는 평가조사 뿐만 아니라 다른 조사연구에서도 계획을 위한 유용한 도구이다. 욕구사정조사를 수행할 때에 연구자는 다양한 관점에서 자료를 수집할 필요가 있다. 기본적으로 어떤 문제가 1~2개의 요인으로 정확히 설명될 수가 없기 때문이다. 연구자는 개입과 관련하여 폭 넓은 자료를 수집하고 분석하여 개입이 성공할 수 있도록 해야 한다. 따라서, 연구자는 정확히 문제를 파악하고 정보를 수집하여 분석할 수 있는 능력을 갖추고 있어야 하며, 전체적인 개입과정을 이해할 수 있어야 한다.

(3) 과정평가

과정평가는 개입의 계획에서부터 완료에 이르기까지 과정과 이와 상호작용하는 환경적 요인과 관련성을 분석한다. 과정평가는 관찰 중심의 질적 조사가 주로 사용되며, 충분히 훈련된 연구자가 관찰자의 역할을 수행하게 된다. 과정평가는 질적 관찰을 위하여 반구조화된 평가도구를 사용하게 되는데 이는 질적 관찰의 일관성을 유지할 수 있게 한다.

과정평가는 연구 진행과정의 상호작용, 구조화된 연구단계 간의 영향, 과정에서 나타난 현상과 상호작용에 대한 체계적 기술, 개입의 적합성 및 목표성취 등에 대한 해석, 개입의 총제적 장점과 효과, 단점과 문제점에 중점을 두고 [표 13-1]과 같은 구조분석 과정을 통해 이루어진다.

(4) 성과평가

성과 측정은 개입의 책임성에 대한 최상의 접근방법이며 효율성, 품질, 효과성 등의 관점을 포함한다(Martin & Kettner, 2000). 성과는 개입의 목적과 목표의 성취도를 의미하며, 개입 활동에 의해 산출에 영향을 받는다. 동시에 개입의 결과는 개입의 질적 수준에 영향을 받기 때문에 성과평가는 결과성과, 산출성과, 품질성과로 구분할 수 있다.

표 13-1 개입의 구조분석 과정

현장관찰기록	내용해석	이미지분석
구체성, 정확성, 사실적 서술이 중요 – 3인 이상의 관찰자 – 사진, 비디오 등의 근거자료 활용	전문가적 판단이 중요 – 훈련과 사례회의를 통한 숙달	최고의 전문가적 판단이 중요 – 경륜과 경험이 필요 – 질적 연구방법론에 대한 체계적 습득 필요
• 개입 환경 기술 • 진행과정 기술 • 상호작용 현장 기술	• 관찰결과의 의미해석과 분석 • 개입 성과에 대한 평가적 진단 • 의미에 대한 계량적 분석수행	• 현장관찰의 분석결과와 2차 해석을 통해 클라이언트의 가치를 높일 수 있는 이미지 추론 • 이미지와 개입의 연계성과 타당성 분석 • 이미지의 의미부여

① 결과성과

결과성과는 개입에 의해 의도된 결과나 급부의 성취도, 클라이언트에게 미친 영향을 주된 관심사로 한다(Martin & Kettner, 2000). 결국 결과성과는 개입 과정과 결과에서 나타나는 클라이언트들의 이익, 즉 특정 개입이 성취하고자 하는 효과성 관점(effectiveness perspective)이라고 할 수 있다. 투입에 대한 산출의 비율과 관련 있는 효과성 관점은 산출보다는 목표의 달성에 더 초점을 맞춘다. 예를 들어, 금연교육의 성과를 측정하고자 하는 경우에 이 측정을 위한 적절한 평가도구 개발은 금연교육의 효과와 금연으로 인한 건강증진에 대한 기대를 확인하기 위한 작업이다. 금연교육 후 금연성공률은 어느 정도 측정이 가능하지만 금연의 파급효과는 단기적으로 파악하기 어렵다. 이러한 이유로 해트리 등(Hatry, et al., 1996)은 결과성과를 단기, 중기, 장기 성과평가로 구분하였다.

단기성과는 개입의 산출에 대한 직접적 영향으로 금연교육 참여자의 지식, 태도 등의 변화가 그것이다. 중기성과는 단기적 성과의 경험으로부터 얻게 되는 이차적 효과로 금연교육으로 인한 새로운 지식, 태도로부터 나오는 행동의 변화이다. 대체로 개입 종료 후에 나타나는 변화이다. 장기성과는 개입이 성취하고자 하는 궁극적이고 이상적인 목표이다. 예를 들어, 금연교육 참여자의 욕구나 문제를 궁극적으로 해결하고 안정적으로 유지하는 것이 여기에 해당된다. 충분한 성과평가를 위해서는 평가의 시간적 구분을 두어야 하며, 반대로 개입의 성취도를 높이기 위해서는 계획단계에서부터 단기, 중기, 장기 성과를 고려해야 한다.

② 산출성과

산출성과의 측정은 개입으로 인해 나타난 산출의 유형과 양에 대한 정보를 확보하는 것이다(Martin & Kettner, 2000). 금연교육에 사용된 교육용 책자, 팜플렛, 교육참여자에게 제공된 서비스 등 개입 활동을 통해 얻게 되는 모든 생산물 또는 서비스의 단위이다.

산출성과의 측정은 비용의 효율적 사용에 분석을 가능하게 한다. 즉, 금연교육 참여자에게 제공된 서비스 및 활동 단위들의 총량을 파악하여 비용-효과분석을 통한 단위비용을 산출함으로써 효율성을 측정할 수 있게 된다. 산출성과는 효율성의 관점으로 비용효과의 개념이 중요하다. 산출성과를 산출량 대비 비용의 비율로 계산하면 비용-편익분석이며, 성취효과 대비 비용의 비율로 계산하면 비용-효과분석이다.

③ 품질성과

품질성과는 개입의 질적 측면을 분석한다. 품질의 개념 자체가 복합적이고 다차원적이기 때문에 다양한 개입의 질적 측면을 정리하고 그 중에서 중요한 것을 선별해야 한다. 같은 금연교육의 내용이 금연교육 참여자의 연령이나 성별, 사회적 환경에 따라 이해도가 달라질 수 있으며, 같은 사람이더라도 교육이 진행되는 현장의 분위기에 따라서도 영향을 받을 수 있다. 품질성과의 측정은 품질 자체가 다분히 주관적인 성향을 담고 있기 때문에 개입 현장에 따라 그 내용이 다르게 규정될 수 있다.

품질성과에서 가장 중요한 것은 클라이언트의 관점이다. 금연교육 참여자가 바로 금연교육 프로그램이나 서비스의 확고한 대상이기 때문이다. 따라서 품질성과는 클라이언트의 경험적 정보가 측정의 중요한 영역이다. 특정 개입에 대한 만족도 조사는 클라이언트의 경험적 정보수집과 품질성과 측정의 대표적인 방법이다.

3 평가자의 역할과 윤리적 문제

1) 평가자의 역할

평가조사는 기관 외부의 평가연구기술을 가진 전문가에 의해 수행될 수도 있고 같은 조건의 내부자에 의해서 수행될 수도 있다.

(1) 내부평가자

내부자에 의한 평가조사는 내부평가자가 기관의 기능과 정책, 내부 상황은 물론 수행된 개입에 관한 정보를 이미 잘 알고 있기 때문에 여러 가지 장점이 있다. 내부평가자는 기관 내부의 민감한 문제에 대해서도 이미 정보를 가지고 있기 때문에 적절한 측정도구를 선정하는 데 도움을 줄 수 있으며, 내부평가자가 자료의 분석과 해석능력까지 갖추고 있다면 기관은 비용 부담을 크게 줄일 수 있다.

그러나 내부평가자가 평가조사에 필요한 조사방법의 업무에 관한 면밀한 지식이 부족한 경우에는 평가결과의 질에 문제가 발생할 수도 있으며, 내부평가자가 평가조사에 있어서 객관적 입지를 유지하지 못하는 경우에도 평가조사의 질적 하락이 발생한다. 또한, 평가조사에서 내부평가자가 담당할 역할 때문에 갑자기 높아진 내부평가자의 위상이 기관 내 다른 사람들에게 거부감을 일으켜 평가조사의 질이 하락될 수도 있다.

(2) 외부평가자

외부평가자에 의한 평가조사는 전문성과 객관성을 보장받을 수 있지만, 전문인력 고용에 대한 비용이 발생하며, 개입 관련 내용과 기관의 상황을 이해하기 위해 어느 정도의 시간이 필요하게 된다. 외부평가자는 개입관련 문제의 복잡성을 제대로 이해하지 못하거나 어떤 사실에 대해서는 민감하지 못할 수도 있기 때문에 평가를 위한 중요한 척도나 도구 개발이 제한적일 수 있다.

2) 윤리문제

평가조사 과정에서 일부 개입의 경우는 윤리문제를 유발할 수 있다. 특정 정책이나 제도에 대한 비난을 목적으로 여론조사가 악용되는 경우처럼 평가조사의 결과가 다른 목적으로 이용될 수 있다. 예를 들어, 아동을 대상으로 성교육을 실시할 경우에 일부 학부모들은 자신들의 어린 자녀가 성 관련 지식에 노출되는 것을 꺼릴 수 있다. 이들은 성교육이 불필요한 성지식을 과다하게 노출하고 이로 인한 새로운 성문제가 발생할 것을 걱정한다. 또 다른 일부 학부모들은 이른 성교육이 올바른 성지식을 갖게 하는 계기가 될 수 있다는 점에서 성교육을 찬성할 수도 있다. 이들은 이른 성교육이 청소년 성범죄를 예방하는 단초를 제공하고 나아가서는 성범죄의 발생을 예방할 수 있다고 기대한다. 일부 사람들은 평가조사의 결과를 자신들의 의견을 지지하는 근거로 삼거나 역으로 상대방의 의견을 비판하는 근거로 이용하기도 한다. 성이라는 주제 자체가 논란의 여지가 많은 문제이기 때문에 평가조사의 종결 후에 평가조사의 결과에 대한 논란이 있을 수 있으며, 평가자의 의지와 상관없이 평가결과는 프로그램이나 정책, 제도, 사회적 상황에 영향을 줄 수도 있다. 비록 완전하지는 않더라도 평가자는 평가결과에 대한 윤리적 쟁점을 충분히 이해하고 이를 보고서에 반영할 필요가 있으며 평가결과에 대한 책임의식을 가져야 한다.

평가자의 평가에 대한 책임의식은 또 다른 측면에서 중요한 의미를 갖는다. 평가자는 적절한 평가방법과 분석결과의 해석에 대해서 책임감을 가져야 한다. 부적절한 평가방법과 잘못된 해석은 평가결과의 질적 하락을 가져와 평가조사의 결과를 필요로 하는 이들에게 잘못된 정보를 제공하여 적절한 결정을 방해하기 때문이다. 그밖에 연구자는 평가통제의 외적요인들에 의해서 평가조사 그 자체의 질에 영향을 받을 수 있다는 점을 고려해야 한다.

4 평가조사 결과의 활용

평가조사의 목적 중 하나는 개입의 성공여부를 분석하는 것이다. 평가조사의 결과는 프로그램이나 제도, 정책 등의 개선, 유지, 중단을 결정하는데 도움을 준다. 그러나 평가조사의 결과가 반드시 실행되는 것은 아니다. 특히 평가조사의 결과가 공식적 관점과 갈등을 일으키는 경우에는 특히 더 실행이 어렵다.

평가조사의 결과를 실행하지 못하는 중요한 이유는 첫째, 주된 평가조사를 비연구자가 이해하지 못하는 경우, 둘째, 평가결과가 기존 신념에 대치되는 경우, 셋째, 광범위한 이해관계가 있는 경우이다(Babbie, 2021). 이러한 경우에는 비록 평가조사의 결과가 높은 타당도와 신뢰도를 갖더라도 실행되지 않을 수도 있다.

14 자료의 처리

제14장

제14장

자료의 처리

수집된 원자료(raw data) 자체는 중요한 정보임에 틀림없지만, 그 자체로는 무엇을 의미하는지 알기 어렵다. 원자료가 유용한 정보가 되기 위해서는 연구에 적합하고 분석이 가능한 형태로의 가공이 필요하다. 양적 자료와 질적 자료가 특성이 다르기 때문에 자료의 처리과정도 차이가 있다. 이 장에서는 먼저 양적 자료의 처리과정을 살펴본 후 질적 자료의 처리와 분석에 대하여 소개한다. 질적 자료는 수집, 처리, 분석이 통합적으로 이루어지기 때문에 이 장에서 질적 자료의 분석을 함께 소개한다. 양적 자료의 분석에 관해서는 다음 장에서 다루어진다.

1 양적 자료의 처리

양적 자료의 처리과정은 원자료의 정리 및 편집 → 부호화 → 입력 순으로 처리된 후 분석을 수행하게 된다.

1) 원자료의 정리 및 편집

원자료의 정리 및 편집과정은 수집된 원자료를 연구의 목적에 맞추어 재정리하는 작업이다. 이 과정에서 서로 다른 양식의 자료를 조합하거나, 원자료의 부실과 누락 등도 처리한다.

(1) 원자료의 검사 및 편집

원자료 상의 여러 문제와 모순을 시정함으로써 자료처리를 원활히 처리하기 위하여 기초

자료를 검토하고 편집하는 일은 중요하다. 기초자료를 검토할 때 누락된 응답, 기입이 불완전한 조사항목, 계산착오, 응답자 또는 조사원 오기 등을 찾아 보정하고 알아보기 어려운 기록을 알아볼 수 있도록 수정해야 한다. 또한, 자료 입력시 오류를 줄이기 위하여 응답의 기입법을 통일하고 계산해야 할 항목들의 계산치 기입, 응답의 추정이 가능한 응답은 추정 응답을 기입한다.

표 14-1 원자료 검사 및 편집시 살펴보아야 할 사항

- 조사표 중 누락된 응답을 찾는다.
- 기입이 불완전한 조사항목을 분별한다.
- 알아보기 어려운 기록을 수정한다.
- 응답의 기입법을 통일한다.
- 계산 착오를 찾아낸다.
- 응답자의 오기와 조사원의 오기를 찾아낸다.
- 계산치를 기입한다.
- 추정응답을 기입한다.

(2) 복수 양식의 원자료에 대한 정리

하나의 조사연구에서 자료의 수집방법은 한 가지를 사용하는 것이 일반적이지만 연구주제에 따라서 둘 이상의 자료수집 방법을 필요로 하는 경우 자료수집이 완료되면 자료의 분석을 위하여 조사연구의 목적에 따라 분류 또는 통합해야 한다.

2) 부호화

부호화 또는 코딩(coding)은 분석을 위하여 수집된 자료들에 대해 체계적인 숫자나 기호를 부여하는 과정이다. 부호화는 양적 분석을 가능하게 하는 기초적 작업이다. 설문지나 조사표에 직접 코딩할 수 있는 칸을 만들어 조사 즉시 코딩을 함으로써 코딩용지에 따로 작성할 필요없이 설문지나 조사표를 보고 직접 컴퓨터에 수치를 입력하는 방식을 많이 사용한다. 이에 관해서는 "제8장 설문지 개발"의 응답을 위한 표시란 제공에 관한 부분에서 구체적인 작성 예와 설명을 한 바 있다.

(1) 코딩시 주의사항

코딩을 위해서 각 정보 단위들에 대해 변수이름을 지정하고 특정부호를 할당해야 한다.

대개는 많은 변수와 부호들이 사용되기 때문에 연구에 사용되는 변수와 변수값을 지정해 놓은 코드북(codebook)을 작성하여 사용하기도 한다. 코드북은 코딩작업을 위한 안내서로서 [표 14-4]와 같이 코딩에 사용될 변수와 부호들을 수록한 것을 말한다.

코딩시 주의사항은 다음과 같다.

① 응답을 명확하게 분류하기 어려울 경우에는 가능한 응답을 세분화하는 것이 바람직하다.

② 모든 문항의 응답은 수치로 입력해야 분석이 용이하다.

③ 특정 응답자에 해당되지 않는 문항의 응답인 결측값(missing value)에 대해서는 '0'이나 '9' 또는 '.'으로 처리한다.

④ 무응답은 '0'이나 '9', '99' 등으로, 모름은 '8' 또는 '88' 등으로 표시하여 명확하게 구분한다.

⑤ 숫자로 입력된 자료의 경우에는 가장 큰 수치를 고려하여 자리수(column)를 배정한다.

⑥ 자리수를 배정할 때 가능한 응답범위에 맞게 최소한의 자리수를 배정(예로서 응답이 9종류인 경우 자리수를 1자리만 배정)한다.

⑦ 코딩되는 모든 정보(응답)는 반드시 어떤 수치를 부여받아야 하며 동시에 한 가지 수치만 부여받아야 한다. 또한 코드범주는 항상 망라적(exhaustive)이고 상호배타적(mutually exclusive)이어야 한다.

(2) 코드의 종류

코드를 부여할 때는 컴퓨터 처리에 적합한 형태로 사용자가 사용하기 쉽게 작성되어야 하며, 분류의 편의를 위하여 공통성과 체계성을 갖추어야 한다. 또한 이후 자료의 축소나 확장에 대비하여 추가, 수정, 삭제가 쉽도록 구성해야 하며, 가능하면 단순하고 짧게 구성하되 대상자료와 1:1 대응되도록 부여한다. 특히 변수명은 자료의 의미를 연상할 수 있도록 작성하면 좋다. 자료의 형태에 따라 코드를 부여하는 방법에는 식별코드(identification code), 연속코드(serial code), 블록코드(block code), 유의수 코드(significant digit code), 연상기호 코드(mnemonic code) 등이 있다.

① 식별코드

수집된 자료의 각 사례와 각 변수를 식별하기 위해 각각에 부여하는 부호나 숫자로 주민등록번호와 같은 개념이다. 1인당 1개의 주민등록번호가 있는 것처럼 각 사례와 식별 코드는 1:1로 대응해야 하며 다른 사례와 중복되는 코드값을 가질 수 없다. 주로 설문지의 사례수의 번호를 나타내는데 사용된다.

② 연속코드

어떤 항목을 일정한 기준에 따라 배열하여 '1'부터 순차적으로 숫자를 부여하는 방법으로 해당 분류의 변경 가능성이 낮은 경우에 주로 사용된다. 예를 들어, 학과명을 가나다 순으로 연속배열한다면 다음과 같다.

표 14-2 연속코드의 예

부호	학과명
1	경제학과
2	국어국문학과
3	보건관리학과
4	사회학과
5	행정학과

③ 블록코드

항목을 유사성이나 어떤 기준에 근거해 몇 개의 블록 또는 집단으로 나누고 각 블록은 공통된 특징을 갖는 일련의 항목으로 구성한다. 블록코드는 항목의 추가가 쉽고 가장 널리 쓰이는 코드 부여 방법 중 하나이다. 예를 들어, 대학의 학과명에 코드를 부여할 때 다음과 같은 형태의 블록코드를 부여할 수 있다.

표 14-3 블록코드의 예

부호	학과명	부호	학과명	부호	학과명
10	문 과 대 학	20	사회과학대학	30	보건과학대학
11	국어국문학과	21	행 정 학 과	31	보건행정학과
12	영어영문학과	22	정치외교학과	32	임상병리학과
13	사 학 과	23	사 회 학 과	33	물리치료학과
14	철 학 과	24	사회복지학과	34	작업치료학과
15	문헌정보학과	25	심 리 학 과	35	응급구조학과

④ 유의수 코드

유의수 코드는 표의 코드라고도 하며, 코딩할 대상이 가지고 있는 속성에 따라 부호 또는 숫자를 그대로 부호화하는 것이다. 예를 들어, 폭이 132mm, 길이가 512mm, 두께가 56mm인 강판에 코드를 부여할 때 폭, 길이, 두께 순서대로 3자리를 할당한 후 "132512056"과 같은 코드를 구성할 수 있다.

⑤ 연상기호 코드

연상기호 코드는 상징적 기호를 이용해 코딩할 대상이 쉽게 연상되도록 코드를 부여한다. 이용자가 관련 코드를 기억하기 쉽다는 장점이 있다. 예를 들어, 17인치짜리 TV는 "TV−17", 160리터자리 냉장고는 "RF−160"과 같은 식으로 부여할 수 있다.

〈설문지 예〉

※ 다음 질문을 읽고 해당되는 응답항목의 □란에 √표 하세요.

1. 성별은 무엇입니까?
   □남 □여
2. 나이는 몇 세입니까? ________ 세
3. 귀하는 어떤 건강보험에 가입되어 있습니까?
   □지역의료보험
   □사업장(직장) 가입자
   □의료급여 1종
   □의료급여 2종
   □미가입
   □모름
4. 귀하는 보험회사에서 판매하는 민간의료보험에 가입하셨습니까?
   □가입했다
   □가입하지 않았다
   □모름
5. 평소에 귀하의 건강은 어떻다고 생각하십니까?
   □매우 좋음
   □좋음
   □보통
   □나쁨
   □매우 나쁨

(3) 코딩 및 코드북 작성의 예

다음 〈설문지의 예〉에 나타난 5개의 문항에 대해 자료분석을 위한 코딩을 수행해 보면 다음과 같다. 보통 코드를 설계시 설문지와 관계없이 첫 번째 변수로 케이스의 일련번호를 사용하는 경우가 많은데 이것은 설문지에 부여된 고유번호로 자료를 입력한 후에 다시 설문지를 참조해야 하는 경우에 유용하다. 변수명은 설문지의 각 문항을 연상할 수 있는 형태로 작성하거나 편의상 영문자와 설문지의 문항번호를 조합하여 사용하기도 한다.

변수명이 정해지면 변수명에 대한 간략한 설명을 덧붙이고 필요한 자리수를 파악한다. 자리수는 입력될 자료의 최대값을 산정해 결정한다. 변수값에는 해당 문항에서 나타날 수 있는 응답의 범주를 간략히 요약한다. 변수값에는 주로 문항의 보기항의 값을 옮겨 적는다. [표 14-4]는 다음에 제시된 〈설문지 예〉에 대한 코드북의 예이다. 코드북은 코딩작업에서 사용되는 일차적인 지침으로 자료분석을 하는 동안 자료파일에서 변수의 위치를 파악하고 각 코드의 의미를 해석하는데 지침이 된다. 코드북은 코딩에 필요한 자료를 알아보기 쉽게 체계적으로 정리하면 되고 정해진 양식이 있는 것은 아니다.

표 14-4 코드북(codebook)의 예

변수이름	변수설명	자리수	변수종류	변수값	기타
caseno	케이스번호	3	명목	1 – 100	
gender	성별	1	명목	1 – 남자 2 – 여자	
age	나이	3	비율	0 – 120	
hinsur	가입 건강보험	1	명목	1 – 지역의료보험 2 – 사업장(직장) 가입자 3 – 의료급여 1종 4 – 의료급여 2종 5 – 미가입 9 – 모름	
pinssur	민간보험 가입여부	1	명목	1 – 가입했다 2 – 가입하지 않았다 9 – 모름	
hconditon	주관적 건강평가	1	등간	1 – 매우 좋음 2 – 좋음 3 – 보통 4 – 나쁨 5 – 매우 나쁨	

3) 자료의 처리

(1) 코딩자료의 입력

자료의 입력방식으로 가장 널리 쓰이는 방법은 키보드를 이용한 입력이다. 과거에는 일정한 형태의 카드에 천공(punching)한 뒤 카드 리더기(card reader)를 통해 입력하기도 하고, 대량의 데이터인 경우에는 광학리더기를 이용하는 경우도 있었지만 오류발생 가능성이 높아 최근에는 사용되지 않는다.

코딩자료를 입력할 때 다양한 프로그램을 사용할 수 있지만 분석에 사용할 통계 프로그램과의 호환성을 고려하여 작성할 필요가 있다. SPSS, SAS, STATA 등과 같은 통계 프로그램들은 데이터의 입력과 편집을 위한 기능을 지원하기 때문에 직접 입력할 수도 있다. 통계 프로그램 전용 에디터는 그 종류에 따라서 사용방법이 다르고 때로는 별도의 관련 명령어를 익혀야 하는 경우도 있다.

엑셀과 같은 스프레드시트를 이용하는 경우에는 한 행이 한 개의 케이스에 해당하는 개념이고 한 개의 열이 각 문항 즉 변수에 해당하기 때문에 1개의 셀에 1개의 값을 입력하면 된다. 그 밖에 흔글이나 MS-Word와 같은 문서작업용 프로그램이나 Windows가 기본적으로 지원하는 메모장 같은 편집 프로그램에서도 입력이 가능하다.

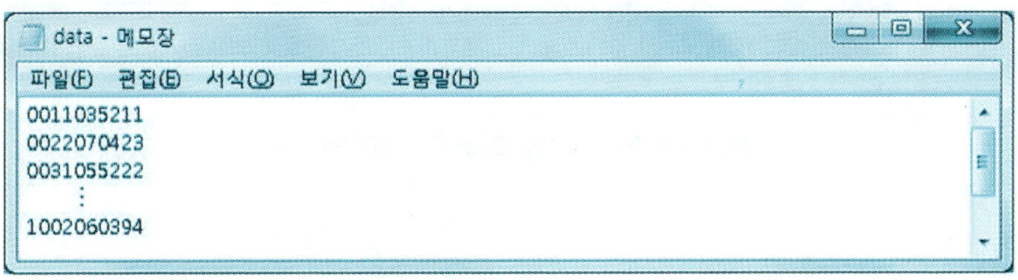

그림 14-1 메모장을 이용한 데이터 입력

여기서는 통합적으로 사용할 수 있는 메모장과 엑셀을 이용한 입력을 설명하고자 한다. [표 14-4]에 소개된 코드북을 참조하여 메모장에 입력한 예제는 [그림 14-1]과 같다. 텍스트 파일은 메모장 뿐만 아니라 "*.txt" 형식을 지원하는 모든 프로그램에서 작성이 가능하다. 각 변수에 해당하는 자리수를 정확히 지켜 자료를 입력한 후 텍스트 파일(*.txt)로 저장한다. 텍스트 파일은 대부분의 프로그램이 지원하는 기본적인 파일 형태로 하드웨어나

소프트웨어 플랫폼에 제한없이 자유롭게 이용 또는 호환이 가능하다는 장점이 있다. 텍스트 파일은 자료 입력용 프로그램과 분석용 통계 프로그램 또는 통계 프로그램 간의 자료의 호환이 필요한 경우에 유용한 파일 저장 형식이다.

[그림 14-2]는 엑셀을 이용한 데이터 입력 예제이다. 1행에는 변수명이 입력되어 있고 2행부터 데이터를 입력하였다. 최근의 통계 프로그램들은 엑셀에서 입력된 데이터를 바로 불러올 수 있는 기능을 지원하고 있어 엑셀을 이용한 데이터 입력이 많이 이용되고 있다. 또한 하나의 셀에 하나의 값이 입력되는 엑셀은 입력된 값을 확인하기 쉬우면서도 메모장에 비해 다양한 기능을 제공하기 때문에 데이터의 입력과 편집에 편리한 점이 있다.

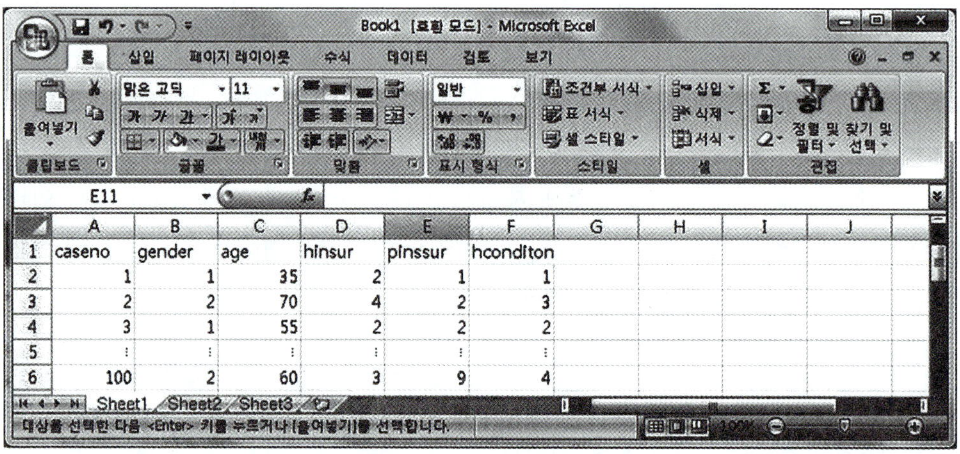

그림 14-2 엑셀을 이용한 데이터 입력

(2) 데이터 클리닝

자료의 입력이 완료되면 입력한 자료에 대한 오류를 확인해야 한다. 부정확한 코딩, 입력 시의 오퍼레이터의 실수 등으로 인한 다양한 오류가 발생할 수 있다. 데이터 클리닝(data cleaning) 혹은 자료정제는 코딩 및 가공과정에서 발생한 오류들을 찾아 수정하는 작업이다. 데이터 클리닝 작업을 시작하기 전 먼저 설문지를 숙지할 필요가 있다. 어떤 변수에 어떤 값이 입력되어야 하는지 파악하고 있어야 하기 때문이다.

① 유효코드 클리닝(possible-code cleaning)

각 변수마다 가질 수 있는 일련의 유효한 속성값이 있다. 예를 들어, 성별을 나타내는 변수가 남성 1, 여성 2, 무응답 0의 값을 가지고 있다면 성별 변수의 값은 1, 2, 0의 3가지 숫자를 제외한 나머지 모든 입력은 입력 오류에 해당한다. 연령을 나타내는 변수에 100을 훨씬 넘는 숫자가 입력되어 있다든지, 현재 재학 중인 학년(고등학생)에 관한 질문에 대한 응답으로 1~3 이외의 값이 입력되었다면 오류일 가능성을 충분히 짐작할 수 있다. 입력된 자료가 유효한 값이 아닐 경우 먼저 설문지 등과 같은 원자료를 찾아보고 어떤 코드가 입력되었어야 하는지를 결정한 뒤 적절한 수정작업을 수행한다.

② 상황적 클리닝(contingency cleaning)

자료의 논리적 구조로 인해 응답이 제한되는 경우가 종종 있다. 예를 들면 여성의 출산경험에 관한 질문인데 성별변수가 남성이라거나 입시 스트레스에 관한 질문에 응답자의 연령변수 값이 미취학 아동에 해당한다면 오류일 가능성이 높다.

상황적 클리닝은 특정 변수에 대해 데이터를 가져야만 되는 그런 사례들만 검토하면서 실제 그런 데이터를 보이는지 검증하는 것이다. 잘못된 입력 자료는 분석에 영향을 미치고 잘못된 연구결과를 낳기 때문에 분석 전에 입력된 데이터의 오류가능성을 충분히 확인하고 바로 잡아야 한다.

(3) 결측값의 처리방법

결측값은 실험이나 조사에서 설문문항에 대한 응답자의 이해의 부족 또는 논의되는 주제에 대한 적대적인 태도, 주제에 대한 무관심이나 부주의 등의 이유로 응답이 이루어지지 않을 때 발생한다. 구체적으로는 응답자가 설문주제에 대한 인지도가 매우 낮거나 응답자에게 해당되지 않는 질문인 경우, 응답자가 기억해내기 어려운 과거의 사실에 대한 질문인 경우, 잘못된 설문설계, 종단연구에서 참여자가 사망하거나 중도 이탈하는 경우, 자료에 대한 처리미숙 등에 의해 발생한다.

결측값의 처리방법에 대해서는 이견이 많으나 크게 완전제거법(list-wise deletion), 단일대체법(single imputation), 다중대체법(multiple imputation)이 있다.

① 완전제거법

완전사례분석(complete case analysis)이라고도 불리는 이 방법은 분석대상이 되는 변수의 모든 값이 수집된 사례만으로 구성된다. 즉, 결측값을 모두 제거하는 방법이다. SPSS나 SAS 등의 통계 프로그램에서는 완전제거법이 기본값이 지정되어 있어 가장 보편적으로 사용되는 결측처리 방법이다. 그러나, 결측의 비율이 높은 자료는 사용가능한 자료의 수가 감소하여 대표성을 낮추고 자료의 타당성을 훼손한다.

② 단일대체법

단일대체법은 자료 내에 존재하는 결측치를 일정한 방법을 통하여 얻어진 하나의 값으로 대체하는 방법이다. 대표적인 단일대체법에는 평균대체법(mean value imputation), 연역적 대체법(deductive method), 일치대응대체법(exact match imputation), 핫덱(hot deck) 대체법, 회귀대체법, 보삽법, 평가치추정법이 있다.

평균대체법은 결측치를 수집된 자료의 평균값으로 대체하는 방법이다. 해당 변수의 평균값을 구하면 되기 때문에 사용하기 쉽지만 결측값이 모두 평균값 하나로 대체되므로 변수의 분산을 실제보다 작게 추정하게 되어 변수들 간의 관계를 변화시키게 되는 문제점을 내포하고 있다.

연역적 대체법은 논리적인 제약조건이나 다른 기록을 근거로 결측값을 유추할 수 있을 때 사용하는 방법이다. 이 방법은 유추의 근거가 되는 다른 변수에 오차가 없을 때 사용 가능하다.

일치대응대체법은 결측된 정보를 다른 조사자료로부터 얻을 수 있는 경우에 다른 조사자료의 값으로 대체하는 방법이다. 대체값을 얻게 되는 조사자료의 신뢰성이 높은 경우에는 매우 유용한 방법이지만, 현실적으로는 정확히 대응되는 다른 조사자료를 찾기가 어렵다는 점과 조사단위 대응에 비용이 발생하며 사용하기 복잡하다는 단점이 있다.

핫덱 대체법은 수집된 자료 중에서 결측치와 동일한 지역이나 기타 동일한 특성을 갖는 응답값들 중에서 하나를 랜덤하게 추출해서 대체하는 방법이다.

회귀대체법은 결측치가 포함되어 있는 변수를 종속변수로 하고 다른 변수들을 독립변수로 사용하여 회귀분석을 실시한 결과로 얻은 추정치를 결측치의 대체값으로 사용하는 방법이다. 이 방법은 회귀분석을 통해 얻은 추정치를 그대로 대체값으로 사용하는 결정적 회귀방법(deterministic regression)과 관심변수의 변이를 줄여서 분포의 왜곡을 초래하는 것을 방지하기 위해 예측값에 오차항을 반영하는 확률적 회귀방정식(stochastic regression)이 있다.

보삽법은 주로 시계열자료에서 사용된다. 만약 여러 해의 자료들 가운데 한 해의 자료가 누락되면 전후 연도 자료의 평균치를 계산해서 대체값으로 사용하는 방법이다.

평가치추정법은 평균치 대신에 자료의 맥락과 특성을 고려하여 원래의 값을 추정해나가는 방법이다. 자료나 변수 그리고 사례에 관련된 기존의 지식을 근거로 추측하여 평가하거나 유사한 다른 사례와의 비교를 통해 전체적인 맥락에서 누락된 결측치를 추정한다. 경우에 따라 다중회귀분석이나 요인분석과 같은 통계적 기법을 활용하기도 한다.

결측치를 하나의 값으로 대체하는 단일대체법은 적용이 쉽기 때문에 많이 사용되지만 같은 보조변수를 갖는 결측값이 다수인 경우 같은 값이 여러번 사용될 수 있고, 적합성이 확인된 모형이나 가정이 맞지 않은 경우에는 분포의 왜곡이 발생할 수 있다는 큰 단점이 있다.

③ 다중대체법

다중대체법은 단일대체법의 단점을 보완하여 각 결측치를 대체가 가능한 값들의 분포로부터 추출된 값으로 대체한 데이터 세트를 만든다. 이 데이터의 모수를 측정한 후 모수추정치와 표준오차를 결합하여 대체값을 결정한다. 단일대체법은 한 개의 값을 대체값으로 사용하지만 다중대체법은 다수의 후보값을 구하여 그 중에서 무작위로 선정하여 대체값을 구한 후 각각의 자료에 대해 자료분석을 실시하여 추정된 계수를 통해 대체값을 결정하게 된다.

4) 자료의 분석 이전에 고려할 사항

데이터의 입력이 완료되면 연구자는 자료의 효율적인 분석을 위한 몇 가지 사항을 고려해야 한다. 분석내용은 자료수집 전 연구목적에 따라 정해져 있으므로 연구자는 연구목적에 적합한 결과를 얻기 위하여 분석단위, 측정척도, 분석방법, 통계분석 프로그램에 대해 고려해야 한다.

① 분석단위 : 분석목적에 적합한 분석단위를 결정한다. 분석단위는 개인, 집단, 사건, 기관단위 등이 있으며 분석목적에 따라 적절한 단위를 선택해야 한다.

② 측정척도 : 중요 변수들의 측정척도를 파악하여 통계분석 목적에 따라 재구성한다. 측정척도의 종류에 따라 가능한 분석방법이 다르기 때문에 사용하고자 하는 분석방법에 적합한지 확인하고 필요에 따라서는 측정척도를 재구성한다. 또한 지수나 척도를 구성하고 있는 일련의 문항들의 방향성이 다른 경우에도 측정척도를 재구성해야 한다.

③ **분석방법** : 분석목적과 연구설계방법에 따라 적절한 분석방법을 선택한다.

④ **통계분석 프로그램** : 자료분석을 위한 통계 프로그램을 선택한다. 각 프로그램이 가진 기능에 차이가 있으므로 분석목적에 적합한 통계 프로그램을 선택한다.

2 질적 자료의 처리와 분석

질적 분석은 질적 자료를 분석하면서 자료들에서 발견되는 일정한 유형과 변수들 간에 있을 수 있는 인과관계를 발견하려고 하기 때문에 자료의 처리와 분석과정이 통합적으로 이루어진다. 자료의 수집이 완료된 후 분석이 이루어지는 양적 조사와 달리 질적 조사는 연구의 효율성을 높이기 위하여 자료의 수집과 분석이 상호보완적으로 이루어지며 반복적으로 수행되기 때문에 분석을 위한 자료의 처리도 수집과 동시에 수행될 필요가 있다. 이러한 질적 조사의 특성을 고려하여 질적 자료의 처리와 분석에 도움을 주는 몇 가지 개념들을 정리함으로써 이해를 돕고자 한다.

1) 개략적인 질적 자료의 처리 과정

질적 자료의 처리와 분석은 정해진 절차가 있는 것은 아니다. 연구자가 수집된 자료의 분석을 위해 필요한 개념적 도구들을 선택하면 된다. 구체적 분석과정은 질적 조사방법과 분석방법에 따라 달라질 수 있지만 대부분 연구에 관한 방대한 기록으로 구성된 질적 자료의 특성상 이 자료의 내용을 검토하고 분류하고 요약해 나가는 과정을 통해 연구의 의미를 찾아가게 된다.

질적 자료의 처리와 분석과정은 통합적이지만 이해를 돕기 위하여 과정의 한 부분을 단면적으로 들여다 보면, 질적 자료의 처리는 ① 연구와 자료의 검토, ② 자료의 분류 및 범주화, ③ 분석과 통합의 반복적인 작업을 통해 연구결과를 정리해 나간다.

(1) 연구와 자료의 검토

질적 자료의 처리는 수집된 연구자료의 검토에서부터 시작한다. 연구의 전체적인 과정이 원래의 연구목적에 부합하도록 수행되었는지를 검토하고 수집된 질적 자료가 본래의 연구계획에서 의도했던 것들과 차이가 있는지 자세히 검토한다. 검토과정 중 원래의 의도와 차이점을 보이는 자료가 발견되면 이를 수정 · 보완한다. 이러한 과정은 연구자로 하여금 조사과정과 수집된 원자료에 대한 이해도를 높일 수 있어 자료의 유형을 찾아내는데도 도움을 준다.

(2) 자료의 분류 및 범주화

자료의 분류와 범주화는 유형(pattern) 찾기 과정의 반복이다. 유형 찾기에 대해서는 다음 절에서 더 상세히 설명하겠지만 연구자가 자료를 조직화하고 모든 자료를 관련된 영역끼리 범주화하여 분류하는 작업이다. 먼저 연구자는 연구와 자료의 검토를 통해 얻는 정보를 토대로 광범위한 개요를 세운 다음 흩어져 있는 자료들을 조합하여 하나의 일관성 있는 전체를 만든다. 이 과정은 일정한 유형을 찾을 때까지 계속된다.

(3) 분석과 통합

자료의 분류 및 범주화를 통해 찾아진 유형을 분석하고 연구계획에 포함된 전략들과 결합하여 해석한다. 이 과정에서 연구자들은 기존 이론을 통합하고 응용하며, 은유와 유추를 근거로 해석하고 해당 연구와 다른 연구의 결과를 통합해 나간다.

2) 이론과 분석의 연계

질적 조사는 자료수집과 이론 간의 지속적 상호작용을 통해 이루어진다. 이것은 자료의 처리와 분석에서도 마찬가지이다. 질적 조사의 방법이 자료의 수집과 처리 그리고 분석방법을 결정하는 토대가 되기 때문이다. 질적 조사를 통해 수집된 많은 양의 기록을 분석하기 위하여 다양한 사례를 전형적으로 드러낼 수 있는 어떤 유형을 찾아야 한다. 유형 찾기의 질적 자료처리의 중요한 부분인 동시에 분석 결과에 대한 이론적 통합에서도 중요한 역할을 담당한다.

(1) 유형 찾기

유형 찾기는 질적 자료들을 분류, 조합, 비교, 대조해 나가면서 찾아나간다. 이 과정은 통상 유형을 찾을 때까지 계속된다. 존과 린 로플랜드(John and Lyn Lofland, 1995)는 특정 조사의 주제에서 유형을 찾는 방법으로 현상의 발생 빈도, 크기, 구조, 과정, 원인, 결과 등에 의한 분류를 제안하였다.

후버맨과 마일스(Huberman and Miles, 1994)는 변수지향적 분석(variable-oriented analysis), 사례지향적 분석(case oriented analysis), 횡단사례분석(cross-case analysis)을 제안하였다. 변수지향적 분석은 변수들의 상호관계가 분석의 초점이 되며, 특정 변수를 묘사하거나 설명하는 방식으로 이루어진다. 사례지향적 분석은 어떤 현상이 일어나는데 작용할 수 있는 모든 요인들에 대하여 가능한 모든 것을 알아내기 위하여 각 사례를 매우 상세하고 세밀하게 기록한다. 횡단사례분석은 변수지향적 분석이나 사례지향적 분석을 사용하여 하나 이상의 변수나 사례를 검토하여 비교한다.

(2) 이론과의 관계

유형 찾기를 통해 개념의 분류와 범주화가 이루어지면 연구자는 각 개념들 간의 관계를 분석하고 연구결과를 이론과 통합하기까지 설명해야 한다. 유형의 발견과 설명에 대한 접근방법의 예로는 근거이론, 기호학, 대화분석 등이 있다. 연구자들은 이러한 접근방법을 토대로 다양한 분석적 접근을 시도할 수 있다.

① 근거이론

근거이론에 의한 질적 조사방법은 자료로부터 이론을 구축한다는 근본적이고 귀납적인 원리와 함께 항시비교방법(constant comparative method)이 사용된다. 글레이서와 스트라우스(Glaser and Strauss, 1967)에 의하면, 항시비교방법은 ㉠ 각 범주에 적용되는 사건의 비교, ㉡ 범주와 속성의 통합, ㉢ 이론적 한계설정, ㉣ 이론작성의 4단계로 이루어져 있다. 첫 번째 단계는 분류된 범주에 해당하는 사례에서 개념의 증거를 찾아내고 그것을 다른 사례와 비교한다. 두 번째 단계에서는 개념들 간의 관계에 주목하여 해당 범주와 속성들을 통합하고 개념들 간의 관계를 명확히 한다. 세 번째 단계에서는 연구에 부합하지 않거나 중요성이 현저히 낮은 개념들을 제거하여 개념들의 관계를 단순화시키고 이론적 한계를 설정한다. 마지막 단계에서는 이전 과정에서 발견한 결과들을 이론으로 정리한다. 항시비교방법은 특정 관찰과 다른 관찰의 비교를 통해 귀납적 이론의 개발에 기여한다.

② 기호학

상징과 의미를 다루는 기호학(semiotics)은 질적 자료에 포함되어 있는 기호의 해석을 통해 분석을 시도한다. 기호학적 분석은 기호와 연관된 의미가 분석의 대상이 된다. 대표적인 예로 내용분석이 있다. 내용분석은 책이나 웹사이트, 그림, 법률 등 기록된 모든 문건들이 대상이 될 수 있다. 질적 조사를 통해 기록된 모든 자료가 그 대상이 될 수 있기 때문에 질적 자료의 분석에서 매우 유용한 분석방법이 될 수 있으며, 특히 사람들 간의 의사소통을 분석하는 데 유용하다. 이 방법은 분석하려는 내용이 명확해야 한다. 분석 내용이 명확할수록 해당 현상의 발생원인과 결과도 명확해지기 때문이다. 내용분석은 방법론적으로 경제적이고 연구 진행 중에도 오류를 수정할 수 있을 뿐만 아니라 지속적인 과정에 대한 분석이 가능하고 비개입적이라는 장점이 있다. 그러나 분석대상이 기록된 내용만으로 한정된다는 단점이 있다.

③ 대화분석

대화분석(conversational analysis)은 보통사람들이 일상에서 다른 사람들과 나누는 대화방식을 조사함으로써 분석을 시도한다. 이 방법은 대화를 통해 드러나는 사람들의 상호작용 구조에 대한 기술과 분석을 목표로 한다. 실버맨(Silverman, 2006)은 대화분석에 관하여 다음의 3가지 사항을 상기시켰다.

첫째, 대화는 사회적으로 구조된 행위이다. 대화는 다른 사회적 행위와 마찬가지로 관행화된 규칙을 가지고 있고 연구자는 이 규칙의 존재를 규명할 수 있다.

둘째, 대화는 맥락적으로 이해되어야 한다. 사람들은 같은 의미의 다른 표현들을 사용하기도 하고 같은 단어로 표현했지만 그 표현이 의미하는 바가 서로 다를 수 있다는 점을 유의해야 한다. 대화의 맥락을 이해함으로써 해당 표현의 정확한 의미를 파악할 수 있다.

셋째, 정확한 의미와 구조를 이해하기 위해 대화는 정확하게 기록해야 한다. 이를 전사(transcript)라고 하는데, 전사는 대화에 포함되어 있는 모든 것을 실제와 같도록 기록하는 것을 말한다. 문법에 맞지 않은 말은 물론 대화가 잠깐 멈춰지는 순간의 1/10초까지도 기록한다.

3) 자료처리를 위한 도구

질적 자료의 처리에 관한 명확한 절차가 있는 것은 아니다. 질적 조사의 방법에 따라 구체적인 자료처리방법은 차이가 있지만 일반적으로 분석용 자료를 만들기 위하여 다음 3가지의 도구를 이용할 수 있다.

(1) 코딩

질적 조사에 의해 수집된 자료들은 대부분 전형적인 문헌자료 형식을 갖는다. 코딩은 질적 자료분석에 있어서 개별적 자료의 분류와 범주화 과정이다. 질적 자료의 코딩은 자료의 복구 가능성을 높이고 이론적 해석의 유형을 찾아내기 위한 목적으로 수행된다.

질적 코딩의 단위는 개념에 기반한다. 개념은 질적인 코딩을 조직화하는 원칙으로 개념에 의한 코딩단위는 한 문서 내에서도 그 길이가 다를 수 있다. 질적 분석은 분석 단위의 표본화를 요구하지 않기 때문에 서로 다른 크기의 코딩단위는 문제되지 않는다.

스트라우스와 코빈(Strauss and Corbin, 1998)은 개방형 코딩(open coding), 축코딩(axial coding), 선택적 코딩(selective coding)을 제안하였다. 개방형 코딩은 연구자의 자료 검색과 질문에 의해 제기되며 기초적인 분류 및 개념을 분류해 내는 과정이다. 개방형 코딩은 자료의 분리, 검토, 비교의 반복적 수행을 통해 범주를 만들어 나간다. 축코딩은 핵심개념을 찾는 과정으로 개방형 코드를 재분석하여 코딩의 핵심 개념을 규명한다. 선택적 코딩은 핵심코드를 찾는 과정으로 개방형 코딩과 축코딩을 통해 규명된 개념들을 조직화하여 핵심 개념을 규명한다.

(2) 메모작성

메모작성(memoing)은 질적 자료의 분석을 위해 자료를 코드화하면서 개념정의 및 묘사, 방법론의 이슈 등에 관한 기록은 남기는 것이다. 스트라우스와 코빈(Strauss and Corbin, 1998)은 메모를 코드라벨들과 의미를 규정하는 코드 노트(code notes), 개념들의 차원과 심층적 의미에 대한 성찰, 개념들 간의 관계, 이론적 명제들 등의 다양한 주제들을 포괄 기록하는 이론 노트(theoretical notes), 자료수집 상황과 자료수집 방향 설정 등의 방법론적 사항을 기록하는 조작노트(operational notes)로 구분하였다.

존과 린 로플랜드(John and Lyn Lofland, 1995)는 프로젝트의 가장 기본적인 요소로 선택된 코드들과 코드화를 통해 구성되는 기초메모(elemental memo), 여러 개의 기초메모를 종합하여 분석에 필요한 핵심적인 주제들을 제시하는 분류메모(sorting memo), 여러 개의 분류메모들을 묶어 프로젝트를 정리하고 특정한 이론적 맥락을 유도하는 통합메모(integrating memo)로 구분하였다.

(3) 개념 지도화

개념 지도화(concept mapping)는 이론형성에 도움을 주는 개념들과 그 개념들 사이의 관계를 도형을 이용해 도식화하는 것으로 텍스트를 이용할 때보다 개념들의 관계를 더 분명하게 드러낼 수 있다. 개념의 지도화는 질적 분석 뿐만 아니라 양적 분석에서도 유용하게 사용할 수 있다.

다음의 [그림 14-3]은 질병인지 후 행위에 관한 연구에서 발견된 개념들을 지도화한 예이다. 개념지도는 연구의 내용과 목적에 따라 전혀 다른 형태로 구성된다. 연구에 등장한 개념이 많고 그 구성이 복잡한 경우에는 종이 형태뿐만 아니라 이를 정리할 수 있는 다양한 매체들이 사용된다. 최근에는 개념 지도화를 쉽게 해주는 컴퓨터용 프로그램들을 이용한다. 컴퓨터 프로그램들은 기본적인 문서작성과 도형작성 기능이 포함된 워드프로세서, 엑셀, 파워포인트 등의 일반문서작성용 프로그램에서부터 개념 지도화를 위한 전문 프로그램에 이르기까지 다양하다.

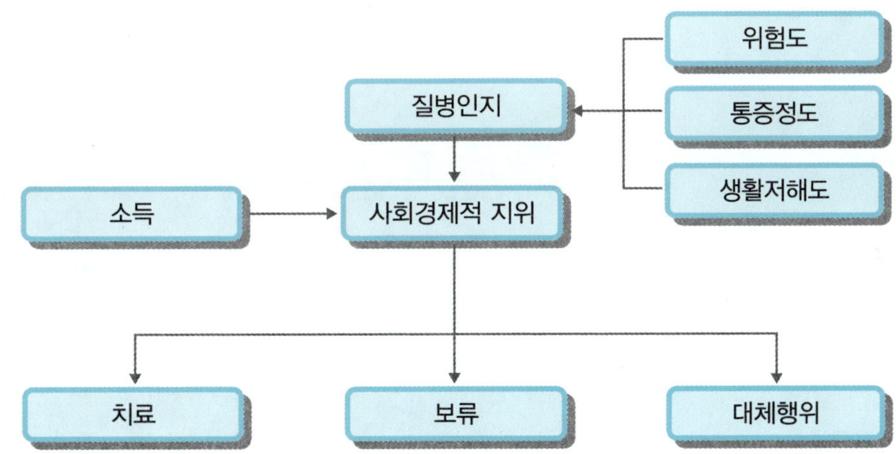

그림 14-3 개념 지도화의 예

4) 질적 자료용 컴퓨터 프로그램

컴퓨터 기기는 방대한 질적 자료의 기록과 저장은 물론 분석에서도 많은 유용성을 제공한다. 최근에는 단순한 문서작업 프로그램에서도 '찾기'와 '책갈피'같은 기능을 지원하기 때문에 원하는 핵심단어를 쉽게 찾을 수 있고, 데이터베이스나 스프레드시트 프로그램은 질적 자료의 처리와 분석에서도 이용할 수 있다.

엑셀과 같은 스프레드시트 프로그램은 자료의 기록과 저장을 비롯한 문서편집기능과 연산 및 분류기능을 포함하고 있기 때문에 입력된 많은 자료에서 비교적 쉽게 코딩된 특정 개념들만 분류해낼 수 있다. 엑세스와 같은 데이터베이스 프로그램은 문서작업용 프로그램이나 스프레드시트에 비해 사용방법이 더 어렵지만 자료를 구조적으로 저장할 수 있기 때문에 분류와 범주화를 연구자의 의도대로 생성, 삽입, 추가, 변경이 가능하다는 장점이 있다.

질적 자료분석을 위한 전문프로그램을 사용하고자 한다면 The Ethnography, Hyper-Qual, HyperReserch, HyperSoft, NUD*LST, Qualrus, QUALOG, Textbase Alpha, SONAR, Atlas.ti 등이 개발되어 사용되고 있으므로 연구자의 필요에 따라 적절한 프로그램을 이용할 수 있다.

15 통계분석

제15장

1. 통계의 종류
2. 기술통계
3. 추리통계

제15장

통계분석

수집된 자료는 적절한 분석과 해석을 통해 연구목적에 적합한 결론을 얻게 된다. 자료분석을 위해서는 다양한 분석방법들이 활용될 수 있다. 최근에는 다양한 통계기법과 관련 프로그램들이 개발되어 있으므로 연구자는 연구의 목적에 따라 적합한 통계기법을 선택하는 것이 필요하다. 이 장에서는 먼저 통계의 종류를 간략히 정리하고 다양한 통계분석 방법을 소개한다.

1 통계의 종류

1) 기술통계와 추리통계

기술통계(descriptive statistics)란 변수에 대한 기술의 목적을 가진 통계로 수집된 자료의 내용을 정리하고 요약하는데 사용된다. 예를 들어, 수집된 자료에서 성별은 어떻게 분포되어 있는지, 소득은 얼마인지 등을 기술할 수 있다. 기술통계에는 빈도분포, 최빈값 · 중앙값 · 평균과 같은 중심적 경향치와 범위, 분산, 표준편차와 같은 산포도 측정치 등의 값들이 주로 사용된다. 추리통계(inferential statistics)란 표본에서의 변수 간의 관계가 모집단에서도 성립하는지를 추론하는 목적을 가진 통계로 단일평균에 대한 검증은 z−검증 또는 t−검증, 두 평균 간의 차이에 대한 검증은 t−검증, 명목변수들 간의 연관관계에 대한 검증은 χ^2−검증, 주로 셋 이상의 평균 간의 차이에 대한 검증은 분산분석(ANOVA), 변수들 간의 연관관계에 대한 검증은 상관관계분석, 인과관계에 대한 검증은 회귀분석에 의해 이루어진다.

2) 모수통계와 비모수통계

모수통계(parametric statistics)란 등간척도 혹은 비율척도로 측정되고 모집단이 정규분포를 이루고 있다는 가정하에 표본통계량으로 모수추정이 가능한 통계이고, 비모수통계(non-parametirc statistics)는 자료가 명목척도나 서열척도로 측정되어 모집단 분포의 모수에 대해서 통계적 추론을 하지 않는 통계이다. 모수통계에는 평균차이 검증인 t-검증, 분산분석, 상관관계분석, 회귀분석 등이 있으며, 비모수통계에는 χ^2-검증이 대표적이다.

3) 단일변량 통계와 다변량 통계

단일변량 통계(univariate statistics)는 하나의 변수를 대상으로, 다변량 통계(multivariate statistics)는 두 개 이상의 변수를 대상으로 이루어지는 통계이다. 기술통계는 주로 하나의 변수를 대상으로 하는 경우가 많고, 추리통계는 둘 이상의 변수를 대상으로 하는 경우가 많다.

2 기술통계

1) 빈도분포

빈도 혹은 도수는 어떤 대상이나 사례의 수나 개수 또는 어떤 사건이 발생한 수를 일컫는다. 빈도분포는 이러한 빈도의 분포를 말한다. 수집한 자료로부터 의미있는 정보를 얻기 위해서는 가장 먼저 빈도분포를 확인해야 한다. 빈도분포를 효과적으로 보여주기 위해 자료를 체계적으로 정리한 빈도표(frequency table)와 빈도곡선(frequency curve) 또는 그래프를 사용한다. 빈도표는 빈도를 표로 정리한 것이고 그래프는 빈도를 그래프로 정리한 것이다. 일반적으로 빈도표와 그래프는 빈도가 많은 특성이나 범주 또는 항목부터 순서대로 나열한 다음 각 범주나 항목에 빈도를 적어 제시된다. 다음의 [표 15-1]은 빈도표의 예를 그리고 [그림 15-1]은 그래프의 예를 나타낸다.

표 15-1 A지역 주민들의 종교분포

종교	빈도	비율(%)
종교 없음	300	60
개신교	85	17
불교	80	16
천주교	30	6
기타 종교	5	1
전체	500	100

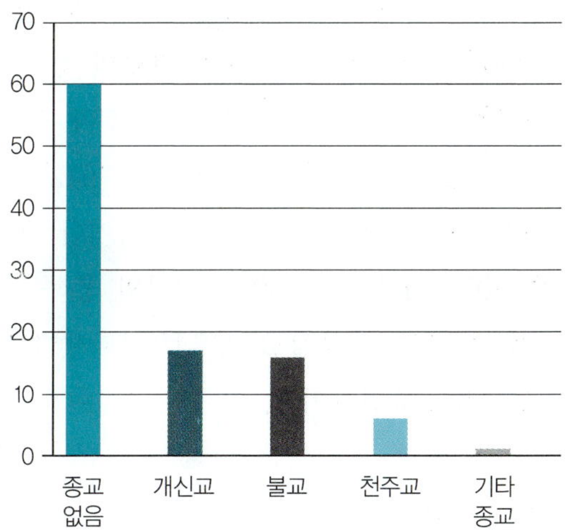

그림 15-1 A지역 주민들의 종교분포 비율(%)

2) 중심경향

수집한 자료의 특성을 전체적으로 효과적이고 효율적으로 파악하는 방법으로 자료의 대표적이거나 전형적인 수치 다시 말해 중심이 되는 수치를 제공하는 방법이 있다. 이와 같이 자료의 중심 또는 중심경향(central tendency)을 나타내는 대표적인 수치로는 최빈값(mode), 중앙값(median), 평균(mean)이 있다.

(1) 최빈값

최빈값은 빈도가 가장 많은 값이나 범주를 일컫는다. [표 15-1]의 자료 분포에서 최빈값은 '종교 없음'이 되겠다. 최빈값은 명목변수에서 가장 대표적인 값이다.

(2) 중앙값

중앙값은 자료를 크기순으로 나열했을 때 중간에 위치한 값 혹은 중간에 위치한 값이 있는 범주로서 중위수, 중간값이라고도 불린다. 중앙값은 서열로 측정된 현상을 요약해 주는 대푯값이다. 중앙값을 계산하는 방식에는 자료의 개수에 따라 두 가지가 있다. 먼저 전체 자료의 개수(n)가 홀수일 경우에 중앙값은 '(n+1)/2'번째 값이 된다. 예를 들어 전체 자료가 '1, 2, 4, 7, 10, 12, 16'의 7개로 이루어져 있다면 이 자료의 중앙값은 순서상으로 4번째((7+1)/2))에 있고 가장 가운데 있는 7이 된다. 전체 자료의 개수(n)가 짝수일 경우에 중앙값은 'n/2'과 '(n/2)+1'번째 값의 평균이 된다. 예를 들어 전체 자료가 '10, 20, 30, 40, 60, 70, 80, 90'의 8개로 이루어져 있다면 이 자료의 중앙값은 'n/2'번째 값인 40과 '(n/2)+1'번째 값인 60의 평균((40+60)/2)인 50이 된다. 앞에서 이야기한 대로 중간에 위치한 값이 있는 범주도 중앙값이 될 수 있다. 예를 들어 학생 100명의 성적을 등급별로 나열했을 때 A학점 15명, B학점 25명, C학점 40명, D학점 20명으로 나타났다면, 이 성적순에 있어서 가운데에 있는 학생이 속한 C학점이 중앙값이다.

(3) 평균

평균은 모든 자료의 값을 다 더한 다음 자료의 수로 나눠서 구한 값이다. 예를 들어, 전체 자료가 '1, 4, 7'의 3개로 이루어져 있다면 평균은 4((4+1+7)/3)가 된다. 평균은 등간척도 혹은 비척도로 측정된 자료를 요약해주는 대푯값이다. 평균은 계산에 있어 모든 자료의 값을 모두 포함하기 때문에 실질적으로 모든 자료를 대표하는 데 가장 적합한 값이라고 할 수 있으며 그렇기 때문에 통계학에서 가장 널리 사용하는 대푯값이다.

3) 분포의 산포

자료들을 요약하거나 이해하는 데 있어 자료의 중심이 되는 대푯값을 아는 것이 중요하지만 이에 덧붙여 자료들이 얼마나 그리고 어떻게 흩어지거나 밀집되어 있는가를 알게 되면 자료의 전체적인 모습과 특성을 아는 데 있어 훨씬 많은 정보를 얻을 수 있다. 이에 따라 자료들이 흩어져 있는 특성 즉 분포의 산포(spread of distribution)도 기술통계에서 중요한 부분을 차지한다. 실제적으로 같은 평균이라고 하더라도 분포의 산포가 다르면 자료의 성질이나 내용이 크게 다를 수 있다. 예를 들어 평균연령이 40살인 집단이라고 하더라도 구성원들의 나이가 40살에 몰려 있는 집단과 구성원들의 나이가 30대와 50대에 몰려 있는 집단의 사회인구학적인 특성은 서로 매우 다르다. 분포의 정도는 산포도(measures of dispersion)로 나타내는 데 대표적인 산포도에는 범위, 분산, 표준편차가 있다.

(1) 범위

범위(range)는 자료의 최대값과 최소값의 차이(거리) 값이다. 예를 들어, 자료 '10, 20, 30, 40, 60, 70, 80, 90'의 범위는 80(90－10)이다. 범위는 계산이 매우 쉽지만 자료가 가지고 있는 양 끝의 값만 사용하기 때문에 양 끝의 값 이외의 다른 값을 알 수 없고 또한 양 끝의 값이 극단적일 경우 자료의 특성이 크게 왜곡될 수 있다.

(2) 분산과 표준편차

산포도를 나타내는 값으로 개별 값에서 평균을 뺀 수인 편차의 평균을 생각할 수 있다. 하지만 편차는 양과 음의 수가 같이 나와 편차의 평균은 '0'이 된다. '0'은 편차가 없다는 의미이기 때문에 편차평균은 자료의 흩어진 정도를 나타내는 산포도의 값으로는 적합하지 않다. 편차가 가지는 양수와 음수의 문제를 해결하기 위해 아래의 식과 같이 편차를 제곱한 수의 평균인 편차제곱평균(mean squared deviation, MSD)을 구할 수 있다.

$$\text{편차제곱평균 MSD} \equiv \frac{1}{n}\Sigma(X-\overline{X})^2$$

편차는 기본적으로 두 개의 수가 있어야 하나의 정보를 제공할 수 있다. 이같이 정보의 개수를 고려하여 편차제곱평균의 분모에 n대신에 n−1을 쓴 산포도의 값이 분산(variance)이며 아래의 식을 사용하여 구할 수 있다.

$$\text{분산 } s^2 \equiv \frac{1}{n-1}\Sigma(X-\overline{X})^2$$

분산은 편차를 제곱해서 계산한 값이기 때문에 원래 단위를 나타내지 못한다. 그래서 분산에 제곱근을 적용하면 원래의 단위를 가진 수가 되는데, 이것이 아래의 식으로 간단하게 표현할 수 있는 표준편차(standard deviation)이다. 표준편차는 산포도를 나타내는 지표로 가장 널리 이용되고 있다.

$$\text{표준편차 } s \equiv \sqrt{\text{분산}}$$

3 추리통계

1) 평균차이

t-검증과 분산분석(ANOVA: analysis of variance)은 집단 간 평균차이를 검증하는 통계기법이다. 두 집단의 평균차이를 검정하는 경우에는 t-검증, 비교대상 집단이 세 집단 이상일 때는 분산분석을 사용한다.

(1) t-검증

t-검증은 두 모집단 간의 평균의 차이가 통계적으로 유의미한지를 알아보기 위해 사용된다. t-검증의 원리는 두 표본을 합한 전체집단의 분산과 두 표본 각각의 분산을 이용하여 두 집단의 평균차이를 비교하는 것이다. 비교집단이 서로 독립적인 모집단으로부터 추출되는 경우에는 독립표본 t-검증을 사용하고, 동일 표본에서 두 변수 간에 차이가 있는지를 분석하고자 할 경우에는 대응표본 t-검증을 사용한다.

두 모집단 평균 간의 차이와 유의도를 검증하는 t값을 구하는 공식은 다음과 같다.

*t*값 = (제1집단의 평균 − 제2집단의 평균) / 전체의 표준오차

t값 외에 자유도(degree of freedom, df)를 구해야 t-표본분포에서 유의수준에 대응하는 t값을 찾을 수 있다. 유의수준은 연구목적에 따라 결정되는데 대체로 95%의 신뢰수준, 즉 5%의 유의수준($p<.05$)을 채택한다.

계산된 t값을 자유도와 유의수준에 의해 t-표본분포 상에 나타난 t값과 대조하여 가설을 검정한다. 계산된 t값이 t-표본분포에 해당하는 t값보다 더 크다면, 두 모집단 간의 평균차이가 통계적으로 유의미한 것으로 받아들여진다.

독립표본 t-검증의 출력결과 예제

집단통계량

	성별	N	평균	표준편차	평균의 표준오차
체중	남자	1479	68.91	7.582	.197
	여자	1445	54.76	6.849	.180

독립표본 검정

		Levene의 등분산 검정		평균의 동일성에 대한 t-검정						
		F	유의확률	t	자유도	유의확률(양쪽)	평균차	차이의 표준오차	차이의 95% 신뢰구간	
									하한	상한
체중	등분산이 가정됨	4.765	.787	52.927	2922	.000	14.153	.267	13.628	14.677
	등분산이 가정되지 않음			52.989	2904.297	.000	14.153	.267	13.629	14.676

t-검증의 출력결과 예제는 체중의 성별차이에 대한 분석결과이다. 남자 1,479명, 여자 1,445명으로 남자의 체중평균은 68.91kg이고 여자는 54.76kg이다. 평균적으로 남자의 체중이 14.15kg 더 높은 것으로 나타났다. 이 차이가 과연 두 모집단의 차이로 볼 수 있는지는 독립표본 검정결과를 통해서 판단할 수 있다.

두 집단의 분산 동질성을 판단하는 Levene의 등분산 검정은 유의확률이 .05보다 크면 '등분산이 가정됨'으로 보고, .05보다 작으면 '등분산이 가정되지 않음'으로 본다. Levene의 등분산 검정 유의확률이 .787로 .05보다 크므로 '등분산이 가정됨'행에 나타난 유의확률(양쪽) 값을 기준으로 판단한다. '등분산이 가정됨'행에 나타난 유의확률이 .000으로 .05보다 작은 값으로 통계적으로 유의미한 차이가 있는 것으로 나타났다.

(2) 분산분석

분산분석은 3개 이상의 집단들 사이에 유의미한 차이를 검증하고자 할 때 사용한다. 분산분석의 기본원리는 집단 간의 분산과 집단 내의 분산을 비교하는 것이다. 집단 간의 분산 크기 대 집단 내 분산의 크기의 비인 F값이 크면 클수록 비교 집단들 사이에 차이가 존재할 가능성이 높다고 본다.

$$F\text{값} = \text{집단 간 분산} / \text{집단 내 분산}$$

분산분석의 기본가정은 각 표본들이 정규분포 집단으로부터 나온 것이며 이들 각 모집단은 동일한 분산을 갖는다는 것이다. 분산분석을 사용하기 위해서는 독립변수의 범주가 최소한 2개 이상이고, 종속변수는 비율척도 또는 등간척도의 연속형 변수여야 한다. 분산분석은 종속변수에 대한 평균값의 차이를 하나의 독립변수에 의하는 경우에는 일원배치 분산분석(one-way ANOVA), 두 개의 독립변수를 고려해야 할 경우에는 이원배치 분산분석(two-way ANOVA)을 이용한다.

일원배치 분산분석의 출력결과 예제

기술통계
하루 평균 흡연량

	N	평균	표준편차	표준오차	평균에 대한 95% 신뢰구간		최소값	최대값
					하한값	상한값		
대도시	272	9.55	5.771	.350	8.86	10.24	1	20
중소도시	265	11.20	4.616	.284	10.64	11.76	2	25
농촌	275	10.63	7.090	.428	9.79	11.47	1	58
합계	812	10.45	5.959	.209	10.04	10.86	1	58

분산의 동질성에 대한 검정
하루 평균 흡연량

Levene 통계량	자유도1	자유도2	유의확률
9.621	2	809	.000

분산분석
하루 평균 흡연량

	제곱합	자유도	평균제곱	F	유의확률
집단-간	379.630	2	189.815	5.403	.005
집단-내	28422.684	809	35.133		
합계	28802.314	811			

일원배치 분산분석의 출력결과 예제는 지역별 하루 평균 흡연량의 차이에 대한 분석결과이다. 각 집단에 대한 분산의 동질성 유의확률은 .000으로 .05보다 작다. 따라서 각 집단의 분산은 같지 않다. 이어서 분산분석의 유의확률은 .005로 .05보다 작으므로 신뢰수준 95%에서 지역별로 유의미한 차이가 있는 것으로 나타났다.

2) χ^2-검증

χ^2-검증(chi-square analysis)은 교차분석(cross-tabulation analysis)이라고도 불린다. χ^2-검증은 두 가지 서로 다른 변수 간에 통계적으로 의미있는 관계가 존재하는지를 검증하는 통계분석방법으로 두 개의 범주형 변수에 대한 상관관계 분석이라고 할 수 있다.

χ^2-수치는 관찰빈도(observed cell frequencies)와 기대빈도(expected cell frequencies)를 상호 비교함으로써 계산된다. 관찰빈도란 표본자료를 토대로 실제로 얻어진 교차빈도를 의미한다. 기대빈도($\widehat{f_{ij}}$)는 두 변수가 전혀 연관을 지니지 않는 가상적 상태인 통계적 독립 상태에서 얻어진 각 셀의 교차빈도이다. 두 빈도의 비교 결과 두 빈도 간의 차이가 크면 서로 상관이 있고 차이가 작으면 서로 독립이다.

$$\text{기대빈도 } \widehat{f_{ij}} = \frac{(f_{i\cdot})(f_{\cdot j})}{N}$$

$$\chi^2 = \sum_{i=1}^{R}\sum_{j=1}^{C}\frac{(\widehat{f_{ij}} - f_{ij})^2}{\widehat{f_{ij}}}$$

χ^2-표본추출분포의 자유도(df)는 행합과 열합이 일정하다고 할 때 행과 열마다 각각 R−1 만큼씩, C−1 만큼씩의 셀들이 자유로운 값을 가질 수 있다.

$$\text{자유도 } df = (R-1)(C-1)$$

χ^2-검증의 출력결과 예제는 성별과 현재 흡연상태에 관한 교차분석 결과이다. 분석결과에 의하면, 유효빈도가 2,991로 최소 기대빈도인 352.96보다 커 자료의 수는 충분하다고 볼 수 있으며 5보다 작은 기대 빈도를 가지는 셀은 없는 것으로 나타났다. 검정통계량의 분포는 Pearson의 카이제곱 행의 자유도 값이 2이므로 자유도가 2인 χ^2-분포이다. 검정통계량은 1,062.938이고 유의확률은 .000이므로 성별과 현재 흡연상태 간에 유의한 관계가 있는 것으로 나타났다.

χ^2-검증(교차분석)의 출력결과 예제

케이스 처리 요약

	케이스					
	유효		결측		전체	
	N	퍼센트	N	퍼센트	N	퍼센트
성별 * 현재 담배를 피우는지?	2991	99.7%	9	.3%	3000	100.0%

성별 * 현재 담배를 피우는지? 교차표
빈도

		현재 담배를 피우는지?			전체
		피운다	과거에 피웠으나 현재 안 피운다	피운적 없다	
성별	남자	675	522	305	1502
	여자	120	187	1182	1489
전체		795	709	1487	2991

카이제곱 검정

	값	자유도	점근 유의확률(양측검정)
Pearson 카이제곱	1062.938a	2	.000
우도비	1144.511	2	.000
선형 대 선형결합	970.168	1	.000
유효 케이스 수	2991		

[a] 0 셀 (.0%)은(는) 5보다 작은 기대 빈도를 가지는 셀입니다. 최소 기대빈도는 352.96입니다.

3) 상관관계분석

상관관계분석은 조사대상 변수들 간의 관련성 여부를 분석한다. 한 변수와 다른 변수가 동시 에 변하는지, 어떤 방향으로 변하는지, 얼마나 변하는지에 대한 분석을 위해 사용한다. 두 변수를 동시에 변화하는 정도를 측정해 주는 도구는 공분산(covariance:COVxy)이다. 공분산이란 한 변수의 편차($X_i - \overline{X}$)에 다른 변수의 편차($Y_i - \overline{Y}$)를 곱하고 이를 표본크기로 나눈 값으로 산출한다.

$$\text{공분산 } COV_{xy} = \frac{\sum(X_i - \overline{X})(Y_i - \overline{Y})}{N-1}$$

두 변수의 관계는 선형성에 초점을 두고 상관의 크기를 나타내는 상관관계계수(correlation coefficient)로 나타낸다. 상관관계계수는 −1부터 +1 사이의 값을 갖는다. 두 변수 간의 상관관계가 전혀 없으면 상관계수는 0이다.

보편적으로 쓰이는 Pearson 상관관계계수 외에도 Spearman 서열상관관계, Kendall의 tau, Point biserial r, Phi coefficient가 있다.

표 15-2 상관관계의 종류

종 류	척 도
Pearson 상관관계	등간/비율 – 등간/비율
Spearman 서열상관관계	서열 – 서열
Kendall의 tau	서열 – 서열
Point biserial *r*	등간/비율 – 명목(2분 변수)
Phi coefficient	명목(2분 변수) – 명목(2분 변수)

일반적으로 상관관계계수라고 할 때는 Pearson의 상관관계계수(Pearson's correlation coefficient)를 말한다. Pearson의 상관관계계수는 다음과 같은 공식에 의해 구할 수 있다.

$$Pearson\ \text{상관관계계수}\ r = \text{공분산} / (X\text{의 표준편차})(Y\text{의 표준편차})$$

$$= \text{COVxy} / \text{sxsy}$$

$$= \frac{\sum(X_i - \overline{X})(Y_i - \overline{Y})}{\sum(X_i - \overline{X})^2(Y_i - \overline{Y})^2}$$

SPSS의 분석방법은 이변량 상관관계계수와 편상관관계계수를 지원한다. 이변량 상관관계계수(bivariate correlations)는 종속 및 독립변수가 주로 연속적인 자료인 경우에 사용하는 통계기법으로 Pearson 상관관계계수, Spearman의 rho, Kendall의 tau를 계산한다. 편상관관계계수는 두 변수 간의 상관관계 분석시 제3의 변수가 두 변수에 미치는 영향에 대해 주의를 기울이고자 할 때 사용하는 통계기법이다.

Pearson 상관관계분석의 출력결과 예제

기술통계량

	평균	표준편차	N
학력	3.82	1.076	2953
주관적 건강상태	3.52	.859	2982

상관계수

		학력	주관적 건강상태
학력	Pearson 상관관계계수	1	.203(**)
	유의확률 (양쪽)		.000
	N	2953	2935

주관적 건강상태	Pearson 상관관계계수	.203(**)	1
	유의확률 (양쪽)	.000	
	N	2935	2982

** 상관계수는 0.01 수준(양쪽)에서 유의합니다.

Pearson 상관관계분석의 출력결과 예제는 학력과 주관적 건강상태의 상관관계에 대한 분석결과이다. Pearson의 상관관계계수는 학력과 주관적 건강상태 간에는 .203의 양적 선형관계가 있고 유의확률은 .01수준에서 유의적이다.

4) 회귀분석

회귀분석은 변수 간의 인과적 영향을 분석하기 위한 통계기법이다. 영향을 미칠 것으로 생각되는 변수를 독립변수(X)라고 하고 영향을 받을 것으로 예측되는 변수를 종속변수(Y)라고 한다. 종속변수는 간격 또는 비율척도로 측정된 계량적 자료(quantitative)이고 독립변수 역시 간격 또는 비율척도를 사용하지만 경우에 따라서는 명목척도를 사용하기도 하는데 이를 가변수(dummy variable) 또는 더미변수라고 한다. 회귀분석에 사용되는 독립변수가 하나이면 단순회귀분석(simple regression analysis)이라고 하고 둘 이상이면 다중회귀분석(multiple regression analysis)이라고 한다.

회귀분석은 독립변수와 종속변수 간의 선형관계를 가정할 수 있어야 하고, 종속변수의 관측치와 예측치 간의 차이를 가리키는 오차항(error term)의 기대값은 0이며 일정한 분산을 갖는 정규분포를 이룬다고 가정할 수 있어야 한다. 또한 예측의 오차값들은 서로 독립적이라는 가정이 필요하다.

단순회귀분석의 출력결과 예제

진입/제거된 변수(b)

모형	진입된 변수	제거된 변수	방법
1	스트레스(a)	.	입력

a 요청된 모든 변수가 입력되었습니다.
b 종속변수 : 흡연량

모형 요약

모형	R	R 제곱	수정된 R 제곱	추정값의 표준오차
1	.572(a)	.327	.327	8.303

a 예측값 : (상수), 스트레스

분산분석(b)

모형		제곱합	자유도	평균제곱	F	유의확률
1	선형회귀분석	97397.675	1	97397.675	1412.881	.000(a)
	잔차	200671.216	2911	68.935		
	합계	298068.891	2912			

a 예측값 : (상수), 스트레스
b 종속변수: 흡연량

계수(a)

모형		비표준화 계수		표준화 계수	t	유의확률
		B	표준오차	베타		
1	(상수)	-25.085	2.320		-10.812	.000
	스트레스	.525	.014	.572	37.588	.000

a 종속변수 : 흡연량

단순회귀분석의 출력결과 예제는 스트레스와 흡연량의 회귀분석 결과이다. 진입/제거된 변수(b)에서는 독립변수로 스트레스가, 종속변수로 흡연량이 사용되었음을 보여준다. 모형 요약의 R^2(R square)는 결정계수(coefficient of determination)라고 하는데 종속변수의 분산 중 몇 %가 독립변수에 의해 설명되는지를 나타낸다. R^2값은 .327로 종속변수 분산의 32.7%가 독립변수에 의해 설명되는 것으로 나타났다. R값은 R^2의 제곱근 값으로 상관계수 값을 나타낸다.

$$R^2 = \frac{\text{선형회귀분석의 제곱합(SSR)}}{\text{합계의 제곱합(Total SS)}} = \frac{97,397.675}{298,068.891} = .327$$

분산분석(b)의 제곱합을 자유도로 나눈 값이 평균제곱이다. 이 평균제곱을 잔차의 평균제곱으로 나누면 F값이 된다. 선형회귀분석의 자유도는 독립변수의 수 이므로 1이고 잔차의 자유도는 표본의 크기에 (독립변수의 수-1)을 차감한 값이고 합계의 자유도는 표본의 크기에 1을 뺀 값이다.

$$F = \frac{97,397.675}{68.935} = 1,412.881$$

비표준화계수(B)에 의한 회귀식은 $Y = -25.085 + .525X_1$이다. 스트레스에 대한 회귀계수는 정(+)으로 나타났다. t값은 비표준화계수를 표준오차로 나눈 값으로 t값은 37.588 (t = .525 ÷ .014 = 37.588), 유의확률은 .000으로 매우 유의적이다. 따라서 스트레스가 증가함에 따라 흡연량도 증가하는 경향이 있는 것으로 나타났다.

다중회귀분석의 출력결과 예제

기술통계량

	평균	표준편차	N
일상생활만족도	3.27	.927	1544
주관적 건강상태	3.50	1.111	1544
교육수준	12.55	3.867	1544
소득수준	5.62	1.042	1544

상관계수

		일상생활 만족도	주관적 건강상태	교육수준	소득수준
Pearson 상관	일상생활만족도	1.000	.240	.103	.182
	주관적 건강상태	.240	1.000	.270	.234
	교육수준	.103	.270	1.000	.414
	소득수준	.182	.234	.414	1.000
유의확률 (단측)	일상생활만족도	.	.000	.000	.000
	주관적 건강상태	.000	.	.000	.000
	교육수준	.000	.000	.	.000
	소득수준	.000	.000	.000	.
N	일상생활만족도	1544	1544	1544	1544
	주관적 건강상태	1544	1544	1544	1544
	교육수준	1544	1544	1544	1544
	소득수준	1544	1544	1544	1544

진입/제거된 변수(b)

모형	진입된 변수	제거된 변수	방법
1	소득수준, 주관적 건강상태, 교육수준(a)	.	입력

a 요청된 모든 변수가 입력되었습니다.
b 종속변수 : 일상생활만족도

모형 요약

모형	R	R 제곱	수정된 R 제곱	추정값의 표준오차
1	.273(a)	.074	.073	.893

a 예측값 : (상수), 소득수준, 주관적 건강상태, 교육수준

분산분석(b)

모형		제곱합	자유도	평균제곱	F	유의확률
1	선형회귀분석	98.556	3	32.852	41.205	.000(a)
	잔차	1227.822	1540	.797		
	합계	1326.378	1543			

a 예측값 : (상수), 소득수준, 주관적 건강상태, 교육수준
b 종속변수 : 일상생활만족도

계수(a)

모형		비표준화 계수		표준화 계수	t	유의확률	공선성 통계량	
		B	표준오차	베타			공차한계	VIF
1	(상수)	2.003	.133		15.018	.000		
	주관적 건강상태	.176	.021	.211	8.200	.000	.909	1.100
	교육수준	–.002	.007	–.010	–.377	.706	.797	1.254
	소득수준	.121	.024	.136	5.016	.000	.813	1.230

a 종속변수 : 일상생활만족도

공선성 진단(a)

모형	차원	고유값	상태지수	분산비율			
				(상수)	주관적 건강상태	교육수준	소득수준
1	1	3.870	1.000	.00	.01	.00	.00
	2	.067	7.614	.00	.82	.31	.01
	3	.047	9.048	.17	.17	.64	.10
	4	.016	10.438	.82	.01	.04	.88

a 종속변수 : 일상생활만족도

다중회귀분석의 출력결과 예제는 주관적 건강상태, 교육수준, 소득수준과 일상생활만족도 간의 인과관계에 관한 분석의 결과이다. 상관계수 결과를 살펴보면, 각각의 독립변수와 종속변수가 모두 유의적 관계가 있는 것으로 나타났다. 모형요약 결과에 의하면 세 개의 독립변수들이 투입된 결과 R^2은 .074로 종속변수를 7.4% 설명하고 있는 것으로 나타났고, 자유도를 반영한 수정된 R^2은 .073으로 낮아졌다. R^2과 수정된 R^2의 차는 작은 편이 좋다고 하지만 어느 정도 작으면 좋은지에 대한 기준은 없다.

분산분석의 결과는 F값이 41.205, 유의확률이 .000으로 회귀식이 종속변수를 설명하는데 유용하다고 볼 수 있다. 각 독립변수들의 유의성 검증결과, 주관적 건강상태와 소득수준은 유의한 설명변수이었으나, 교육수준은 결과변수에 유의한 영향을 주지 못하였다(유의확률=.706). 독립변수 영향력의 상대적 크기는 표준화된 회귀계수의 절대값이 가장 큰 주관적 건강상태인 것으로 나타났다.

공선성 진단(a)의 결과는 독립변수들 간의 다중공선성(multi-collinearity)을 판단하기 위한 것이다. 다중공선성이 높으면 설명력이 낮은 것으로 해석된다. 공선성 문제는 공차한계와 분산팽창요인으로 점검한다. 일반적인 기준은 공차한계 .10 이하, 분산팽창요인 10 이상이다. 분산팽창요인(VIF: variance inflation factor)은 공차한계의 역수로 표시되며, VIF값이 클수록 공선성 정도가 높다고 본다. 계수(a)의 결과에 의하면 공차한계는 .10보다 훨씬 크고 VIF는 10보다 훨씬 작으므로 공선성 문제는 없다고 할 수 있다. 공선성 진단을 위한 다른 값으로는 상태지수가 있다. 상태지수가 15보다 크면 문제가 될 수 있다. 공선성 진단(a) 결과에 의하면 상태지수는 모두 15보다 작아 역시 공선성 문제는 없다고 할 수 있다.

5) 범주형 회귀분석

범주형 회귀분석은 범주형 자료의 인과관계 분석을 위한 통계기법으로 각 변수의 범주에 대한 수량화와 이를 통해 회귀식을 구한다.

$$Y = b_1X_1 + b_2X_2 + b_3X_3$$

계수 b_1, b_2, b_3가 구해지면 계수의 크기로부터 각 독립변수에 미치는 영향의 크기를 알 수 있다. 계수의 절대값이 큰 독립변수가 종속변수와 밀접한 관계에 있는 것이다.

범주형 회귀분석의 출력결과 예제

모형 요약

다중 R	R 제곱	수정된 R 제곱
.419	.175	.166

종속변수 : 주관적 건강상태, 예측값 : 고른 음식섭취, 규칙적 운동, 흡연량

분산분석

	제곱합	자유도	평균제곱	F	유의확률
회귀	140.141	9	15.571	18.642	.000
잔차	659.859	790	.835		
전체	800.000	799			

종속변수 : 주관적 건강상태 예측값 : 고른 음식섭취, 규칙적 운동, 흡연량

계수

	표준화 계수		자유도	F	유의확률
	베타	표준오차			
고른 음식섭취	.215	.032	3	43.959	.000
규칙적 운동	.330	.033	4	101.489	.000
흡연량	−.058	.033	2	3.100	.046

종속변수 : 주관적 건강상태

상관관계 및 공차한계

	상관계수			중요도	공차한계	
	0차	편상관	부분상관		변환 후	변환 전
고른 음식섭취	.240	.230	.214	.295	.994	.992
규칙적 운동	.355	.337	.326	.670	.972	.975
흡연량	−.108	−.063	−.057	.036	.977	.982

종속변수 : 주관적 건강상태

범주형 회귀분석의 출력결과 예제는 고른 음식섭취, 규칙적 운동, 흡연량과 주관적 건강상태 간의 인과관계 분석에 대한 결과이다. 분산분석 결과에 의하면 F값이 18.642, 유의확률이 .000으로 회귀식이 종속변수를 설명하는데 유용한 것으로 나타났다. 3개 변수 모두 다른 두 변수가 회귀식에 포함되어 있을 경우 유의적인 것으로 나타났다. 표준화계수 중 규

칙적 운동(.355)이 가장 큰 영향을 주는 것으로 나타났다.

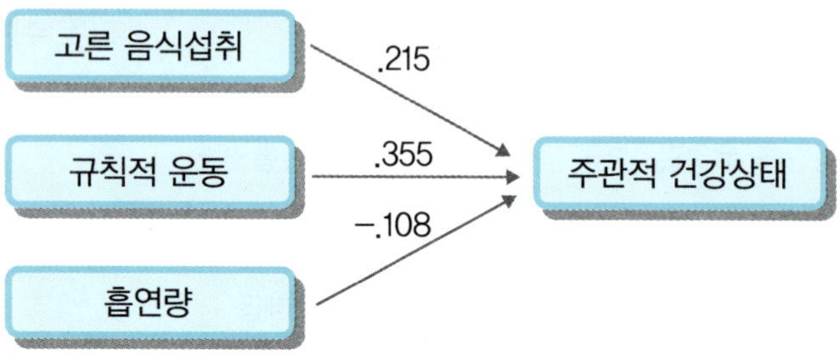

그림 15-2 범주형 회귀분석의 이미지

주관적 건강상태(a)

범주	빈도	수량화
매우 건강하지 못함	11	−1.723
건강하지 못함	122	−1.488
보통	243	−.704
건강함	341	.705
매우 건강함	83	1.579

a 최적화 척도법 수준: 스플라인 순서 (차수 2, 내부 마디 2)

고른 음식섭취(a)

범주	빈도	수량화
아주 편식이 심함	9	−1.872
편식이 심함	60	−1.508
보통	243	−.721
골고루 먹는 편	399	.183
아주 골고루 먹는 편	89	2.352

a 최적화 척도법 수준: 스플라인 순서 (차수 2, 내부 마디 2)

규칙적 운동(a)

범주	빈도	수량화
운동 안함	411	−.951
주 1~2회 정도	224	.780
주 3~4회 정도	108	1.135
거의 매일 함	57	1.639

a 최적화 척도법 수준: 스플라인 순서 (차수 2, 내부 마디 2)

흡연량(a)

범주	빈도	수량화
10개비 미만	307	-.785
10~20개비 미만	371	-.076
20~40개비 미만	119	2.151
40개비 이상	3	4.411

a 최적화 척도법 수준: 스플라인 순서 (차수 2, 내부 마디 2)

다음 그림은 고른 음식섭취, 규칙적 운동, 흡연량의 각 범주에 대한 수량화를 도표로 작성한 결과이다.

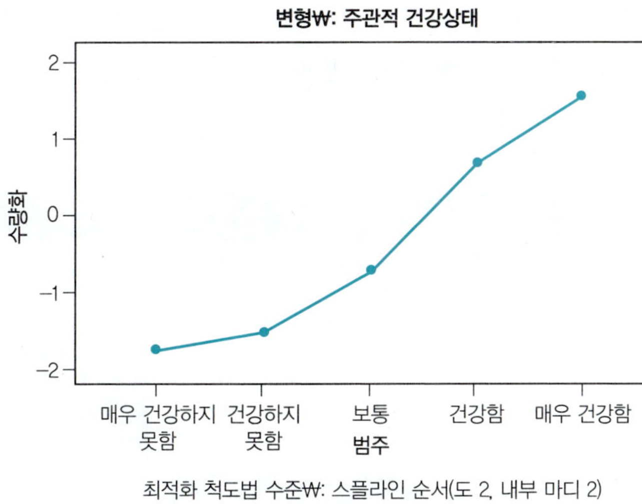

그림 15-3

6) 요인분석

요인분석(factor analysis)은 다변량 자료를 관리하는 기술로 많은 수의 변수를 적은 수의 요인으로 축소하여 자료의 서술이나 이용이 용이하도록 한다. 요인분석에서는 변수 간의 상관관계를 수학적으로 분석하여 바탕에 깔린 요인을 찾아내 그 변수를 적은 수의 차원으로 설명할 수 있는지 결정한다. 요인분석의 종류에는 탐색적 요인분석(exploratory factor analysis)과 확인적 요인분석(confirmatory factor analysis)이 있다. 탐색적 요인분석을 한 뒤에 확인적 요인분석을 하기도 하고 기존 이론을 바탕으로 탐색적 요인분석 없이 확인적 요인분석을 하기도 한다. 탐색적 요인분석과 확인적 요인분석은 서로 상호보완적 기법으로 단일연구나 공동 협력 연구에 흔히 사용된다(Munro, 2005).

(1) 탐색적 요인분석

서로 관계있는 변수들을 집단으로 묶는 탐색적 요인분석은 추후 분석을 위해 자료를 축소할 목적으로 사용되기도 하고 도구개발과 이론개발에 이용되기도 한다. 연구자는 탐색적 요인분석을 통해 축소된 자료를 이용하여 회귀분석이나 분산분석 등 다른 분석을 하게 된다. 새로운 측정도구 개발에는 요인분석이 필수적이다. 탐색적 요인분석에서 높은 상관성을 갖는 각 요인들 간 높은 신뢰도 계수는 내적 일관성에 대한 강력한 증거가 되고 동시 구성타당도의 초기 증거를 제공한다. 또한 탐색적 요인분석은 임상 현상 기술, 변수간의 관련성 탐구, 가설검정 등의 역할을 통해 이론개발에 기여할 수 있다. 이론개발에 필요한 가설 개발과 검증은 확인적 요인분석에서 이루어진다.

표 15-3 탐색적 요인분석

구분	성분	
	1	2
X1 : 자기효능감1	-.043	.851
X2 : 자기효능감2	.018	.908
X3 : 자기효능감3	.021	.861
X4 : 스트레스1	.744	-.064
X5 : 스트레스2	.707	.010
X6 : 스트레스3	.748	.037
X7 : 스트레스4	.795	.006
신뢰도(Cronbach'α)	.735	.843
고유치	2.865	1.682
설명변량	40.922	24.028
KMO 표본적합도	.757(.000)	

주 1) 요인추출방법 : 주성분 분석
2) 회전방법 : Kaiser 정규화가 있는 오블리민

[표 15-3]에서 탐색적 요인분석을 실시한 결과를 살펴보면, 표본적절성 측정치인 Kaiser-Meyer-Olkin(KMO)값이 .757로 적절한 수준이었으며, Bartlett의 구형성 검증 통계치의 유의수준은 .000으로 .05보다 작아 자료의 상관이 2요인에 적합한 것으로 나타났다. 제1요인은 7개 문항가운데 4개 문항의 측정변인들이 묶이는 것으로 스트레스 변인에 해당하고, 제2요인은 나머지 3개 문항의 측정변인들로 구성되어 자기효능감에 해당하는 것이다. 또한 이 두 변인에 대한 내적 일치성을 확인한 결과 Cronbach α계수는 제1요인이 .735이고 제2요인이 .843으로 나타나 수용할 만한 수준의 신뢰도를 나타냈다. 따라서 스트레스와 자기효능감은 각기 별개의 구성체로 구성됨을 확인할 수 있다.

(2) 확인적 요인분석

확인적 요인분석은 도구의 요인구조를 정밀하게 검정하고 도구개발에도 이용된다. 확인적 요인분석은 구성타당도의 근거를 제공하고, 연구의 내적 일치성 및 검사-재검사(test-retest) 신뢰도를 평가한다. 또한 도구가 집단에 따라 다르게 작용하는지를 요인구조를 통해 비교할 수 있다. 확인적 요인분석을 위해서는 다수의 자료가 필요하며, 일반적으로 자료는 연속변수이고 정규분포여야 한다.

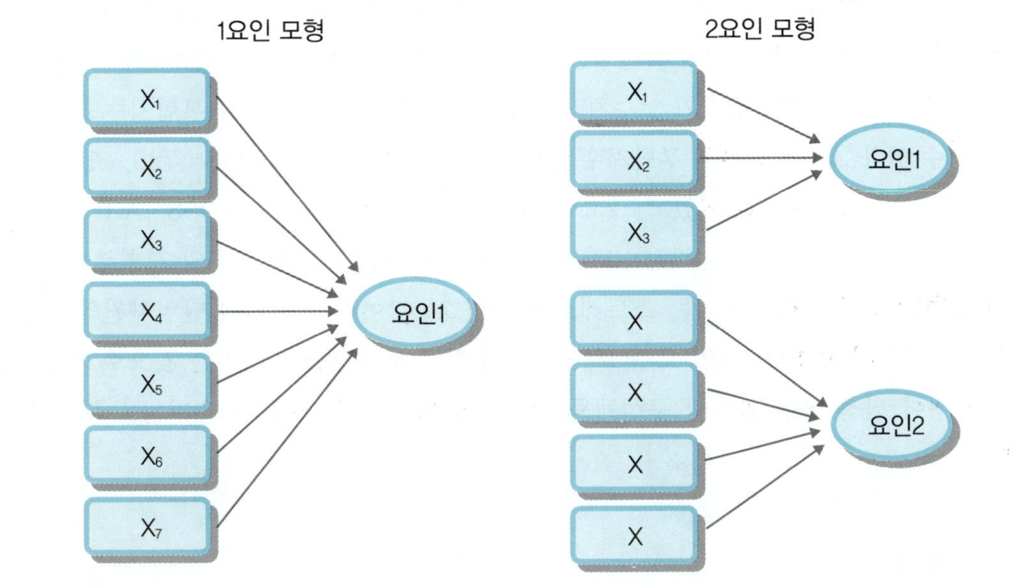

그림 15-4 확인적 요인분석 모형

표 15-4 확인적 요인분석 결과(N=1,255)

구분	귀무모형(M0)	1요인모형(M1)	2요인모형(M2)
χ^2	3,395.491	1,201.778	55.512
DF	21	14	13
GFI[1]	–	.787	.988
AGFI[2]	–	.574	.973
NFI[3]	–	.720	.983
CFI[4]	–	.723	.987
IFI[5]	–	.723	.987
RMSEA[6]	–	.258	.051

주 1) Goodness of Fit Index
2) Adjusted Goodness of Fit Index
3) Normed Fit Index
4) Comparative Fit Index
5) Incremental Fit Index
6) Root Mean Square Error of Approximation

위에서 실시한 탐색적 요인분석을 통해 일정한 형태의 요인구조를 확인할 수 있었지만, 보다 확연하게 요인구조를 판단하기 위해서는 확인적 요인분석이 요구된다. [그림 15-3]에서 보는 바와 같이 앞서 실시한 탐색적 요인분석 결과를 확인적 요인분석을 통해 타당도를 확인할 수 있다. [표 15-4]에서 확인적 요인분석 결과를 살펴보면, 귀무모형이나 1요인 모형에 비해 2요인 모형의 경우가 χ^2수치가 작을 뿐만 아니라 여러 가지 부합지수도 크다는 것을 알 수 있다. 1요인 모형의 부합지수는 GFI=.787, AGFI=.574, NFI=.720, CFI=.723, IFI=.723, RMSEA=.258이었고, 2요인 모형의 부합지수는 GFI=.988, AGFI=.973, NFI=.983, CFI=.987, IFI=.987, RMSEA=.051로 나타나 2요인 모형의 모형부합지수가 더 적합한 것으로 나타났다. 즉, 스트레스와 자기효능감이라는 변인이 단일차원의 개념을 측정하는 것으로 가정된 1요인 모형 보다는 별개 차원의 개념을 측정하는 것으로 가정된 2요인 모형이 최적 모형이고 이 구성체들 간에는 판별·수렴타당도가 유지됨을 확인할 수 있다.

7) 경로분석

경로분석(path analysis)은 이론적 근거를 가지고 여러 개의 독립변수가 종속변수에 어떻게 관련되어 있는지를 알아보기 위해 인과관계를 나타내는 경로모델을 설정한 후, 그 모델에 따라 회귀분석을 여러 번 시행함으로써 분석한다. 경로분석은 단순회귀분석에 기초한 분석이지만, 단순히 독립변수가 종속변수를 예측하는 능력을 검정할 뿐만 아니라 그 변수 간의 관계가 어떻게 이루어졌는지도 검토할 수 있다. 경로분석은 단순회귀분석 이상의 분석을 함으로써 변수 간의 관계를 더욱 잘 이해할 수 있다(Asher, 1983).

경로모델은 인과모델(causal modeling)의 한 종류로 변수들 간의 관계의 방향을 나타낸다. 다음에 제시된 예를 통해 좀 더 자세히 살펴보자. [그림 15-5]는 네 개의 변수로 구성된 낙태에 대한 태도의 경로모델이다.

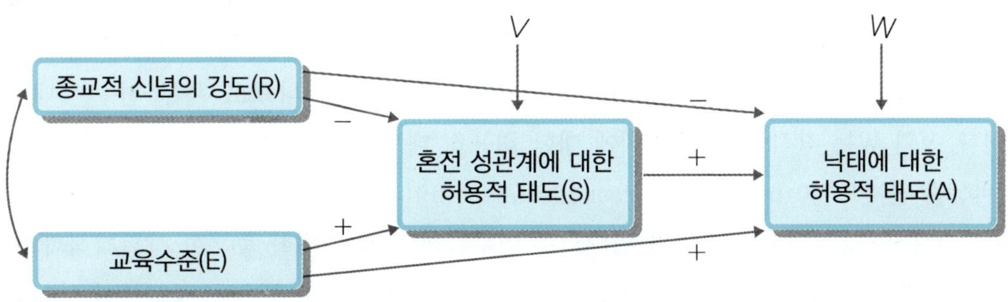

그림 15-5 낙태에 대한 태도의 경로모형

출처 : Bohrnstedt & Knoke, 2003.

위에서 제시된 경로모델을 살펴보면, 종교적 신념의 강도(R)와 교육수준(E)은 이론적, 경험적 근거에 의해 독립변수로 설정된 것이며, 혼전 성관계에 대한 허용적 태도(S)는 종교적 신념의 강도와 교육수준에 의해서 영향을 받는 변수이고, 낙태에 대한 허용적 태도(A)는 교육수준과 종교적 신념의 강도에 의해서 직접 영향을 받는 동시에 혼전 성관계에 대한 허용적 태도에 의해서도 영향을 받는 변수이다. 즉, 낙태에 대한 허용적 태도(A)는 종교적 신념의 강도(R) 및 교육수준(E)에 의해서 영향을 받는 종속변수로 설정되어 있으며, 혼전 성관계에 대한 허용적 태도(S)는 종교적 신념의 강도(R)와 교육수준(E)의 영향을 받아 이를 낙태에 대한 허용적 태도(A)에 전달하는 매개변수로 설정되어 있음을 확인할 수 있다.

경로분석은 한 변수가 다른 변수에 미치는 영향을 모델로 나타내어, 그 영향의 경로를 분석하는 것이다. 이 분석은 어떤 모델 안에서 독립변수가 종속변수에 미치는 영향을 분석하고자 할 때 사용할 수 있는 방법이다. 독립변수는 종속변수에 직접적인 영향을 미칠 수도 있고, 다른 변수를 통해서 간접적인 영향을 미칠 수도 있다. 간접영향은 이론적으로 한 독립변수가 다른 독립변수에 영향을 미치는 경우 발생한다.

경로모델에서 사용되는 변수는 내생변수(endogenous variable)와 외생변수(exogenous variable)이다. 경로분석에서는 모든 내생변수에 대하여 회귀분석을 실시하기 때문에, 내생변수와 외생변수를 잘 구분할 수 있어야 한다. 모델에서 다른 변수의 영향을 받는 것으로 나타나는 변수가 내생변수이다. 다른 변수의 영향을 받지 않는 것으로 그려지는 변수는 외생변수이다(Bollen, 1989). 종속변수는 항상 내생변수이지만, 독립변수 중에서 다른 독립변수의 영향을 받는 변수도 내생변수이다. 이 경로모델에서 종교적 신념의 강도(R) 및 교육수준(E)은 다른 변수의 영향을 받는 것이 아니라 이미 주어진 것으로 간주되므로 외생변수이며, 서로 상관관계에 있다. 그리고 낙태에 대한 허용적 태도(A) 및 혼전 성관계에 대한 허용적 태도(S)는 다른 변수들에 의해 영향을 받는 것으로 나타나므로 이 두 변수는 내생변수이다. V와 W는 각각 혼전 성관계에 대한 허용적 태도(S)와 낙태에 대한 허용적 태도(A)의 비상관 잔차요인(uncorrelated residual factors)이라고 하며 오차항에 해당한다.

이상과 같은 경로모델을 만들기 위해서는 변수간의 관계에 대한 충분한 사전지식과 이론적인 근거를 가지고 경로분석에 임하는 것이 바람직하다(Asher, 1983). 경로분석은 이론적으로 인과관계가 있다는 가정 하에서 시작하지만, 인과관계를 말하기 위해서는 필요한 세 가지 조건이 있다(Kenny, 1979). 첫째, 독립변수와 종속변수는 서로 관계가 있어야 하고, 그 관계는 측정 가능해야 한다. 다시 말해서 두 변수 간에는 상관관계가 있어야 한다. 둘째, 독립변수는 시간적으로 종속변수보다 먼저 발생해야 한다. 즉, 독립변수와 종속변수와의 관계를 시간적으로 따져볼 때 독립변수가 먼저 발생했음을 말할 수 있어야 한다. 셋째, 독립변수와 종속변수의 관계는 허위적인 관계가 아니어야 한다. 이는 두 변수에서 관찰한 측정 가능한 관계, 시간적 선후관계가 제3의 변수를 통제한 후에도 지속되어야 한다는 것을 의미한다. 경로분석이 가능한 자료의 형태는 다중회귀분석 자료와 같다. 다시 말해서 종속변수는 연속형이고 정규분포해야 하며, 독립변수도 연속형이면 이상적이다.

독립변수는 모델에 포함된 다른 변수들과의 관계에 따라 직접영향(direct effect)만 있는 경우나 간접영향(indirect effect)만 있는 경우, 직접영향과 간접영향 두 가지가 모두 있는 경우 등 세 가지 중 하나로 나타낼 수 있다. 경로계수는 경로분석을 구성하는 여러 차례의 회귀분석을 통해서 구하게 된다. 경로계수는 경로모델에서 한 변수가 다른 변수에 미치는 효과의 크기를 나타낸다. 경로계수에 붙은 아래첨자는 종속변수가 항상 먼저 나오고, 영향을 미치는 변수인 독립변수가 나중에 나온다. [그림 15-6]에서 보듯이, 화살표의 방향을 따라 아래첨자를 구성할 수 있다.

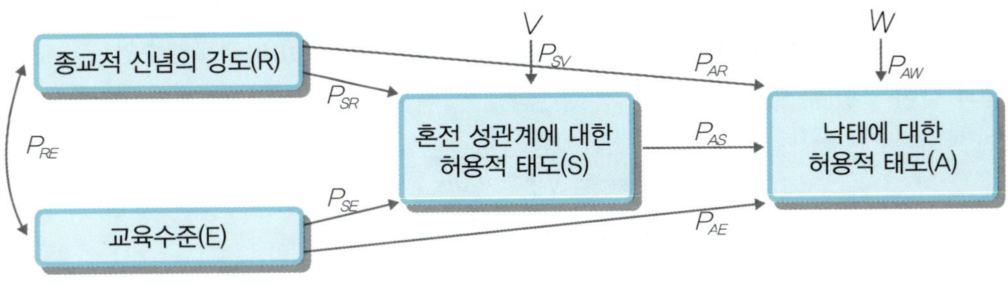

그림 15-6 낙태에 대한 태도의 경로모델

출처 : Bohrnstedt & Knoke, 2003.

위와 같이 경로모델에는 각 경로의 화살표 위에 경로계수(path coefficient)를 표시하게 된다. 이 경로계수는 회귀분석에서 구해진 독립변수의 비표준화회귀계수(unstandardized regression coefficient: b) 또는 표준화계수(standardized regression coefficient: β)를 사용할 수 있지만, 일반적으로 표준화계수를 사용한다. 표준화계수를 사용하면 모델에 있는 독립변수들의 경로를 서로 비교할 수 있고 각 독립변수의 상대적 강도를 파악할 수 있다. 즉, 어떤 독립변수가 종속변수에 가장 큰 직접영향을 미치는지를 알아 볼 수 있다.

낙태에 대한 태도의 경로모델에서 화살표로 표시된 각 경로의 경로계수를 구하기 위해서는 두 번의 다중회귀분석을 수행하면 된다. 첫 번째 다중회귀분석에서는 혼전 성관계에 대한 허용적 태도(S)를 종속변수로 하고, 종교적 신념의 강도(R)와 교육수준(E)을 독립변수로 한 회귀분석을 실시한다. 두 번째 다중회귀분석에서는 낙태에 대한 허용적 태도(A)를 종속변수로 하고, 종교적 신념의 강도(R), 교육수준(E) 및 혼전 성관계에 대한 허용적 태도(S)를 독립변수로 한 회귀분석을 실시한다. 이 두 회귀분석모형을 방정식으로 표현하면 다음과 같다.

$$S = R(P_{SR}) + E(P_{SE}) = V(P_{SV})$$
$$A = R(P_{AR}) + E(P_{AE}) + S(P_{AS}) + W(P_{AW})$$

여기에서, P_{SR}, P_{SE}, P_{SV}, P_{AR}, P_{AE}, P_{AS}, P_{AW} 등은 각각의 경로계수를 의미한다. 이 가운

데 P_{SR}, P_{SE}는 혼전 성관계에 대한 허용적 태도(S)를 종속변수로 하고, 종교적 신념의 강도(R) 및 교육수준(E)을 독립변수로 한 다중회귀분석의 표준화회귀계수와 같다. 그리고 P_{AR}, P_{AE}, P_{AS}는 낙태에 대한 허용적 태도(A)를 종속변수로 하고, 종교적 신념의 강도(R), 교육수준(E), 혼전 성관계에 대한 허용적 태도(S)를 독립변수로 한 다중회귀분석의 표준화계수와 같다. 한편, 비상관 잔차요인(uncorrelated residual factors)의 경로계수인 P_{SV}, P_{AW}는 다음과 같이 구할 수 있다.

$$P_{SV} = \sqrt{1 - R^2_{SRE}}$$
$$P_{AW} = \sqrt{1 - R^2_{ARES}}$$

즉, P_{SV}는 혼전 성관계에 대한 허용적 태도(S)를 종속변수로 해서 실시한 회귀분석에서 구해진 결정계수 R^2의 값을 1에서 뺀 후 제곱근 한 값이며, P_{AW}는 낙태에 대한 허용적 태도(A)를 종속변수로 해서 실시한 회귀분석을 통해 구한 결정계수 R^2의 값을 1에서 뺀 후 제곱근 한 값이다.

위의 경로모델에서 설정된 두 차례의 다중회귀분석 결과가 [표 15-5]에 제시되어 있다.

표 15-5 혼전 성경험에 대한 태도 및 낙태에 대한 태도의 다중회귀분석 결과

독립변수	혼전 성경험에 대한 태도(S)	낙태에 대한 태도(A)
종교적 신념에 대한 강도(R)	−.293***	−.084*
교육수준(E)	.178***	.227***
혼전 성경험에 대한 태도(S)	−	.338***
결정계수(R^2)	.120***	.219***

* p<.05, *** p<.001

이 결과로부터 경로모델에 제시된 각 경로의 경로계수를 구할 수 있다.

$$P_{SR} = -.293$$
$$P_{SE} = .178$$
$$P_{SV} = \sqrt{1 - .120} = .938$$
$$P_{AR} = -.084$$
$$P_{AE} = .227$$
$$P_{AS} = .338$$
$$P_{AW} = \sqrt{1 - .219} = .884$$

이렇게 산출된 경로계수들은 한 변수가 다른 한 변수에 미치는 직접적인 인과적 영향만을 측정한 것이다. 따라서 경로계수만으로는 두 변수 간의 인과적 영향을 완전히 파악할 수 없다. 하나의 독립변수가 하나의 종속변수에 미치는 영향을 측정하는 전체영향계수(total effect coefficient) Tij는 경로계수와 같거나 보다 큰 값을 가지게 된다. 즉, 혼전 성경험에 대한 허용적 태도(S)와 낙태에 대한 허용적 태도(A)에 미치는 영향을 측정하는 전체영향은 교육수준이 낙태에 대한 허용적 태도에 미치는 직접영향 뿐 아니라 혼전 성관계에 대한 허용적 태도를 매개로 미치는 간접영향도 포함되는 것이다. 즉, 직접영향과 간접영향을 합한 것이 전체영향계수가 되는 것이다. 전체영향계수는 결국 두 변수 간의 인과적 영향이라 할 수 있다. 그리고 두 변수 간의 공변량은 이러한 인과적 영향과 비인과적 영향으로 구성된다. 혼전 성경험에 대한 허용적 태도(S)가 낙태에 대한 허용적 태도(A)에 미치는 영향 및 교육수준(E)이 낙태에 대한 허용적 태도(A)에 미치는 영향을 나타내는 전체영향계수는 다음과 같이 구할 수 있다.

$$T_{AE} = P_{AE} + (P_{SE} \times P_{AS}) = .227 + (.178 \times .338) = .287$$

$$T_{AR} = P_{AR} + (P_{SR} \times P_{AS}) = -.084 + (-.293 \times .338) = -.183$$

위의 결과에 따르면, 교육수준(E)이 낙태에 대한 허용적 태도(A)에 직접적인 인과적 영향은 .227이며, 교육수준(E)이 혼전 성관계에 대한 허용적 태도(S)를 매개로 하여 낙태에 대한 허용적 태도(A)에 간접적으로 미치는 영향은 약 .060이다. 따라서, 교육수준(E)이 낙태에 대한 허용적 태도(A)에 미치는 전체영향계수는 .287이며, 이 두 변수 간 공변량의 나머지 부분은 비인과 영향으로 더 이상 분석되지 않은 채 남게 된다.

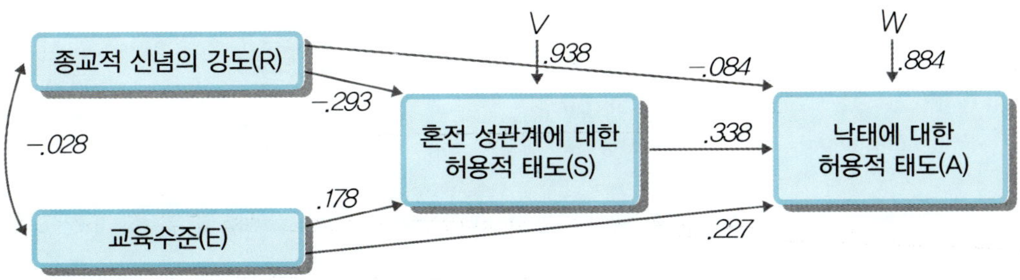

그림 15-7 낙태에 대한 태도의 경로모형

출처 : Bohrnstedt & Knoke, 2003.

경로분석에서 변수들이 내생변수에 미치는 영향력을 서로 비교하기 위해서는 전체영향을 이용하면 된다. 위의 수식에서 낙태에 대한 허용적 태도(A)에 대한 혼전 성관계에 대한 허용적 태도(S), 교육수준(E), 종교적 신념에 대한 강도(R)의 전체영향은 각각 .338, .287, −.183이므로, 이 경로모델에서 낙태에 대한 허용적 태도에 가장 큰 영향력을 행사하는 변수는 혼전 성관계에 대한 허용적 태도라고 결론 내릴 수 있으며 최종 경로모델은 [그림 15-7]과 같다.

16 결과보고

제16장

1. 연구보고서 작성
2. 보고서 제출 전 확인 사항
3. 연구논문 작성
4. 학회 발표
5. 연구제안서

제16장

결과보고

훌륭한 연구라고 하더라도 연구자 자신만 알고 외부에 발표하지 않는다면, 그 연구는 사회적으로 영향력을 발휘할 수 없다. 연구가 사회적으로 의미를 갖기 위해서는 많은 사람들이 이해할 수 있도록 작성되어야 하고 널리 알려지는 것이 필요하다. 보고서와 논문 작성의 형식은 전자에 해당되고, 결과 발표는 후자에 해당된다. 이와 관련하여 이 장에서는 연구결과를 정리하는 방법, 결과발표 요령, 연구제안서 작성에 대해서 살펴보려고 한다.

1 연구보고서 작성

1) 보고서의 의미

연구자가 정확하고 객관적인 연구과정을 통해 훌륭한 연구결과를 도출하는 것으로 모든 연구가 끝나는 것은 아니다. 연구성과를 외부에 효과적으로 전달하는 과정이 남아있기 때문이다. 특히, 연구비를 지원받은 경우에는 해당 기관에 연구결과를 보고서로 제출하여야 한다. 보고서(report)는 연구과정에서 발견한 내용을 직접 제시하는 문서이다.

보고서는 연구목적 및 해결해야 할 문제와 관련된 모든 내용을 담고 있어야 한다. 따라서 연구자는 좋은 보고서를 작성하는 방법을 기본적으로 알고 있어야 한다. 연구목적에 적합하도록 수집한 정보를 정리하고 보고서를 읽는 사람들이 쉽게 이해할 수 있도록 작성해야 한다.

2) 보고서 작성의 기준

연구자는 보고받는 대상을 고려하여 필요한 정보를 정확하고 간결하게 논리적으로 작성하여야 한다. 보고서 작성 기준은 다음과 같다.

① 보고서는 읽는 사람에게 필요한 정보를 제공해야 한다. 따라서 그들의 요구에 맞게 정보가 체계적으로 수집, 정리, 분석되어야 한다. 필요한 정보가 연구목적에 부합되도록 분명하고 체계적으로 작성되어야 한다. 보고서를 작성할 때는 가능한 전문 용어를 삼가하고 일반인도 알 수 있도록 쉽게 기술한다.

② 보고서는 연구목적에 합당한 핵심 내용을 함축적으로 제공해야 한다. 일반적으로 연구 의뢰자는 보고서 전체를 읽으려 하지 않고 보고서의 윤곽을 파악한 뒤에 필요한 부분에서 정보를 얻으려고 하기 때문이다. 따라서 글로 장황하게 설명하는 것 보다는 표나 그래프를 이용하여 현황과 추이를 한눈에 파악할 수 있도록 하는 것이 좋다.

③ 보고서는 객관적인 관점에서 연구결과를 제시하고 설명해야 한다. 연구에 사용된 자료 및 참고문헌 등은 반드시 그 출처를 명확히 밝혀야 한다. 최종보고서를 발간하기 전에 동료나 전문가의 검토를 받아서 보완하는 것이 필요하다. 연구자의 의견은 객관적이고 검증 가능한 자료에 근거를 두어야 하며, 논리적으로 설명되어야 한다.

3) 보고서 작성과정

연구자는 보고서를 통하여 본인의 주장을 효과적으로 전달할 수 있어야 한다. 이를 위해서는 보고서를 짜임새 있게 구성해야 하고 작성과정이 체계적으로 진행되어야 한다. 일반적으로 보고서의 작성과정은 크게 준비단계, 작성단계, 교정단계로 나누어 볼 수 있다. 각 단계별로 진행되는 세부내용은 다음과 같다.

(1) 준비단계

준비단계는 보고서 작성과 관련된 자료를 수집하고 전체적인 윤곽을 잡는 계획단계라고 할 수 있다. 이 단계에서 고려해야 할 사항들은 다음과 같다.

① 보고서를 읽을 독자와 활용 목표를 고려한다. 보고서를 누가 읽을 것인지에 따라 보고서에 수록될 내용의 범위나 수준이 달라진다. 또한 보고서의 활용 목표에 따라 내용 구성이 달라진다.

② 전달하고자 하는 내용을 정리한다. 보고서에 수록해야 할 기본적인 사항과 효과적으로 연구자의 의견을 전달할 수 있는 방법을 확인한다.
③ 보고서의 형식을 고려한다. 만일 정해진 보고서 형식이 있다면 그것을 따르면 되고, 그렇지 않다면 연구자가 본문의 글자체 및 글자크기, 문장 방식 등의 보고서 형식을 결정한다.
④ 보고서 작성에 대한 일정을 계획한다. 전체 연구일정을 고려하여 보고서 작성에 대한 각 항목별로 세부 일정을 계획하는 것이 필요하다. 특히, 공동연구원이 있을 경우에는 보고서 작성에서 각 연구자의 역할을 협의하여 결정한다.

(2) 작성단계

보고서를 작성할 때에 본론을 먼저 작성하고 그 다음으로 결론과 서론을 정리하면 전체적인 흐름에 도움이 된다. 서론에는 전체적인 개요, 연구배경, 연구목적이 포함되는 본론과 결론을 토대로 작성하면 도움이 된다. 본론은 여러 자료를 객관적으로 사실대로 설명한다. 결론은 본론의 내용을 근거로 연구자의 의견과 연구문제의 해결 방안을 제시한다.

(3) 교정단계

보고서 작성은 한 번에 마무리되기 어려우며 시간적인 여유를 가지고 수정 및 보완하는 과정을 반복하게 된다. 교정단계는 연구자의 생각이 정확하게 표현되었는지를 검토하고 수정하는 과정이다. 전체적으로 일관성은 유지되었는지, 구성이 적합한지, 오자는 없는지, 문장표현은 적절한지 등을 살펴보게 된다.

4) 보고서 구성

보고서 구성은 목적이나 연구비 지원기관의 요구에 따라 결정된다. 따라서 구성은 연구결과를 가장 잘 표현할 수 있도록 연구자가 결정하면 된다. 일반적으로 활용되는 연구보고서의 구성은 다음과 같다.

(1) 제목

보고서 표지에 연구제목과 보고서 발행기관을 명시하고, 그 다음 페이지에 보고서 제출문을 작성한다. 제출문에는 제출처, 연구제목과 보고문, 제출일, 연구수행 기관, 연구원 이름 등을 기록한다.

(2) 부인문

보고서의 내용이 연구의뢰기관의 입장이 아니라 연구진의 의견임을 나타내는 부인문(disclaimer)을 첨부한다.

(3) 제출문

연구를 의뢰한 기관이나 기관장에게 보고서를 제출한다는 보고문으로 연구를 의뢰한 기관명, 연구의 제목, 연구기간, 보고서 작성일자, 연구를 수행한 기관명을 포함시킨다.

(4) 목차

보고서의 구조를 항목별로 나타내는 것으로 장과 절의 해당 페이지 번호와 함께 표나 그림들의 제목과 해당 페이지 번호를 표시한다. 표나 그림을 많이 사용한 경우에는 전체 목차와 별도로 표와 그림을 일련 번호별로 정리한 표 목차와 그림 목차를 구성하도록 한다. 필요한 경우에는 부록에 관한 목차를 구성하기도 한다.

(5) 요약문

요약은 연구내용을 짧은 시간에 이해할 수 있도록 핵심 내용을 일목요연하게 체계적으로 정리한 것이다. 연구목적, 연구방법, 연구결과, 결론을 간략히 기술한다. 많은 연구자들이 요약 부분을 통하여 그들의 연구와 관련이 있는지를 판단하므로 가능하면 한 페이지를 넘지 않도록 간결하고 명확하게 기술한다. 학술지 논문의 초록(abstract)이나 개요(synopsis)의 형식으로 작성한다.

(6) 서론

서론은 보고서의 내용을 이해하는데 필요한 배경적 지식을 제공한다. 서론에 포함되어야 할 내용은 연구문제의 설정, 연구목적, 연구의 의미 등이다. 문헌 검토는 연구주제, 문제설정, 가설형성, 개념규정에 직접 관련되는 내용으로 제한한다. 연구배경을 설명할 때에는 이론적인 내용뿐만 아니라 현실적이고 정책적인 내용을 포함하는 것도 도움이 된다.

(7) 조사방법

연구설계의 성격을 설명하기 위한 것으로 다소 전문적인 내용이지만 읽는 사람이 충분히 이해할 수 있도록 연구의 이론적 배경을 포함하여 자료수집 및 분석방법에 대해서 설명한다. 독자들이 조사과정을 충분히 이해할 수 있도록 자세하게 기술하는 것이 바람직하다.

(8) 연구결과

연구의 본체로 연구방법에 따라 연구를 수행한 결과를 정리한 것이다. 최대한 자세한 정보를 기술하되 어수선하게 늘어놓지 말고 순서에 따라 체계적으로 정리하도록 한다. 연구자의 개인적인 견해와 관계없이 연구문제와 관련된 정보를 사실대로 제시해야 한다.

(9) 요약 및 결론

앞서 정리했던 연구내용을 간결하게 정리하고, 중요한 발견이 있다면 그 발견이 갖는 중요성을 다시 한 번 지적한다. 결론은 연구결과로부터 논리적으로 도출되며, 행동과 판단에 대한 의견을 제시한다. 결론은 연구에서 발견한 것과 앞으로 나아가야 할 방향에 대한 문장으로 정리한다. 제안을 결론 부분에 기술하는 경우가 있는데, 연구보고서를 읽는 사람에게 연구자의 의견을 제시하는 것으로 반드시 연구결과에 근거해야 한다.

(10) 참고문헌

보고서를 작성하면서 활용한 자료를 모두 정리한다. 보고서 작성에 사용된 자료를 정확히 밝히는 것은 연구결과의 신뢰성을 높일 뿐만 아니라 후속 연구에 도움이 될 수 있다.

(11) 부록

부록은 독자가 연구과정이나 연구결과를 이해하는데 도움이 될 수 있는 전문적이고 복잡한 자료들을 수록한 것이다. 연구와 관련된 자세한 정보를 부록에 제시하여 논문 전체를 읽고 이해하는데 방해가 되는 점을 줄일 수 있다. 따라서 부록은 본문에 수록하기 곤란한 내용으로 구성되며 설문지, 표본설계, 심층 통계분석 결과 등을 포함한다.

2 보고서 제출 전 확인 사항

연구자는 완벽하게 작성했다고 생각하더라도 항상 한두 개의 실수가 발견되기 마련이다. 즉, 다시 읽어 보면 부적절한 단어를 사용했다거나 내용이 중복된 경우가 발견되곤 한다. 따라서 보고서를 완성한 후에는 반복해서 전체를 검토하는 과정이 필요하다. 보고서를 최종 제출하기 전에 활용할 수 있는 자가체크리스트의 사례는 [표 16-1]과 같다.

표 16-1 보고서 확인 사항

문항	보고서 확인 사항	예	아니오
1	구성 내용은 문서의 목적에 부합되었는가?		
2	문제에 대한 타당한 결론을 포함하였는가?		
3	내용을 객관적으로 구성하였는가?		
4	정해진 양식이 있다면 그것을 준수하였는가?		
5	기존의 보고서를 충분히 참고하였는가?		
6	사실과 의견을 구분하였는가?		
7	추상적이거나 애매한 표현은 없는가?		
8	형용사 등 수식어는 피했는가?		
9	전문용어나 외래어는 가급적 피했는가?		
10	오탈자를 2번 이상 확인하였는가?		
11	숫자나 단위 표기를 검토하였는가?		
12	첨부자료는 제대로 구비하였는가?		
13	자료출처는 모두 기입하였는가?		
14	페이지 번호는 바른가?		
15	인쇄한 양은 정확한가?		
16	작성 완료 후에 2번 이상 읽었는가?		
17	원본 이외에 사본을 별도로 보관하였는가?		

자료: 이주열 외, 보건교육 실무관리, p55, 계축문화사, 2009.

3 연구논문 작성

1) 논문의 개념

논문은 어떤 주제에 관하여 논리적으로 자신의 생각을 밝혀서 이를 체계적으로 정리한 글이다. 논문은 어떤 문제에 대해 자신의 의견을 제시하여 그 정당성을 증명하는 글이라고 할 수 있다. 아무리 창의적인 생각이나 좋은 정보라고 하더라도 다른 사람에게 전달하는 방법이 서툴면 효과적으로 의미가 제공되지 않는다. 어떤 정보를 쉽게 이해시키고 효과적으로 전달하기 위해서는 그것을 읽는 사람의 편의를 고려해야 한다. 그래서 집필자와 독자 사이의 공통적으로 이해되는 약속으로 형식 요건이 필요하게 되었다. 이런 이유로 학문적인 연구결과를 정리하여 글로 표현할 때에는 형식적인 틀을 이용하게 되는데, 이것이 논문이다. 논문의 형식은 설득을 위한 도구로 연구자와 독자 사이에 공감대를 형성하는데 도움을 준다. 그러나 형식에 지나치게 얽매여 논문의 독창성이 훼손되어서는 안된다. 즉, 논문의 형식은 절대적 원칙이 아니라 연구결과에 따라 연구자가 자유롭게 변형할 수 있다. 다만, 학생들은 아직 배우는 과정에 있기 때문에 논문의 기본 형식을 알고, 이를 활용할 수 있도록 훈련되어야 한다.

한편, 오늘날 논문은 학문적 연구발표의 가장 보편적인 수단으로 이용된다. 논문은 새로운 정보를 전달할 뿐만 아니라 연구결과를 저장하여 과학지식을 축적하게 된다. 연구자들은 기존 논문을 통하여 이미 이루어진 과학적 지식을 확인할 수 있고 불필요한 반복 연구나 시행착오를 줄일 수 있다. 또한, 기존 연구를 근거로 지금까지 알려진 사실과 다른 생각이나 정보를 밝히게 된다.

2) 논문의 기본 요건

학문은 혼자의 힘으로 이루어지는 것이 아니라 같은 학문 분야에 종사하는 사람들과의 대화와 토론을 통한 공동 작업으로 이루어지고 발전되는 것이며, 논문은 이를 위한 가장 중요한 수단이다. 논문은 보통의 글과는 달리 일정한 형식적 제약을 받게 되는데 반드시 갖추어야 할 몇 가지 요건들이 있다. 이러한 요건과 형식이 제대로 갖추어지지 않은 논문은 그 주제와 대상이 적합하고 문장력이 뛰어나더라도 학계에서 그 가치를 제대로 인정받기는 어렵다. 논문에 요구되는 기본 요건은 독창성, 검증 가능성, 논리성으로 요약될 수 있다. 또한, 논문은 독자를 이해시키고 설득시키기 위한 문장이기 때문에 문어체로 작성되고 체계적으로 정리되어야 한다.

(1) 독창성

논문은 기존 연구를 근거로 지금까지 알려진 사실과 다른 생각이나 정보를 밝히게 되는데, 이를 독창성(originality)이라고 한다. 독창성은 논문에서 가장 중요한 요건이다. 누구나 상식적으로 알고 있는 사실이나 이미 다른 연구자가 발표한 연구결과를 논문에서 새롭게 다룰 필요는 없다. 논문은 자료나 연구방법 또는 해석에 새로운 것을 반영하여 독창적인 주장을 하는 것이다. 따라서 자료, 연구방법, 해석 중에서 어느 하나는 독창적이어야 한다. 독창성은 학문에 있어 새로운 시각 및 연구방법과 관련되기 때문에 학문 발전에 기여할 수 있다.

(2) 검증 가능성

검증 가능성은 과학적인 증명이 가능해야 되고, 필요한 경우에 다른 사람이 재현(repeatability)할 수 있는 것을 말한다. 만일 다른 사람에 의해서 재현이 불가능하다면 연구자의 주장은 설득력을 잃고 논문으로 인정받을 수 없다. 즉, 논문에서 제시한 자료나 해결방식, 결론 등이 옳은지 그른지를 검증할 수 있어야 한다. 논문은 주관적 확신만으로는 정당성과 논리성을 추구할 수 없으며, 학문 활동이기 때문에 누구나 확인할 수 있는 증거에 근거하여 새로운 지식을 추구하여야 한다. 입증할 근거가 부족한 견해는 가설이나 개인적 의견에 불과하기 때문에 학술 논문으로 볼 수는 없다. 따라서 논문에는 논증의 근거, 연구과정과 방법, 각종 자료의 출처를 반드시 밝혀야 한다.

(3) 논리성

논리성(logicality)은 추론 또는 그것을 표현한 글이 전체적으로 짜임새 있게 구성된 것이다. 논문은 많은 증거와 학설을 이용하여 결론에 도달하는 추론 과정이기 때문에 논리성은 중요한 요건이다. 필요한 중간과정이 생략된 논리적 비약이나 산만한 논리는 논문의 수준을 떨어뜨릴 뿐만 아니라 연구가설 또는 연구결과와 다른 결론을 도출하게 된다. 논문에서 논리적 결함이 발생하는 이유는 논문 작성의 훈련 부족, 결론에 집착, 정당한 추론과정 무시, 주관적 편견 등으로 볼 수 있다.

3) 논문과 보고서의 차이

보고서는 사실, 사건, 현상 등에 관한 글로 관찰, 견학, 조사, 채집, 실험, 분석 등을 통하여 얻은 결과를 정확히 정리하여 보고하는 것을 원칙으로 한다. 보고서에서는 정확한 내용이 가장 중요하며, 연구자의 주장은 크게 요구되지 않는다. 그러나 논문은 연구자의 주장을 반드시 포함시켜야 한다. 논문을 쓴다는 것은 연구자가 자료에 대한 자신의 관점을 발전시키는 것이다. 그러므로 어떠한 독창적인 견해를 표현해야 한다. 단순히 다른 사람들의 견해나 연구해 놓은 내용을 편집하여 기록하는 것만으로는 충분하지 않다. 연구자는 반드시 자신의 관점으로 해석하고 평가하여 어떤 결론을 도출하여야 된다. 논문은 연구자 스스로 발견한 것들을 평가하여 결론을 도출하지 않으면 가치가 없는 글이 된다. 즉, 논문은 객관적으로 자료를 분석하는 것보다 더 발전하여 분석결과를 평가하고 연구자의 의견을 반드시 제시해야 한다.

4) 논문의 종류

논문이라는 포괄적인 용어로 작성 동기, 수준, 규모 등에 따라 종류를 구분할 수 있다. 이 책에서는 가장 좁은 의미로 볼 수 있는 연구논문(research paper)을 중심으로 살펴보게 된다. 연구논문은 연구자가 자신의 연구성과를 발표하기 위하여 작성한 것이다. 논문의 분량이나 구성 형식은 학문 분야에 따라 차이가 있지만 과학적 방법에 의거하여 새로운 결론을 끌어낸 독창적인 연구물이어야 한다. 연구논문의 개념은 서양에서 근대 과학이 발전되면서 시작되었기 때문에 다양한 영어로 표현되고 있다. 일반적으로 혼용해서 사용하기는 하지만, 연구논문과 관련된 각 영어 용어들 간에는 약간의 차이가 있다. 각 용어의 특성을 살펴보면 다음과 같다.

(1) 페이퍼

페이퍼(paper)는 논문을 일반적으로 통칭하는 용어라 할 수 있다. 대학이나 대학원 과정에서 담당교수가 부과하는 과제물을 일컫는 term paper, course paper 등이 있고, 요구되는 수준은 종류에 따라 많은 차이가 있다.

(2) 트리티스

트리티스(treatise)는 특정 주제를 매우 체계적으로 다룬 논문으로 전문 학회지나 연구논문집 등에 게재되어 해당 분야의 학문적 발전에 기여할 수 있는 수준의 글이다.

(3) 에세이

에세이(essay)는 일반적이고 포괄적인 의미로 논문을 지칭할 때에 사용된다. 트리티스(treatise)보다는 체계성이 약한 논문을 말한다.

(4) 아티클

아티클(article)은 신문 및 잡지 또는 논문집에 실리는 비교적 간단한 논문을 말한다. 길이가 짧아 논문으로서의 형식적인 요건을 충분히 갖추기는 어렵지만 응축된 내용 속에 참신한 견해를 담아 내용적인 측면에서는 논문의 기본 요건을 갖추고 있다.

(5) 모노그래프

모노그래프(monograph)는 특정 분야의 문제나 세부 주제에 관한 전공논문을 말한다. 주제가 매우 전문적이고 제한적인 특징이 있다.

(6) 학위논문

학위논문은 학자적 소양과 능력, 자질을 인정받기 위한 하나의 요건으로 작성되는 논문이다. 일반적으로 학사, 석사 학위논문을 thesis, 박사 학위논문을 dissertation이라고 한다. 학위논문은 일정한 학업을 마친 사람이 쓰는 것이므로 지도교수의 지도를 받아서 작성하고 심사를 받는다. 따라서 학위논문은 소속된 대학이나 해당 학문 분야의 표준 형식을 따라야 한다.

5) 논문 작성과정

논문은 그 내용이 명료하고 논리적으로 구성되어야 하기 때문에 적절한 절차를 밟아야 순조롭게 완성될 수 있다. 일반적으로 논문작성은 주제 선정, 자료수집, 자료정리, 원고작성 등의 순서로 진행된다. 물론 이 절차를 빠짐없이 반드시 거쳐야 하거나 이 순서대로 해야만 논문이 완성되는 것은 아니다. 학문 분야에 따라 단계가 다를 수 있고, 논문 집필의 경험 유무에 따라 순서가 바뀔 수 있다. 그러나 논문작성의 경험이 많지 않은 경우에는 일반적인 작성 절차를 따르는 것이 바람직하다.

(1) 주제 선정

주제(thema)는 논문의 전체 의미를 함축하고 있다. 즉, 주제는 논문이 다루고 있는 근본적인 문제나 중심이 되는 내용을 의미한다. 논문을 작성하기 위해서는 구체적인 주제를 선정해야 한다. 주제 선정은 논문에서 무엇을 다루어야 할 것인가를 결정하는 일이다. 논문 주제를 선정할 때에 다음과 같은 사항을 고려해야 한다.

① 연구자가 평소에 관심을 가지고 알아보고 싶었던 문제를 선택하는 것이 좋다. 평소 관심을 가지고 있는 문제는 연구자에게 익숙할 뿐만 아니라 상당한 정보를 가지고 있기 때문이다.

② 연구자의 능력과 주어진 여건 속에서 해결이 가능한 문제를 선택해야 한다. 자료수집과 실험이 가능해야 하며, 명확한 결론 도출이 가능한지를 검토해야 한다.

③ 상식적인 문제는 가능한 피하고 최소한의 참신성이 갖추어진 문제를 선택해야 한다. 논문의 주제가 구태의연하고 진부할 경우에는 연구결과로서 관심을 받기 어렵다. 논문의 생명이 독창성이기 때문에 주제를 선정할 때에도 반드시 고려해야 한다.

④ 과학적으로 검증할 수 있는 문제를 선택해야 한다. 논문의 주제는 논문의 방향과 의미를 나타내는데, 그 내용이 과학적 절차에 의하여 검증되고 결론이 도출될 수 있어야 한다.

(2) 자료수집

연구주제가 선정되면 그에 적합한 자료를 수집하게 된다. 자료의 종류는 다양하기 때문에 자료수집을 시작하기 전에 예비적으로 논문작성을 구상하여 연구문제 해결에 도움이 되는 자료를 결정해야 한다. 논문작성에 필요한 자료는 문헌자료 뿐만 아니라 실험, 관찰, 질문, 면접 등 여러 가지에 의해서 얻어지게 된다. 문헌자료를 이용할 때에 고려할 기준은 다음과 같다. 첫째, 정확한 자료를 활용한다. 둘째, 가능한 최신의 자료를 활용한다. 셋째, 학술적으로 인정받은 자료를 활용한다. 넷째, 공신력 있는 기관에서 발간한 자료를 활용한다.

(3) 자료정리

자료정리는 수집된 자료를 원고작성에 편리하도록 분류하는 것을 말한다. 자료를 수집하기 전에 작성한 논문구상을 활용한다면 자료정리는 쉽게 진행될 수 있다. 특정한 계획에 따라 자료를 수집한 경우에는 문제가 없겠지만 그렇지 않은 경우에는 시간순으로 배열하는 방법, 일반적 사실에서 특수한 사실로 정리하는 방법, 상호비교와 분석하는 방법, 원인에서 결과로 연결해서 다루는 방법을 사용하면 효과적일 수 있다.

(4) 원고작성

연구자가 아무리 창의적이고 발전적인 생각을 가지고 있다고 하더라도 이것이 제대로 표현되지 않으면 의미가 없다. 연구자는 자신의 생각을 효과적으로 표현할 수 있는 능력을 갖추어야 한다. 머리 속에서 생각하는 것, 말로 표현하는 것, 글로 쓰는 것에는 차이가 있다. 머리 속에서 정리가 되었다고 하더라도 말로 표현하려고 하면 잘 안되는 경우가 있다. 또한, 말로 표현은 했는데 그 내용을 다시 글로 쓰려고 하면 잘 안되는 경우도 있다. 이것은 생각의 규칙, 말의 규칙, 글의 규칙이 조금씩 다르기 때문이다. 따라서 글로 연구자의 생각을 효과적으로 표현하고자 한다면 많은 연습과 노력이 필요하다.

① 기본 원칙

논문은 연구자의 생각을 독자들에게 효과적으로 표현하는 방법이기 때문에 문학적인 글과는 표현 방식에 차이가 있다. 특히, 논문을 작성할 때에는 정확성, 객관성, 논리성, 간결성을 고려해야 한다. 원고를 작성할 때에 기본적으로 고려해야 할 사항들을 구체적으로 살펴보면 다음과 같다.

첫째, 표현은 정확해야 한다. 연구자의 생각이 정확하게 표현되어야 그 의미가 다른 사람에게 제대로 전달될 수 있다. 표현이 정확하기 위해서는 우선적으로 문장이 문법에 맞아야 하고 선택된 어휘가 적절해야 한다. 그 다음으로 애매하고 이중적으로 해석이 가능하도록 구성하지 말아야 한다. 즉, 오해의 소지가 없도록 해야 한다. 예를 들어, '보건교육사는 건강봉사단과 경로당 회원들께 홍보물을 나누어 주었다'는 서로 다르게 해석이 가능하다. 건강봉사단은 홍보물을 받은 사람인지 나누어 준 사람인지 분명하지 않다. 즉, 보건교육사와 건강봉사단이 경로당 회원들께 홍보물을 나누어 준 것인지 보건교육사가 건강봉사단과 경로당 회원들게 홍보물을 나누어 준 것인지 분별이 쉽지 않기 때문에 정확하게 표현을 해 주어야 한다.

둘째, 표현은 객관적이어야 한다. 논문은 개인의 주관적인 경험이나 생각에 의하여 형성된 내용을 객관적인 인식상태로 전환하여 전달하여야 한다. 따라서 문장에 감정을 노출시키거나 수사적인 표현은 하지 말아야 한다. 예를 들어, '인구 1만명밖에 안 되는 작은 도시국가'라고 표현할 경우에 '작다'는 표현은 개인적인 기준에 의한 판단이기 때문에 주관적 평가를 포함시켜서는 안된다. 즉, '인구 1만명의 도시국가'로 표현하는 것이 객관성을 유지하는 것이다. 아울러 단정적이고 강한 표현은 피하고 사실 그대로를 기술하는 것이 바람직하다. 또한, 인칭대명사를 사용하는 경우에도 일인칭이나 이인칭 대신에 삼인칭을 사용한다. 연구자 자신을 가리킬 경우에도 '나' 대신에 '필자'라고 표현한다.

셋째, 표현은 논리적이어야 한다. 각각의 명제가 정확하게 표현되었다고 하더라도 명제와 명제의 연결관계를 제대로 표현하지 못하면 의미 전달에 문제가 발생할 수 있다. 두 명제가 연결되었을 때에 이들의 관계가 단순히 나열일 수도 있고, 시간 상 선후관계일 수도 있고, 인과관계일 수도 있고, 대립관계일 수도 있다. 이러한 관계는 두 명제의 의미에서 결정될 수 있지만 많은 경우에 연결어 즉, 접속어로 결정된다.

넷째, 표현은 쉽고 간결하게 되어야 한다. 논문은 연구자의 생각을 글이라는 형식을 빌려 다른 사람을 설득하거나 정보를 전달하는 것이므로 최대한 쉽고 간결하게 작성되어야 한다. 문장이 복잡하고 어려우면 읽고 싶은 의욕을 없애 버리거나 읽은 사람도 내용을 정확히 이해하지 못하게 된다. 또한, 짧고 간결하게 표현하는 것이 좋다. 즉, 하나의 문장에 하나의 명제나 논거를 담도록 한다. 형용사나 부사를 지나치게 남용하여 의미 자체에 혼선을 주거나 지나치게 긴 문장을 사용하여 여러 개의 명제와 논거를 한꺼번에 나열하는 것은 바람직하지 않다. 그렇다고 너무 짧고 간결하여 단조로움을 주는 것이 좋은 문장은 아니다.

② 문장 표현방법

논문작성의 기본 원칙이 일반적인 내용이라면, 문장 표현방법은 원고를 작성할 때에 구체적으로 적용되어야 하는 내용이다. 글은 개인적 특성에 따라 같은 의미라고 하더라도 표현 방식은 달라질 수 있다. 따라서 지나치게 문장 표현방법을 규제하는 것은 바람직하지 않으며 내용 전달에 큰 무리가 없으면 인정되어야 한다. 다만, 논문의 내용을 효과적으로 전달할 수 있는 기준으로 다음과 같은 사항들은 글을 쓸 때에 고려하는 것이 바람직하다.

첫째, 논문은 문학적 표현을 사용하거나 연구결과가 아닌 내용을 추가하거나 꼭 필요한 내용을 생략하는 것은 잘못이다. 구어체보다는 문어체를 사용하고, 자기의 주장과 사실의 전달과는 명백히 구분해서 표현해야 한다. 무례한 표현, 감동적인 어조, 장황한 설명, 독단적인 주장은 피해야 한다.

둘째, 논문의 시제는 주로 현재형과 과거형을 사용하고 연구가설이나 제언을 기술할 때에는 미래형을 사용하기도 한다. 연구방법과 선행연구 결과를 인용할 때에는 과거형으로 표현하고 용어의 정의, 연구목적, 연구결과, 결론을 제시할 때에는 현재형을 사용한다.

셋째, 객관적 진술을 위하여 나 또는 우리라는 표현보다는 저자 또는 연구자들과 같은 3인칭이 바람직하다. 또한, 논문에서는 존칭어나 경어는 사용하지 않는다. 예를 들어, "○○씨는 논문에서"는 "○○는 논문에서"로 기술하도록 한다.

넷째, 연구결과를 설명할 때에는 약간, 대체로, 편이다 등과 같은 애매모호한 단어의 사용을 삼가하고 해당 사실을 구체적으로 설명하여야 한다. 예를 들어, 약간 많았다, 대체로 많았다 등은 학술논문에서는 적합하지 않은 표현으로 평균과 비교하여 구체적으로 얼마나 많았는지를 기술하도록 한다.

다섯째, 논문에서 많이 발견되는 표현 중에 "_____나타났다"가 있는데, '나타났다'는 없던 것이 갑자기 생기는 경우에 사용하는 표현으로 연구결과를 설명할 때에는 적합하지 않다. 왜냐하면, 연구결과는 갑자기 생긴 것이 아니라 연구자가 연구방법대로 시행한 결과이기 때문이다. 따라서 "_____였다"로 기술하도록 한다.

6) 논문 구성

구성은 전체적인 글의 윤곽 내지는 골격을 짜는 것으로 글 전체의 논리성과 인과성을 결정해 주는 중요한 요소이다. 구성이 제대로 되어 있지 못하면 주제에 벗어나는 내용이 포함될 수도 있고, 앞뒤가 맞지 않는 내용이나 순서 없이 나타날 수 있을 뿐만 아니라 전체적으로 균형이 맞지 않는 글이 될 수 있다. 즉, 논문은 전체적으로 어떤 짜임새를 갖도록 하여 가장 효과적으로 연구자의 생각을 표현할 수 있어야 한다. 학회지에 게재되는 논문은 대체로 다음의 순서로 구성된다. 제목(title), 저자명(author), 초록(abstract), 핵심어(key word), 서론(introduction), 연구대상(subject), 연구방법(method), 연구결과(result), 고찰(discussion), 결론(conclusion), 감사의 글(acknowledgement), 참고문헌(reference) 등이다. 국내 학회지의 경우는 초록을 참고문헌 뒤에 배열하기도 하고, 감사의 글은 생략하거나 첫 페이지에 각주로 연구비 지원 기관을 표시하기도 한다.

(1) 제목

논문의 제목은 간결하면서도 연구내용을 잘 표현하도록 작성되어야 한다. 제목은 연구자가 무엇을 어떻게 연구하였는지를 보여 줄 수 있어야 한다. 제목은 가능한 짧게 하고

15~20단어를 넘지 않도록 한다. 제목이 길어지는 경우는 부제(subtitle)를 붙이는 것이 바람직하다. 제목은 연구를 진행하면서 수정할 수 있고, 논문을 완성한 후에 최종적으로 다듬게 된다.

(2) 저자명

저자는 실제 연구에 기여(contribute)한 사람의 이름만 넣어야 하며 기여 순서에 따라 이름을 나열한다. 여기에서 기여했다는 의미는 논문 작성의 중요한 부분에 참여했다는 의미이다. 즉, 논문의 아이디어를 낸 경우, 연구설계를 담당한 경우, 원고의 중요한 부분을 수정한 경우, 연구자료의 해석을 도와 준 경우는 저자에 포함되지만 자료수집을 도와 준 경우는 포함되지 않는다.

(3) 초록

초록은 각종 검색시스템과 논문을 연결시켜 독자들이 키워드를 통해서 논문을 검색하는데 도움을 준다. 또한, 초록은 독자가 논문을 읽을 것인가 말 것인가를 결정하는데 중요한 근거가 된다. 초록은 최소한 간략히 작성하며 새로운 사실, 중요한 사항을 강조한다. 초록은 전체 논문을 완성한 후에 마지막에 작성한다.

(4) 핵심어

핵심어는 3~5개가 적당하며 제목에 사용된 단어나 연구목적 또는 연구가설의 중심 단어를 사용한다. 핵심어는 초록과 함께 각종 논문 검색시스템에 활용되기 때문에 연구결과를 함축할 수 있는 단어가 선정되어야 한다.

(5) 서론

서론에서는 연구문제를 명확히 밝히고, 연구배경과 필요성을 논리적으로 기술한다. 연구의 필요성을 제시할 때에는 이를 뒷받침할 수 있는 자료를 제시하여야 한다. 아울러 연구결과가 현실적으로 어떻게 활용될 수 있는지를 밝혀야 한다. 연구제안서의 서론 부분과 다른 점이 없기 때문에 조금 더 논리적이고 구체적으로 보강하여 사용하면 된다. 연구자가 진행하려고 하는 연구와 관련하여 지금까지 해당 분야에서 실시된 선행연구의 분석방법, 분석변수, 결과 등을 구체적으로 분석하여 이번 연구가 얼마나 중요하고 필요한지를 설명한다. 이러한 과정은 자연스럽게 연구목적과 관련되기 때문에 서론의 끝부분에 목적을 제시하기도 한다.

(6) 연구방법

연구방법은 연구를 진행하는 절차를 기록한 부분으로 최대한 자세히 작성해야 한다. 연구방법의 작성대로 누가 시행하더라도 동일한 결과가 나와야 한다. 이를 반복성(repeatability)이라고 한다. 그러나 일반적으로 알려져 있는 측정방법이나 통계기법을 장황하게 설명할 필요는 없으며, 간단히 사용한 방법을 설명하고 참고문헌으로 표기하는 것이 바람직하다.

연구방법에는 연구모형, 연구대상, 조사도구와 방법, 용어의 정의와 변수, 연구가설, 분석방법 등이 포함된다. 논문의 성격에 따라 연구방법에 포함되는 내용에 다소 간의 차이가 있지만 연구목적에 부합되도록 연구방법을 기술해야 한다. 연구제안서에서는 연구방법을 미래형으로 기술하고 논문에서는 과거형으로 기술한다. 그런데, 논문의 연구방법 내용과 연구제안서의 연구절차 내용이 다를 수 있다. 왜냐하면, 연구를 진행하는 과정에서 현실적인 한계로 연구방법을 수정할 수도 있고, 연구의 제한점을 극복하기 위하여 다른 방법을 선택할 수도 있기 때문이다.

(7) 연구결과

연구결과는 연구방법에 따라 얻은 결과를 체계적으로 정리한 것이다. 먼저 연구대상에 대한 이해를 높이기 위하여 연구대상의 일반적 특성을 기술하고 다음으로 해당 연구대상을 통하여 얻은 측정도구의 타당도와 신뢰도에 대한 정보를 기술한다.

연구결과를 작성할 때에는 연구목적에 부합되는 내용 중심으로 객관적으로 기술해야 한다. 연구결과를 연구자가 의도하는 방향으로만 기술하게 되면 연구의 타당성을 잃게 된다. 특히, 연구결과를 해석하게 되면 연구자의 주관적 판단이 개입될 가능성이 높기 때문에 연구결과의 내용만을 기술하는 것이 바람직하다. 연구결과를 쉽게 설명하고 이해를 돕기 위하여 표나 그림, 사진 등을 활용하게 된다.

(8) 논의

논의는 결론을 이끌어 내기 위하여 연구결과를 여러 각도에서 해석하고 다른 선행 연구결과들과 비교하여 설명한다. 이런 과정을 통하여 자신의 연구결과가 타당하다는 것을 입증하고 학문적 성과와 의미를 밝히게 된다. 논의를 할 때에는 연구결과에 대하여 객관적이고 논리적으로 해석해야 한다. 특히, 선행 연구에서 밝혀진 사실들과 자신의 연구에서 파악된 사실들을 비교하고 그 차이점을 검토하는 과정이 포함되어야 한다. 또한, 연구방법에서 제한점이 있었다면 연구결과를 해석할 때에 주의해야 될 사항도 포함시켜야 한다.

(9) 결론

결론은 연구결과에 근거하여 서론에서 제기한 문제를 마무리하게 된다. 즉, 결론에서 논리적 비약이나 추리는 바람직하지 않다. 결론에서는 연구목적과 연구방법을 간단히 정리하고 주요 결과를 요약(summary)한 후에 논의를 거친 결론을 적는다. 결론은 연구결과의 단순한 요약이나 재정리가 아니기 때문에 연구문제 또는 연구가설에 대한 연구자의 최종적인 의견이 제시되어야 한다.

결론을 작성한 다음에는 연구의 제한점을 기술하여 연구결과를 해석할 때에 주의할 점을 지적한다. 그리고 연구 경험을 근거로 앞으로 다른 연구자들이 관련된 연구를 진행할 때에 고려해야 될 내용에 관하여 제언하게 되면 후속 연구에 도움이 된다.

(10) 감사의 글

감사의 글에는 논문 작성에 필요한 그림이나 자료를 제공해준 사람, 특수한 실험이나 통계처리를 도와 준 사람, 연구비 등의 재정적 지원을 해 준 사람, 저작권이 있는 것을 사용하게 해 준 사람 등을 포함한다. 감사의 글을 작성할 때에는 가능한 단순한 것이 좋으며, 연구과정에 도움이 된 내용을 사실적으로 표현하도록 한다.

(11) 참고문헌

논문을 작성하면서 활용한 자료가 참고문헌이다. 참고문헌은 세부적으로 참고문헌(bibliography)과 인용문헌(reference)으로 구분된다. 참고문헌은 문장이나 문단을 그대로 인용하지는 않았지만 연구자가 참고한 것이며, 인용문헌은 연구자가 글을 작성하면서 문장이나 문단을 그대로 사용한 자료를 말한다. 논문 작성에 활용한 자료를 정확히 밝혀 연구의 근거를 제시하는 것은 연구결과의 신뢰성을 높일 뿐만 아니라 후속 연구자가 참고할 수 있도록 한다. 참고문헌이 많을수록 좋은 논문으로 평가된다고 오해하여 인용하지 않은 문헌을 게재하는 경우가 있는데 이는 바람직하지 않다. 참고문헌을 기록하는 형태는 각주와 후주(또는 미주)가 있는데, 후주가 일반적이다. 각주는 참고문헌이 인용된 해당 페이지의 하단에 정보를 기록하는 것이고, 후주는 모든 참고문헌의 내용을 논문 맨 뒤에 기술하는 것이다.

참고문헌 표기는 학문 분야에 따라 차이가 있다. 예를 들어, 보건의료 계열은 밴쿠버 체제를 따르고 있다. 1978년 캐나다 밴쿠버에서 종합의학학술지 편집인들이 비공식적으로 모여서 학술지에 투고할 원고의 형식과 지침을 만들었고, 1979년에 미국 국립의학도서관이 개발한 참고문헌 형식을 포함시켜 통일 양식을 출간하였다. 현재는 국제의학학술지 편집인위원회(International Committee of Medical Journal Editors)에서 매년 모임을 갖고 학술지 발간과 관련된 활동을 전개하고 있다. 참고문헌을 정리하는 방법은 각 학회별로 해당 학술지에 제시하고 있으므로 논문을 작성할 때에 참고하도록 한다.

4 학회 발표

1) 학회 활동

학회의 역할은 연구결과의 발표 및 토론, 연구자의 개인적 접촉, 연구동향의 정보 습득, 교육적 기능 등으로 볼 수 있다. 연구결과의 발표는 학술지가 일반적이지만 학술지의 경우에는 최종 발표까지는 상당한 시간이 소요된다. 따라서 학술지에 발표하기 전에 학회에서 발표하는 경우가 많다. 학회에서 발표하면 여러 전문가의 다양한 의견을 공식적, 비공식적으로 들을 수 있어 최종 논문을 완성하는데 도움이 된다. 발표는 동료 전문가들의 의견을 듣는 것이므로 비판을 받아도 겸허하게 수용할 수 있는 자세가 필요하며, 자신의 생각만을 주장하고 다른 연구자들의 의견을 듣지 않는 것은 바람직하지 않다.

한편, 최근에는 많은 학회들이 회원들에게 교육 기회를 제공하기 위하여 초청 강연, 연수과정 등을 기획하여 운영하고 있다. 이런 활동에 참여하게 되면 새로운 정보를 얻거나 연구방향을 설정하는데 도움을 받을 수 있다. 또한, 해당 분야의 최고 전문가를 직접 접촉할 수 있어 궁금한 점을 물어볼 수 있고, 개인적으로 친분을 쌓을 수 있는 기회가 된다.

2) 발표 방법

학회 발표는 크게 구두 발표와 포스터 발표로 구분할 수 있다. 발표 자료에 포함되어야 할 내용은 연구배경, 연구방법, 연구결과, 결론이며 연구결과에 중점을 둔다. 특히, 연구자가 발견한 사실을 구체적으로 설명하고 그것이 갖는 의미를 연구자의 관점에서 발표한다.

(1) 구두 발표

구두 발표의 경우는 발표 시간이 극히 제한되어 있기 때문에 효율적으로 활용하지 않으면 연구내용을 정확히 전달하기 어렵다. 따라서 발표 속도는 1분에 대략 250자 정도가 적당하다. 최근 학회의 발표시간 추세는 토론 시간 포함해서 15~30분 정도가 주어지기 때문에 실제 발표시간은 15~20분 정도라고 생각해야 한다. 제한된 시간을 적절하게 배분하지 않으면 자신의 연구결과를 제대로 전달하기 어렵게 된다. 연구배경과 연구방법에 지나치게 많은 시간을 소비하고 정작 연구결과는 발표 시간에 쫓겨 대충 설명하는 경우를 종종 보게 된다. 학회 발표를 정식으로 통보받게 되면 사전에 충분히 연습하는 것이 필요하다.

구두 발표 자료는 파워포인트를 많이 이용하는데, 청색바탕의 흰색 글자가 보기 쉽고 읽기 쉬워 가장 일반적으로 이용된다. 장황하게 글로 설명하는 것 보다는 표나 그림을 이용하면 청중들이 이해하기가 훨씬 쉽다. 발표 자료의 시간 배분은 표는 15~30초, 그림은 10~20초가 적당하다. 발표 내용을 지나치게 함축해서 글로 표현하면 청중들이 설명을 듣지 않으면 이해하기 어렵기 때문에 발표 자료의 문장을 보고도 이해할 수 있도록 기술하고, 실제 발표는 전체 문장을 읽지 않고 핵심 내용에 초점을 두고 설명하는 것이 바람직하다. 학회 발표에서 중요하게 고려해야 하는 것의 하나는 청중의 수준이다. 학회는 지식 및 경험의 정도가 다양한 회원들이 참여하기 때문에 청중을 고려해야 한다. 특히, 알기 쉬운 용어를 선택해서 정확하고 천천히 해야 한다. 왜냐하면, 학술지에 게재된 논문은 이해가 되지 않으면 반복해서 읽을 수 있지만 발표에서는 바로 바로 이해되어야 하기 때문이다. 발표 자료를 필요 이상으로 상세하게 만들고 세부적인 설명에 치중하게 되면 다수의 청중들은 지루하게 되고 발표자의 자기만족 이상의 성과를 얻기 어렵게 된다. 발표 자료는 학회지 논문과 다르다는 점을 명확히 인식하여 가능한 내용을 단순화시키고, 연구결과의 전체 맥락을 청중들이 쉽게 이해할 수 있도록 구성되어야 한다.

(2) 포스터 발표

최근에는 구두 발표 외에도 포스터 발표가 활성화되고 있다. 포스터 발표는 연구결과를 시각적으로 전시하는 것이다. 포스터 발표는 연구자와 포스터를 보는 사람 사이에 일대일로 상호작용이 가능하다는 장점이 있다. 포스터 발표는 각 학회별로 제출 형식이 지정되어 있기 때문에 포스터의 크기나 형식, 포스터가 진열되는 공간의 크기, 포스터 게재 시간 등을 확인해야 한다.

포스터는 연구자가 말로 연구내용을 설명하는 것이 아니기 때문에 핵심 내용이 보통 5분이내에 정확히 전달될 수 있도록 문장이 쉽고 글자가 크게 작성되어야 한다. 포스터 발표의 경우에는 지정된 장소에 정해진 시간 동안 게재하고 연구자는 그곳에 머물면서 방문객을 맞이해야 한다. 발표 자료만 부착하고 연구자가 모습을 보이지 않는 경우가 많은데 바람직하지 않다. 발표자는 정해진 시간 동안은 자리를 지켜 방문객의 질문에 대답하거나 서로 의견을 교환할 수 있어야 한다.

5 연구제안서

1) 연구제안서의 의미

연구제안서(research proposal)는 연구의 진행 계획을 수록한 문서로 건축에 있어서 설계도와 같은 역할을 한다. 유익한 연구결과를 얻기 위해서는 계획성과 체계성이 요구되는데, 연구제안서는 계획적이고 체계적인 연구수행이 가능하도록 안내하는 역할을 한다. 따라서 연구제안서는 사실에 입각해야 하며 현실성이 있어야 한다.

연구자가 연구제안서를 작성하기 위해서는 사전에 연구과정 전체를 여러 번 생각하게 되는데, 이런 과정을 통하여 연구문제와 연구수행에 관하여 보다 조직적으로 사고할 수 있게 되고 연구계획의 부족한 점이나 불합리한 점을 찾아내어 수정할 수가 있게 된다.

2) 연구제안서의 활용

일반적으로 연구제안서에는 연구의 필요성, 연구목적, 연구방법, 연구내용, 연구일정, 기대효과 등이 포함되며, 다음과 같이 활용된다.

① 독자에게 연구내용이 가치가 있는지를 알 수 있도록 한다. 타인에게 연구내용을 설명할 때에 정확한 의사소통의 수단이 된다.

② 연구자에게 자료수집 방법이나 연구의 틀을 제공하기 때문에 연구진행에 앞서서 필요한 자료의 수집과 진행 절차를 명백히 해준다.

③ 연구비를 지원하는 기관이 지원 연구의 적합성을 판정할 때에 연구제안서를 기초자료로 활용한다.

④ 기관생명윤리위원회(IRB)는 제출된 연구제안서를 통하여 해당 연구가 인체에 유해하

거나 윤리적으로 문제가 없는지를 심의한다.

3) 작성내용

연구제안서를 작성할 때 어떤 정해진 형식을 꼭 따라야 하는 것은 아니지만 일반적인 체제를 따르는 것이 타인과 의사소통을 하거나 내용을 명확히 하는데 도움이 된다. 따라서 연구제안서 형식은 연구비 지원기관이나 연구자가 소속된 기관에서 요구하는 작성지침에 따르면 된다. 연구제안서 구성요소들은 비슷하나 각 기관에 따라 약간의 차이가 있을 수 있기 때문에 연구자는 지정된 형식을 반드시 확인해야 한다. 일반적으로 연구제안서에 포함되어야 할 내용은 다음과 같다.

(1) 제목

제목(title)은 연구내용을 함축적으로 표현하는 것이기 때문에 간결하면서도 충분한 정보를 제공할 수 있어야 한다. 그런데, 대부분의 경우 제목은 연구 시작단계에서 잠정적으로 결정하고 연구를 진행하면서 수정하거나 결과보고 단계에서 최종 결정하게 된다. 연구제목이 갖추어야 할 기본 요건은 다음과 같다.

① 제목은 연구할 내용과 방법을 포함하여야 한다.
② 제목은 연구요점을 간결하고 명료하게 표현할 수 있어야 한다.
③ 제목은 이미 발표된 제목과 중복되지 않도록 참신하게 표현되어야 한다.
④ 제목은 홍보적이거나 구호적인 용어를 사용하지 않고 학술적으로 표현되어야 한다.
⑤ 제목의 부제(subtitle)는 연구범위를 명확히 할 필요가 있거나 특이한 사항이 있을 때에 제한적으로 표현되어야 한다.

(2) 요약

요약(abstract)은 연구제안서의 전체 내용을 한 장 정도로 축약한 것이다. 따라서 요약은 연구제안서 마지막 단계에 작성하게 된다. 요약은 연구의 필요성과 연구목적을 강조하고 연구방법 및 연구에서 다루게 될 핵심 내용을 포함한다. 연구제안서를 심사하는 경우에 검토자들은 연구제안서 전문을 읽기 전에 요약을 읽고 연구의 전체 틀을 이해하는 경향이 있으므로 요약에서는 연구의 중요성이 부각되어야 한다.

(3) 연구의 필요성

연구의 필요성에서는 주제 선정의 이유를 설명하고, 제기되는 문제가 얼마나 중요한지를 설명한다. 연구문제를 제시할 때는 주제와 관련된 이론적 근거를 포함하고, 선행 연구결과를 평가하고 새로운 연구가 필요한 이유를 기술한다. 연구의 가치와 연구결과의 활용성에 대해서도 언급하는 것이 필요하다.

(4) 연구목적

연구목적은 연구에서 해결하고자 하는 무엇을 의미한다. 따라서 연구목적에서는 연구의 의도와 구체적인 목표에 대하여 간결하고 명확하게 기술해야 한다. 목적은 보통 수행될 연구의 형태를 결정하고 연구를 위한 변수, 모집단, 조건들을 포함한다. 연구목적은 연구의 필요성을 설명하면서 서술하는 경우도 있지만, 일반적으로는 별도의 항목으로 구성하여 궁극적 목적(goal)과 구체적 목적(objectives)을 서술한다. 구체적 목적은 목표라고도 하는데 연구가설과 관련된다. 그런데, 모든 연구에 가설이 반드시 필요한 것은 아니며 연구목적과 접근방법에 따라 결정된다.

(5) 이론적 배경

이론적 배경에는 연구의 이론적 근거, 고찰한 문헌들의 내용 요약, 선행 연구들의 장점과 단점, 연구자가 제시한 의문점 등을 포함한다. 이를 위해서는 일차적으로 연구주제와 관련된 기존의 연구와 문헌들을 검색하여 자료 목록을 작성한 후에 적합한 자료를 선별하는 것이 필요하다.

문헌고찰(literature review)은 쉬운 것 같지만 요약하기가 어렵고, 여러 관점에서 진행된 연구들이기 때문에 체계적으로 분석하기 위해서는 많은 시간과 노력이 필요하다. 연구자가 주제와 관련된 많은 정보를 제공하려고 욕심을 내면 초점을 잃을 수 있으므로 연구문제를 이해하고 해결하는데 필요한 내용 즉, 연구목적과 관련된 내용으로 제한하는 것이 바람직하다.

(6) 연구방법

연구방법은 연구를 어떻게 수행할 것인가에 대한 설명이다. 따라서 연구방법에는 어떤 자료를 사용하며, 필요한 자료는 어떤 방법으로 수집 및 분석할 것인지, 가설을 입증할 적절한 방법과 절차 등이 포함되어야 한다. 연구방법은 연구의 실현가능성을 판단하는 기준이 되기 때문에 간결하고 명백하게 작성해야 한다. 일반적으로 연구방법은 연구대상(subject), 연구자료(materials), 연구절차(procedures), 자료분석(data analysis) 등으로 나누어 기술한다. 연구에서 자료수집을 위한 절차와 수집된 자료를 정리하고 처리하는 통계적 분석은 매우 중요하기 때문에 연구방법에서 측정도구, 자료수집 방법, 분석변수, 통계분석 방법 등에 대하여 자세히 설명해야 한다.

(7) 연구내용

연구내용은 연구의 범위라고 할 수 있으며, 연구목적과 관련된다. 즉, 연구목적을 달성하기 위하여 다루어야 할 연구범위라고 할 수 있다. 연구내용에서는 연구방법에 제시된 내용과 현실적인 한계점들을 충분히 고려한 후에 해당 연구에서 다루고자 하는 연구문제로만 집중되어야 한다. 연구내용의 구성은 연구목적을 근거로 연구내용을 몇 개의 구성요소로 나누어 구체적으로 설명하는 것이 바람직하다. 즉, 장황한 하나의 문장으로 기술하는 것보다는 연구내용을 몇 개의 하위단위로 나누어 세부내용을 구체적으로 설명하는 것이다.

(8) 연구일정

연구일정은 연구진행 기간이며, 일정표를 작성하여 시간과 노력을 적절하게 분배하도록 한다. 일정표 작성은 수행내용을 몇 개의 부분으로 나누고 각 부분마다 그 완료예정 날짜를 기입한다. 어떤 수행내용은 다른 부분의 수행이 끝날 때까지 착수할 수 없는 것도 있다. 예를 들어, 설문조사가 마무리 되어야 통계분석이 가능할 수 있다. 그러나 많은 경우에 여러 수행 내용은 동시에 진행이 가능할 수 있기 때문에 중복되는 내용이 발생할 수 있다.

표 16-2 연구 일정표 사례

월 수행내용	1	2	3	4	5	6	7	8
문헌조사								
설문지 개발								
설문조사								
통계분석								
보고서 작성								

(9) 예산

예산(budget)은 연구에 소요되는 비용으로 연구의 실현가능성을 파악하는데 도움이 된다. 일반적으로 예산은 총예산과 각 항목별 세부예산을 함께 제시한다. 소요예산을 작성할 때에는 연구비 지원 기관의 연구비 지침서를 준용하여 작성해야 한다. 왜냐하면, 각 항목의 예산단가나 연구비 사용 가능 항목은 각 기관마다 조금씩 차이가 있기 때문이다.

(10) 기대효과

연구가 수행되면 그 결과가 문제해결에 얼마나 기여할 수 있는지를 연구자의 입장에서 밝히고 연구성과에 대한 학문적 효과와 활용 방안 등을 기술한다. 연구문제를 해결하는 것이 중요한 이유와 이를 해결했을 경우에 해당 분야에 어떤 의의가 있는지를 기술한다.

(11) 참고문헌

참고문헌 목록은 연구제안서를 작성할 때에 활용한 자료들을 체계적으로 정리한 것이다. 연구문제를 발굴하는데 많은 노력을 투자하였다는 것을 보여주기 위하여 참고하지도 않은 자료를 제시하거나 연구문제와 관련이 없는 자료를 제시하는 경우가 있는데, 실제로 연구제안서 작성에 사용한 자료만을 목록에 포함시켜야 한다. 참고문헌 작성방법은 각 학회나 기관별로 약간의 차이가 있으므로 연구제안서를 작성하기 전에 반드시 확인해야 한다.

참고문헌

교육인적자원부. 2006.「연구윤리소개」. 한국학술진흥재단.

김경동, 이온죽, 김여진. 2010.「사회조사연구방법」. 박영사.

김상득. 2011. “생명과학 및 의학의 연구윤리와 생명윤리 교육”,「한국의료윤리학회지」14(4) : 456~467.

김옥주, 황상익. 2005. “인체를 대상으로 하는 연구윤리의 발전 : 〈뉘른베르크 강령〉에서 연구윤리심의위원회의 정착까지”,「진보평론」26 : 34~58.

김형순. 2008. “올바른 논문저자 표기와 연구윤리”, 교육과학기술부 · 한국학술진흥재단 제2회 연구윤리 포럼 : 85~115.

대니얼 라이프, 스티브 레이시, 프레드릭 피코(Daniel Riffe, Stephen Lacy, Frederick G. Fico). 2001. 배현석 역.「미디어 내용분석 방법론」. 커뮤니케이션북스.

신경숙, 2001. “질적 연구의 과정과 이론”, 김윤옥 외 7인,「질적 연구방법과 설계」. 서울 : 문음사 : 29~52.

이명진, 최유정, 최샛별. 2010. “다문화사회와 외국인에 대한 사회적 거리”,「조사연구」11(1) : 63~85.

이상호. 2007. “행정학 연구에서 사용된 내용분석법의 방법론 분석 : 한국행정학보 게재 논문(1991~2005)의 사례”,「행정논총」45(2) : 1~23.

이인재. 2010. “연구진실성과 연구윤리”,「윤리교육연구」21 : 274~276.

이인재. 2011. “연구결과 발표에서의 연구윤리”,「연구윤리의 이해와 실천」. 한국연구재단 : 105~109.

이주열, 신승배. 2009.「보건조사방법론」. 청구문화사.

이준석, 김옥주. 2006. “연구부정행위에 대한 규제 및 법정책 연구”,「생명윤리」7(1) : 101~116.

이해정, 이운현, 송라윤, 안숙희. 2006.「연구방법론」. 군자출판사.

통계청. 2011.「2011 통계행정편람」.

통계청. 2012.「2011 한국의 사회지표」.

한국연구재단. 2011.「연구윤리의 이해와 실천」. 서울 : 한국연구재단.

홍석영 외 역. 2006.「생명윤리학 Ⅱ」. 도서출판 인간사랑.

Agar, Michael H. 1986. *Speaking of Ethnography*. London : SAGE Publications.

Asher, Herbert B. 1983. *Causal modeling*. Newbury Park, CA : SAGE Publications.

Babbie, Earl. 2021. *The Practice of Social Research*. Boston, MA: Cengage Learning, Inc.

Bian, Yanjie. 1994. *Work and Inequality in Urban China*. Albany : State University of New York Press.

Bishop, A. and Scudder, J. 1995. "Applied science, practice, and intervention technology." In Anna Omery, Christine E. Kasper & Gayle G. Page(eds.), *In Search of Nursing Science*. Thousand Oaks, CA : SAGE Publications : 263~275.

Bogdan, Robert C. and Biklen, Sari K. 2003. *Qualitative Research for Education : An Introduction to Theories and Methods*. New York : Pearson Education Group.

Bollen, Kenneth A. 1989. *Structural Equations with Latent Variables*. New York : John Wiley & Sons.

Boyle, J. S. 1994. "Styles of Ethnography." In Janice M. Morse (ed.) *Critical Issues in Qualitative Research Methods*. Thousand Oaks, CA : Sage Publications : 159~ 185.

Cohen, L., Lawrence Manion and Keith Morrison. 2000. *Research Methods in Education*. London : Routledge.

Cook, Thomas D. and Donald T. Campbell. 1979. *Quasi-Experimentation: Design & Analysis Issues for Field Settings*, Boston, MA : Houghton Mifflin Co.

Denzin, Norman K. and Yvonna S. Lincoln. 2005. *Handbook of Qualitative Research*, SAGE Publications.

Dooley, David. 1990. *Social Research Methods*. Englewood Cliffs, NJ: Prentice- Hall, Inc.

Elison, Jack. 1976. "Introduction to the theme, Social-medical health indicators." *International Journal of Health Services*. 6(3) : 385~391.

Frankfort-Nachmias, Chava and David Nachmias. 2000. *Research Methods in the Social Sciences*. New York : Worth Publishers.

Glaser, Barney G. 1992. *Basics of grounded theory analysis : Emergence vs forcing*. Sociology Press.

Glaser, Barney G. 1998. *Doing Grounded Theory : Issues and Discussions research*. Sociology Press.

Glaser, Barney G. and Anselm L. Strauss. 2006. *Awareness of Dying*. Transaction Publishers.

Glesne, C. and Alan Peshkin. 1992. *Becoming qualitative researchers*. New York : Longman.

Gilovich, Thomas. 1991. *How we know what isn't so: The fallibility of human reason in everyday life*. New York: Free Press.

Goldenberg, Sheldon. 1992. *Thinking Methodologically*. New York : HarperCollins Publishers, Inc.

Goodman, Norman 1992. *Introduction to Sociology*. New York : HarperCollins Publishers,

Inc.

Groves, Robert M., Fowler, Floyd J. Jr., Couper, Mick P. Lepkowski, James M. Singer, Eleanor and Tourangeau, Roger. 2009. *Survey Methodology*. Hoboken, NJ : John Wiley and Sons, Inc.

Guba, Egon E. and Yvonna S. Lincoln. 1985. *Naturalistic inquiry*. Beverly Hills, CA : SAGE Publications.

Gubrium, Jaber F. and James A. Holsterin. 1997. *The New Language of Qualitative Method*. New York : Oxford University Press.

Hammersley, M. 1992. *What's wrong with ethnography? : methodological explorations*. London & New York : Routledge.

Hessler, Richard M. 1992. *Social Research Methods*. St. Paul, MN : West Publishing Company.

Hitchcock, G. and David Hughes. 1989. *Research and the Teacher : A Qualitative Introduction to school based research*. London : Routledge.

Howe, Christine Z. 1991. "Consideration when using phenomenology in leisure inquiry : Beliefs, methods and analysis in naturalistic research." *Leisure Studies*, 10 : 49~62.

Huberman, A. Michael and Miles, Matthew B. 1994. "Data management and analysis methods." in *Handbook of qualitative research*. (Eds.) Denzin, Norman K. and Yvonna S. Lincoln. Thousand Oaks, California : SAGE Publications Inc. : 428~444.

Husserl, Edmund. 1993. *The Idea of Phenomenology*. (trans Hardy, L.) Springer.

Jary, David and Jary, Julia. 1991. *The HarperCollins Dictionary Sociology*. New York : HarperCollins Publishers, Ltd.

John Lofland and Lyn H. Lofland. 1995. *Analyzing social settings : a guide to qualitative observation and analysis*. Belmont, Calif. : Wadsworth Publishing.

Judd, Charles, Smith, Eliot R. and Kidder, Louise H. 1991. *Research Methods in the Social Relations*. Fort Worth, TX : Holt, Rinehart and Winston, Inc.

Kenny, David A. 1979. *Correlation and Causality*. New York : John Wiley & Sons Inc.

Knoke, David, Bohrnstedt, George W. and Mee, Alisa Potter. 2002. *Statistics for Social Data Analysis* Belmonct, CA : Wadsworth Publishing Company.

Knudson, Duane V. and Craig S. Morrison. 2002. *Qualitative Analysis of Human Movement*. Human Kinetics.

Lastrucci, Carlo L. 1963. *The Scientific Approach; Basic Principles of the Scientific Method*. Cambridge, MA : Schenkman Publishing Company, Inc.

LeCompte, Margaret D., Judith Preissle and Renata Tesch. 1993. *Ethnography and Qualitative Design in Educational Research* (2nd ed.) Emerald Group Publishing.

Mason, J. 1996. *Qualitative Research*, London : SAGE Publication.

Maxwell, Joseph A. 1992. "Understanding and Validity in Qualitative Research." *Harvard Educational Review*, 62(3) : 279~300.

Mitchell, Richard G. 1991. "Secrecy and Disclosure in Field Work," *Experiencing Fieldwork : An Inside View of Qualitative Research* (ed. William B. Shaffir and Robert A. Stebbins), Newbury Park, CA : SAGE : 87~108.

Mootz, M. 1986. "Health Indicators," *Social Science and Medicine*, 22(2), 255~63.

Morrison, Keith. 1993. *Planning and Accomplishing School-centred Evaluation*. Peter Francis Publishers.

Morse, Janice M. (ed.) 1992. *Qualitative Health Research*. Newbury Park, California : Sage.

Morse, Janice M. and Field, Peggy A. 1995. *Qualitative research methods for health professionals* (2nd ed.). Thousand Oaks, California : SAGE Publications.

Munro, Barabar Hazard. 2005. *Statistical Methods for Health Care Research*. Lppincott Williams & Wilkins.

Nelson, C., Treichler, P. and Grossberg, L. 1992. "Cultural studies." In Grossberg, L., Nelson C. and Treichler P. (Eds), *Cultural Studies*. New York : Routledge. : 1~16.

Polivka, Anne E. and Rothge, Jennifer M. 1993. "Redesigning the CPS Questionnaire," *Monthly Labor Review*, 116(9) : 10~28.

Rasinski, Kenneth A. 1989. "The Effect of Question Wording on Public Support for Government Spending," *The Public Opinion Quarterly*, 53(3), Oxford University Press on behalf of the American Association for Public Opinion Research : 388~394.

Särndal, Carl-Erik, Swensson, Bengt and Wretman, Jan 2003. *Model Assisted Survey Sampling*. New York : Springer-Verlag.

Sedlack, R. Guy and Stanley, Jay. 1992. *Social Research : Theory and Methods*. Needham Heights, MA : Allyn & Bacon.

Siverman, David. 2006. *Interpreting Qualitative Data : Methods for analysing Talk, Text and Interaction*. (2nd ed.) Thousand Oaks, California : SAGE Publications Ltd.

Snow, David A. and Leon Anderson. 1987. "Identity work among the Homeless : The Verbal construction and Avowal of personal identities." *American Journal of Sociology*, 92 : 1336~1371.

Spradley, James P. 1979. *Participant Observation* (신재영 역, 2009. 「참여관찰법」. Cengage Learning).

Stouffer, Samuel A., Suchman, Edward A., Devinney, Leland C., Star, Shirley A. and Williams, Robin M. 1949. *The American Soldiers*. Princeton : Princeton University Press.

Strauss, Anselm and Juliet Corbin. 1998. *Basics of Qualitative Research : Techniques and*

Procedures for Developing Grounded Theory. SAGE Publications.
WHO. 1971. *Technical Report Series*, No. 472.
Whyte, William F. 1943. *Street Corner Society*. Chicago : University of Chicago Press.
Willis, Paul E. 1978. *Profane Culture*. Routledge Falmer.

부록 통계분포표

부록

1. 난수표
2. 이항분포
3. 포아송분포
4. 표준정규분포
5. t-분포
6. 카이제곱분포
7. F-분포

1 난수표

00000	10097	32533	76520	13586	34673	54876	80959	09117	29292	74945
00001	37542	04805	64894	74296	24805	24037	20636	10402	00822	91665
00002	08422	68953	19645	09303	23209	02560	15963	34764	25080	33606
00003	99019	02529	09376	70715	38311	31165	88676	74397	04436	27659
00004	12807	99970	80157	36147	64032	36653	98951	16877	12171	78333
00005	66065	74717	34072	76850	36697	36170	65813	39885	11199	29170
00006	31060	10805	45571	82406	35303	42614	86799	07439	23403	09732
00007	85269	77602	02051	65692	68665	74818	73053	85247	18623	88579
00008	68573	32135	05325	47048	90553	57548	28468	28709	83491	25624
00009	73796	45753	03529	64778	35808	34282	60935	20344	35273	88435
00010	98520	17767	14905	68607	22109	40558	60970	93433	50500	73998
00011	11805	05431	39808	27732	50725	68248	29405	24201	52775	67851
00012	83452	99634	06288	98083	13746	70078	18475	40610	68711	77817
00013	88685	40200	86507	58401	36766	67951	67951	76493	29609	11062
00014	99594	67348	87517	64969	91826	08928	08928	61358	23478	34113
00015	65481	17674	17468	50950	58047	76974	73039	57186	40218	16544
00016	81024	35635	17727	08015	45318	22374	21115	78253	14385	53763
00017	74350	99817	77402	77214	43236	00210	45521	64237	96286	02655
00018	69916	26803	66252	29148	36936	87203	76621	13990	94400	56418
00019	09893	20505	14225	68514	46427	56788	96297	78822	54382	14598
00020	91499	14523	68479	27686	46162	83554	94750	89923	37089	20048
00021	80336	94598	26040	36858	70297	34135	34135	33340	42050	82341
00022	44104	81949	85157	47954	32979	26575	26575	40881	22222	06413
00023	12550	73742	11100	03040	12680	74697	74697	89439	28707	25815
00024	63606	49329	16505	34484	40219	52583	52563	77082	07207	31790
00025	61196	90446	26457	47774	51924	33729	65394	59593	42582	60527
00026	15474	45266	95270	79953	59367	83848	82396	10118	33211	59466
00027	94557	28573	67897	54387	54622	44431	91190	42592	92927	45973
00028	42481	16213	97344	08721	16868	48767	03071	12059	25701	46670
00029	23523	78317	73208	89837	68035	91416	26252	29663	05522	82562
00030	04493	52494	75246	33824	45862	51025	61962	79335	65337	12472
00031	00549	97564	64051	88159	96119	63896	54692	82391	23287	29529
00032	35963	15307	26898	09534	33351	35462	77974	50024	90103	39333
00033	59808	08391	45427	26842	83609	49700	13021	24892	78565	20106
00034	46058	85236	01390	92286	77281	44077	93910	83647	70617	429417
00035	32179	00597	87379	25241	05567	07007	86743	17157	85394	11838
00036	69234	61406	20117	45204	15956	60000	18743	92453	97118	96338
00037	19595	41430	01758	75379	40419	21585	66674	36806	84962	85207
00038	45155	14938	19476	07246	43667	94543	59047	90033	20826	69541
00039	94864	31994	36168	10851	34888	81553	01540	35456	05014	51176
00040	98086	24826	45240	28404	44999	08896	39094	73407	35441	31880
00041	33185	16232	41941	50949	86435	48581	88695	41994	37548	73043
00042	80951	00406	96382	70774	20151	23387	25016	25298	94624	61171
00043	79752	49140	71961	28296	69861	02591	74852	20539	00387	59579
00044	18633	32537	98145	08571	31010	24674	05455	61427	77938	91936
00045	74029	43902	77557	32207	97790	17119	52527	58201	80814	51748
00046	54178	45611	80993	37143	05335	12969	56127	19255	36040	90324
00047	11664	49883	52079	84827	59381	71539	09973	33440	88461	23356
00048	48324	77928	31249	64710	02295	36870	32307	57546	15020	09994
00049	69704	94138	87637	91976	35584	14401	10518	21615	01848	76938

00050	09188	20097	32828	39527	04220	86304	83389	87374	64278	58044
00051	90045	85497	51981	50654	94938	81997	91870	76150	68476	64659
00052	73189	50207	47677	26269	62290	64464	27214	67018	41361	82760
00053	75768	76490	20971	87749	90429	12272	95375	05871	93823	43178
00054	54016	44056	66281	31003	00682	27398	20714	53295	07706	17813
00055	08358	69910	78542	42785	13661	58873	01418	97553	31223	08420
00056	28306	03264	81333	10591	40510	07893	32604	60475	94119	01840
00057	53840	86233	81594	13628	51215	90290	28486	68795	77762	20791
00058	91757	53741	61613	62269	50263	90212	55781	76514	83483	47055
00059	89415	92694	00397	58391	12607	17646	48949	72306	94541	37408
00060	77513	03820	86864	29901	68414	82774	51908	13980	72893	55507
00061	19502	37174	69979	20288	55210	29773	74287	75251	65344	67415
00062	21818	59313	93278	81757	05686	73156	07082	85046	31853	38452
00063	51474	66499	68107	23621	94049	91345	42836	09191	08007	45449
00064	99559	68331	62535	24170	69777	12830	74819	78142	43860	72834
00065	33713	48007	93584	72869	51926	64721	58303	29822	93174	93972
00066	85274	86893	11303	22970	28834	34137	73515	90400	71148	43643
00067	84133	89640	44035	52166	73852	70091	61222	60561	62327	18423
00068	56732	16234	17395	96131	10113	91622	85496	57560	81604	18880
00069	65138	56806	87648	85261	34313	65861	45875	21069	85644	47277
00070	38001	02176	81719	11711	71602	92937	74219	64049	65584	49698
00071	37402	96397	01304	77586	56271	10086	47324	62605	40030	67468
00072	97125	40348	87083	31417	21815	39250	75237	62047	15501	29578
00073	21826	41134	47143	34072	64638	85902	49139	06441	03856	54552
00074	73135	42742	95719	09035	85794	74296	08789	88158	64691	19202
00075	07638	77929	03061	18072	96207	44156	23821	99538	04713	66994
00076	60528	83441	07954	19814	59175	20695	05533	52139	61212	06455
00077	83596	35655	06958	92983	05128	09719	77433	53783	92301	50498
00078	10850	32746	99599	10507	13499	06319	53075	71839	09410	19362
00079	39820	98952	43622	63147	64421	80814	43800	09531	31024	73167
00080	59580	06478	75569	78800	88835	54486	23768	06156	04111	08408
00081	39508	07341	23793	48763	90822	17719	17719	04207	95954	49953
00082	30692	70668	94688	16127	56196	82067	82067	63400	05462	69200
00083	65443	95659	18288	27437	49632	08337	08337	65676	96299	90836
00084	27267	50264	13192	72294	07477	17985	17985	48911	97341	30358
00085	91307	06991	19072	24210	36699	53728	28825	35793	28976	66252
00086	68434	94688	84473	13622	62166	98408	12843	82590	09815	93146
00087	48908	15877	54745	24591	35700	04754	83824	52692	54130	55160
00088	06913	45197	42672	78601	11883	09528	63011	98901	14974	40344
00089	10455	16019	14210	33712	61342	97821	88325	80851	43667	70883
00090	12883	97343	65027	61184	04285	01392	17947	15077	90712	26769
00091	21778	30976	38807	36961	31649	42096	63281	02023	08816	47449
00092	19523	65122	65122	59659	86283	68258	69572	13798	16435	91529
00093	67245	35583	35583	16563	79246	86686	76463	34222	26655	90802
00094	60584	07500	07500	37992	45134	26529	26760	83637	41326	44344
00095	53853	41377	36066	94850	58838	73859	49364	73331	96240	43642
00096	24637	39773	74384	89342	52623	07992	12696	18601	03742	83873
00097	83080	12451	38992	22815	07759	51777	97377	27586	51972	37867
00098	16444	24334	36151	99073	27493	70939	85130	54846	54759	54759
00099	60790	18157	57178	65762	11161	78576	45819	52979	65130	04860

2 이항분포

$$P(X \le x) = \sum_{k=0}^{x} \binom{n}{k} p^k (1-p)^{n-k}$$

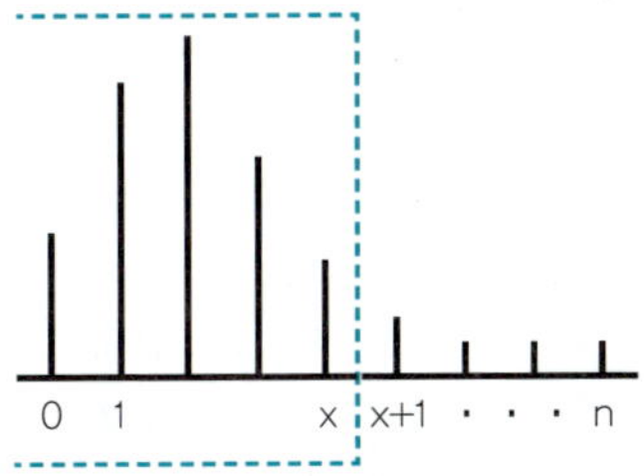

(a) $n=5$

x \ p	0.01	0.05	0.1	0.2	0.3	0.4	0.5	0.6	0.7	0.8	0.9	0.95	0.99
0	0.951	0.774	0.59	0.328	0.168	0.078	0.031	0.01	0.002	0.000	0.000	0.000	0.000
1	0.999	0.977	0.919	0.737	0.528	0.337	0.188	0.087	0.031	0.007	0.000	0.000	0.000
2	1.000	0.999	0.991	0.942	0.837	0.683	0.5	0.317	0.163	0.058	0.009	0.001	0.000
3	1.000	1.000	1.000	0.993	0.969	0.913	0.813	0.663	0.472	0.263	0.081	0.023	0.001
4	1.000	1.000	1.000	1.000	0.998	0.99	0.969	0.922	0.832	0.672	0.41	0.226	0.049

(b) $n=10$

x \ p	0.01	0.05	0.1	0.2	0.3	0.4	0.5	0.6	0.7	0.8	0.9	0.95	0.99
0	0.904	0.599	0.349	0.107	0.028	0.006	0.001	0.000	0.000	0.000	0.000	0.000	0.000
1	0.996	0.914	0.736	0.376	0.149	0.046	0.011	0.002	0.000	0.000	0.000	0.000	0.000
2	1.000	0.988	0.930	0.678	0.383	0.167	0.055	0.012	0.002	0.000	0.000	0.000	0.000
3	1.000	0.999	0.987	0.879	0.650	0.382	0.172	0.055	0.011	0.001	0.000	0.000	0.000
4	1.000	1.000	0.998	0.967	0.850	0.633	0.377	0.166	0.047	0.006	0.000	0.000	0.000
5	1.000	1.000	1.000	0.994	0.953	0.834	0.623	0.367	0.150	0.033	0.002	0.000	0.000
6	1.000	1.000	1.000	0.999	0.989	0.945	0.828	0.618	0.350	0.121	0.013	0.001	0.000
7	1.000	1.000	1.000	1.000	0.998	0.988	0.945	0.833	0.617	0.322	0.070	0.012	0.000
8	1.000	1.000	1.000	1.000	1.000	0.998	0.989	0.954	0.851	0.624	0.264	0.086	0.004
9	1.000	1.000	1.000	1.000	1.000	1.000	0.999	0.994	0.972	0.893	0.651	0.401	0.096

(c) $n=15$

x \ p	0.01	0.05	0.1	0.2	0.3	0.4	0.5	0.6	0.7	0.8	0.9	0.95	0.99
0	0.86	0.463	0.206	0.035	0.005	0.000	0.000	0.000	0.000	0.000	0.000	0.000	0.000
1	0.99	0.829	0.549	0.167	0.035	0.005	0.000	0.000	0.000	0.000	0.000	0.000	0.000
2	1.000	0.964	0.816	0.398	0.127	0.027	0.004	0.000	0.000	0.000	0.000	0.000	0.000
3	1.000	0.995	0.944	0.648	0.297	0.091	0.018	0.002	0.000	0.000	0.000	0.000	0.000
4	1.000	0.999	0.987	0.836	0.515	0.217	0.059	0.009	0.001	0.000	0.000	0.000	0.000
5	1.000	1.000	0.998	0.939	0.722	0.403	0.151	0.034	0.004	0.000	0.000	0.000	0.000
6	1.000	1.000	1.000	0.982	0.869	0.610	0.304	0.095	0.015	0.001	0.000	0.000	0.000
7	1.000	1.000	1.000	0.996	0.950	0.787	0.500	0.213	0.05	0.004	0.000	0.000	0.000
8	1.000	1.000	1.000	0.999	0.985	0.905	0.696	0.390	0.131	0.018	0.000	0.000	0.000
9	1.000	1.000	1.000	1.000	0.996	0.966	0.849	0.597	0.278	0.061	0.002	0.000	0.000
10	1.000	1.000	1.000	1.000	0.999	0.991	0.941	0.783	0.485	0.164	0.013	0.001	0.000
11	1.000	1.000	1.000	1.000	1.000	0.998	0.982	0.909	0.703	0.352	0.056	0.005	0.000
12	1.000	1.000	1.000	1.000	1.000	1.000	0.996	0.973	0.873	0.602	0.184	0.036	0.000
13	1.000	1.000	1.000	1.000	1.000	1.000	1.000	0.995	0.965	0.833	0.451	0.171	0.010
14	1.000	1.000	1.000	1.000	1.000	1.000	1.000	1.000	0.995	0.965	0.794	0.537	0.140

(d) $n=20$

x \ p	0.01	0.05	0.1	0.2	0.3	0.4	0.5	0.6	0.7	0.8	0.9	0.95	0.99
0	0.818	0.385	0.122	0.012	0.001	0.000	0.000	0.000	0.000	0.000	0.000	0.000	0.000
1	0.983	0.736	0.392	0.069	0.008	0.001	0.000	0.000	0.000	0.000	0.000	0.000	0.000
2	0.999	0.925	0.677	0.206	0.035	0.004	0.000	0.000	0.000	0.000	0.000	0.000	0.000
3	1.000	0.984	0.867	0.411	0.107	0.016	0.001	0.000	0.000	0.000	0.000	0.000	0.000
4	1.000	0.997	0.957	0.63	0.238	0.051	0.006	0.000	0.000	0.000	0.000	0.000	0.000
5	1.000	1.000	0.989	0.804	0.416	0.126	0.021	0.002	0.000	0.000	0.000	0.000	0.000
6	1.000	1.000	0.998	0.913	0.608	0.25	0.058	0.006	0.000	0.000	0.000	0.000	0.000
7	1.000	1.000	1.000	0.968	0.772	0.416	0.132	0.021	0.001	0.000	0.000	0.000	0.000
8	1.000	1.000	1.000	0.99	0.887	0.596	0.252	0.057	0.005	0.000	0.000	0.000	0.000
9	1.000	1.000	1.000	0.997	0.952	0.755	0.412	0.128	0.017	0.001	0.000	0.000	0.000
10	1.000	1.000	1.000	0.999	0.983	0.872	0.588	0.245	0.048	0.003	0.000	0.000	0.000
11	1.000	1.000	1.000	1.000	0.995	0.943	0.748	0.404	0.113	0.010	0.000	0.000	0.000
12	1.000	1.000	1.000	1.000	0.999	0.979	0.868	0.584	0.228	0.032	0.000	0.000	0.000
13	1.000	1.000	1.000	1.000	1.000	0.994	0.942	0.75	0.392	0.087	0.002	0.000	0.000
14	1.000	1.000	1.000	1.000	1.000	0.998	0.979	0.874	0.584	0.196	0.011	0.000	0.000
15	1.000	1.000	1.000	1.000	1.000	1.000	0.994	0.949	0.762	0.370	0.043	0.003	0.000
16	1.000	1.000	1.000	1.000	1.000	1.000	0.999	0.984	0.893	0.589	0.133	0.016	0.000
17	1.000	1.000	1.000	1.000	1.000	1.000	1.000	0.996	0.965	0.794	0.323	0.075	0.001
18	1.000	1.000	1.000	1.000	1.000	1.000	1.000	0.999	0.992	0.931	0.608	0.264	0.017
19	1.000	1.000	1.000	1.000	1.000	1.000	1.000	1.000	0.999	0.988	0.878	0.642	0.182

3 포아송분포

$$P(X \le x) = \sum_{k=0}^{x} e^{-\mu} \frac{\mu^k}{k!}$$

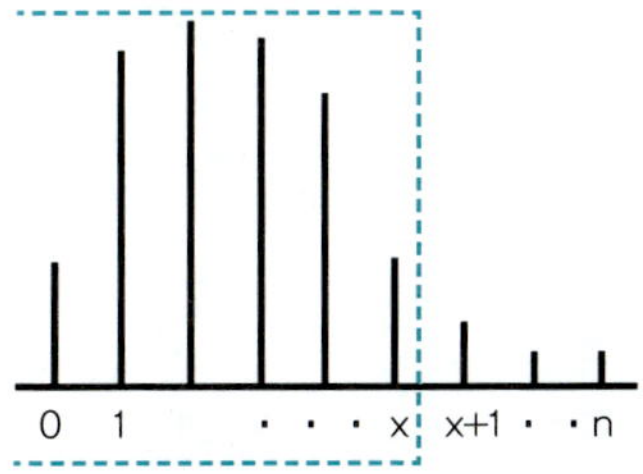

x \ μ	0.1	0.2	0.3	0.4	0.5	0.6	0.7	0.8	0.9	1.0
0	0.905	0.819	0.741	0.67	0.607	0.549	0.497	0.449	0.407	0.368
1	0.995	0.982	0.963	0.938	0.91	0.878	0.844	0.809	0.772	0.736
2	1.000	0.999	0.996	0.992	0.986	0.977	0.966	0.953	0.937	0.92
3	1.000	1.000	1.000	0.999	0.998	0.997	0.994	0.991	0.987	0.981
4	1.000	1.000	1.000	1.000	1.000	1.000	0.999	0.999	0.998	0.996
5	1.000	1.000	1.000	1.000	1.000	1.000	1.000	1.000	1.000	0.999
6	1.000	1.000	1.000	1.000	1.000	1.000	1.000	1.000	1.000	1.000

x \ μ	1.1	1.2	1.3	1.4	1.5	1.6	1.7	1.8	1.9	2.0
0	0.333	0.301	0.273	0.247	0.223	0.202	0.183	0.165	0.15	0.135
1	0.699	0.663	0.627	0.592	0.558	0.525	0.493	0.463	0.434	0.406
2	0.9	0.879	0.857	0.833	0.809	0.783	0.757	0.731	0.704	0.677
3	0.974	0.966	0.957	0.946	0.934	0.921	0.907	0.891	0.875	0.857
4	0.995	0.992	0.989	0.986	0.981	0.976	0.97	0.964	0.956	0.947
5	0.999	0.998	0.998	0.997	0.996	0.994	0.992	0.99	0.987	0.983
6	1.000	1.000	1.000	0.999	0.999	0.999	0.998	0.997	0.997	0.995
7	1.000	1.000	1.000	1.000	1.000	1.000	1.000	0.999	0.999	0.999
8	1.000	1.000	1.000	1.000	1.000	1.000	1.000	1.000	1.000	1.000

x \ μ	2.2	2.4	2.6	2.8	3.0	3.2	3.4	3.6	3.8	4.0
0	0.111	0.091	0.074	0.061	0.05	0.041	0.033	0.027	0.022	0.018
1	0.355	0.308	0.267	0.231	0.199	0.171	0.147	0.126	0.107	0.092
2	0.623	0.57	0.518	0.469	0.423	0.38	0.34	0.303	0.269	0.238
3	0.819	0.779	0.736	0.692	0.647	0.603	0.558	0.515	0.473	0.433
4	0.928	0.904	0.877	0.848	0.815	0.781	0.744	0.706	0.668	0.629
5	0.975	0.964	0.951	0.935	0.916	0.895	0.871	0.844	0.816	0.785
6	0.993	0.988	0.983	0.976	0.966	0.955	0.942	0.927	0.909	0.889
7	0.998	0.997	0.995	0.992	0.988	0.983	0.977	0.969	0.96	0.949
8	1.000	0.999	0.999	0.998	0.996	0.994	0.992	0.988	0.984	0.979
9	1.000	1.000	1.000	0.999	0.999	0.998	0.997	0.996	0.994	0.992
10	1.000	1.000	1.000	1.000	1.000	1.000	0.999	0.999	0.998	0.997
11	1.000	1.000	1.000	1.000	1.000	1.000	1.000	1.000	0.999	0.999
12	1.000	1.000	1.000	1.000	1.000	1.000	1.000	1.000	1.000	1.000

x \ μ	4.2	4.4	4.6	4.8	5.0	5.2	5.4	5.6	5.8	6.0
0	0.015	0.012	0.01	0.008	0.007	0.006	0.005	0.004	0.003	0.002
1	0.078	0.066	0.056	0.048	0.04	0.034	0.029	0.024	0.021	0.017
2	0.21	0.185	0.163	0.143	0.125	0.109	0.095	0.082	0.072	0.062
3	0.395	0.359	0.326	0.294	0.265	0.238	0.213	0.191	0.17	0.151
4	0.59	0.551	0.513	0.476	0.44	0.406	0.373	0.342	0.313	0.285
5	0.753	0.72	0.686	0.651	0.616	0.581	0.546	0.512	0.478	0.446
6	0.867	0.844	0.818	0.791	0.762	0.732	0.702	0.67	0.638	0.606
7	0.936	0.921	0.905	0.887	0.867	0.845	0.822	0.797	0.771	0.744
8	0.972	0.964	0.955	0.944	0.932	0.918	0.903	0.886	0.867	0.847
9	0.989	0.985	0.98	0.975	0.968	0.96	0.951	0.941	0.929	0.916
10	0.996	0.994	0.992	0.99	0.986	0.982	0.977	0.972	0.965	0.957
11	0.999	0.998	0.997	0.996	0.995	0.993	0.99	0.988	0.984	0.98
12	1.000	0.999	0.999	0.999	0.998	0.997	0.996	0.995	0.993	0.991
13	1.000	1.000	1.000	1.000	0.999	0.999	0.999	0.998	0.997	0.996
14	1.000	1.000	1.000	1.000	1.000	1.000	1.000	0.999	0.999	0.999
15	1.000	1.000	1.000	1.000	1.000	1.000	1.000	1.000	1.000	0.999
16	1.000	1.000	1.000	1.000	1.000	1.000	1.000	1.000	1.000	1.000

x \ μ	6.5	7	7.5	8	8.5	9	8.5	10	10.5	11
0	0.002	0.001	0.001	0	0	0	0	0	0	0
1	0.011	0.007	0.005	0.003	0.002	0.001	0.001	0	0	0
2	0.043	0.03	0.02	0.014	0.009	0.006	0.004	0.003	0.002	0.001
3	0.112	0.082	0.059	0.042	0.03	0.021	0.015	0.01	0.007	0.005
4	0.224	0.173	0.132	0.1	0.074	0.055	0.04	0.029	0.021	0.015
5	0.369	0.301	0.241	0.191	0.15	0.116	0.089	0.067	0.05	0.038
6	0.527	0.45	0.378	0.313	0.256	0.207	0.165	0.13	0.102	0.079
7	0.673	0.599	0.525	0.453	0.386	0.324	0.269	0.22	0.179	0.143
8	0.792	0.729	0.662	0.593	0.523	0.456	0.392	0.333	0.279	0.232
9	0.877	0.83	0.776	0.717	0.653	0.587	0.522	0.458	0.397	0.341
10	0.933	0.901	0.862	0.816	0.763	0.706	0.645	0.583	0.521	0.46
11	0.966	0.947	0.921	0.888	0.849	0.803	0.752	0.697	0.639	0.579
12	0.984	0.973	0.957	0.936	0.909	0.876	0.836	0.792	0.742	0.689
13	0.993	0.987	0.978	0.966	0.949	0.926	0.898	0.864	0.825	0.781
14	0.997	0.994	0.99	0.983	0.973	0.959	0.94	0.917	0.888	0.854
15	0.999	0.998	0.995	0.992	0.986	0.978	0.967	0.951	0.932	0.907
16	1.000	0.999	0.998	0.996	0.993	0.989	0.982	0.973	0.96	0.944
17	1.000	1.000	0.999	0.998	0.997	0.995	0.991	0.986	0.978	0.968
18	1.000	1.000	1.000	0.999	0.999	0.998	0.996	0.993	0.988	0.982
19	1.000	1.000	1.000	1.000	0.999	0.999	0.998	0.997	0.994	0.991
20	1.000	1.000	1.000	1.000	1.000	1.000	0.999	0.998	0.997	0.995
21	1.000	1.000	1.000	1.000	1.000	1.000	1.000	0.999	0.999	0.998
22	1.000	1.000	1.000	1.000	1.000	1.000	1.000	1.000	0.999	0.999
23	1.000	1.000	1.000	1.000	1.000	1.000	1.000	1.000	1.000	1.000

4 표준정규분포

$$P(0 < Z < z) = \int_0^z \frac{1}{\sqrt{2\pi^{-t_2/2}}} dt$$

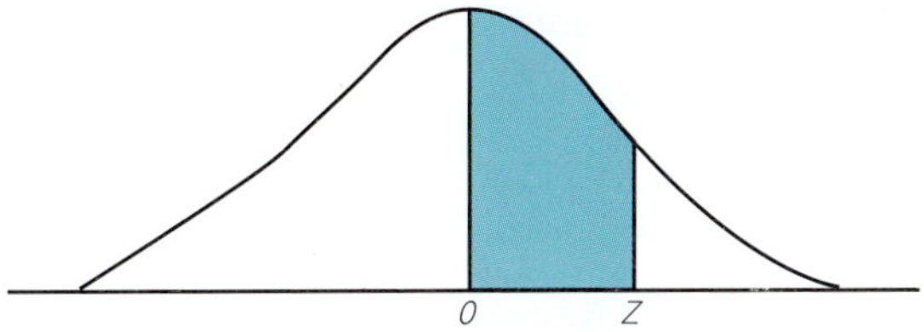

z	0.00	0.01	0.02	0.03	0.04	0.05	0.06	0.07	0.08	0.09
0.0	0.0000	0.0040	0.0080	0.0120	0.0160	0.0160	0.0239	0.0279	0.0319	0.0359
0.1	0.0398	0.0438	0.0478	0.0517	0.0557	0.0557	0.0636	0.0675	0.0714	0.0753
0.2	0.0793	0.0832	0.0871	0.091	0.0948	0.0948	0.1026	0.1064	0.1103	0.1141
0.3	0.1179	0.1217	0.1255	0.1293	0.1331	0.1331	0.1406	0.1443	0.1480	0.1517
0.4	0.1554	0.1591	0.1628	0.1664	0.1700	0.1700	0.1772	0.1808	0.1844	0.1879
0.5	0.1915	0.195	0.1985	0.2019	0.2054	0.2054	0.2123	0.2157	0.2190	0.2224
0.6	0.2257	0.2291	0.2324	0.2357	0.2389	0.2389	0.2454	0.2486	0.2517	0.2549
0.7	0.258	0.2611	0.2642	0.2673	0.2704	0.2704	0.2764	0.2794	0.2823	0.2852
0.8	0.2881	0.2910	0.2939	0.2967	0.2995	0.2995	0.3051	0.3078	0.3106	0.3133
0.9	0.3159	0.3186	0.3212	0.3238	0.3264	0.3264	0.3315	0.3340	0.3365	0.3389
1.0	0.3413	0.3438	0.3461	0.3485	0.3508	0.3508	0.3554	0.3577	0.3599	0.3621
1.1	0.3643	0.3665	0.3686	0.3708	0.3729	0.3729	0.3770	0.3790	0.3810	0.3830
1.2	0.3849	0.3869	0.3888	0.3907	0.3925	0.3925	0.3962	0.398	0.3997	0.4015
1.3	0.4032	0.4049	0.4066	0.4082	0.4099	0.4099	0.4131	0.4147	0.4162	0.4177
1.4	0.4192	0.4207	0.4222	0.4236	0.4251	0.4251	0.4279	0.4292	0.4306	0.4319
1.5	0.4332	0.4345	0.4357	0.4370	0.4382	0.4382	0.4406	0.4418	0.4429	0.4441
1.6	0.4452	0.4463	0.4474	0.4484	0.4495	0.4495	0.4515	0.4525	0.4535	0.4545
1.7	0.4554	0.4564	0.4573	0.4582	0.4591	0.4591	0.4608	0.4616	0.4625	0.4633
1.8	0.4641	0.4649	0.4656	0.4664	0.4671	0.4671	0.4686	0.4693	0.4699	0.4706
1.9	0.4713	0.4719	0.4726	0.4732	0.4738	0.4738	0.4750	0.4756	0.4761	0.4767
2.0	0.4772	0.4778	0.4783	0.4788	0.4793	0.4793	0.4803	0.4808	0.4812	0.4817
2.1	0.4821	0.4826	0.4830	0.4834	0.4838	0.4838	0.4846	0.4850	0.4854	0.4857
2.2	0.4861	0.4864	0.4868	0.4871	0.4875	0.4875	0.4881	0.4884	0.4887	0.4890
2.3	0.4893	0.4896	0.4898	0.4901	0.4904	0.4904	0.4909	0.4911	0.4913	0.4916
2.4	0.4918	0.4920	0.4922	0.4925	0.4927	0.4927	0.4931	0.4932	0.4934	0.4936
2.5	0.4938	0.4940	0.4941	0.4943	0.4945	0.4945	0.4948	0.4949	0.4951	0.4952
2.6	0.4953	0.4955	0.4956	0.4957	0.4959	0.4959	0.4961	0.4962	0.4963	0.4964
2.7	0.4965	0.4966	0.4967	0.4968	0.4969	0.4969	0.4971	0.4972	0.4973	0.4974
2.8	0.4974	0.4975	0.4976	0.4977	0.4977	0.4977	0.4979	0.4979	0.4980	0.4981
2.9	0.4981	0.4982	0.4982	0.4983	0.4984	0.4984	0.4985	0.4985	0.4986	0.4986
3.0	0.4987	0.4987	0.4987	0.4988	0.4988	0.4988	0.4989	0.4989	0.4990	0.4990

α	0.005	0.01	0.025	0.05	0.1
$Z\alpha$	2.576	2.326	1.960	1.645	1.282

5 t-분포

$P(t > t_\alpha) = \alpha : t-$ 분포의 우측 확률점

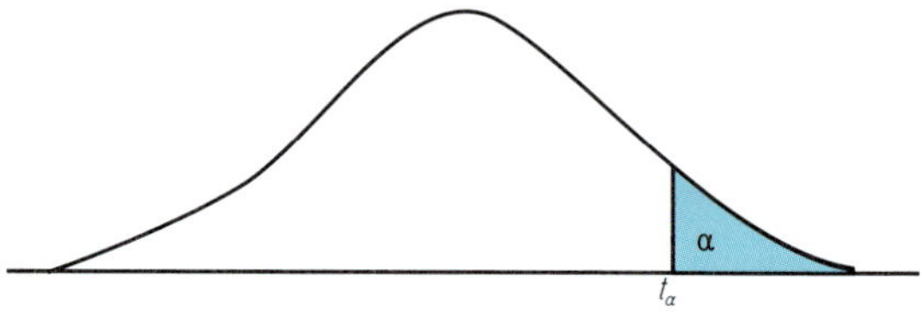

df (자유도)	$t_{0.100}$	$t_{0.050}$	$t_{0.025}$	$t_{0.010}$	$t_{0.005}$
1	3.078	6.314	12.71	31.82	63.66
2	1.886	2.920	4.303	6.965	9.925
3	1.638	2.353	3.182	4.541	5.841
4	1.533	2.132	2.776	3.747	4.604
5	1.476	2.015	2.571	3.365	4.032
6	1.440	1.943	2.447	3.143	3.707
7	1.415	1.895	2.365	2.998	3.499
8	1.397	1.860	2.306	2.896	3.355
9	1.383	1.833	2.262	2.821	3.25
10	1.372	1.812	2.228	2.764	3.169
11	1.363	1.796	2.201	2.718	3.106
12	1.356	1.782	2.179	2.681	3.055
13	1.350	1.771	2.160	2.650	3.012
14	1.345	1.761	2.145	2.624	2.977
15	1.341	1.753	2.131	2.602	2.947
16	1.337	1.746	2.120	2.583	2.921
17	1.333	1.740	2.110	2.567	2.898
18	1.330	1.734	2.101	2.552	2.878
19	1.328	1.729	2.093	2.539	2.861
20	1.325	1.725	2.086	2.528	2.845
21	1.323	1.721	2.080	2.518	2.831
22	1.321	1.717	2.074	2.508	2.819
23	1.319	1.714	2.069	2.500	2.807
24	1.318	1.711	2.064	2.492	2.797
25	1.316	1.708	2.060	2.485	2.787
26	1.315	1.706	2.056	2.479	2.779
27	1.314	1.703	2.052	2.473	2.771
28	1.313	1.701	2.048	2.467	2.763
29	1.311	1.699	2.045	2.462	2.756
∞	1.282	1.645	1.960	2.326	2.576

6 카이제곱분포

$P(\chi^2 > \chi^2_\alpha) = \alpha$: 카이제곱분포의 우측 확률점

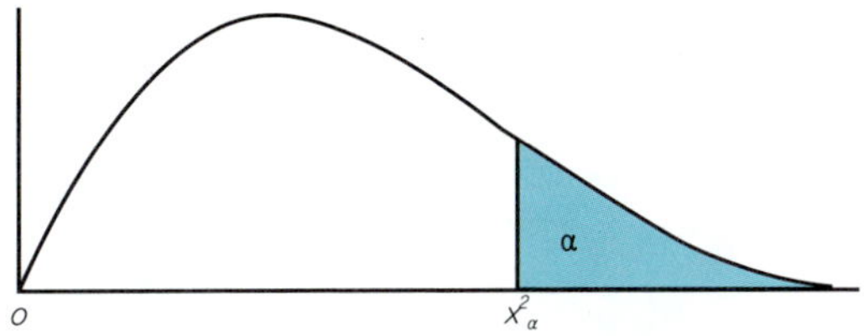

df(자유도)	$\chi^2_{0.995}$	$\chi^2_{0.990}$	$\chi^2_{0.975}$	$\chi^2_{0.950}$	$\chi^2_{0.900}$
1	0.0000	0.0002	0.0010	0.0039	0.0158
2	0.0100	0.0201	0.0506	0.1026	0.2107
3	0.0717	0.1148	0.2158	0.3518	0.5844
4	0.2070	0.2971	0.4844	0.7107	1.0636
5	0.4117	0.5543	0.8312	1.1455	1.6103
6	0.6757	0.8721	1.2373	1.6354	2.2041
7	0.9893	1.2390	1.6899	2.1673	2.8331
8	1.3444	1.6465	2.1797	2.7326	3.4895
9	1.7349	2.0879	2.7004	3.3251	4.1682
10	2.1559	2.5582	3.247	3.9403	4.8652
11	2.6032	3.0535	3.8157	4.5748	5.5778
12	3.0738	3.5706	4.4038	5.226	6.3038
13	3.565	4.1069	5.0088	5.8919	7.0415
14	4.0747	4.6604	5.6287	6.5706	7.7895
15	4.6009	5.2293	6.2621	7.2609	8.5468
16	5.1422	5.8122	6.9077	7.9616	9.3122
17	5.6972	6.4078	7.5642	8.6718	10.0852
18	6.2648	7.0149	8.2307	9.3905	10.8649
19	6.844	7.6327	8.9065	10.1170	11.6509
20	7.4338	8.2604	9.5908	10.8508	12.4426
21	8.0337	8.8972	10.2829	11.5913	13.2396
22	8.6427	9.5425	10.9823	12.3380	14.0415
23	9.2604	10.1957	11.6886	13.0905	14.8480
24	9.8862	10.8564	12.4012	13.8484	15.6587
25	10.5197	11.5240	13.1197	14.6114	16.4734
26	11.1602	12.1981	13.8439	15.3792	17.2919
27	11.8076	12.8785	14.5734	16.1514	18.1139
28	12.4613	13.5647	15.3079	16.9279	18.9392
29	13.1211	14.2565	16.0471	17.7084	19.7677
30	13.7867	14.9535	16.7908	18.4927	20.5992
40	20.7065	22.1643	24.433	26.5093	29.0505
50	27.9907	29.7067	32.3574	34.7643	37.6886
60	35.5345	37.4849	40.4817	43.1880	46.4589
70	43.2752	45.4417	48.7576	51.7393	55.3289
80	51.1719	53.5401	57.1532	60.3915	64.2778
90	59.1963	61.7541	65.6466	69.1260	73.2911
100	67.3276	70.0648	74.2219	77.9295	82.3581

df(자유도)	$\chi^2_{0.100}$	$\chi^2_{0.050}$	$\chi^2_{0.025}$	$\chi^2_{0.010}$	$\chi^2_{0.005}$
1	2.7055	3.8415	5.0239	6.6349	7.8794
2	4.6052	5.9915	7.3778	9.2103	10.5966
3	6.2514	7.8147	9.3484	11.3449	12.8382
4	7.7794	9.4877	11.1433	13.2767	14.8603
5	9.2364	11.0705	12.8325	15.0863	16.7496
6	10.6446	12.5916	14.4494	16.8119	18.5476
7	12.017	14.0671	16.0128	18.4753	20.2777
8	13.3616	15.5073	17.5345	20.0902	21.955
9	14.6837	16.9190	19.0228	21.6660	23.5894
10	15.9872	18.3070	20.4832	23.2093	25.1882
11	17.2750	19.6751	21.9200	24.7250	26.7568
12	18.5493	21.0261	23.3367	26.2170	28.2995
13	19.8119	22.362	24.7356	27.6882	29.8195
14	21.0641	23.6848	26.1189	29.1412	31.3193
15	22.3071	24.9958	27.4884	30.5779	32.8013
16	23.5418	26.2962	28.8454	31.9999	34.2672
17	24.769	27.5871	30.191	33.4087	35.7185
18	25.9894	28.8693	31.5264	34.8053	37.1565
19	27.2036	30.1435	32.8523	36.1909	38.5823
20	28.4120	31.4104	34.1696	37.5662	39.9968
21	29.6151	32.6706	35.4789	38.9322	41.4011
22	30.8133	33.9244	36.7807	40.2894	42.7957
23	32.0069	35.1725	38.0756	41.6384	44.1813
24	33.1962	36.4150	39.3641	42.9798	45.5585
25	34.3816	37.6525	40.6465	44.3141	46.9279
26	35.5632	38.8851	41.9232	45.6417	48.2899
27	36.7412	40.1133	43.1945	46.9629	49.6449
28	37.9159	41.3371	44.4608	48.2782	50.9934
29	39.0875	42.557	45.7223	49.5879	52.3356
30	40.2560	43.7730	46.9792	50.8922	53.6720
40	51.8051	55.7585	59.3417	63.6907	66.7660
50	63.1671	67.5048	71.4202	76.1539	79.4900
60	74.3970	79.0819	83.2977	88.3794	91.9517
70	85.5270	90.5312	95.0232	100.4250	104.2150
80	96.5782	101.8790	106.629	112.3290	116.3210
90	107.5650	113.1450	118.1360	124.1160	128.2990
100	118.4980	124.3420	129.5610	135.8070	140.1690

7 F-분포

$P(F > F_\alpha) = \alpha : F$ – 분포의 우측 확률점

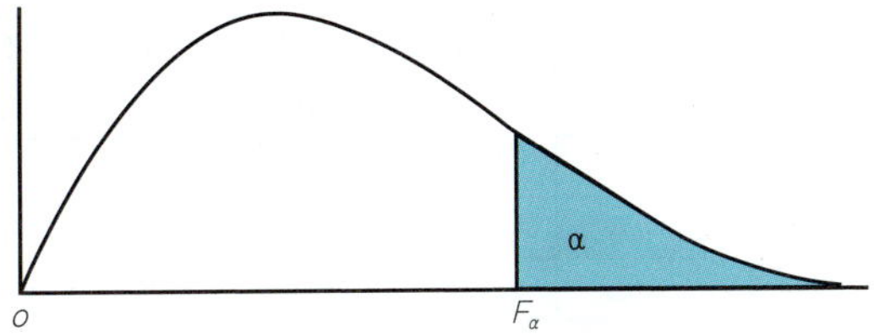

α = 0.05

v_2 \ v_1	1	2	3	4	5	6	7	8	9
1	161.4	199.5	215.7	224.6	230.2	234	236.8	238.9	240.5
2	18.51	19.00	19.16	19.25	19.30	19.33	19.35	19.37	19.38
3	10.13	9.55	9.28	9.12	9.01	8.94	8.89	8.85	8.81
4	7.71	6.94	6.59	6.39	6.26	6.16	6.09	6.04	6.00
5	6.61	5.79	5.41	5.19	5.05	4.95	4.88	4.82	4.77
6	5.99	5.14	4.76	4.53	4.39	4.28	4.21	4.15	4.10
7	5.59	4.74	4.35	4.12	3.97	3.87	3.79	3.73	3.68
8	5.32	4.46	4.07	3.84	3.69	3.58	3.50	3.44	3.39
9	5.12	4.26	3.86	3.63	3.48	3.37	3.29	3.23	3.18
10	4.96	4.10	3.71	3.48	3.33	3.22	3.14	3.07	3.02
11	4.84	3.98	3.59	3.36	3.20	3.09	3.01	2.95	2.90
12	4.75	3.89	3.49	3.26	3.11	3.00	2.91	2.85	2.80
13	4.67	3.81	3.41	3.18	3.03	2.92	2.83	2.77	2.71
14	4.60	3.74	3.34	3.11	2.96	2.85	2.76	2.70	2.65
15	4.54	3.68	3.29	3.06	2.9	2.79	2.71	2.64	2.59
16	4.49	3.63	3.24	3.01	2.85	2.74	2.66	2.59	2.54
17	4.45	3.59	3.20	2.96	2.81	2.70	2.61	2.55	2.49
18	4.41	3.55	3.16	2.93	2.77	2.66	2.58	2.51	2.46
19	4.38	3.52	3.13	2.90	2.74	2.63	2.54	2.48	2.42
20	4.35	3.49	3.10	2.87	2.71	2.60	2.51	2.45	2.39
21	4.32	3.47	3.07	2.84	2.68	2.57	2.49	2.42	2.37
22	4.30	3.44	3.05	2.82	2.66	2.55	2.46	2.40	2.34
23	4.28	3.42	3.03	2.80	2.64	2.53	2.44	2.37	2.32
24	4.26	3.40	3.01	2.78	2.62	2.51	2.42	2.36	2.30
25	4.24	3.39	2.99	2.76	2.6	2.49	2.4	2.34	2.28
26	4.23	3.37	2.98	2.74	2.59	2.47	2.39	2.32	2.27
27	4.21	3.35	2.96	2.73	2.57	2.46	2.37	2.31	2.25
28	4.2	3.34	2.95	2.71	2.56	2.45	2.36	2.29	2.24
29	4.18	3.33	2.93	2.7	2.55	2.43	2.35	2.28	2.22
30	4.17	3.32	2.92	2.69	2.53	2.42	2.33	2.27	2.21
40	4.08	3.23	2.84	2.61	2.45	2.34	2.25	2.18	2.12
60	4.00	3.15	2.76	2.53	2.37	2.25	2.17	2.10	2.04
120	3.92	3.07	2.68	2.45	2.29	2.18	2.09	2.02	1.96
∞	3.84	3.00	2.60	2.37	2.21	2.10	2.01	1.94	1.88

v_2 \ v_1	10	12	15	20	24	30	40	60	120	∞
1	241.9	243.9	245.9	248	249.1	250.1	251.1	252.2	253.3	254.3
2	19.40	19.41	19.43	19.45	19.45	19.46	19.47	19.48	19.49	19.50
3	8.79	8.74	8.70	8.66	8.64	8.62	8.59	8.57	8.55	8.53
4	5.96	5.91	5.86	5.8	5.77	5.75	5.72	5.69	5.66	5.63
5	4.74	4.68	4.62	4.56	4.53	4.50	4.46	4.43	4.40	4.37
6	4.06	4.00	3.94	3.87	3.84	3.81	3.77	3.74	3.70	3.67
7	3.64	3.57	3.51	3.44	3.41	3.38	3.34	3.30	3.27	3.23
8	3.35	3.28	3.22	3.15	3.12	3.08	3.04	3.01	2.97	2.93
9	3.14	3.07	3.01	2.94	2.90	2.86	2.83	2.79	2.75	2.71
10	2.98	2.91	2.85	2.77	2.74	2.70	2.66	2.62	2.58	2.54
11	2.85	2.79	2.72	2.65	2.61	2.57	2.53	2.49	2.45	2.41
12	2.75	2.69	2.62	2.54	2.51	2.47	2.43	2.38	2.34	2.30
13	2.67	2.60	2.53	2.46	2.42	2.38	2.34	2.30	2.25	2.21
14	2.60	2.53	2.46	2.39	2.35	2.31	2.27	2.22	2.18	2.13
15	2.54	2.48	2.4	2.33	2.29	2.25	2.2	2.16	2.11	2.07
16	2.49	2.42	2.35	2.28	2.24	2.19	2.15	2.11	2.06	2.01
17	2.45	2.38	2.31	2.23	2.19	2.15	2.10	2.06	2.01	1.96
18	2.41	2.34	2.27	2.19	2.15	2.11	2.06	2.02	1.97	1.92
19	2.38	2.31	2.23	2.16	2.11	2.07	2.03	1.98	1.93	1.88
20	2.35	2.28	2.20	2.12	2.08	2.04	1.99	1.95	1.9	1.84
21	2.32	2.25	2.18	2.10	2.05	2.01	1.96	1.92	1.87	1.81
22	2.30	2.23	2.15	2.07	2.03	1.98	1.94	1.89	1.84	1.78
23	2.27	2.20	2.13	2.05	2.01	1.96	1.91	1.86	1.81	1.76
24	2.25	2.18	2.11	2.03	1.98	1.94	1.89	1.84	1.79	1.73
25	2.24	2.16	2.09	2.01	1.96	1.92	1.87	1.82	1.77	1.71
26	2.22	2.15	2.07	1.99	1.95	1.90	1.85	1.80	1.75	1.69
27	2.2	2.13	2.06	1.97	1.93	1.88	1.84	1.79	1.73	1.67
28	2.19	2.12	2.04	1.96	1.91	1.87	1.82	1.77	1.71	1.65
29	2.18	2.10	2.03	1.94	1.90	1.85	1.81	1.75	1.70	1.64
30	2.16	2.09	2.01	1.93	1.89	1.84	1.79	1.74	1.68	1.62
40	2.08	2.00	1.92	1.84	1.79	1.74	1.69	1.64	1.58	1.51
60	1.99	1.92	1.84	1.75	1.70	1.65	1.59	1.53	1.47	1.39
120	1.91	1.83	1.75	1.66	1.61	1.55	1.50	1.43	1.35	1.26
∞	1.83	1.75	1.67	1.57	1.52	1.46	1.40	1.32	1.22	1.03

α = 0.01

v_2 \ v_1	1	2	3	4	5	6	7	8	9
1	4052	5000	5403	5625	5764	5859	5928	5981	6022
2	98.50	99.00	99.17	99.25	99.3	99.33	99.36	99.37	99.39
3	34.12	30.82	29.46	27.71	28.24	27.91	27.67	27.49	27.35
4	21.2	18.00	16.69	15.98	15.52	15.21	14.98	14.8	14.66
5	16.26	13.27	12.06	11.39	10.97	10.67	10.46	10.29	10.16
6	13.75	10.92	9.78	9.15	8.75	8.47	8.26	8.10	7.98
7	12.25	9.55	8.45	7.85	7.46	7.19	6.99	6.84	6.72
8	11.26	8.65	7.59	7.01	6.63	6.37	6.18	6.03	5.91
9	10.56	8.02	6.99	6.42	6.06	5.80	5.61	5.47	5.35
10	10.04	7.56	6.55	5.99	5.64	5.39	5.20	5.06	4.94
11	9.65	7.21	6.22	5.67	5.32	5.07	4.89	4.74	4.63
12	9.33	6.93	5.95	5.41	5.06	4.82	4.64	4.50	4.39
13	9.07	6.70	5.74	5.21	4.86	4.62	4.44	4.30	4.19
14	8.86	6.51	5.56	5.04	4.69	4.46	4.28	4.14	4.03
15	8.68	6.36	5.42	4.89	4.56	4.32	4.14	4.00	3.89
16	8.53	6.23	5.29	4.77	4.44	4.20	4.03	3.89	3.78
17	8.4	6.11	5.18	4.67	4.34	4.1	3.93	3.79	3.68
18	8.29	6.01	5.09	4.58	4.25	4.01	3.84	3.71	3.60
19	8.18	5.93	5.01	4.50	4.17	3.94	3.77	3.63	3.52
20	8.10	5.85	4.94	4.43	4.10	3.87	3.70	3.56	3.46
21	8.02	5.78	4.87	4.37	4.40	3.81	3.64	3.51	3.40
22	7.95	5.72	4.82	4.31	3.99	3.76	3.59	3.45	3.35
23	7.88	5.66	4.76	4.26	3.94	3.71	3.54	3.41	3.30
24	7.82	5.61	4.72	4.22	3.90	3.67	3.5	3.36	3.26
25	7.77	5.57	4.68	4.18	3.85	3.63	3.46	3.32	3.22
26	7.72	5.53	4.64	4.14	3.82	3.59	3.42	3.29	3.18
27	7.68	5.49	4.6	4.11	3.78	3.56	3.39	3.26	3.15
28	7.64	5.45	4.57	4.07	3.75	3.53	3.36	3.23	3.12
29	7.6	5.42	4.54	4.04	3.73	3.50	3.33	3.2	3.09
30	7.56	5.39	4.51	4.02	3.7	3.47	3.30	3.17	3.07
40	7.31	5.18	4.31	3.83	3.51	3.29	3.12	2.99	2.89
60	7.08	4.98	4.13	3.65	3.34	3.12	2.95	2.82	2.72
120	6.85	4.79	3.95	3.48	3.17	2.96	2.79	2.66	2.56
∞	6.64	4.61	3.78	3.32	3.02	2.80	2.64	2.51	2.41

v_2 \ v_1	10	12	15	20	24	30	40	60	120	∞
1	6056	6106	6157	6209	6235	6261	6287	6313	6339	6366
2	99.40	99.42	99.43	99.45	99.46	99.47	99.47	99.48	99.49	99.50
3	27.23	27.05	26.87	26.69	26.60	26.50	26.41	26.32	26.22	26.13
4	14.55	14.37	14.20	14.02	13.93	13.84	13.75	13.65	13.56	13.46
5	10.05	9.89	9.72	9.55	9.47	9.38	9.29	9.2	9.11	9.02
6	7.87	7.72	7.56	7.40	7.31	7.23	7.14	7.06	6.97	6.88
7	6.62	6.47	6.31	6.16	6.07	5.99	5.91	5.82	5.74	5.65
8	5.81	5.67	5.52	5.36	5.28	5.2	5.12	5.03	4.95	4.86
9	5.26	5.11	4.96	4.81	4.73	4.65	4.57	4.48	4.40	4.31
10	4.85	4.71	4.56	4.41	4.33	4.25	4.17	4.08	4.00	3.91
11	4.54	4.40	4.25	4.10	4.02	3.94	3.86	3.78	3.69	3.6
12	4.30	4.16	4.01	3.86	3.78	3.70	3.62	3.54	3.45	3.36
13	4.10	3.96	3.82	3.66	3.59	3.51	3.43	3.34	3.25	3.17
14	3.94	3.8	3.66	3.51	3.43	3.35	3.27	3.18	3.09	3.01
15	3.8	3.67	3.52	3.37	3.29	3.21	3.13	3.05	2.96	2.87
16	3.69	3.55	3.41	3.26	3.18	3.10	3.02	2.93	2.84	2.75
17	3.59	3.46	3.31	3.16	3.08	3.00	2.92	2.83	2.75	2.65
18	3.51	3.37	3.23	3.08	3.00	2.92	2.84	2.75	2.66	2.57
19	3.43	3.30	3.15	3.00	2.92	2.84	2.76	2.67	2.58	2.49
20	3.37	3.23	3.09	2.94	2.86	2.78	2.69	2.61	2.52	2.42
21	3.31	3.17	3.03	2.88	2.80	2.72	2.64	2.55	2.46	2.36
22	3.26	3.12	2.98	2.83	2.75	2.67	2.58	2.50	2.40	2.31
23	3.21	3.07	2.93	2.78	2.7	2.62	2.54	2.45	2.35	2.26
24	3.17	3.03	2.89	2.74	2.66	2.58	2.49	2.40	2.31	2.21
25	3.13	2.99	2.85	2.7	2.62	2.54	2.45	2.36	2.27	2.17
26	3.09	2.96	2.81	2.66	2.58	2.5	2.42	2.33	2.23	2.13
27	3.06	2.93	2.78	2.63	2.55	2.47	2.38	2.29	2.20	2.10
28	3.03	2.90	2.75	2.60	2.52	2.44	2.35	2.26	2.17	2.07
29	3.00	2.87	2.73	2.57	2.49	2.41	2.33	2.23	2.14	2.04
30	2.98	2.84	2.70	2.55	2.47	2.39	2.30	2.21	2.11	2.01
40	2.80	2.66	2.52	2.37	2.29	2.20	2.11	2.02	1.92	1.81
60	2.63	2.50	2.35	2.20	2.12	2.03	1.94	1.84	1.73	1.60
120	2.47	2.34	2.19	2.03	1.95	1.86	1.76	1.66	1.53	1.38
∞	2.32	2.19	2.04	1.88	1.79	1.70	1.59	1.48	1.33	1.05

찾아보기

ㄹ

ㅁ

ㅂ

ㅅ

ㅇ

ㅊ

ㅋ

ㅌ

A

B

C

D

E

F

G

H

I

J

K

L

M

Q

R

S

❖ 공저자 소개

이정환
미국 Rutgers University 사회학 박사
성균관대학교 서베이리서치센터 책임연구원
현재 청주대학교 사회학과 교수

이주열
서울대학교 보건학 박사
한국보건사회연구원 건강증진개발센터 책임연구원
현재 남서울대학교 보건행정학과 교수

신승배
성균관대학교 사회학 박사
성균관대학교 서베이리서치센터 연구교수
현재 제주여성가족연구원 연구위원

조사방법론 값 27,000원

2018년 8월 20일 제1판 1쇄 발행
2023년 2월 25일 제2판 1쇄 발행
2025년 2월 10일 제2판 2쇄 발행

저 자 : 이정환 · 이주열 · 신승배
발행인 : 주 영 일
발행처 : **계 축 문 화 사**

서울특별시 종로구 통일로12길 16-17
우편번호 : 03029
TEL : 735-2257·738-9746
FAX : 723-9025
E-mail : gyechuk@hanmail.net
홈페이지 : http://gyechuk.co.kr
1973. 10. 31 등록번호 제300-1973-8호
ISBN 978-89-5629-711-8 93510

판권소유

※ 저자와의 협의하에 인지는 생략합니다.